U0494632

Global Ocean Science Report

全球海洋科学报告
海洋可持续发展能力调查与展望
Charting Capacity for Ocean Sustainability

联合国教科文组织政府间海洋学委员会 编

刘大海 于 莹 译

UNESCO | UNESCO Publishing

海洋出版社
2024年·北京

图书在版编目（CIP）数据

全球海洋科学报告：海洋可持续发展能力调查与展望 / 联合国教科文组织政府间海洋学委员会编；刘大海, 于莹译. -- 北京：海洋出版社, 2024.3
书名原文: Global ocean science report, charting capacity for ocean sustainability
ISBN 978-7-5210-1079-4

Ⅰ. ①全… Ⅱ. ①联… ②刘… ③于… Ⅲ. ①海洋学－学科发展－研究报告－世界 Ⅳ. ①P7-11

中国国家版本馆CIP数据核字(2023)第039874号

审图号：GS京（2023）1886号
著作权登记号 图字：01-2023-2665
联合国教育，科学及文化组织（UNESCO），丰特努瓦广场7号，73352 巴黎 07 SP，法国 / 海洋出版社有限公司，大慧寺路8号，北京海淀区，中国 联合出版，2024
© UNESCO，海洋出版社有限公司，2024
UNESCO ISBN 9-789231-004247
海洋出版社 ISBN 978-7-5210-1079-4

此出版物为开放获取出版物，授权条款为 Attribution-ShareAlike 3.0 IGO （CC-BY-SA 3.0 IGO）（http://creativecommons.org/licences/by-sa/3.0/igo）。
此出版物内容的使用者无条件接受、遵守联合国教科文组织开放获取的一切条件和规则（http://www.unesco.org/open-acess/terms-use-ccbysa-en）。
Global ocean science report 2020
联合国教育，科学及文化组织2020年出版
本出版物所用名称及其材料的编制方式并不意味着联合国教科文组织对于任何国家、领土、城市、地区或其当局的法律地位，或对其边界及界线的划分表示任何意见。
本出版物中表达的看法和意见仅代表作者本人，不代表联合国教科文组织的看法和意见，也不代表本组织的立场。

QUANQIU HAIYANG KEXUE BAOGAO : HAIYANG KECHIXU FAZHAN NENGLI DIAOCHA YU ZHANWANG

责任编辑：向思源　苏　勤
责任印制：安　淼

海洋出版社 出版发行
http://www.oceanpress.com.cn
北京市海淀区大慧寺路 8 号　邮编：100081
鸿博昊天科技有限公司印刷
2024年3月第1版　2024年3月第1次印刷
开本：889mm×1194mm　1/16　印张：15.25
字数：418千字　定价：298.00元
发行部：010-62100090　总编室：010-62100034
海洋版图书印、装错误可随时退换

报告团队

出版主任

Salvatore Aricò，联合国教科文组织政府间海洋学委员会海洋科学组组长

协调编辑

Kirsten Isensee，联合国教科文组织政府间海洋学委员会方案专家

作者

Salvatore Aricò，联合国教科文组织政府间海洋学委员会
Julian Barbière，联合国教科文组织政府间海洋学委员会
Alexandre Bédard-Vallée，加拿大RELX公司
Sergey Belov，俄罗斯水文气象信息研究所
Mathieu Belbéoch，法国海洋保护协会
John Bemiasa，马达加斯加国家国际海洋学数据和信息交换所协调员
Alison Clausen，联合国教科文组织政府间海洋学委员会
Roberto de Pinho，巴西科技创新部
Itahisa Déniz González，联合国教科文组织政府间海洋学委员会
Henrik Enevoldsen，联合国教科文组织政府间海洋学委员会
Elva Escobar Briones，墨西哥国立自治大学
Emma Heslop，联合国教科文组织政府间海洋学委员会
Kirsten Isensee，联合国教科文组织政府间海洋学委员会
Claire Jolly，经济合作与发展组织
Kwame A. Koranteng，联合国粮食及农业组织（退休）
Margareth Serapio Kyewalyanga，坦桑尼亚达累斯萨拉姆大学
Youn-Ho Lee，韩国海洋科学与技术研究所
Ana Lara-Lopez，澳大利亚塔斯马尼亚大学
Jan Mees，比利时佛兰德海洋研究所和根特大学
Yutaka Michida，日本东京大学
Leonard A. Nurse，巴巴多斯西印度群岛大学（退休）
Ntahondi Mcheche Nyandwi，坦桑尼亚达累斯萨拉姆大学
Mattia Olivari，经济合作与发展组织
Linwood H. Pendleton，美国杜克大学尼古拉斯环境政策解决方案研究所
Benjamin Pfeil，挪威卑尔根大学
Susan Roberts，美国国家科学院海洋研究委员会
Juana Magdalena Santana-Casiano，西班牙大加那利岛拉斯帕尔马斯大学
Francesca Santoro，联合国教科文组织政府间海洋学委员会
Karina von Schuckmann，法国墨卡托海洋国际组织
Yoshihisa Shirayama，日本海洋研究开发机构
Paula Cristina Sierra-Correa，哥伦比亚海洋与海岸带研究所
Jacqueline Uku，肯尼亚海洋与渔业研究所

Luis Valdés，西班牙海洋研究所
Christian Wexels Riser，挪威研究理事会
Dongho Youm，联合国教科文组织政府间海洋学委员会

撰稿人

Leonardo Arias，哥伦比亚海洋与海岸带研究所
Mylia Arseneault-Monette，联合国教科文组织政府间海洋学委员会
Riaan Cedras，南非西开普大学
Anca Ciurel，联合国教科文组织政府间海洋学委员会
Daudi J. Msangameno，坦桑尼亚达累斯萨拉姆大学
Julian Pizarro，哥伦比亚海洋与海岸带研究所
Julie Prigent，联合国教科文组织政府间海洋学委员会
Toste Tanhua，德国亥姆霍兹基尔海洋研究中心
Joaquin Torres，哥伦比亚海洋与海岸带研究所

编委会

Jan Mees，比利时佛兰德海洋研究所和根特大学（联合主席）
Jacqueline Uku，肯尼亚海洋与渔业研究所（联合主席）
Claire Jolly，经济合作与发展组织
Kwame A. Koranteng，联合国粮食及农业组织（退休）
Ana Lara-Lopez，澳大利亚塔斯马尼亚大学
Youn-Ho Lee，韩国海洋科学与技术研究所
Leonard Nurse，巴巴多斯西印度群岛大学（退休）
Susan Roberts，美国国家科学院海洋研究委员会
Yoshihisa Shirayama，日本海洋研究开发机构
Paula Cristina Sierra-Correa，哥伦比亚海洋与海岸带研究所
Luis Valdés，西班牙海洋研究所
Christian Wexels Riser，挪威研究理事会

《全球海洋科学报告》秘书处

Salvatore Aricò，联合国教科文组织政府间海洋学委员会海洋科学组组长
Henrik Enevoldsen，政府间海洋学委员会有害藻华科学与传播中心主任
Kirsten Isensee，联合国教科文组织政府间海洋学委员会项目专家
Itahisa Déniz González，联合国教科文组织政府间海洋学委员会项目专家
Dongho Youm，全球海洋科学报告项目官员，联合国教科文组织政府间海洋学委员会
Simonetta Secco，联合国教科文组织政府间海洋学委员会项目助理

支持

加拿大RELX公司
联合国教科文组织统计研究所

文字编辑

Julie Wickenden

艺术封面插图

Hugo Salais, Metazoa Studio

外部审核

Federico Álvarez-Prado，西班牙海洋研究所
Norio Baba，日本海岸警卫队学校
程丽静，中国科学院大气物理研究所
Claudio Chiarolla，加拿大生物多样性公约组织
Steve Hall，英国水下技术协会
Lars Horn，挪威研究理事会特别顾问（退休）
Adolf Kellermann，德国克勒曼–咨询公司，
Ann-Katrien Lescrauwaet，比利时佛兰德海洋研究所
Atmanand Malayath，印度国家海洋技术研究所
乔方利，中国自然资源部
Sergey Shapovalov，俄罗斯海洋研究所
Gilbert Siko，南非科学技术部
Sabrina Speich，法国高等师范学院
Ed Urban，美国非营利管理顾问有限责任公司
Martin Visbeck，德国亥姆霍兹基尔海洋研究中心；德国基尔大学
Ikroh Yoon，韩国海洋科学技术促进研究所

内部审核（联合国教科文组织政府间海洋学委员会和联合国教科文组织）

Thorkild Aarup，联合国教科文组织政府间海洋学委员会海啸组主管（退休）
Patrice Boned，联合国教科文组织政府间海洋学委员会出版官员
Damiano Giampaol，联合国教科文组织性别平等司项目专家

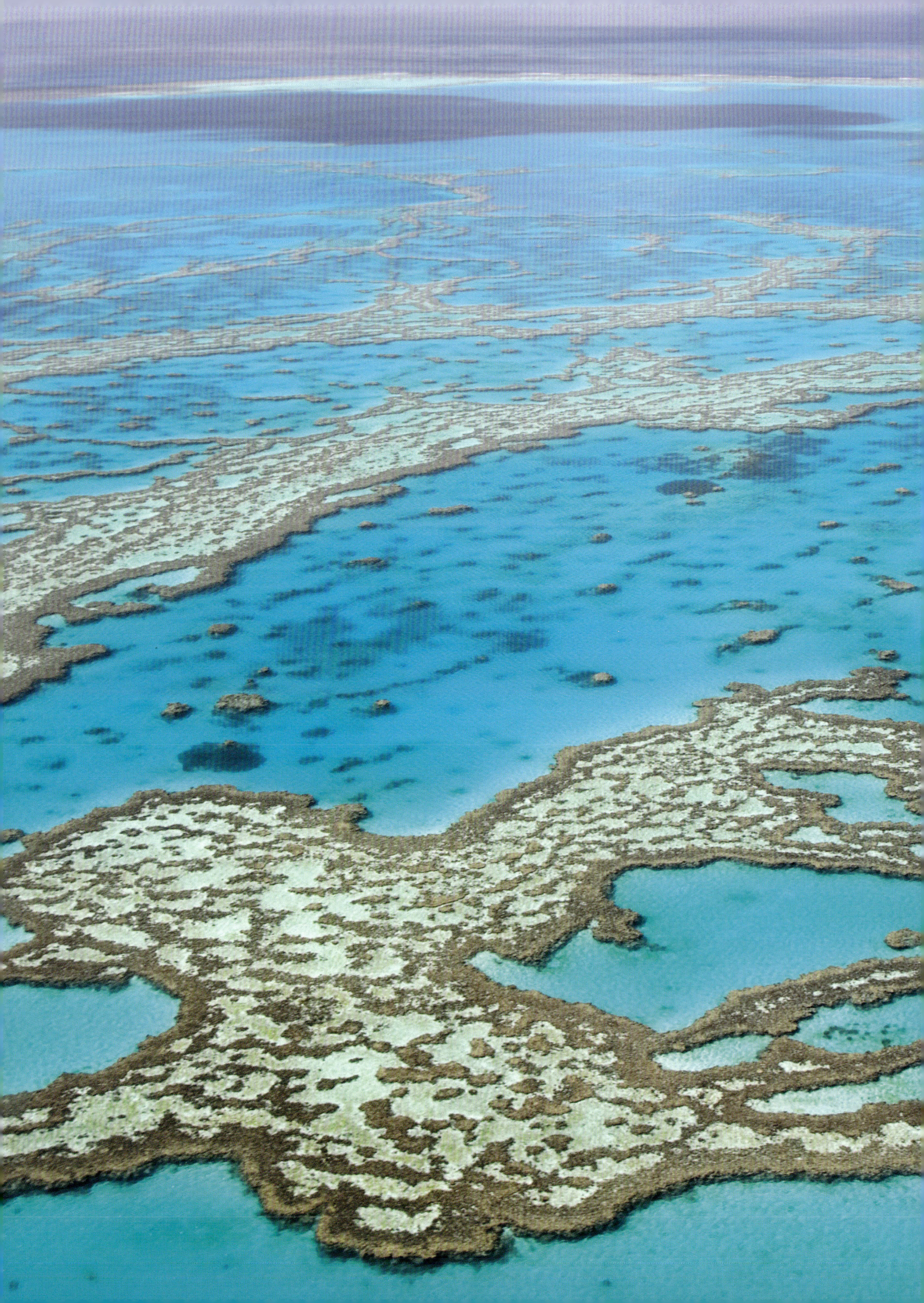

致谢

联合国教科文组织政府间海洋学委员会（IOC-UNESCO）谨以此向本报告得以顺利成文的各位同仁表示感谢：感谢委员会联合主席的得力指导以及编委会的各位成员；诸位作者和撰稿人；同意对其调查结果进行独立审查的专家们以及韩国、比利时、肯尼亚、爱尔兰、挪威、瑞典和英国等联合国教科文组织的成员国，如果没有他们的财政和实物支持，本报告将难现于世。同时还要感谢以下个人：Patrice Boned, Elisabetta Bonotto, Lily Charles, Elena Iasyreva, Vinicius Lindoso, Ingrid Pastor Reyes, Pieter Provoost 和孙云，《全球海洋科学报告》秘书处的同事们以及 Ian Denison 和 Cristina Puerta，联合国教科文组织对外关系和公共信息部门的同事们。

序

Audrey Azoulay

教科文组织总干事

海洋是地球的决定性物理特征

早在指南针、六分仪和钟表发明之前，波利尼西亚航海家就利用他们对风、海浪和星星的了解，在太平洋上旅行。通过观察天空，他们在水中绘制了自己的路线。通过观察鸟类和其他海洋动物，他们确定了陆地是否近在咫尺。在这样做的过程中，他们承认了人类与海洋之间的根本联系。

事实上，海洋是地球的决定性物理特征，因此它被称为蓝色星球。海洋调节气候，吸收高达90%的人类产生的多余热量。海洋和沿海地区拥有令人难以置信的生物多样性，估计有30亿人依靠这些生物多样性维持生计。换句话说，海洋是必不可少的，但我们对海洋的了解是有限的。人们常说，我们对月球表面的了解比对海底的了解还要多。

这就是海洋科学的用武之地。海洋科学旨在提高我们对海洋及其过程的理解和了解，并确定应对气候变化和海洋压力源的解决方案，包括海洋污染，海洋酸化和脱氧，海洋物种的丧失和转移以及海洋和海岸带环境的退化。海洋科学不仅是关于保护海洋，它更是关于守护我们共同的星球，关爱人类未来的科学。

近年来，科学界与国际社会一道，越来越意识到这些问题。这反映在该领域的出版物数量不断增加，18年来增加了179%，过去12年增加了89%，过去6年增加了28%。然而，尽管如此，只有大约1.7%的国家研发总支出用于海洋科学。

鉴于一个健康和可持续管理的海洋对于实现可持续发展目标是必要的，我们迫切需要采取行动。因此，联合国大会响应联合国教科文组织政府间海洋学委员会的一项提案，宣布从2021年1月开始，"联合国海洋科学促进可持续发展十年"。

"联合国海洋科学促进可持续发展十年"聚集了全世界的海洋利益攸关者，将是一个为子孙后代促进海洋科学和服务的独特机会。通过探索创造性的筹资机制，它将加强世界各地的伙伴关系。通过改进传播战略，它将加强对科学知识的吸收。通过加强尖端科学研究和创新技术，它将确保科学满足社会需求，不让任何人掉队。

因为，在海洋科学方面，各国和各区域之间继续存在相当大的差异，包括在获得设施和知识方面。因此，你们正在阅读的《全球海洋科学报告》是第二版，是了解我们在发展和分享海洋科学能力方面所处位置的不可或缺的手段。理解和行动是密切相关的——作为诚实和客观的基准，本报告鼓励国际社会解决现有的差异。

海洋科学是一段旅程，而我们才刚刚开始。如同古代的航海家一样，我们需要汇集知识，联合力量并保持正轨，以提供"我们想要的海洋所需的科学"。

Audrey Azoulay

寄 语

Ariel Troisi
联合国教科文组织政府间海洋学委员会
主席

Vladimir Ryabinin
联合国教科文组织政府间海洋学委员会
执行秘书

海洋在实现几乎所有可持续发展目标方面发挥着关键作用

教科文组织政府间海洋学委员会（海委会）章程如下：委员会的宗旨是促进国际合作，协调研究、服务和能力建设方面的方案，以便更多地了解海洋和沿海地区的性质和资源，并将这些知识用于改进管理、可持续发展、保护海洋环境及其成员国的决策过程。《全球海洋科学报告》2020年版是对政府间海洋学委员会如何在联合国教科文组织成立60年后的2020年实现其宗旨这一问题的最全面、最客观、最量化的答案。

海洋在实现几乎所有可持续发展目标方面发挥着关键作用。人们正在形成一种共识，即未来的"我们想要的海洋"应该是基于从最为科学性的角度进行可持续管理的海洋；《全球海洋科学报告》正是要衡量其科学性和恰当性。鉴于2017年的第一版《全球海洋科学报告》收获的知识和经验教训，第二版在衡量海洋学基础设施状况、人类潜力及用途等方面更加完备并具代表性。2017年公布的许多预测在2020年得到了证实。其中一项数据颇具挑战性：目前大约有1.7%的国家研发总支出能较为稳定地投入于海洋科学领域。作为政府间海洋学委员会主席和执行秘书，我们认为这一比例远远不够。我们敦促会员国、公共和私人投资者保持并加强海洋科学领域的投资！我们不能坚持使用"投资"一词而非"支出"一词。在海洋科学领域的投资回报约为每投入1美元回报5美元，而且很多领域的回报都是无形的。这使得我们的星球更健康，并在改善人类健康、生计和福祉方面发挥了巨大作用。

从历史的角度来看，海洋科学起源于人类的好奇心、发现精神和对海洋某些实用领域的兴趣。而在当下，海洋科学已成为实现可持续发展目标的一个重要因素。有鉴于此，政府间海洋学委员会向联合国提出，从2021年开始的海洋科学是促进可持续发展的十年。

该提案得到认可，且《十年执行计划》描绘了未来强化海洋科学并以此指导人类应对重大挑战的进程。《全球海洋科学报告》2020年版阐述了我们对未来十年初始状况的调查结果，为未来的十年之旅设定了基线。当前现状是，海洋科学平均可支配资源不足，且各国海洋科学能力不均衡。科学可以对一系列问题进行预警，但也需要为这些问题给出系统且行之有效的解决方案。"海洋十年"为我们采取变革性行动提供了千载难逢的机会，改变概念框架以便完成海洋科学必要的范式转变，而面向全球发布的《全球海洋科学报告》或将成为加强基本协同和伙伴关系以应对十年挑战的不可或缺的工具。

未来，《全球海洋科学报告》都会如期发布且更加丰富完善，我们希望可以借此激发并反映海洋科学能力的积极变化。《全球海洋科学报告》的网站将使得许多国家提交、更新和完成数据更加便捷。它将能够定期进行进展评估，深入了解国家、区域和全球战略的效率和影响，以建立和进一步提升海洋科学能力。

我们诚挚地邀请所有海洋利益攸关者阅读这份报告，必要时提出质疑。如果您同意报告的结论，请以此为据采取行动并稳步发展海洋科学。我们衷心感谢《全球海洋科学报告》的领导团队和作者们、做出贡献的成员国以及政府间海洋学委员会秘书处的重大努力及取得的良好成效。

前　言

Jacqueline Uku
《全球海洋科学报告》2020年版
编委会联合主席

Jan Mees
《全球海洋科学报告》2020年版
编委会联合主席

对于海洋健康和生物多样性以及对于依赖于海洋的福祉及其提供的商品和服务的人类来说，十年是一个"千载难逢的机会"

亲爱的读者：

我们很自豪和兴奋地推出第二版《全球海洋科学报告》。《全球海洋科学报告》2020年版是政府间海洋学委员会的旗舰出版物，我们认为当前版本在许多方面都是一个里程碑。

首先，在2017年第一版发布后仅三年，可以公正地说，该系列已经成熟。《全球海洋科学报告》2017年版无论是对于报告团队还是政府间海洋学委员会成员国来说，其成文过程都是一个不断接受挑战和学习的过程。前者必须就内容和结构给出意见，并通过新颖的调查问卷和对全球数据库的分析来组织和综合全球数据和信息流，而后者必须建立起收集和报告全球数据的程序。在制定《全球海洋科学报告》2020年版的过程中，前期这些工作得到了良好的回报，我们建立了经验丰富的秘书处和参与度极高的团队、丰富的材料和方法、完善的问卷和帮助平台及其他相关经验，帮助我们获取更多更好的数据，例如第一次通过时间序列数据来评估进度，更小的数据误差等。

第二，《全球海洋科学报告》可以被视为一个灵活的工具。它不是静态的，而是一个"活的"产品，它容纳新思路新见解，并响应不断变化的社会和海洋科学界的需求。尽管《全球海洋科学报告》2017

年版的几个章节的一些问题依然悬而未决且尚未重新讨论，《全球海洋科学报告》2020年版也提出了许多新的重要问题。特别值得一提的是，报告中对海洋科学中"蓝色"专利能力发展的分析以及关于海洋科学对可持续发展的贡献的章节。同样，我们当下就可以预测，下一版《全球海洋科学报告》很可能会涉及新型冠状病毒（COVID-19）大流行对全球海洋科学的影响。

第三点也是最后一点，可以说是最为重要的一点：《全球海洋科学报告》2020年版的发布非常及时，因为它是围绕并将纳入《国际海洋科学可持续发展十年规划（2021—2030）》的框架。宣布该"海洋十年"是为了支持《2030年可持续发展议程》及可持续发展目标（SDGs）。可持续发展目标具体目标14.a（政府间海洋学委员会已被指定为相应指标的托管机构），侧重于充分挖掘海洋科学的能力以及明确需要不断扩充的科学知识。这是唯一一个专注于海洋科学的目标，《全球海洋科学报告》2020年版及网站提供了最新数据。

"海洋十年"于2021年1月1日正式开始，随着《全球海洋科学报告》2020年版的发布，我们明确了"海洋十年"伊始人力和技术能力的最新基础信息。这将使我们能够监测和评估"海洋十年"进展情况，并最终监测和评估其成败。

对于海洋健康和生物多样性以及对于依赖于海洋的福祉及其提供的商品和服务的人类来说，"海洋十年"是一个"千载难逢的机会"。随着《全球海洋科学报告》2020年版的公之于世，海洋学界表现出实现"海洋十年"愿景和使命的决心和勇气。报告为我们衡量海洋科学基金、研究能力、技术转让、科学产出等方面的进展水平提供了基线。我们坚信我们必将成功。

在此我们谨代表编辑委员会，感谢所有作者、审稿人和秘书处同事们的出色工作。感谢各位读者对报告内容的支持和认可，并愿以此为据推动全球海洋科学进步，朝着"我们想要的海洋"迈进。

译者序

刘大海

联合国全球海洋评估专家/协调作者、
自然资源部海岸带科学与综合管理
重点实验室常务副主任

创新是海洋可持续发展的生命力

21世纪是海洋的世纪，在我们这个蓝色星球上，海洋拥有最大的生态系统，对人类做出的贡献日益凸显。但是，作为人类最后的家园，海洋污染、资源锐减、生态系统破坏等问题严重。如何认识海洋，经略海洋，保护海洋，成为人类需要共同面对的迫切问题。

2015年，联合国制定了为期15年的"可持续发展目标"（以下简称SDGs），其中SDG14为"保护和可持续利用海洋及海洋资源以促进可持续发展"，首次将海洋问题置于全球关注的中心，是扭转海洋状况恶化的第一步。为了打通全球海洋合作路径，找到逆转海洋健康衰退的有效途径，首先要明确当前全球各国海洋科技发展情况，并对有关全球海洋科学状况的资料进行全球汇编。

为系统性评估全球海洋科学的现状、能力和趋势，联合国教科文组织政府间海洋学委员会（IOC-UNESCO，以下简称IOC）组织编写了《全球海洋科学报告》（Global Ocean Science Report），首次将全球海洋科技能力进行了系统量化评价，横向对各国海洋科技发展开展了对比研究，纵向揭示了海洋科学发展的不足。该报告为促进海洋科技国际合作，满足社会经济需要，应对可持续发展等全球挑战做出了重要贡献。该报告的编制，填补了全球科学评估空白，奠定了全球海洋科学合作的基础，同时也是衡量可持续发展目标14.a进展的主要机制。

《全球海洋科学报告》目前发布了两部，均为8个章节。两部报告的前两个章节介绍了编制背景、报告目标、数据来源、指标方法等。其后的6个章节从不同领域对全球海洋科学情况进行了对比与分析。2017年，首部《全球海洋科学报告——世界海洋科学现状》收集了全球海洋科学评价指标与相关数据，构建了全球唯一的海洋科学评估机制，确定了衡量海洋科学的关键要素，提供了最关键的评估基准线。报告用6个章节对全球海洋科学能力进行了详细评估，分别是：研究能力和基础设施、海洋科学基金、研究产能和科学影响、海洋数据信息管理与交换、国际海洋科学组织和科学对海洋政策发展的贡献。

2020年，本部《全球海洋科学报告——海洋可持续发展能力调查与展望》发布。本部报告的主题为海洋可持续发展能力评价，增加了大量与其相关的评价方法，提供了更加全面、实时、准确的全球海洋科技发展现状评价，同时纳入了全球新冠肺炎疫情等最新全球变化。

第二部报告在评价指标与方法上既有继承又有创新。海洋科学的定义沿用了首部报告的8个主要分类，而评价对象上按照地理区位划分为8个，更便于横向对比分析。部分内容也将最不发达国家、小岛屿发展中国家和发展中国家等按照经济发展水平归类讨论。本部报告使用的基础数据与第一部基本一致，但在评价体系和目标架构方面有较大更新。不同于第一部报告中大量列举原始数据，第二部报告中部分指标使用了应用经济学的标准化方法。文献计量和专利数据也使用了标准化和可视化方法进行了处理，如位置分析、协作关系网和等值区域图等方法。这一方面是因为，使用量化数据构建的指标相对独立，且更便于衡量时间尺度上的变化情况，评价体系不易变动；使用调查问卷的数据来源更加多样化，且会随着调查问卷主题的变更而产生变化。另一方面，适时调整的调查问卷也更加贴合"海洋十年"与SDGs的愿景要求，以更加科学全面地衡量全球各国海洋科学与政策之间的沟通与发展。报告大篇幅强化海洋科学在政策制定中的应用，强调加强科学、社会与政策之间的相互促进与影响，对决策制定至关重要。同时强调全球海洋数据的开放共享以及平台的合作。

值得关注的是，《全球海洋科学报告》推动了"联合国海洋科学促进可持续发展十年"（United Nations Decade of Ocean Science for Sustainable Development，以下简称"海洋十年"）的设立。2017年12月，联合国大会形成第72/73号决议，决定自2021年启动"海洋十年"计划，并以IOC为其理事机构（Governing Body），具有提供政府间监督、定期审查进展报告、向联合国教科文组织和联合国大会提交报告等职责。《全球海洋科学报告》将纳入"海洋十年"战略监测和评价框架，也将有助于评价"海洋十年"对海洋科学能力的影响。报告中着重突出了"海洋十年"的愿景、目标、挑战与内容，是评价"海洋十年"运行成果的主要框架。

两部《全球海洋科学报告》均由UNESCO授权，由自然资源部第一海洋研究所海岸带中心主持翻译。团队多年来承担了大量海洋政策、战略、经济等领域的研究课题，连续出版了《国家海洋创新指数报告》《"21世纪海上丝绸之路"周边国家海洋经济合作指数评估报告》《蓝色战略：全球海洋政策研究》等中、英文版专著，积累了较为丰富的翻译经验，为《全球海洋科学报告》的翻译出版奠定了一定的学术理论基础。

本书作为IOC-UNESCO等机构组织编写的针对全球海洋科学的官方综合评估报告，其权威性和学术性毋庸置疑，几乎涉及了海洋各个学科，内容全面广博，专业术语繁多复杂，不仅挑战译者对语言的驾驭能力，更多地则是对背景知识和专业能力的检验。团队研究领域覆盖了海洋环境、海洋生物、海洋经济、海洋地质、英语等相关专业，力求将本报告翻译为多学科、跨专业、科普性与文学性兼具的优秀海洋读物。翻译过程中，团队对全球海洋科学的发展与认知变化也有了更深的感悟，并多次向相关专业背景的专家进行咨询求证，查找相关文献资料，一一加以核对落实，反复进行校对研读，以期精益求精地还原报告语言。

如今，蓝色经济正在加速发展，世界对海洋科技的需求愈加急切。《全球海洋科学报告》译著的出版发行，为对比衡量全球和中国海洋科学发展实力与差距，进而推动我国海洋科技进步和海洋经济发展提供了可参照的重要文本，为管理者、决策者和政府部门等提供了一个切实可行的工具，更为应对可持续发展的全球挑战做出了贡献。书中难免有疏漏之处，敬请各位同行专家批评指正。

目 录

内容提要	**1**
海洋可持续发展能力调查与展望	2
主要结论	5
事实和数据	6
从评估海洋科学现状到海洋科学在行动	20

第1章 简介	**25**
1.1 海洋科学的重要性以及如何衡量相关能力	27
1.2 《全球海洋科学报告》的演变：衡量海洋科学以指导可持续发展的战略投资	28
1.3 《全球海洋科学报告》2020年版的组织及展望	29

第2章 定义、数据收集和数据分析	**33**
2.1 准备过程	35
2.2 海洋科学的定义与分类	35
2.3 数据资源和分析	37
2.4 参数标准化	43
2.5 可视化	44

第3章 海洋科学基金	**49**
3.1 引言	51
3.2 海洋科学基金战略展望	51
3.3 绘制资金来源图	54
3.4 关于基金流的若干案例研究	67

第4章 研究能力与基础设施	**73**
4.1 简介	75
4.2 人力资源	75
4.3 海洋科学机构	89
4.4 用于持续海洋观察的观测平台和工具	89
4.5 能力发展	95
4.6 新问题及结论意见	105

第5章 海洋科学产能和影响分析	**113**
5.1 通过出版物衡量全球海洋科学	115
5.2 科学生产力	118
5.3 通过专利对海洋科学进行技术计量学研究	122
5.4 研究概况	129
5.5 协作模式和能力发展	141
5.6 促进优秀科学和基于科学的管理中合作的作用	147

第6章　海洋科学促进可持续发展　　153

6.1　前言　　155
6.2　实现可持续发展目标14的国家战略和机制　　156
6.3　海洋科学对实现可持续发展目标14具体目标的贡献　　157
6.4　海洋科学对其他具体可持续发展目标的贡献　　167
6.5　结论　　169

第7章　可持续利用海洋的数据和信息　　175

7.1　前言　　177
7.2　国家海洋科学数据管理基础设施和战略　　179
7.3　作为数据和信息基础设施的IODE网络　　179
7.4　数据管理策略　　181
7.5　申请人和用户　　183
7.6　当前数据争论中尚未解决的和新出现的问题　　185

第8章　海洋可持续发展能力评估与展望　　195

8.1　评估海洋科学基础设施、人力资源和能力发展　　197
8.2　海洋科学资本投资支持未来发展　　199
8.3　海洋科学与人类健康　　200
8.4　海洋科学未来十年展望　　202

附　录　　207

附录A　作者和编辑委员会成员简介　　208
附录B　首字母缩略词和缩写词　　218

内容提要

全球海洋科学报告：海洋可持续发展能力调查与展望
Global ocean science report, charting capacity for ocean sustainability

海洋可持续发展能力调查与展望

全球海洋科学报告：海洋可持续发展能力调查与展望
Global ocean science report, charting capacity for ocean sustainability

内容提要

《全球海洋科学报告》（GOSR），是政策制定者和学界等诸多利益攸关方寻求了解和利用海洋科学潜能以应对全球挑战的一份重要参考文件。《全球海洋科学报告》可以为与海洋科学资金支持相关的战略决策提供参考信息，展现科学合作机遇，并促进形成有利于进一步发展海洋科学能力的合作。这一能力在国家和国际海洋科学战略和政策的八个综合性、跨学科性和战略性主题中得到体现：

（1）蓝色增长（海洋经济）；
（2）海洋和人类健康福祉；
（3）海洋生态系统功能和演变过程；
（4）海洋地壳和海洋地质灾害；
（5）海洋与气候；
（6）海洋健康；
（7）海洋观测与海洋数据；
（8）海洋技术。

在2010—2018年间，45个国家发表了82%的海洋科学领域的出版物，为第二版《全球海洋科学报告》（GOSR2020，图ES.1）贡献了大量的数据和信息。在此基础上，全球、地区和国家层面的分析得以广泛展开。

借助2017年第一版《全球海洋科学报告》的成功经验及其所引起的广泛关注，《全球海洋科学报告》2020年版引出了四个新主题：

Ⅰ．海洋科学对可持续发展的贡献；
Ⅱ．科学应用在专利中的体现；
Ⅲ．对海洋科学人力资源性别平等问题的深入分析；
Ⅳ．海洋科学能力建设。

国际社会一致支持联合国《2030年可持续发展议程》。该议程描绘了当前以及未来人类和地球和平与繁荣的美好蓝图，可提纲挈领地概括为可持续发展目标（SDGs）。可持续发展目标共17项，反映了所有国家在社会、经济和环境方面的共同夙愿，并勾勒出通往没有贫穷和饥饿的美好未来的前行之路，既能适应气候变化的冲击，也能满足人类日益增长的对自然资源的需求。在这一前进道路上所取得的进展，可以通过可持续发展目标（SDGs）的具体目标和指标来展现。《全球海洋科学报告》是衡量可持续发展目标14.a落实情况的公认的方法，并且是相关数据的储存库，而可持续发展目标14.a，即"根据政府间海洋学委员会《海洋技术转让标准和准则》，增加科学知识，培养研究能力和海洋技术转让，以便改善海洋健康，提

图ES.1 对GOSR2020调查问卷给出答复的会员国（深蓝色）全球分布示意图；GOSR2020中按GOSR2017所载数据进行评估的国家以浅蓝色显示

资料来源：GOSR2017和GOSR2020调查问卷。

升海洋生物多样性对发展中国家，特别是小岛屿发展中国家和最不发达国家发展的贡献"。以透明和及时的方式报告海洋科学能力状况，是联合国教科文组织政府间海洋学委员会（IOC-UNESCO）的一项重要职责，这也为支持全球海洋科学能力建设工作和衡量进展情况提供了契机。

《2030年海洋可持续发展议程》的宏图伟愿在即将到来的"联合国海洋科学促进可持续发展十年"（2021—2030年）（以下简称"海洋十年"）中亦有明显体现。在"海洋十年"的背景下，"海洋科学"的定义涵盖自然科学和社会科学学科，包括跨学科方法；支持海洋科学的技术和基础设施；应用海洋科学造福社会，包括在当前科学能力匮乏地区进行知识转让及应用以及科学与政策和科学与创新之间的衔接。

随着政策制定效率的提升，对海洋科学研究发现、通过研究和观测得到的海洋科学成果和能力信息的易获取性提出了更高要求。例如，《联合国气候变化框架公约》（UNFCCC）第25次缔约方会议商定，在该公约附属科学技术咨询机构的支持下建立海洋与气候对话机制，即反映了这一点。《全球海洋科学报告》中载列的数据、信息和分析，可为《联合国气候变化框架公约》和2015年《巴黎协定》缔约方以及其他相关政策论坛（包括《生物多样性公约》和关于根据《联合国海洋法公约》的规定，就国家管辖范围以外区域海洋生物多样性的养护和可持续利用问题拟订一份具有法律约束力的国际文书的进程）的讨论和审议提供参考信息。

《全球海洋科学报告》2020年版与今后各版《全球海洋科学报告》及新推出的在线网站上载列的数据和信息，将被纳入监测和评估进程，以期通过《"海洋十年"实施计划》中概述的目标、挑战和七项社会目标，跟踪"海洋十年"愿景（即"构建我们所需要的科学，打造我们所希望的海洋"）的落实进展情况。在"海洋十年"启动前夕，收集并发布在《全球海洋科学报告》2020年版中的基准信息，将为整个海洋科学界提供指引，为所有国家参与"海洋十年"提供支持，并有助于为所有参与者扫清[1]有关于性别、世代和出身的障碍。

---

[1] 见 https://gosr.ioc-unesco.org。

主要结论

Ⅰ. 海洋科学的研究成果对可持续发展政策具有直接影响，并被应用于多个社会部门的管理战略和行动计划。这些研究成果被转化为诸多具有直接社会效益的应用，例如新型药物的生产和工业化应用。纵是如此，其潜力依然尚未得到充分开发利用。

Ⅱ. 尽管海洋科学与人类社会息息相关，但海洋科学经费供应却普遍不足，由此削弱了海洋科学为人类可持续发展提供海洋生态系统服务方面所能发挥的助推力。

Ⅲ. 海洋科学领域女性所占比例依然偏低，特别是在技术性较强的职类。

Ⅳ. 各国对青年海洋科学家的认可程度和支持水平存在很大差异。总的来说，处于职业生涯早期的海洋科学家和专业人员并未获得适当认可，但他们却是未来十年甚至更久时间应对海洋可持续性挑战的才智来源和主力军。

Ⅴ. 海洋科学技术能力在各国和各地区之间的分布仍然不均衡，这种不均衡局面又因海洋科学资金支持的短期性或临时性而进一步加剧。

Ⅵ. 全球海洋科学论文发表数量[1]持续增加，特别是东亚和东南亚国家。

Ⅶ. 各国管理海洋数据和信息的能力不足，阻碍了数据的开放和共享程度。

Ⅷ. 《全球海洋科学报告》的发布，为在国际范围内衡量海洋科学能力（可持续发展目标具体目标14.a）提供了一种系统化的方法。需要建立类似的机制来衡量整个《2030年可持续发展议程》，特别是可持续发展目标14的落实进展情况。到目前为止，这项工作一直是根据需要临时安排，世界上许多地方都缺乏系统化的扶持框架和战略。

---

1 文献计量指标系基于在期刊上发表的经同行评审的论文这一类研究产出而定。诸如专利、会议报告、国家报告和技术丛书等其他形式的研究产出，无论有无经过同行评审，均不作考虑。此外，非以英文撰写的论文，甚至连英文摘要也没有的论文，一律不予收录至数据库，故而也不在本研究范围之内。

全球海洋科学报告：海洋可持续发展能力调查与展望
Global ocean science report, charting capacity for ocean sustainability

事实和数据

海洋科学人员能力

海洋科学的蓬勃发展有赖于其从业者茁壮成长

人们日益认识到，人力资源在海洋科学事业以及在从科学到管理和从科学到创新的价值链中发挥的关键作用，同时也越来越认识到海洋科学对可持续蓝色经济以及总体可持续发展的重要贡献。

各国海洋科学研究人员的数量从每百万居民中1～300人不等——这些比例与GDP不存在直接关系

欧洲国家研究人员占总人口比例最高。例如，挪威和葡萄牙每百万居民有300多名研究人员（图ES.2）。然而，若以国内生产总值（GDP）来衡量，则一些发展中国家（例如，贝宁、几内亚、毛里塔尼亚和南非）在海洋研究人员数量上堪与一些发达国家（例如，比利时、丹麦、爱尔兰和瑞典）比肩，甚至更胜一筹（图ES.3）

图 ES.2 各国每百万居民中受雇海洋科学研究人员数量［按总人数（HC）计，伊朗按全职等效员工（FTE）计］。各国指定年份每百万居民中从事海洋科学研究人员数量数据系摘录自表4.1（见GOSR2020）所列数据子集

资料来源：GOSR2017和GOSR2020调查问卷（研究人员）；世界银行数据库（居民）。[1]

---

[1] 请参阅https://databank.worldbank.org/source/world-developmentindicators (2019年12月17日检索)。

全球海洋科学报告：海洋可持续发展能力调查与展望
Global ocean science report, charting capacity for ocean sustainability

图 ES.3　不同国家全国海洋科学研究人员数量（总人数，HC）与该国当年基于购买力平价（PPP）（按当年美元价值）计算的国内生产总值（GDP）的关系。各国对应气泡大小与该国研究人员数量和国内生产总值的比例成正比

资料来源：GOSR2017和GOSR2020调查问卷（研究人员）；世界银行《全球经济监控》（GDP，按当年美元价值，季节调整）。[1]

---

[1]　请参照https://databank.worldbank.org/home.aspx（2020年2月12日检索）。

海洋科学领域性别平等远未实现，但实现性别平等这一艰巨任务现实可行

各国海洋科学工作人员（包括研究人员和技术支持人员）中女性工作人员所占比例从大约7%（刚果民主共和国）到72%（爱尔兰）不等，全球平均值37%。在安哥拉、保加利亚、克罗地亚、萨尔瓦多、爱尔兰、波兰和土耳其等国，女性海洋科学工作人员的比例占到50%，甚至更高（图ES.4）。

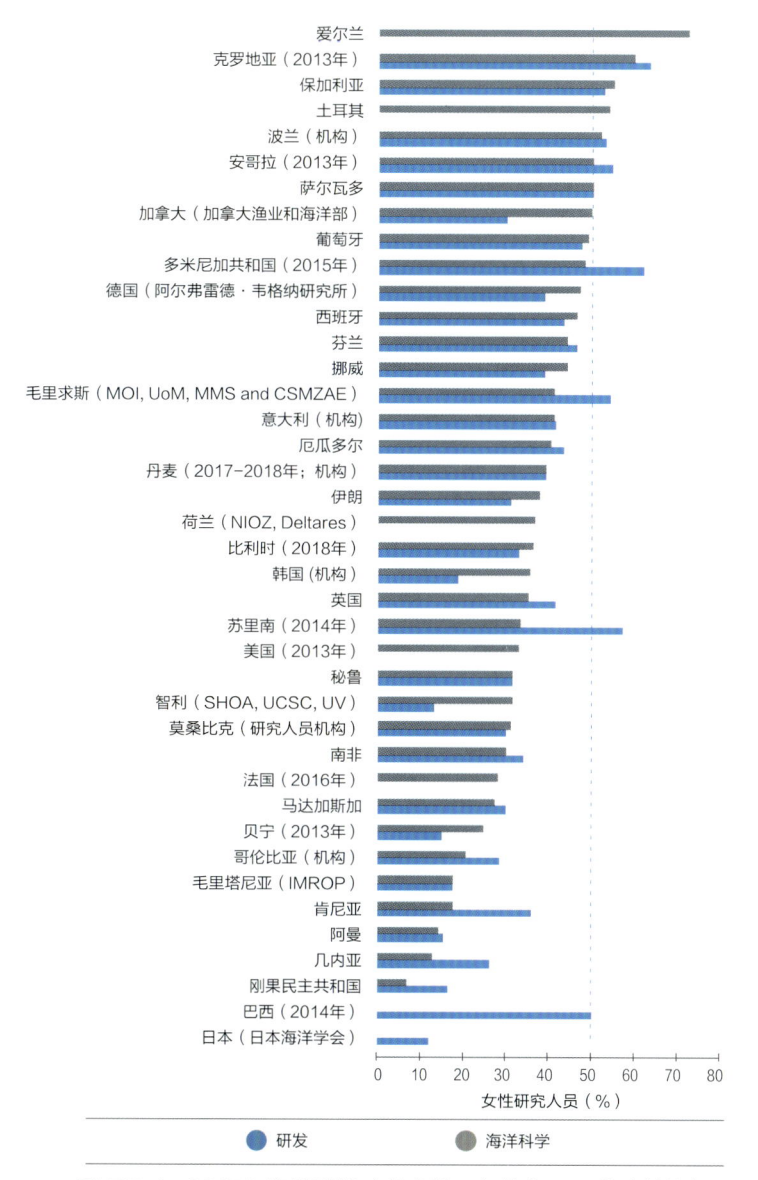

图 ES.4 2017年海洋科学（总人数；灰柱）和研发（蓝柱）领域的女性研究人员比例（总数的%）。对于2017年数据缺失的国家，以有数据可查的最近年份代之（见第4章）

资料来源：GOSR2017和GOSR2020调查问卷。

全球海洋科学家中女性研究人员占比39%，比全球自然科学领域女性研究人员占比高出10%

海洋科学领域女性研究人员占比从12%左右（日本）到63%以上（克罗地亚）不等。在安哥拉、巴西、保加利亚、克罗地亚、多米尼加共和国、萨尔瓦多、毛里求斯、波兰和苏里南，女性海科研人员占比达到50%，甚至更高。女性在所有海洋科学研究人员中的平均占比为38.6%，与2017年报告的比例水平（38%）相近，比全球自然科学领域女性研究人员占比高出10%。

越来越多的女性海洋科学家参与世界对话

评估女性参与海洋科学领域的另一指标是女性科学家参加国际会议的情况。根据科学类别和地区的不同，女性参会者占会议参会人员总数的比例从29%到53%不等（图ES.5）。与《全球海洋科学报告》2017年版的报告结果相比，《全球海洋科学报告》2020年版中，不同类别和地区的女性参会者人数均有增加。

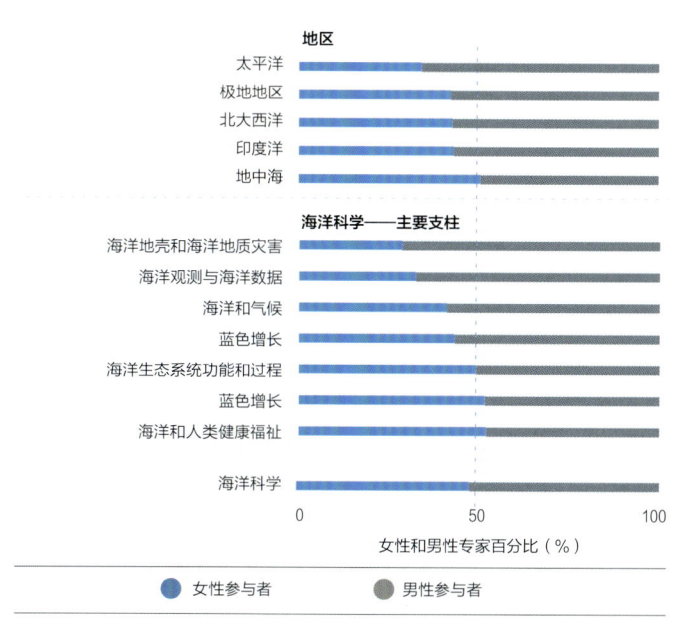

图 ES.5 2015—2018年参加国际科学会议/研讨会的男女专家的相对比例（%）。上半部分侧重于地区性会议/研讨会；下半部分侧重于专题性会议/研讨会

资料来源：2015—2018年期间举行的国际海洋科学会议/研讨会部分参会人员名单。

全球海洋科学报告：海洋可持续发展能力调查与展望
Global ocean science report, charting capacity for ocean sustainability

海洋科学人才队伍有待年轻化，从而为真正具有创新意义的变革性解决方案打开大门

务必要推动海洋科学领域科研新人网的发展，促进青年科学家参与重大科研项目。报告显示，目前只有少数几个国家，特别是发展中国家，研究人员群体相对年轻化。例如，马达加斯加海洋研究人员中，年龄在34岁以下者占比超过50%。加拿大、芬兰、意大利、日本和阿曼等国，超过50%的海洋科学研究人员年龄在45岁以上。

原籍国决定了科研新人参与国际论坛的机会

来自世界不同地区的学生在参加国际交流计划（如国际会议）方面机会不平等。来自欧洲和北美的学生占到全球参加海洋科学会议学生总人数的69%（图ES.6）。

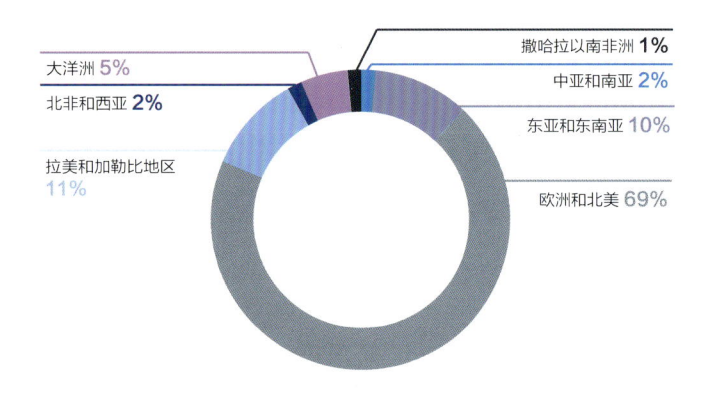

- 大洋洲 5%
- 北非和西亚 2%
- 拉美和加勒比地区 11%
- 撒哈拉以南非洲 1%
- 中亚和南亚 2%
- 东亚和东南亚 10%
- 欧洲和北美 69%

图 ES.6　各地区参加国际会议/研讨会（不包括太平洋地区会议）学生所占比例（%）

资料来源：2011—2018年期间举行的国际海洋科学会议/研讨会部分参会人员名单。

内容提要

海洋科学缔造知识，应用广泛

全球海洋科学产出不断攀升（地区差异不断显现）

在过去18年中，大多数可持续发展目标（SDG）地区经同行评审的海洋科学论文产出，无论在绝对数量上还是在相对数量上，均有增加（图ES.7）。其中，最为突出的当属东亚和东南亚地区，该地区产出增加10%，这主要得益于中国的推动，其次是日本和韩国。欧洲和北美地区的论文产出未能实现同等幅度的增长，导致该地区对整个科学论文产出的贡献比重从大约2/3降至一半，降幅约17%（图ES.8）。

国际合作推动海洋科学竞争

2012—2017年期间，全球海洋科学家发表的论文中，有61%的论文至少有一名外国合著者，而2006—2011年期间这一比例约为56%，2000—2005年期间约为52%（图ES.9）。科学家跨国合作呈持续加强趋势，这是积极有益的发展态势。

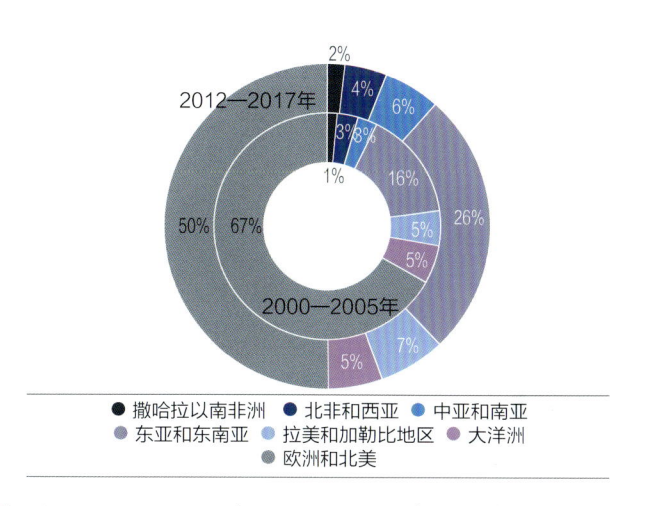

图 ES.8　2000—2005年和2012—2017年两个时期各可持续发展目标（SDG）地区在全球论文产出中所占比重的变化情况

资料来源：第5章作者基于Science-Metrix/Relx Canada公司对Scopus（Elsevier）2000—2017年数据所作的文献计量分析。

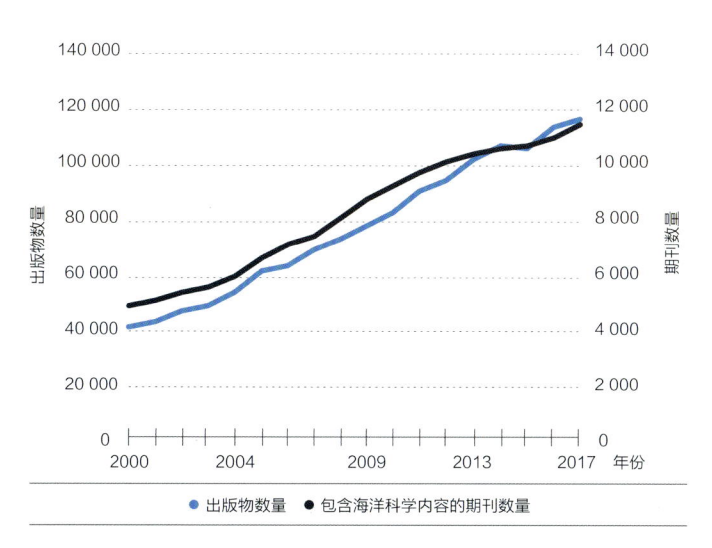

图 ES.7　2000—2017年期间全球经同行评审的海洋科学论文发表数量（蓝色）与包含海洋科学内容的期刊数量（黑色）的年度趋势

资料来源：第5章作者基于Science-Metrix/Relx Canada公司对Scopus（Elsevier）2000—2017年数据所作的文献计量分析。

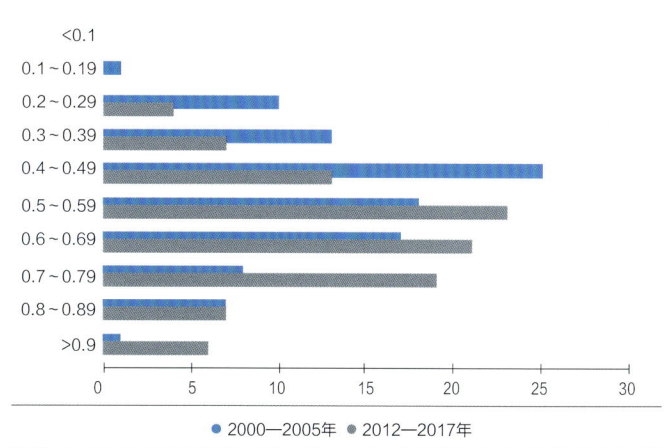

图ES.9　2000—2005年和2012—2017年期间出版物发表数量最多的前100个国家国际合著出版物发表率变化情况

资料来源：第5章作者，基于 Science-Metrix/Relx Canada 公司对Scopus（Elsevier）2000—2017年数据所作的文献计量分析。

全球海洋科学报告：海洋可持续发展能力调查与展望
Global ocean science report, charting capacity for ocean sustainability

国际合作带动工作质量提升

论文发表数量的平均相对影响因子与国际合著论文发表率之间的正相关关系再次得到证实（图ES.10）。

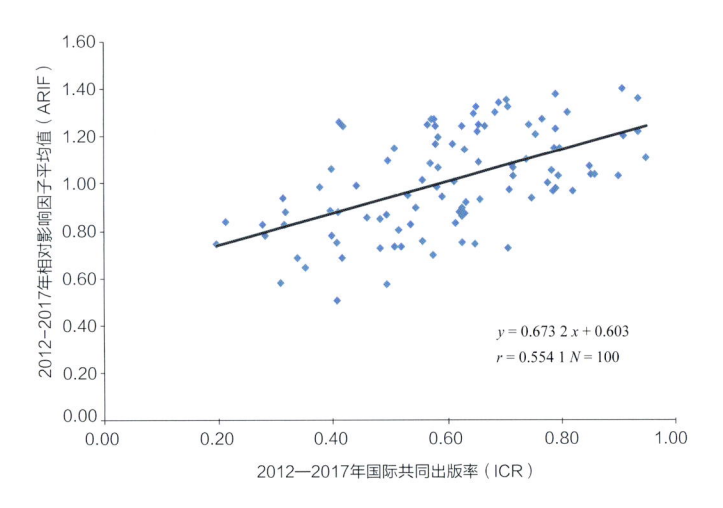

$y = 0.6732x + 0.603$
$r = 0.5541\ N = 100$

图ES.10 海洋科学界和海洋从业人员国际合著论文发表率与平均相对影响因子（ARIF）比较

资料来源：第5章作者基于 Science-Metrix/Relx Canada 公司对 Scopus（Elsevier）2012—2017年数据所作的文献计量分析。

海洋科学研究成果转化为应用，为社会造福

"减缓"或"适应气候变化"的"技术"或"应用"，是联合专利分类（CPC）中最常见的海洋科学技术（图ES.11）。这反映出人类越来越认识到海洋在调节气候方面的作用以及人类引起的气候变化对海洋健康的负面影响。海洋科学的发现几乎惠及所有经济部门。

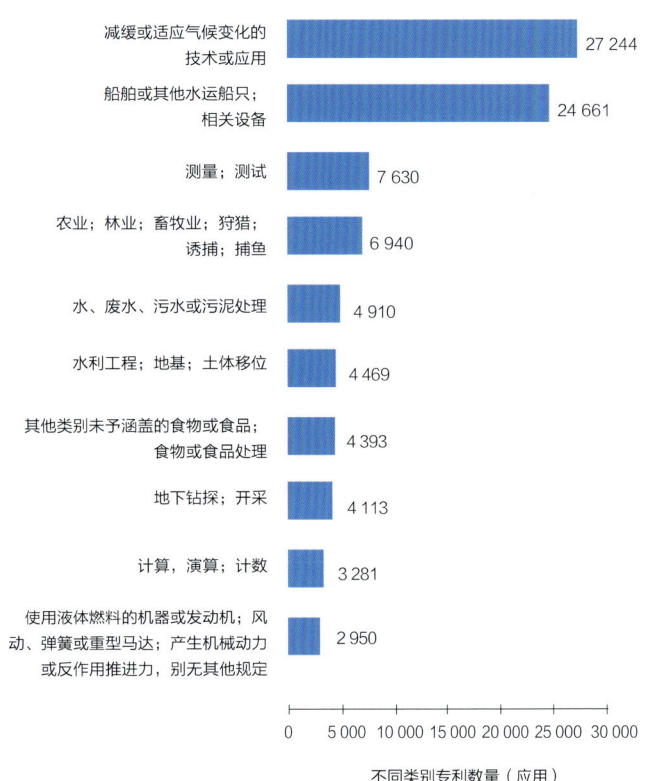

类别	数量
减缓或适应气候变化的技术或应用	27 244
船舶或其他水运船只；相关设备	24 661
测量；测试	7 630
农业；林业；畜牧业；狩猎；诱捕；捕鱼	6 940
水、废水、污水或污泥处理	4 910
水利工程；地基；土体移位	4 469
其他类别未予涵盖的食物或食品；食物或食品处理	4 393
地下钻探；开采	4 113
计算，演算；计数	3 281
使用液体燃料的机器或发动机；风动、弹簧或重型马达；产生机械动力或反作用推进力，别无其他规定	2 950

图 ES.11 采用分数计数法计算的海洋科学专利类别（应用）中最常见的10个联合专利分类（CPC）

资料来源：基于Science-Metrix/Relx Canada公司对美国专利商标局、欧洲专利局、韩国特许厅、日本专利厅和中国国家知识产权局提供的2000—2018年数据所作的技术计量分析。

海洋科学助力海洋资源可持续发展和管理

海洋科学工作重点以国家优先事项和需求为导向

各国一如既往地专攻反映其优先事项的特定研究领域；纵使时间推移，海洋科学的八个主要类别始终呈此模式（图ES.12）。

可持续发展的实现离不开海洋科学

海洋是地球上最大的生物群系，它为人类营养、健康和娱乐提供资源，也是沿海地区地域文化认同的来源之一。因此，各国在努力实现可持续发展目标14（SDG 14）的同时，本身也是在为实现所有其他可持续发展目标做出巨大贡献。

许多国家缺乏衡量可持续发展目标14（SDG 14）落实进展情况的具体战略

在对《全球海洋科学报告》2020年版相关问题做出答复的37个国家中，超过70%的国家已制定《2030年可持续发展议程》目标实施战略和路线图。但仅有21%的国家表示，已制定侧重于海洋和可持续发展目标14的专项战略（图ES.13）。

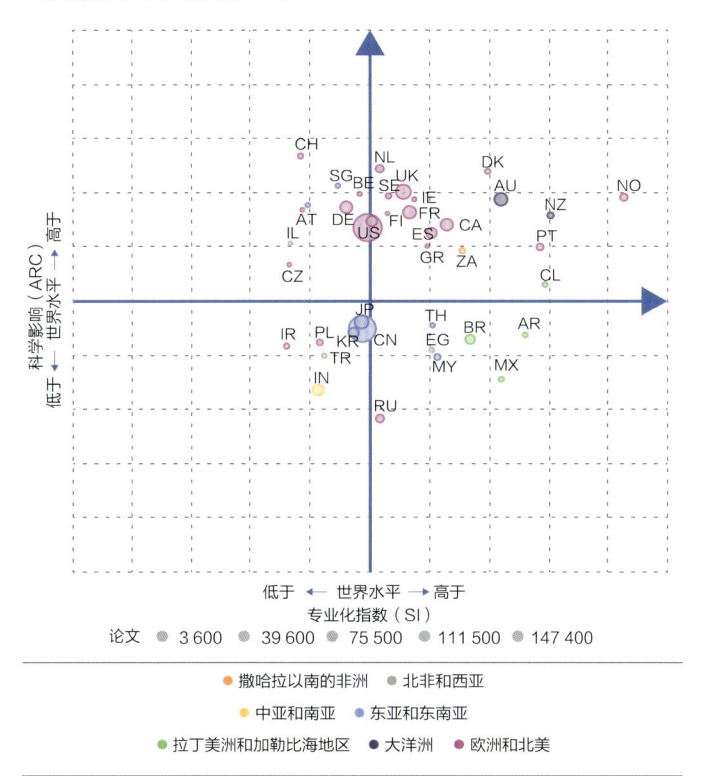

图ES.12 2012—2017年海洋科学产出比较组40个国家的位置分析。分析综合运用三个指标：经同行评审的海洋科学论文发表数量、专业化指数（SI）和平均相对引用分（ARC）。气泡的大小与研究期间该国的出版物数量成正比。缩写：阿根廷（AR）、澳大利亚（AU）、奥地利（AT）、比利时（BE）、巴西（BR）、加拿大（CA）、智利（CL）、中国（CN）、捷克（CZ）、丹麦（DK）、埃及（EG）、芬兰（FI）、法国（FR）、德国（DE）、希腊（GR）、印度（IN）、伊朗（IR）、爱尔兰（IE）、以色列（IL）、意大利（IL）、日本（JP）、马来西亚（MY）、墨西哥（MX）、荷兰（NL）、新西兰（NZ）、挪威（NO）、波兰（PL）、葡萄牙（PT）、韩国（KR）、俄罗斯（RU）、新加坡（SG）、南非（ZA）、西班牙（ES）、瑞典（SE）、瑞士（CH）、泰国（TH）、土耳其（TR）、英国与北爱尔兰（GB）、美国（US）。

资料来源：基于Science-Metrix/Relx Canada公司对Scopus（Elsevier）2012—2017年数据所作的文献计量分析。

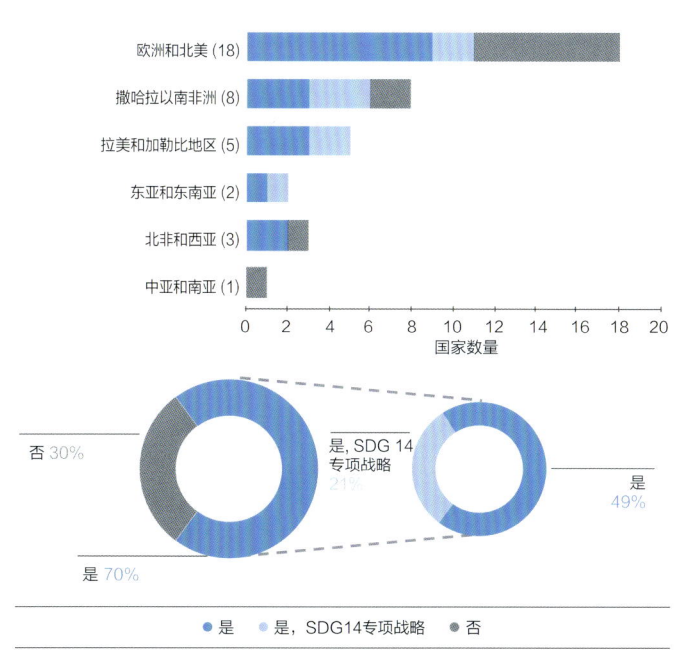

图ES.13 已制定国家级《2030年可持续发展议程》实施战略（"是"）和/或制定可持续发展目标14（SDG 14）实施战略的国家与未制定此种战略的国家在全球和各地区的分布

资料来源：GOSR2020调查问卷。

不同地区对可持续发展目标14（SDG 14）各项具体目标落实情况确立报告机制方面存在差异

在做出答复的国家中，有25个国家确认，已针对可持续发展目标14（SDG 14）的各项具体目标和指标确立了报告机制（图ES.14）。

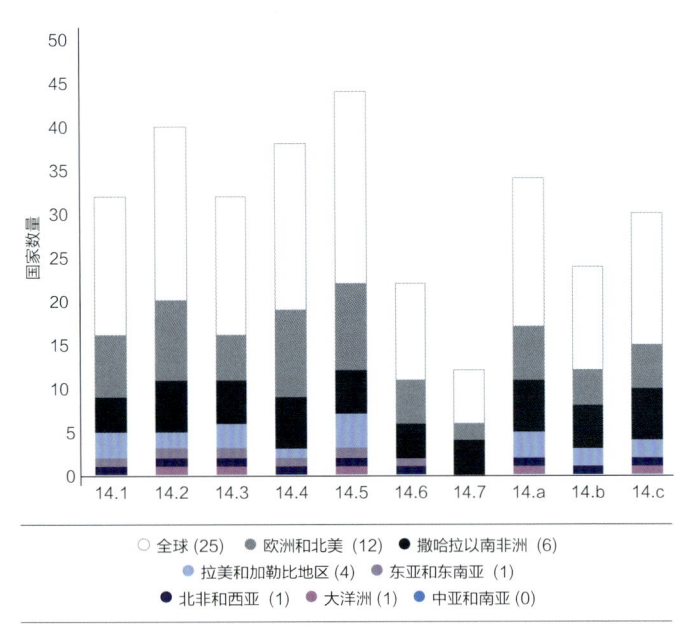

图ES.14 可持续发展目标地区已针对可持续发展目标14（SDG 14）各项具体目标确立报告机制的国家数量

资料来源：GOSR2020调查问卷。

海洋数据和信息管理

并非每个国家都具备支持海洋数据和信息管理的能力和基础设施，但海洋数据和信息服务已然在为广泛的用户提供支持

全球仅有57个国家有指定的国家海洋学数据中心。这些中心向客户提供的服务排名前四位的分别是：（i）元数据和数据档案；（ii）获取成文的方法、标准和准则；（iii）数据可视化；（iv）网络服务（图ES.15）。数据、产品或服务的客户和终端用户来自社会各界，这反映出海洋学数据和信息与经济、研究、公共行政，特别是与企业关联甚广。数据、产品或服务的主要用户为国家和国际科学界、学生和私营部门以及普通公众和政策制定者。

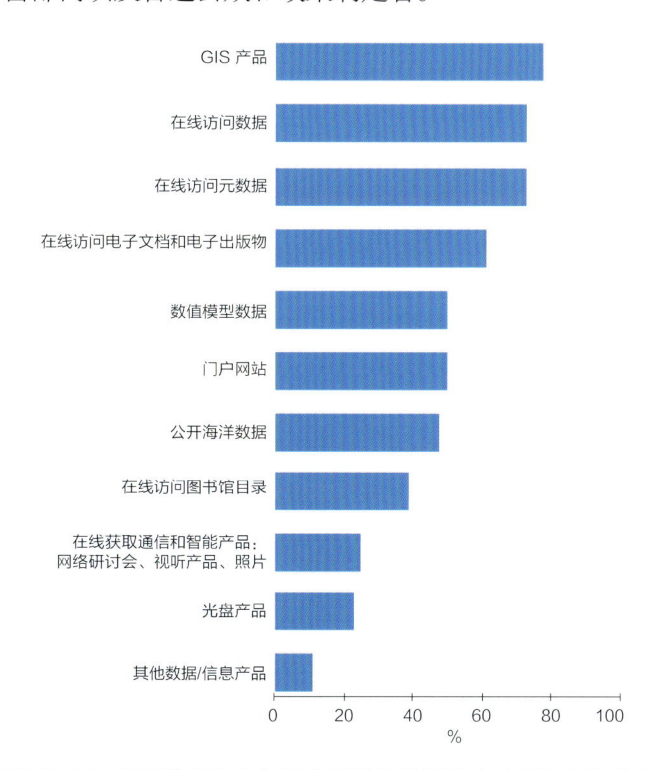

图ES.15 各国数据中心为用户提供的数据/信息产品和服务的比例（%）（基于提交的44份答复，答案可多选）

资料来源：GOSR2020调查问卷。

海洋数据日益被视为一项共同财产，但开放获取海洋数据还远未成为常态

数据共享和开放可以确保各类社会群体能够获取数据、数据产品和服务。80%以上的国家实行机构、国家或国际数据共享政策。74%的数据中心能够与其他国际数据系统实现部分数据和信息交换。这一比例在不同地区之间差异很大。例如，在欧洲和北美地区，90%以上的数据中心能够进行此种数据交换，而在拉丁美洲和加勒比地区，这一比例不足50%（图ES.16）。从各国报告的情况来看，58%的海洋数据中心遵照可查询、可获取、可互操作和可重复利用（FAIR）原则行事，但仍有60%的数据中心对"某些"数据类型的访问设限，其中58%的数据中心所设限制具有时限性。仅有16%的数据中心不对数据访问作任何限制（图ES.17）。

图ES.16 向国际科学理事会（ICS）世界数据系统、国际海洋学数据和信息交换委员会全球数据收集中心（GDAC）、世界气象组织（WMO）全球电信系统（GTS）等国际系统提供数据和信息的国家数据中心百分比（提交的42份答复）

资料来源：GOSR2020调查问卷。

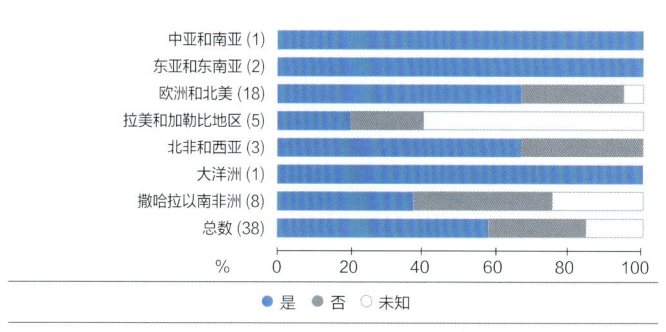

图ES.17 国家数据中心对FAIR数据管理标准的遵守情况（基于提交的38份答复计算得出的百分比）

资料来源：GOSR2020调查问卷。

15

全球海洋科学报告：海洋可持续发展能力调查与展望
Global ocean science report, charting capacity for ocean sustainability

海洋技术转让和海洋科学投资

海洋科学工作所需研究基础设施/设备分布不均

有42个国家提供了关于开展海洋科学工作所用具体技术设备的信息。来自北半球的五个国家（美国、德国、挪威、日本和加拿大）报告称，可以充分获取各种技术基础设施。南半球国家获取海洋科学技术和基础设施的机会有限。

进入开阔海洋并非易事

全球共有1081艘船为海洋科学服务，其中924艘是几乎完全用于海洋科学的科考船，另外157艘船机动作业。在这些科考船中，1/3以上由美国维持。从已掌握的920艘科考船的情况来看，在35个国家中，有24%的科考船主要用于地方/沿海研究作业，8%的科考船在地区范围内开展作业，5%的科考船在国际范围内开展作业，11%的科考船在全球范围内开展作业（图ES.18）。有23个国家拥有定期进行环球航行的船只。

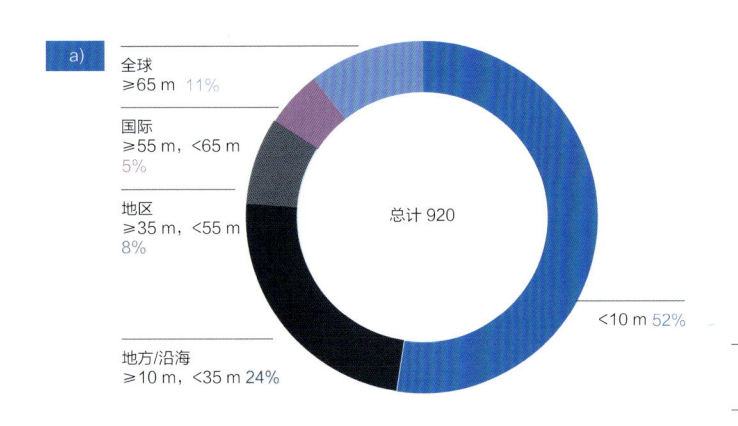

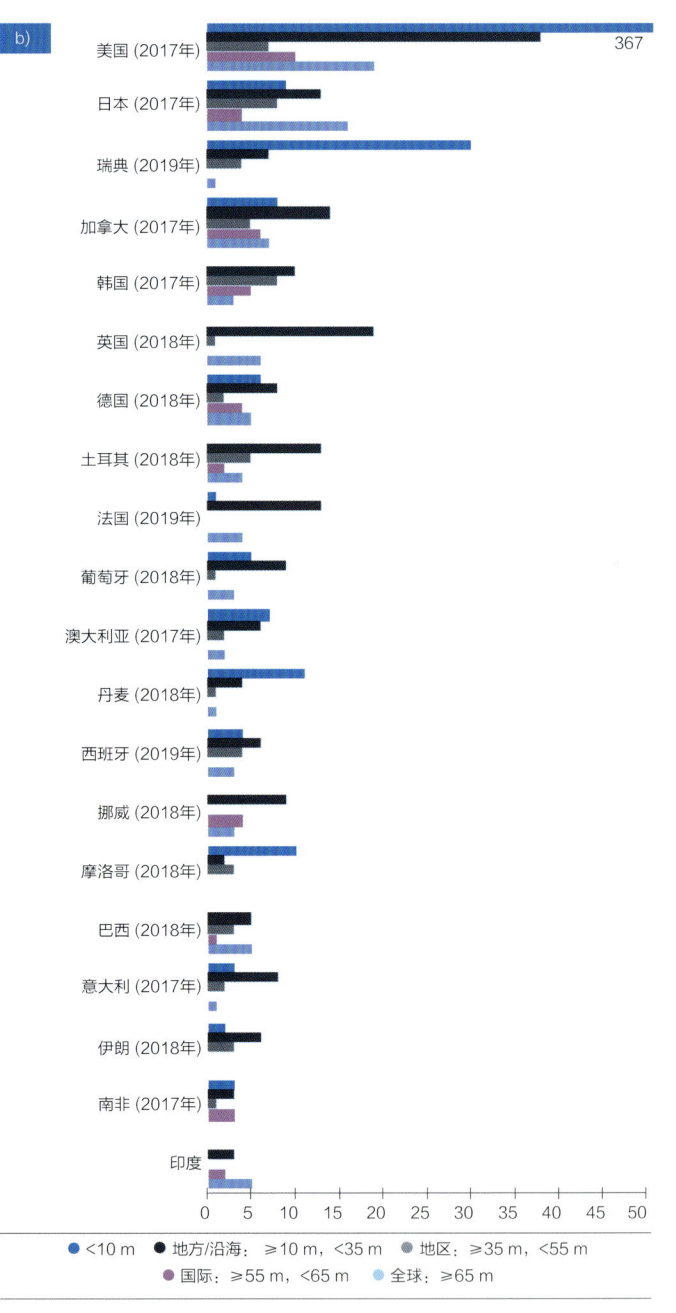

图ES.18 a）各国拥有科学考察船（RV）的数量（按船体大小分类）；b）前20个国家的详细信息
资料来源：GOSR2017和GOSR2020调查问卷。

各国在海洋研究的投资力度存在很大差异

总体而言，各国用于国内研发支出总额（GERD）中，海洋科学支出占比明显低于其他主要研究和创新领域。各国研究预算中海洋科学拨款所占比重从0.03%到11.8%不等，平均仅有1.7%（图ES.19）。2010年海洋对全球经济的贡献高达15 000亿美元。两相对比，对海洋科学支出的比重委实很低。有些国家尽管国内研发支出总额（GERD）很低，但海洋科学支出占比很高，甚至可以说是高的"超乎常规"。

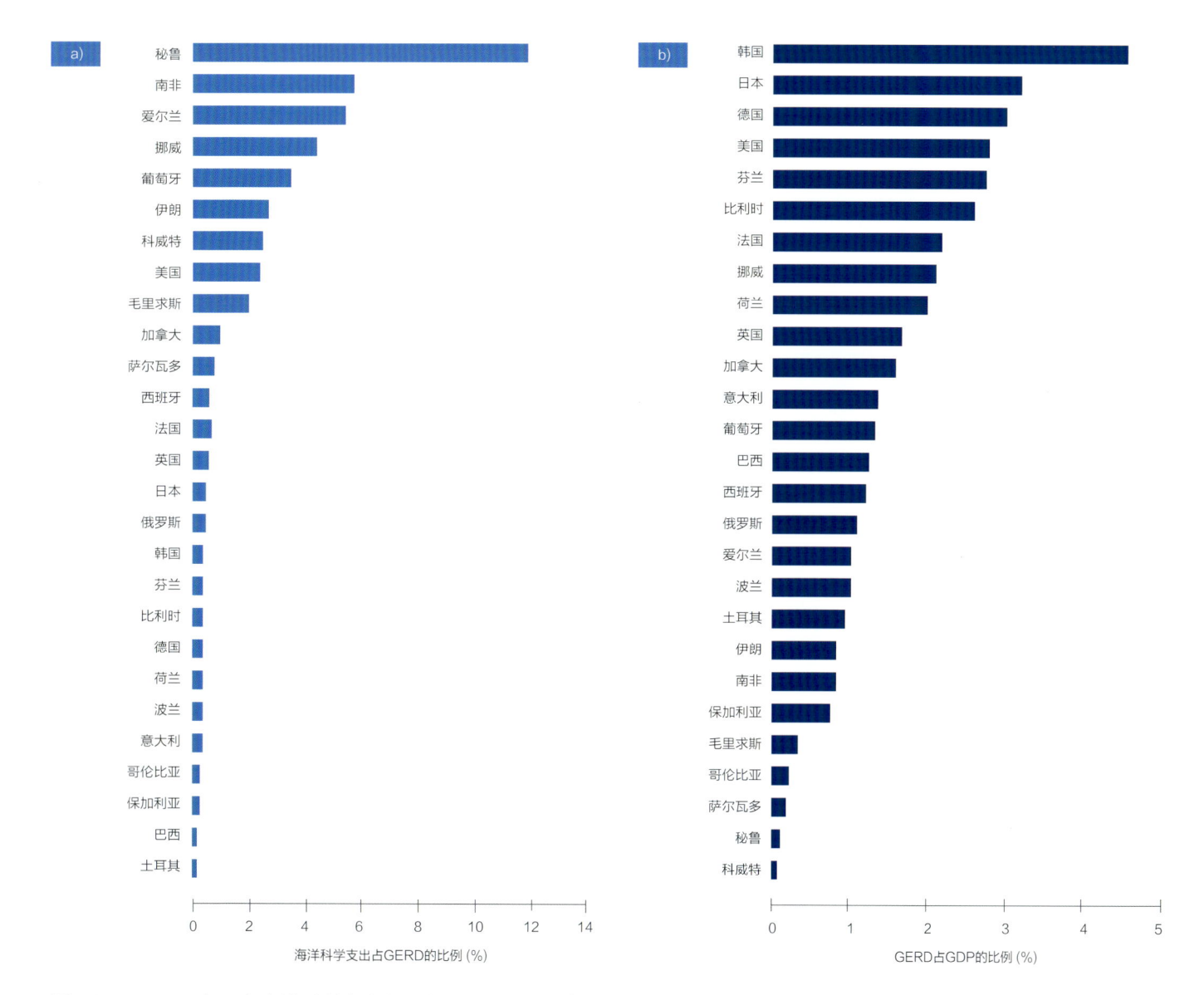

图ES.19 2017年 a）海洋科学支出占国内研发支出总额（GERD）的比重；b）国内研发支出总额（GERD）占国内生产总值（GDP）的比重

资料来源：GOSR2020调查问卷；联合国教科文组织统计研究所数据库。注意：在国内研发支出总额（GERD）中，海洋科学基金并于自然科学和其他类别，不再单独列报[1]。

1　秘鲁、葡萄牙和美国的最新可用数据来自2016年。伊朗和葡萄牙的最早可用数据来自2014年。南非国内研发支出总额（GERD）最新可用数据来自2016年。

全球海洋科学报告：海洋可持续发展能力调查与展望
Global ocean science report, charting capacity for ocean sustainability

维持和提升海洋科学技术和人员能力的前景堪忧

海洋科学预算在不同国家和不同时期存在很大差异。从所收到的数据集来看，2013—2017年期间，有14个国家的平均预算估计数呈增长趋势（俄罗斯年增长率最高，达到10.4%，其次是英国和保加利亚），有9个国家削减了预算，其中有些国家预算减幅相当明显（特别是日本、厄瓜多尔、土耳其、巴西和意大利）（图ES.20）。

海洋科学经费不再完全由政府提供

近年来，海洋科学经费来源日趋多样化，目前包括国家行政部门、国际项目、私营部门、基金会和慈善组织等。尽管海洋科学经费来源仍将以机构为主，但预计未来十年内，私人基金会和捐助方将在支持各类海洋科学项目方面发挥更大作用。与其他科学领域一样，海洋科学也会受益于创新性的筹资机制，包括跨学科研究基金、众筹、博彩和税收等。

海洋科学国际合作获得多重战略激励

跨国和跨部门合作，被认为是促进资源有效利用、扩大海洋科学参与和加强海洋科学在政策领域应用的一项关键战略。目前，多种措施正在陆续出台，鼓励加强国际合作与交流，例如，提供资金和实物支持，促进取得国际理事会/委员会成员资格、开展交流计划、担任国家和地区机构顾问以及获得学术部门客座研究员职位。

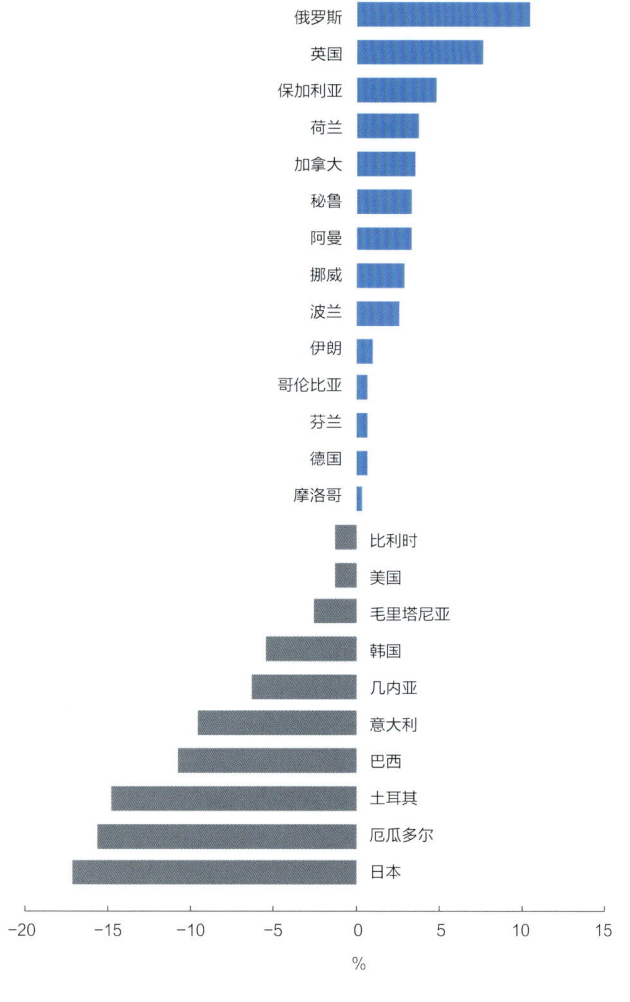

图ES.20 根据2013—2017年期间以当地货币不变价格（2010年为100）计算的海洋科学支出年均变化幅度（%）

资料来源：GOSR2020调查问卷；国际货币基金组织国际金融统计数据库。[1]

---

[1] 秘鲁、葡萄牙和美国的最新可用数据来自2016年。伊朗和葡萄牙的最早可用数据来自2014年。

2019新型冠状病毒肺炎（COVID-19）[1]暴发对海洋科学的潜在影响

海洋观测受到新冠肺炎疫情的不利影响

2020年上半年，新冠肺炎疫情对海洋观测造成了巨大的直接影响。几乎所有科考船都被召回母港。用于监测主要洋流和海气交换的重要系泊阵列的维持工作几乎全部取消。因此，一些阵列在未来几个月内面临发生故障的风险。2020年6月，300多个系泊阵列中有30%～50%因疫情受到影响，其中一些阵列已经因为电池耗尽而停止发送数据。不过，截至2020年6月，得益于自身固有的惯性，自主观测平台的使用，基地维护良好且许多观测系统运营人员迅速采取了缓解行动，全球观测系统展现出一定的韧性。然而，如果当前趋势继续下去，全球观测系统不会无限期地保持这种状况。从最近开展的评估来看，2020年下半年和2021年上半年前景严重堪忧。

新冠肺炎疫情对整个海洋科学的影响仍是个未知数

评估新冠肺炎疫情对海洋研究的影响，有别于目前在评估和描述疫情对海洋观测所致影响时采用的方法。《全球海洋科学报告》2020年版所载数据是疫情暴发之前的数据。下一版报告将对此次疫情对海洋科学基础设施、人员和技术能力、核心经费供应、私营部门投资、科学产出、会议、观测、研发趋势、就业和性别等方面的影响进行全方位评估。

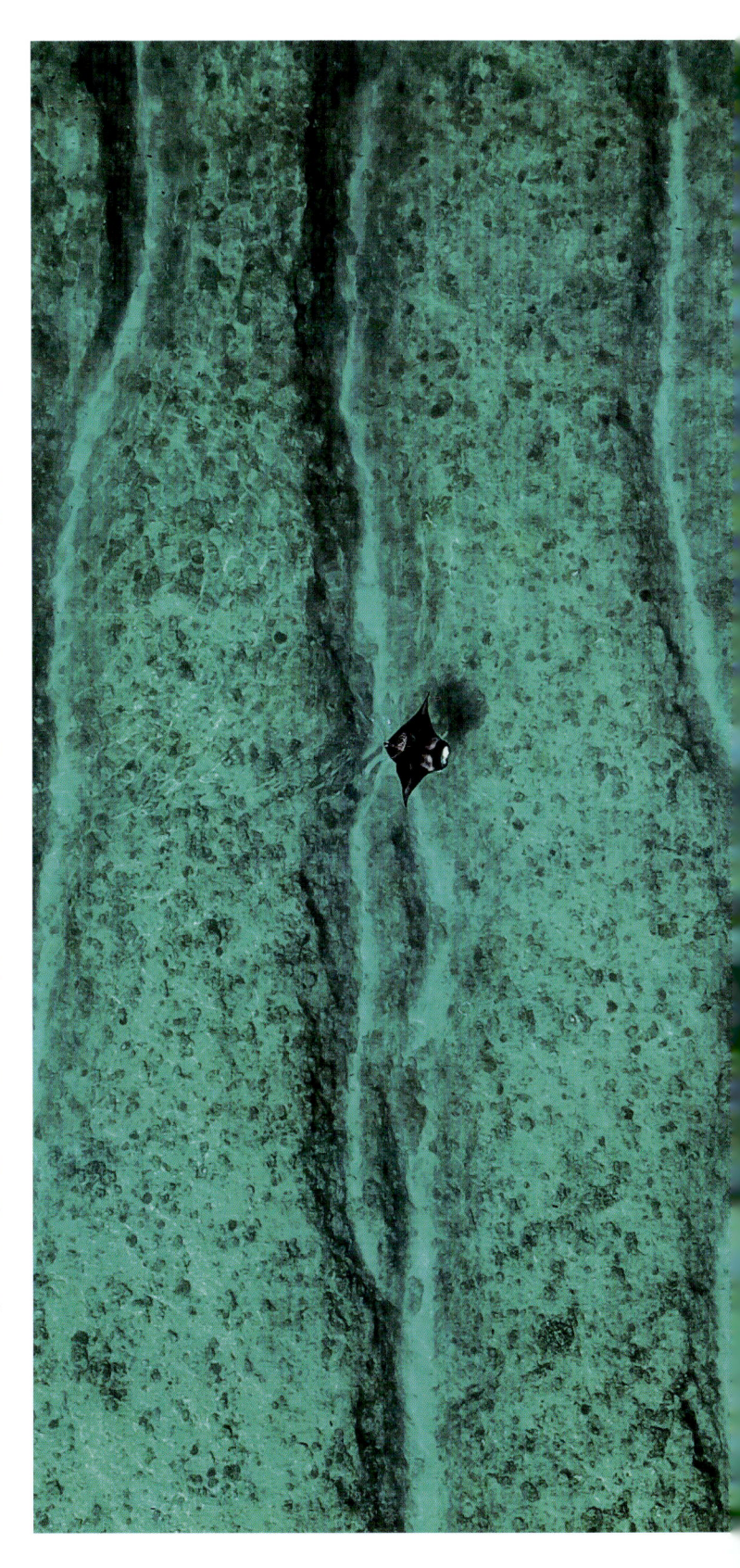

1　以下简称"新冠肺炎"。——编者注

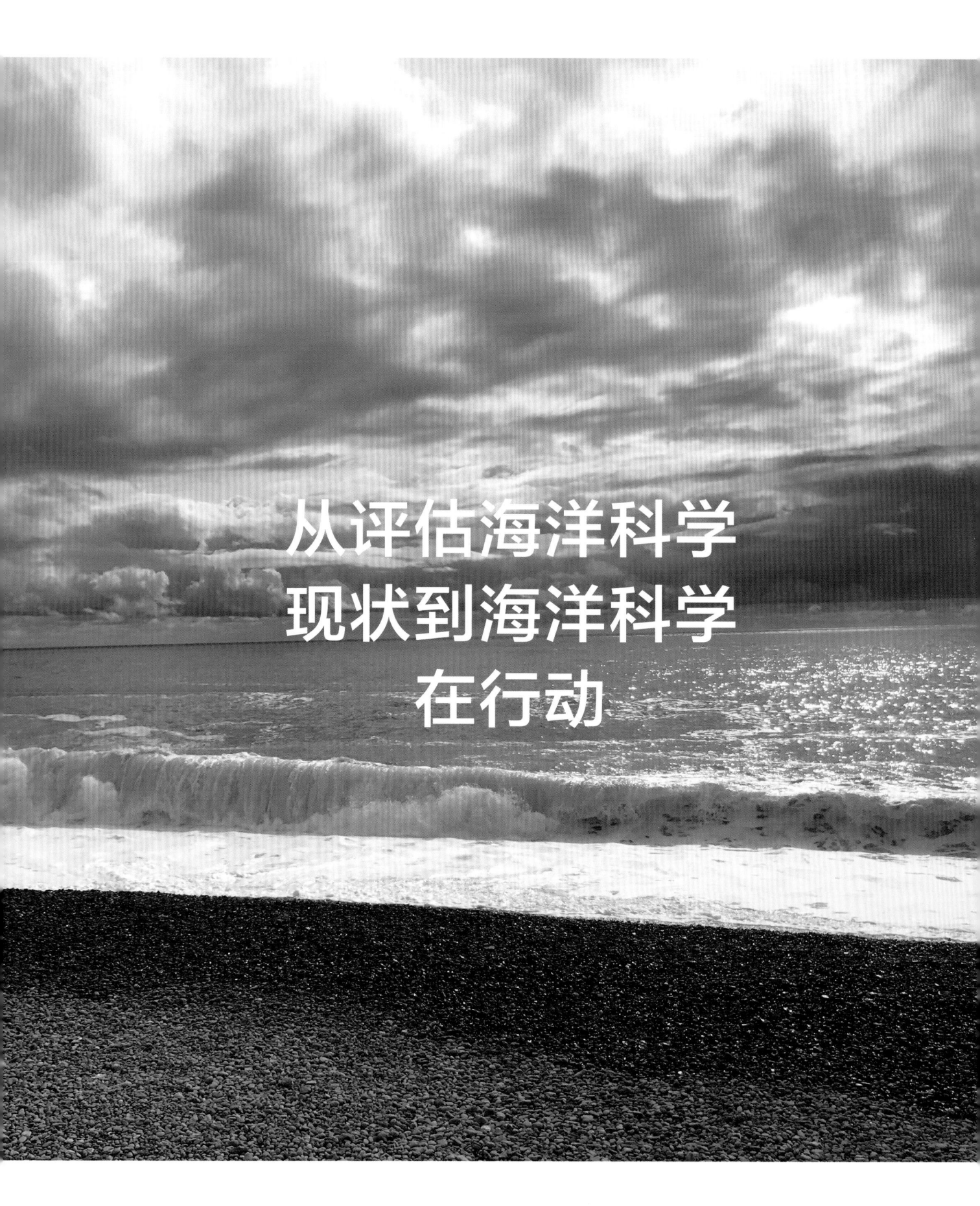

全球海洋科学报告：海洋可持续发展能力调查与展望
Global ocean science report, charting capacity for ocean sustainability

从评估海洋科学现状到海洋科学在行动

欲实现《2030年可持续发展议程》、可持续发展目标14（SDG14）各项具体目标以及"联合国海洋科学促进可持续发展十年"（2021—2030年）各项预期成果[1]，海洋科学领域所有利益攸关方必须共同努力。为将"海洋十年"的愿景——"构建我们所需要的科学，打造我们所希望的海洋"化为现实，《全球海洋科学报告》2020年版呼吁各国政府、组织、科学家、慈善界、私营部门和公民社会采取以下行动。

1）在现有基础上提高海洋科学资金支持水平

总体而言，对海洋科学的资金支持尚不足以填补现有的知识空白，也不足以为达成实现海洋可持续发展目标（SDG14）提供决策、工具和解决方案所需的信息。"海洋十年"期间，敦请政府、机构、慈善组织和企业各界，明确将海洋科学摆在资金支持的优先位置，并寻求增进各项战略资助举措之间的协调性。

2）持续收集有关海洋科学投资的国际可比数据

监测海洋科学投资情况，将有助于确定投资所在国家、地区和全球范围内产生的多重社会经济收益。《全球海洋科学报告》制定的适当且定期更新的指标，也将有助于在国际范围内跟踪海洋科学能力的进展情况。

3）动员海洋科学信息使用者和生产者参与，促进共同构建海洋科学

共同构建海洋科学，是明确在采取海洋可持续行动时面临何种挑战和机遇的必要条件。不仅应动员政府机构、国家和国际政策制定者的代表参与其中，还应动员私人基金会捐助方以及海洋科学产品的使用者和生产者参与其中。"海洋十年"可为共同构建海洋科学发挥平台作用。

4）促进海洋科学多方利益伙伴合作和海洋技术转让

应促进合作，特别是南南和南北合作以及广泛的跨部门合作，以此提高海洋研究能力，优化研究基础设施和人员潜能。海洋技术转让（TMT）和创新在助力发展中国家可持续地开发海洋及相关资源方面发挥着重要作用。敦请海洋科学领域的领导者帮助落实《联合国海洋法公约》中有关能力建设和海洋技术转让的规定。

5）鼓励不分国家、性别、年龄的各类群体平等参与，积极接纳地方和本土知识，推进海洋科学能力建设

海洋科学能力建设应本着"不让任何人掉队"的原则加以推进，以促进形成这样一种认知，即海洋科学能力建设可以为所有国家、性别和年龄群体提供平等机会，接纳地方和本土知识。海洋科学实践应遵从开展实践所在群落的公序良俗，同时要考虑到国家和地区层面以及相应司法管辖区的具体情况。

6）制定战略和实施计划，支持女性和青年科学家满足职业诉求

需要制定并实施充分考虑海洋科学家性别和代际传承的协作战略，以满足女性和青年科学家的职业诉求。反过来，女性科学家和青年科学家，对于共同构建支持可持续发展和服务社会的海洋科学也将至关重要。

7）寻求能为开放获取海洋数据扫清障碍的解决方案

获取数据是构建海洋科学价值链的众多环节中的一个初始环节，其最终目的是为形成决策提供参考信息，确保海洋的长期可持续性。因此，在即将到来的"海洋十年"期间，应力求实现两项关键性变革，即确定开放数据访问的激励措施并将其纳入主流。

---

1 《联合国海洋科学促进可持续发展十年行动》第二版见：https://oceanexpert.org/ document/27347。

必须转变对海洋数据的看法，承认海洋数据是一项共同利益。

8）促进海洋科学相关专业的教育和培训

全世界海洋管理各个领域的专业人员队伍皆有待壮大，以海洋数据和信息管理为例，目前尚无关于这一专业领域的正规教育。因此，需要加大对海洋事务各个领域教育和培训工作的支持力度。

9）评估新冠肺炎疫情对海洋科学人员和技术能力的影响

应评估新冠肺炎疫情对国际海洋研究和观测可能产生的暂时性和长期影响。《全球海洋科学报告》2020年版所载数据反映的是疫情之前的情况，而下一版报告将研究此次大流行病对整个海洋科学的影响，包括核心经费供应、私营部门投资、科学生产、会议、观测、研究和开发（R&D）趋势、就业和海洋科研人员的性别等层面。因此，自2021年开始，将在《全球海洋科学报告》2020年版所用方法的基础上，借助特定变量和指标开展中期研究，以此反映新冠肺炎疫情这一特殊情况。届时，希望能与各方通力合作，共同促成此项研究完成。

下一版《全球海洋科学报告》预计将于2025年发布，时值"海洋十年"中期之际。随着数据收集工作的持续改进以及最新资料不断上传至《全球海洋科学报告》网站，未来的分析将会更加完善。这将有助于准确衡量海洋科学能力如何助推实现《2030年可持续发展议程》各项目标，而且还将有助于评估海洋科学的效力和效率，寻求具有创新性和变革性的路径，满足社会新兴领域的投资需求。

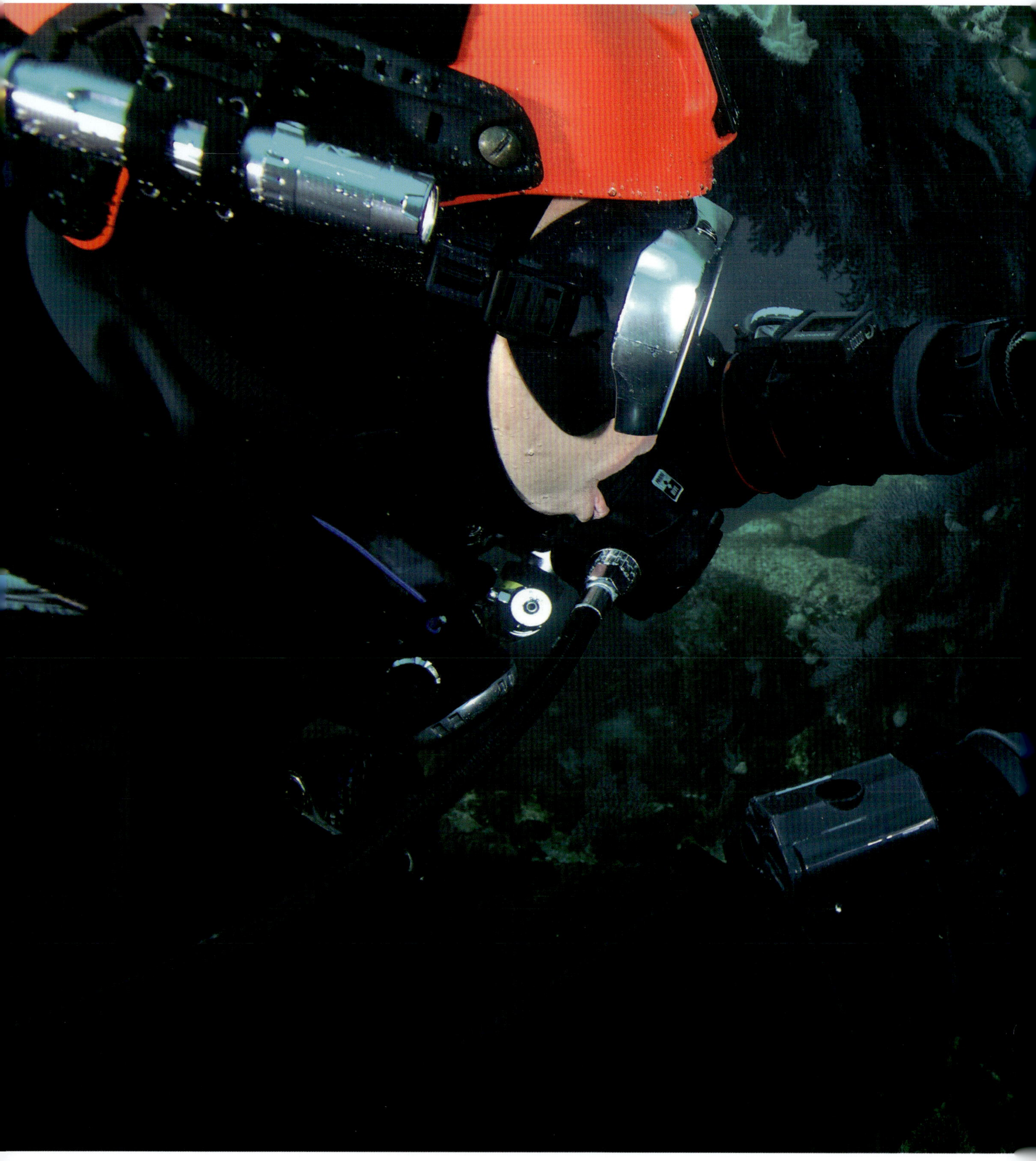

第1章　简　介

第1章 简 介

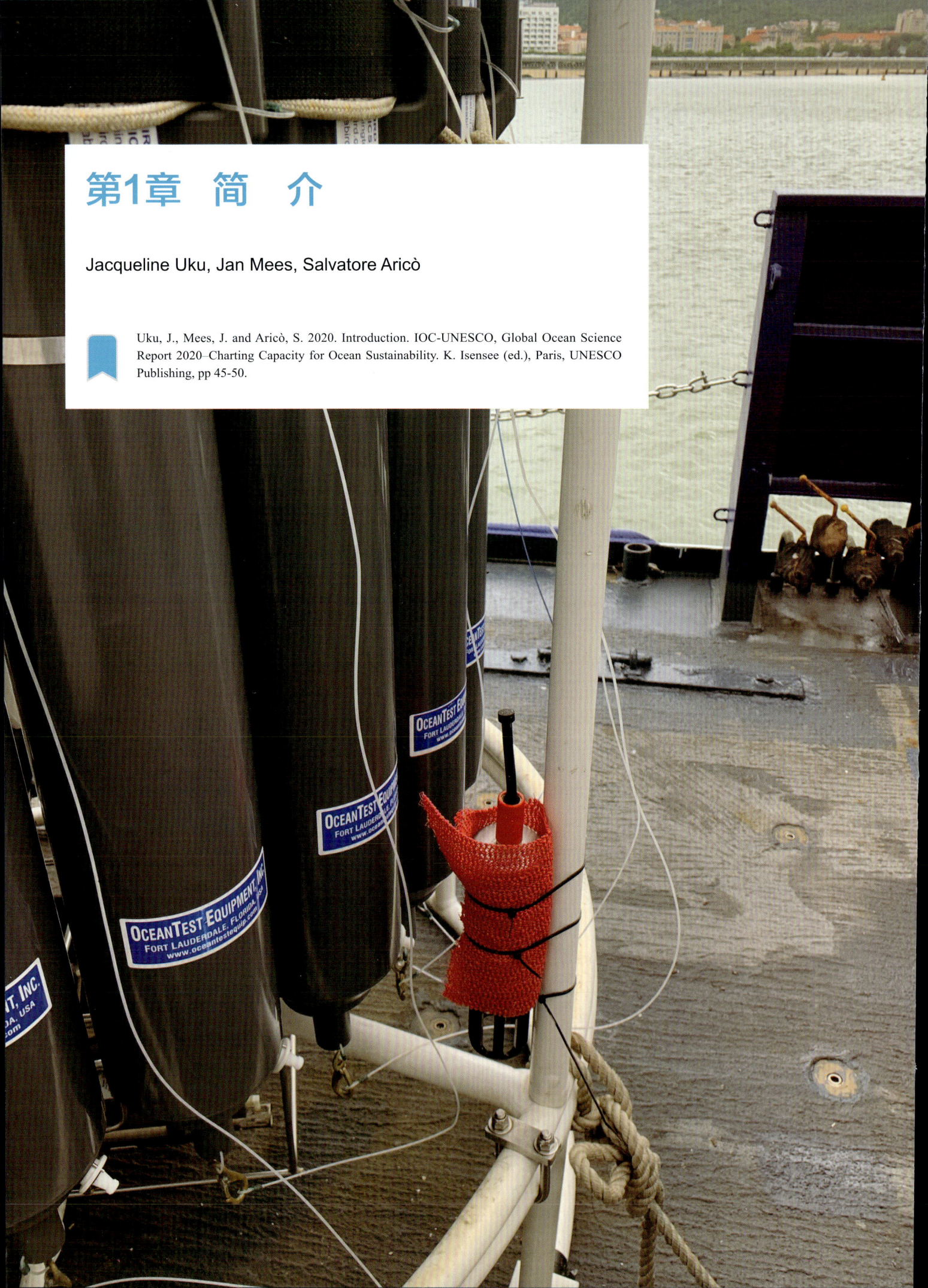

Jacqueline Uku, Jan Mees, Salvatore Aricò

Uku, J., Mees, J. and Aricò, S. 2020. Introduction. IOC-UNESCO, Global Ocean Science Report 2020–Charting Capacity for Ocean Sustainability. K. Isensee (ed.), Paris, UNESCO Publishing, pp 45-50.

第1章 简介

1.1 海洋科学的重要性以及如何衡量相关能力

1967年,在联合国大会第22届会议上,马耳他的Arvid Pardo大使就海洋对人类生命和繁荣的关键作用、保护世界海洋的必要性以及在国际法特别是海洋法[1]范围内义务做了振聋发聩又感人肺腑的发言。半个多世纪后,各国政府间在承认海洋对人类福祉的关键作用时,仍经常引用Pardo大使的发言。2017年,联合国大会宣布"联合国海洋科学促进可持续发展十年"("海洋十年"),自2021年1月1日起为期十年。

此外,《关于环境与发展的里约宣言》原则9规定:

各国应开展合作,通过科技知识交流提高科学认识和加强包括新技术和革新技术在内的开发、适应、推广和转让,从而加强为持续发展形成的内生能力。(United Nations,1992)

在1992年《里约宣言》通过28年之后,科学和自身能力在可持续发展中所发挥的巨大作用依然被不断证实。在《我们想要的未来》——联合国可持续发展大会(United Nations,2012)的成果文件中——各国元首和政府首脑以及高级代表宣布:

我们鼓励各国,并通过国际合作促进对科学、创新和技术的投资,促进可持续发展。我们认识到加强国家、科学和技术能力对可持续发展的重要性。这可以帮助各国,特别是发展中国家,在国际社会的支持下,制定自己的创新解决办法、科学研究和新的无害环境技术。为此,我们支持建设科学和技术能力,让妇女和男子都作为贡献者和受益者,包括通过研究机构、大学、私营部门、政府、非政府组织和科学家之间的合作。

《我们想要的未来》将科学视为为可持续发展奠定基础的多方利益攸关者的事业。2015年,随着《2030年可持续发展议程》的通过,各国元首和政府首脑以及高级别代表就可持续发展目标14(SDG14)达成一致:"保护和可持续利用海洋和海洋资源,促进可持续发展。"可持续发展目标14的具体内容如下:

增加科学知识、发展研究能力和转让海洋技术,同时考虑到政府间海洋学委员会《海洋技术转让标准和准则》,[2] 以改善海洋健康,加强海洋生物多样性对发展中国家,特别是小岛屿发展中国家和最不发达国家发展的贡献。

实现这一目标方面取得的进展将通过相关指标来衡量:"分配给海洋技术领域研究的研究预算占所有研究预算总额的比例。"

联合国教科文组织政府间海洋学委员会(IOC-UNESCO)是可持续发展目标指标14.a.1的指定托管机构。[3] 自2014年以来,联合国教科文组织政府间海洋学委员会(IOC-UNESCO)已将编制《全球海洋科学报告》(GOSR)和系统地传播其研究结果(以及提供对基础数据的开放获取)作为一项重要任务。

由教科文组织政府间海洋学委员会于2017年6月出版的第一版《全球海洋科学报告》(《全球海洋科学报告》2017年版)首次评估了全球海洋科学能力的现状和趋势。它提供了关于在何地、何人、通过何种方式进行海洋科学活动的全球记录。报告在国家、区域和全球各级确定并量化了海洋科学的关键要素,包

---

[1] 关于海洋对人类健康和福祉重要性的激烈讨论摘录自联合国大会第一委员会的官方记录(见 https://www.un.org/depts/los/convention_agreements/texts/pardo_ga1967.pdf)。
[2] 见IOC-UNESCO,2005。《联合国海洋法公约》(United Nations,1982)承认海洋技术转让作为实现《公约》各项规定中心要素的重要性。
[3] 根据联合国可持续发展中心(UNSD)可持续发展指标机构间专家组(IAEG SDG),托管机构的任务是:制定国际公认的标准,协调指标的制定,并支持在国家一级更多地采用和遵守国际商定的标准;通过现有任务和报告机制,酌情从各国(或区域组织)收集相关领域的数据,以提供国际可比数据并计算全球和区域总量;加强国家统计能力,改进报告机制。

括劳动力、基础设施和出版物，同时考虑到按性别分列的数据。报告系统性地阐释了促进海洋科学和技术领域开展国际合作的机会和缺少的条件，是集体努力的结晶。

《全球海洋科学报告》2017年版专注于衡量可持续发展目标14.a.1的方法的可行性（见第2章），《全球海洋科学报告》2020年版则进一步为即将到来的"海洋十年"提供了基线标准。《全球海洋科学报告》将纳入正在为"海洋十年"制定的战略监测和评价框架，因此，今后的版本将有助于评价"海洋十年"对海洋科学能力的影响。此外，《全球海洋科学报告》2020年版会逐步评估对海洋科学的投资，并将其作为影响可持续发展的核心要素，为了解人类如何影响自然海洋过程和发展可持续蓝色经济提供信息。

1.2 《全球海洋科学报告》的演变：衡量海洋科学以指导可持续发展的战略投资

《全球海洋科学报告》（GOSR）可以为政策制定者、学者和其他利益相关者在利用海洋科学的潜力来应对全球挑战时提供所需资源，在做出与海洋科学筹资相关的战略决策时提供信息，确定科学合作的机会，并为进一步发展海洋科学能力建立伙伴关系。

2018年7月，联合国教科文组织政府间海洋学委员会（IOC-UNESCO）执行理事会重申了《全球海洋科学报告》（GOSR）作为衡量可持续发展目标14.a进展情况的主要机制的重要性，并认识到对海洋科学的投资是发展可持续海洋经济的关键。

在"海洋十年"（2021—2030年）的时间背景下，《全球海洋科学报告》2020年版是海洋科学能力变革过程的一步。"海洋十年"呼吁海洋科学要为实现清洁的海洋、健康而有弹性的海洋、可预测的海洋、安全的海洋、可持续生产的海洋和透明的海洋贡献力量（IOC-UNESCO，2019）。实现海洋科学的价值是迈向这种转变的第一步。《全球海洋科学报告》（GOSR）的作用是量化和监测与海洋科学有关的努力以及海洋科学的能力建设。另一方面，"海洋十年"的作用是确保我们促进科学发现和科学本身的应用，以确保海洋的可持续社会效益。

全球海洋科学是"大科学"。进行海洋科学需要大量的工作人员，耗费大量昂贵的设备。它还要求组织大型科学会议，开发专题平台，以促进协调一致的国际科学研究和观测以及分享数据。换句话说，进行海洋研究和开发（R&D）需要大量的投资。然而，全球新冠肺炎（COVID-19）疫情危机可能会改变未来的互动方式，物理性的科学聚会规模更小更少，远程在线交流更多。此外，自主传感器和其他较少依赖人类干预的新技术对于维持和增加海洋观测将是不可或缺的。

因此，评估全球海洋科学经济的状况对于确定未来海洋科学的战略方向以及提高海洋科学投资效率（作为研发范围的一部分）至关重要。《全球海洋科学报告》2017年版在这方面提供了一些主要发现。国家海洋科学支出在世界范围内差异很大。根据现有数据，海洋科学平均占研发总支出的1.7%，变化幅度在0.03%～11.8%之间。从2013年到2017年，海洋科学支出变化趋势因地区和国家而异；一些国家增加了每年在海洋科学方面的支出，而另一些国家则大大减少了支出（见第3章）。

在海洋空间和资源的价值评估的视角下看待与海洋科学相关的投资，其益处将显而易见。有几种常见的方法可以用来评估全球海洋对社会的贡献价值（例如，参见Costanza et al., 2014）。经合组织（OECD）在其2016年出版的《2030年的海洋经济》中描述了经济价值评估在海洋经济中的重要性。在本报告中，非市场估值方法用于估计非使用价值和一些直接使用价值，由于它们并不经常在市场上进行交易，故而可以被认定为沿海和海洋生态系统的未被市场定价的潜在效益。此外，一些研究人员已经应用经济方法来评估研发活动的价值。例如，Florio和Giffoni（2017）采用了或有估价法来识别科学作为公共产品的支付意愿（WTP）。

总而言之，未来需要进一步研究和讨论，以应用经济学的方法来估计海洋研发的价值，开发出一种标准化的方法学。摆在我们面前的现实挑战是，描述海洋研发的主要特征，并比较用于评估的相关经济学方法。同时还可以利用已经在某些海洋区域和（或）海洋资源估计时，使用经济价值评估的案例研究。这些问题可以成为联合国教科文组织政府间海洋学委员会（IOC-UNESCO）的《全球海洋科学报告》（GOSR）与经合组织（OECD）未来共同努力的重点。

一个人不能也不会依靠自己无法衡量的事物做出战略决策。因此，《全球海洋科学报告》（GOSR）可以被视为进行海洋价值评价系统性方法中的重要因素。与自然科学和社会科学领域的评估报告〔如联合国教科文组织科学报告和世界社会科学报告（UNESCO，2015；2016）和经合组织（OECD）的相关报告（2014；2016）〕一道，《全球海洋科学报告》（GOSR）仍将继续致力于以科学事实作为系统性评估的依据，为促进国际科学合作，应对全球挑战贡献力量。

1.3 《全球海洋科学报告》2020年版的组织及展望

本报告由八个章节组成：

第1章
简介；
第2章
定义、数据收集和数据分析；
第3章
海洋科学基金；
第4章
研究能力与基础设施；
第5章
海洋科学产能和影响分析；
第6章
海洋科学促进可持续发展；
第7章
可持续利用海洋的数据和信息；
第8章
海洋可持续发展能力评估。

《全球海洋科学报告》2020年版的许多内容在《全球海洋科学报告》2017年版中都有涉及。由于此前的数据信息仍然有效，《全球海洋科学报告》2017年版的第7章"国际海洋科学支持组织"和第8章"海洋科学对海洋和沿海政策发展以及可持续发展的贡献"在《全球海洋科学报告》2020年版中没有更新。

《全球海洋科学报告》2020年版新加入的部分是《全球海洋科学报告》在线网站[1]，通过《全球海洋科学报告》2020年版调查问卷，可以访问联合国教科文组织政府间海洋学委员会（IOC-UNESCO）会员国提供的关于其海洋科学工作状况的原始数据。与《全球海洋科学报告》2017年版的调查问卷相比，《全球海洋科学报告》2020年版制定的调查问卷包括要求提供有关海洋科学能力建设以及与《2030年可持续发展议程》相关的国家基础设施/活动的信息，特别关注可持续发展目标14（SDG 14）。除了充当数据存储库之外，为了满足多方需求，《全球海洋科学报告》门户网站还允许提交长期数据以及检索数据和元数据，从而为可视化提供了多种可能性。该网站还提供了通过文献计量分析获得质量检查的调查数据和信息以及技术计量分析（专利分析），这是《全球海洋科学报告》2020年版的新功能。提供的所有数据都是新冠肺炎（COVID-19）疫情之前的数据，这使我们能够衡量全球大流行病对海洋科学的各种影响，包括就业、海洋科学的多样性、核心资金、额外投资、会议、海洋观测和出版物。

众所周知，世界海洋的健康正受到严重威胁。各

---

1 请参阅https://gosr.ioc-unesco.org。

种海洋压力源交替作用，仅举几例——酸化、脱氧、富营养化、蓝碳生态系统退化、塑料和过度捕捞。对于这些压力源如何相互作用以及产生的协同效应是什么，我们还知之甚少；与此同时，有明确证据表明，全球海洋所能够提供的一些关键能力在减少，例如全球海洋储存碳的能力。

为促进海洋科学发现以及推动与研究和观察有关的海洋科学成果和能力的发展，制定相关政策的需求日益增加。例如，这反映在《联合国气候变化框架公约》（UNFCCC）缔约方会议第25届会议上，同意在公约科学和技术咨询附属机构主持下建立海洋和气候对话。

《全球海洋科学报告》（GOSR）中提供的数据、信息和分析可以为《联合国气候变化框架公约》和2015年《巴黎协定》缔约方以及其他相关政策论坛的讨论和审议提供信息，包括《生物多样性公约》与《联合国海洋法公约》关于保护和可持续利用国家管辖范围以外区域海洋资源以实现海洋生物多样性。

《全球海洋科学报告》（GOSR）对政策宏观审慎性的要求以及海洋和海岸带对生态系统服务、民生体系、全球经济以及更普遍的人类福祉的贡献的认识，要求做出持续的报告，以支持可持续发展目标14（SDG 14）。这也是《全球海洋科学报告》2020年版和后续版本报告的目标。

参考文献

COSTANZA R, GROOT R, SUTTON P, et al., 2014. Changes in the global value of global ecosystems. Global Environmental Changes, 26:152–158.

FLORIO M, GIFFONI F, 2017. Willingness to Pay for Science as a Public Good: A Contingent Valuation Experiment. Departmental Working Papers 2017-17. Milan (Italy), Department of Economics, University of Milan.

IOC-UNESCO, 2005. IOC Criteria and Guidelines on the Transfer of Marine Technology. Paris, UNESCO. (IOC Information Document, 1203). Available at: https://unesdoc.unesco.org/ark:/48223/pf0000139193.locale=en.

IOC-UNESCO, 2017. Global Ocean Science Report — The current status of Ocean Science around the World. L. Valdés et al. (eds). Paris, UNESCO Publishing. Available at: https://en.unesco.org/gosr.

IOC-UNESCO, 2019. The Science We Need for the Future We Want. Paris, UNESCO. Available at: https://www.oceandecade.org/assets/The_Science_We_Need_For_The_Ocean_We_Want.pdf.

OECD, 2014. Main Science and Technology Indicators. Vol. 2013/1. Paris, OECD.

OECD, 2016. The Ocean Economy in 2030. Paris, OECD. Available at: https://www.oecd-ilibrary.org/economics/the-ocean-economy-in-2030_9789264251724-en.

UNESCO, 2015. UNESCO Science Report 2015: Towards 2030. Paris, UNESCO Publishing. Available at: https://unesdoc.unesco.org/ark:/48223/pf0000235406.locale=en.

UNESCO, 2016. World Social Science Report. Paris, UNESCO Publishing. Available at: https://unesdoc.unesco.org/ark:/48223/pf0000245825.locale=en.

United Nations, 1982. Convention on the Law of the Sea. New York, United Nations. Available at: https://www.un.org/depts/los/convention_agreements/texts/unclos/unclos_e.pdf.

United Nations, 1992. Rio Declaration on Environment and Development. New York, United Nations. Available at: https://www.un.org/en/development/desa/population/migration/generalassembly/docs/globalcompact/A_CONF.151_26_Vol.I_Declaration.pdf.

United Nations, 2012. The Future We Want. Resolution 66/288. New York, United Nations. Available at: https://www.un.org/ga/search/view_doc.asp?symbol=A/RES/66/288&Lang=E.

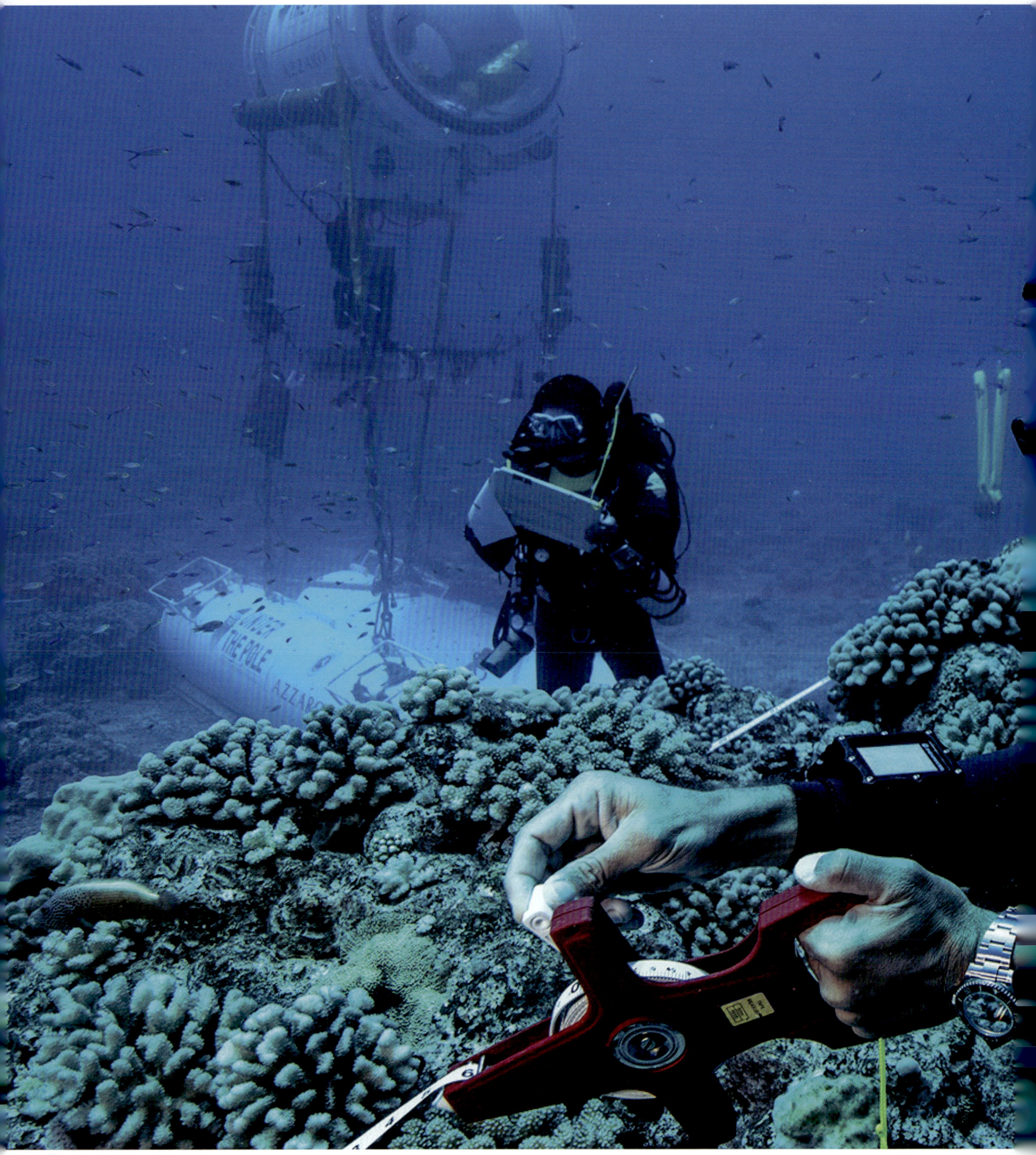
UNDER
THE POLE

第2章
定义、数据收集和数据分析

全球海洋科学报告：海洋可持续发展能力调查与展望
Global ocean science report, charting capacity for ocean sustainability

第2章　定义、数据收集和数据分析

Kirsten Isensee, Alexandre Bédard-Vallée,
Itahisa Déniz-González, Dongho Youm,
Mattia Olivari, Luis Valdés, Roberto de Pinho

Isensee, K., Bédard-Vallée, A. Déniz-Gonzalez, I., Youm, D., Olivari, M., Valdés, L. and de Pinho, R. 2020. Definitions, data collection and data analysis. IOC-UNESCO, *Global Ocean Science Report 2020–Charting Capacity for Ocean Sustainability*. K. Isensee (ed.), Paris, UNESCO Publishing, pp 53-66.

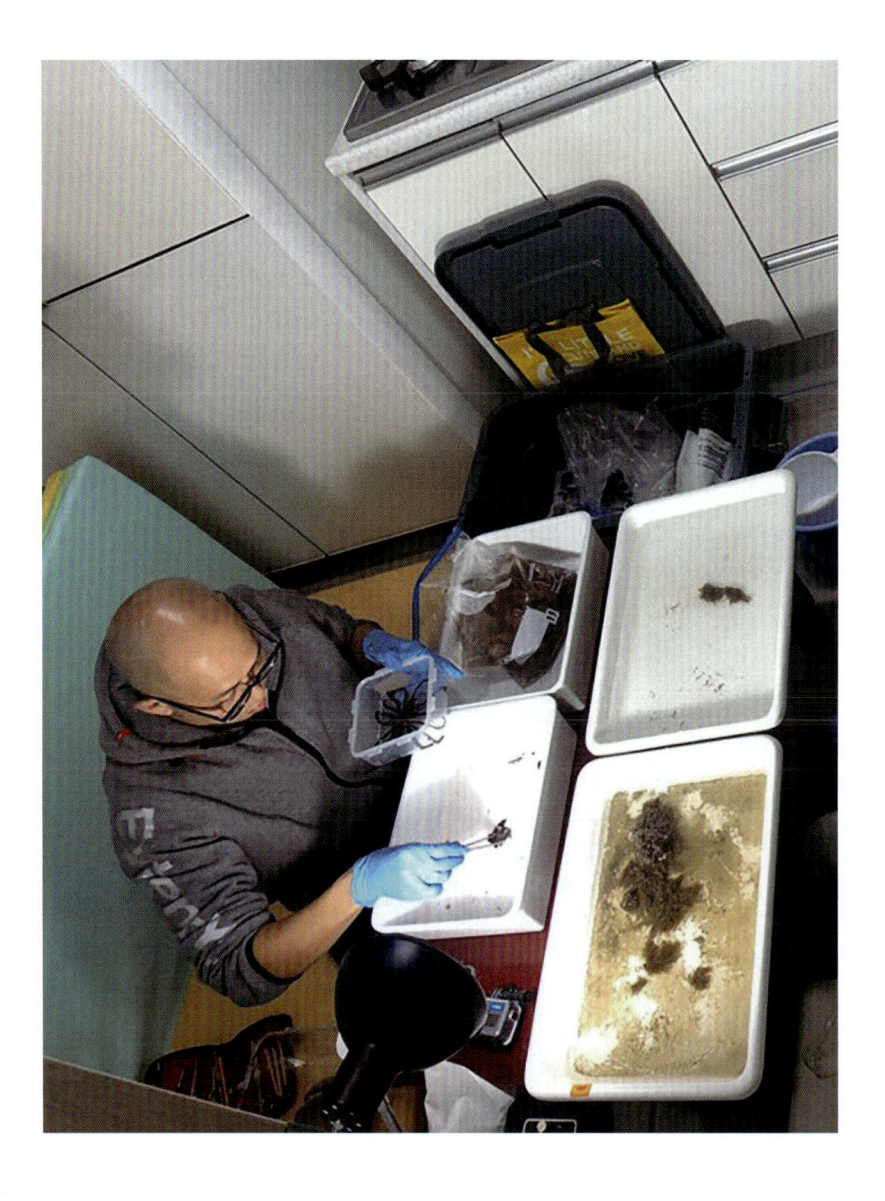

第2章
定义、数据收集和数据分析

2.1 准备过程

《全球海洋科学报告》2020年版（GOSR2020）使用一系列互补的方式方法支持报告中所呈现和讨论的信息，所选方法可以收集海洋科学不同方面的相关信息，包括研究基金、人力和技术能力、产出（如出版物和专利）以及支持组织，配套机构和设施。

数据和信息的收集基于各种开放来源、资源以及针对《全球海洋科学报告》2020年版（GOSR2020）的调查问卷，这些数据和信息为本报告奠定了基础。《全球海洋科学报告》2020年版（GOSR2020）将定量数据与定性数据相结合。定量数据指的是同行评议的出版物、与海洋科学相关的专利数量、科学考察船的数量以及国家的资助力度；定性数据则指各国现有的海洋科学国家战略等。在整个报告中，将研发数据（R&D）与国内生产总值（GDP）以及包括国家人口数量在内的相关数据进行对比分析。这些对比分析使得通过《全球海洋科学报告》2020年版获得的结果能够进行基准化评价。第3章、第4章、第5章和第7章提供的独立量化指标与第6章和第8章的结果，具有交叉参考效应，有助于读者浏览整个报告。

数据汇编工具包括：（ⅰ）调查问卷；[1]（ⅱ）同行评议文献、国家报告和基于网络的资源；（ⅲ）基于国际文献数据库和专利数据库的文献计量学和技术计量分析；（ⅳ）出席国际会议/专题讨论会的海洋科学家的性别和年龄分析（第2.3.4节）。然而，由于用来读取报告问卷中所需要的信息类型的国家报告机制经常不到位，因此，许多定量分析受到局限或难以实现。

《全球海洋科学报告》的编委会由两位联合主席领导，是一个外部的独立的国际小组，由具有科学外交、统计、评估和评价等方面经验的海洋科学专家组成。编委会就结构和内容给出了建议，起草了各章节并审阅了报告的部分内容，编委会的主要任务如下。

Ⅰ.为《全球海洋科学报告》2020年版（GOSR2020）的成功出版提供战略和实质性指导，以实现报告的主要目标：
——评估全球海洋科学能力的现状和趋势；
——吸取《全球海洋科学报告》2017年版（GOSR2017）的经验教训。

Ⅱ.为《全球海洋科学报告》2020年版（GOSR2020）内容的质量保证和质量控制提供指导。

Ⅲ.为《全球海洋科学报告》2020年版（GOSR2020）改进用于衡量实现《联合国2030年可持续发展议程》中可持续发展目标14（SDG 14）进展的方法，特别是为其指标14.a.1"分配给海洋技术领域的研究预算占研究总预算的比例"提供指导。

Ⅳ.为《全球海洋科学报告》网站设计提供指导。

Ⅴ.根据预期结果和预期成果，设计评估《全球海洋科学报告》2020年版（GOSR2020）是否成功的方法学。

Ⅵ.就评估海洋科学对可持续发展贡献的方法提供初步指导。

Ⅶ.为交流活动提供指导，旨在推进《全球海洋科学报告》2020年版（GOSR2020）成为政策制定者、学术界和其他利益攸关方的参考资源。

2.2 海洋科学的定义与分类

对海洋科学进行定义并进一步分类，并对海洋科学生产和效能进行全球比较以及跨学科分析，从而与《2030年可持续发展议程》，特别是SDG 14的"保护和可持续利用海洋和海洋资源以促进可持续发展"目标保持一致。根据GOSR2017（IOC-UNESCO，2017）中提出的方法以及IOC-UNESCO专家组在2013年（IOC-UNESCO，2017）提出的建议，GOSR2020编委会同意将分析内容集中在8个主要类型，这些领域常常被公认为是各国和国际海洋研究战略和政策中的高级别研究专题（图2.1；定义参阅第2.2.1节），涵盖综合性、跨学科和战略性的海洋研究领域。

---

[1] 《全球海洋科学报告》网站 https://gosr.ioc-unesco.org。

海洋观测与海洋数据
- 蓝色增长
- 海洋和人类健康福祉
- 海洋生态系统功能和变化过程
- 海洋地壳和海洋地质灾害
- 海洋与气候
- 海洋健康
- 海洋技术

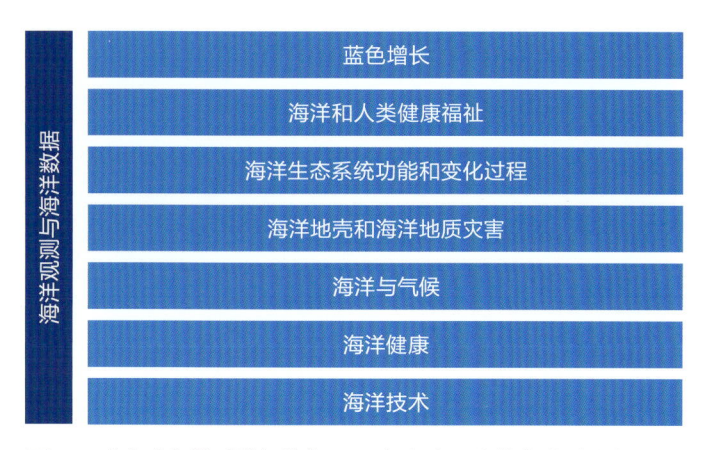

图2.1 《全球海洋科学报告》2020年版中研究的海洋科学类型

沿袭《全球海洋科学报告》2017年版，并以2013年加拿大海洋科学报告专家组报告中的定义为基础，海洋科学定义如下：

> 海洋科学……包括与海洋研究有关的所有研究学科：物理学、生物学、化学、地质学、水文学、卫生和社会科学以及工程、人文科学和人类与海洋关系的多学科研究。海洋科学力图了解复杂、规模不一的社会-生态系统和服务，需要观测数据和多学科的协作性研究。

《全球海洋科学报告》2020年版编委会认为，该定义是对海洋科学的描述，有助于支持本报告中运用的分析方法。

2.2.1 海洋科学类型的划分

蓝色增长：指的是对海洋资源可持续利用进行的研究和支持，包括对粮食安全（渔业和水产养殖）方面有经济意义物种的研究。蓝色增长还包括海洋新能源和海洋生物资源的利用，矿物开采（深海采矿、砂砾开采），石油和天然气（海洋钻探）的研究以及清洁技术、药品、化妆品和海水淡化等方面的研究。

海洋和人类健康福祉：指的是对海洋和人类健康福祉之间关系的研究，包括有关海洋生态系统服务的物理过程和社会研究，特别是食品安全、娱乐、有害藻华以及与人类有关的社会、教育和美学价值等的研究。

海洋生态系统功能和变化过程：指的是海洋生态系统的结构、多样性和完整性，包括非生物和生物特征。海洋生态系统功能包括生物地球化学、化学、物理和生物过程，它们具有营养循环、能量流动、物料交换以及营养动力学和结构的特征。所有这些过程都是以自然动力学的可变性和多样性为标志，包括季节、时空差异以及扰动。本报告中，海洋生态系统功能和变化过程这一类型包含以下主题：生物多样性；物理环境；初级生产；消耗；沉降；呼吸；不同营养级别的有氧和厌氧过程；生物泵等。

海洋结壳和海洋地质灾害：指的是海洋地质/地球物理研究，包括海底冷泉、地震学、海水运动和相关海洋灾害（海啸、海底大规模气体/流体释放、海平面迅速上升、洪水泛滥、飓风以及极端的沿海天气事件）等。

海洋与气候：指的是海洋与大气之间相互作用的研究，以便更好地预测海洋和气候系统中的交互变化。海洋与气候这一类型包括以下主题：古海洋学；海洋变暖；海洋酸化；脱氧；海平面上升；海洋分层的变化、环流、海气相互作用的变化以及天气预报等相关服务，不包括对极端天气事件的研究。

海洋健康：该类型的研究涵盖人类活动对海洋环境状况造成的不良和累积的影响，特别是生物多样性、遗传多样性、表型可塑性、栖息地丧失的变化以及生态系统结构和过程的变更，对海洋环境状况进行的研究。海洋健康包括海洋污染（有害物质和垃圾）、海洋噪声、富营养化、外来物种和入侵物种、生态系统破坏、海洋保护区和海洋空间规划等方面的研究。

海洋观测与海洋数据：此类型与海洋科学的所有类型均相关，包括海洋数据和信息的收集、管理、传播和使用，以建立海洋和大洋知识。该交叉类型是所有海洋和海事活动的基础，特别是海洋科学研究。然而，它亦涉及海洋数据平台、海洋数据库、数据报告和管理活动的研究和开发。

海洋技术：指的是海洋创新以及用于海洋科学与开发、海洋资源勘探的设备和系统的设计和发展。该类型涵盖与海洋科学和工业设备系统的设计开发有关的研究。除了海洋地质工程（如太阳辐射管理和二氧化碳清除技术），此类型包括海洋工程研究，例如海洋能源解决方案、卫星和遥感技术、无人遥控潜水器（ROV）、滑翔机、浮标、传感器、新型测量装置和技术开发以及海底电力传输技术等。

就上述八个海洋科学类型，获取文献计量数据，分析海洋科学绩效（第5章），并用于解释技术计量（专利）数据分析的结果。根据上述类型的定义，选取一组关键词（参见《全球海洋科学报告》网站）[1]。

2.2.2 区域评估

《全球海洋科学报告》2020年版分析旨在帮助各国实现《2030年可持续发展议程》的任务和目标，特别是可持续发展目标14（SDG 14）。因此，编辑委员会决定，《全球海洋科学报告》2020年版中提出的区域评估基于可持续发展目标的区域分组。[2] 这有助于检验可持续发展目标分项指标14.a.1的完成情况，并可以对执行《2030年可持续发展议程》和可持续发展目标报告的其他区域进行横向比较。

用于可持续发展目标报告中涉及的区域集团有：撒哈拉以南非洲、北非和西亚、中亚和南亚、东亚和东南亚、拉丁美洲和加勒比地区、大洋洲、欧洲和北美洲。

2.3 数据资源和分析

2.3.1 《全球海洋科学报告》问卷

本报告数据收集过程的一个主要工具是《全球海洋科学报告》2020年版问卷调查（见《全球海洋科学报告》网站），该问卷在IOC-UNESCO成员国中开展，要求各国提供各自的海洋科学信息。该调查问卷在《全球海洋科学报告》第一版的基础上完善，经IOC的国际海洋学数据和信息交换委员会（IODE）调查（IOC-UNESCO，2017），经编委会审阅，能够代表IOC-UNESCO成员国的情况。调查问卷收集了核心数据和信息，以评估指标和证据，对各国海洋科学能力、进展和挑战做出评估。问卷中有必要的定义解释，以避免对同一问题的不同理解。该问卷可在网站上在线提交，也可下载。成员国能够以三种语言对调查问卷作答：英文、法文和西班牙文。

与IOC-UNESCO联络的各国协调机构，确保与各自国家的海洋科学家和机构团体合作，并于2018年9月至2019年11月提交数据。

问卷共汇总了65项条目的信息，这些条目分为7个主题：

A— 受访者详细信息

有关受访者的个人信息，包括地址、机构和电子邮箱地址。

B— 海洋科学政府组织和一般信息

有关该国海洋科学组织的信息，包括该国治理情况，海洋科学机构，海洋科学战略和重点领域。

C— 海洋科学支出

C部分的数据与该国为海洋科学花费的实际费用有关。若数据缺失，则应提供使用海洋科学预算拨款或其他方法计算的估计数据，并作说明。海洋科学支出应以本国货币（优先）或美元（使用相应年份的换算率）报告。

D — 国家研究能力和基础设施

包括科研人员年龄和性别信息在内的海洋科学人员的基础信息，海洋观测，科考船和海洋科学新兴技术。

E— 海洋学数据和信息交流

各国提供的海洋学数据信息和设备、服务及用户的信息。

F—能力建设和海洋技术转让

各国海洋能力建设需要的信息以及该国贡献或受益的相关活动。

G— 可持续发展

与《2030年可持续发展议程》相对应的海洋科学相关行动的信息，特别是可持续发展目标14"保护和可持续利用海洋和海洋资源以促进可持续发展"。

---

[1] 见https://gosr.ioc-unesco.org。
[2] 见https://unstats.un.org/sdgs/indicators/regional-groups。

全球海洋科学报告：海洋可持续发展能力调查与展望
Global ocean science report, charting capacity for ocean sustainability

联合国教科文组织政府间海洋学委员会（IOC-UNESCO）秘书处收到了45份对GOSR2020问卷的回复（占IOC-UNESCO成员国的30%）：澳大利亚、比利时、巴西、保加利亚、加拿大、智利、中国、哥伦比亚、科摩罗、刚果民主共和国、丹麦、厄瓜多尔、萨尔瓦多、芬兰、法国、德国、几内亚、伊朗、爱尔兰、意大利、日本、肯尼亚、科威特、马达加斯加、毛里塔尼亚、毛里求斯、墨西哥、摩洛哥、莫桑比克、缅甸、荷兰、挪威、阿曼、秘鲁、波兰、葡萄牙、韩国、俄罗斯、索马里、南非、西班牙、瑞典、土耳其、英国和美国。在向GOSR2017提交信息的34个成员国中，有11个没有回复GOSR2020问卷。介于两份调查问卷的许多问题具有相似性，在适当的情况下，将使用提交给GOSR2017的信息（第3章和第4章）。阿根廷、克罗地亚、罗马尼亚和泰国向GOSR2017调查问卷提供的信息无法包括在内，因为所提供的信息与GOSR2020所要求的数据不一致（图2.2）。必须指出的是，有几个区域提交答复的国家较少，限制了GOSR2020某几章的分析，例如海洋科学基金和基础设施（第3章和第4章）。在2012—2017年期间，向GOSR2020调查问卷提交信息的国家，发行了约82%的全球海洋科学出版物。平均而言，这些国家回答了88.3%的问题，与2017年相比增加了10%以上。除此之外，提供信息的会员国的数目增多，以上都表明改进调查问卷的措施——如允许在线参与——是行之有效的。更多关于每个主题收到的答复的占比情况可见图2.3。

调查问卷中要求的大部分数据涉及的时间为2013—2017年间，所提供的信息部分得到了国家协调中心的核实，以解决个别不一致之处，并随后进行了分析。

通过对调查问卷的分析表明，有些问题，特别是要求评级和分类的问题，填写得不够准确，且提供的附加信息的详细程度在不同提交材料之间差别很大。

对问卷反馈的分析受到某些因素限制，定性问题尤其易受主观感知影响。对其他信息来源的分析，如国际会议的与会者名单、国家计划和国家报告，把这些不确定性降到最低。

如前所述，GOSR2020问卷仅由成员国提供，所提问题不具体涉及私营部门或海洋科学的其他利益攸关方，因此成员国提供的信息不足以充分探讨私营部门在海洋科学中的作用。

《全球海洋科学报告》第一版的调查问卷（《全球海洋科学报告》2017年版调查问卷）（IOC-UNESCO，2017）会在合适的时机拿来进行对比，并确定各国随着时间推移发生的趋势和变化（见第4章）。然而，为

图2.2 成员国中对《全球海洋科学报告》2020年版调查问卷做出答复的国家以深蓝色显示；《全球海洋科学报告》2020年版评估中使用了《全球海洋科学报告》2017年版数据的国家/地区以浅蓝色显示
资料来源：GOSR2020调查问卷。

图2.3 问卷分析-回复率/按专题，根据收到的问卷回复总数计算得出（n=45）

资料来源：基于GOSR2020调查问卷。

方便相关国家提交回复，对两份调查问卷中的问题都作了调整，因此《全球海洋科学报告》第一版中公布数据在使用时会受到限制。

2.3.2 文献计量数据

文献计量学，指的是对文献数据库中的科学出版物集合——即学术期刊中得到同行评审文章——模式的研究（King，2004）。文献计量分析使用标准化方法，对各国和研究机构等实体的出版物产出进行对比。作为产出的衡量标准，文献计量指标是对整体研究产能的代表性测量。第5章中，该项研究不打算对各国之间的海洋科学进行定性评估，而是从全球层面展示了对跨学科的海洋科学产能进行概述所需要的信息。这些研究允许各个国家就海洋科学产能进行相互比较，该分析也用于描述机构协作和产出模式。

文献计量分析由Science-Metrix/ RELX Canada公司提供。[1] 本报告涵盖了2000—2017年期间的全球海洋科学领域的科学文献产出。数据主要来自爱思唯尔

---

1 请参阅 http://www.science-metrix.com。

（Elsevier）的Scopus，它收录了横跨176个学科的43 000多本科学期刊。值得注意的是，《全球海洋科学报告》2017年版文献计量分析是基于来自科学网（Web of Science）的数据和信息，而不是Scopus，因此第5章中的一些分析无法与GOSR2017中发表的文献计量分析直接比较。

数据集是结合以下四种方法构建的：
- Science-Metrix/RELX Canada的期刊分类；
- 科学期刊；
- 特定关键字；
- Science-Metrix/RELX Canada公司已将Scopus数据库中的文章分为7个大类，23个领域和176个子领域。如果某一个子领域被认为与门类相关，则将此子领域中分类的所有文章都收录到数据集中。

同样，科学期刊上的所有文章，其内容和范围与门类的内容和范围相匹配，都包含在相应关键字的数据集中。

最后，特定门类（或海洋科学）的关键词得以确认（见《全球海洋科学报告》网站）。然后，在标题、作者关键字或摘要中包含特定关键词的文章归于相应门类的数据集。

数据集的质量可以通过精度和召回测试进行验证。来自多个组织和/或国家的作者共同创作的论文，可用来确定协作关系网络，并生成反映机构间合著模式的数据。编委会认为，除了合著文章，协作还可以有多种形式，包括大会和会议筹办、联合实验、共享数据以及文献计量数据无法发现的其他活动。

文献计量指标

论文数量：用来分析通过全计数获得的出版物数量。根据全计数方法，对每篇论文地址字段中列出的每个实体（如国家、机构和研究人员），均需计数一次。例如，如果某篇论文的署名作者为美国国家海洋与大气管理局的两位研究人员，这两位研究人员中，一位来自中国科学院，另一位来自厦门大学，那么在

机构层面，这篇论文分别为美国国家海洋与大气管理局、中国科学院和厦门大学各计数一次，在国家层面，分别为美国和中国各计数一次。

增长率（GR）：用于衡量两个时期之间出版物增加的百分比。因此，GR为1表示稳定，高于1表示增加，低于1表示减少。本报告的目的，对不同国家和地区的增长率进行计算，并比较2000—2008年期间的产出与2009—2017年期间的产出。

相对引用的平均数（ARC）：是指相对于世界平均值（即预期的引用次数），一个特定实体（如国家或机构）所著论文的科学影响指标。每份出版物收到的所有引文都按出版年份计算，并在随后的所有年份中计入数据库索引的最新出版物每个出版物的被引次数，都将按照其发表的年份以及后续年份计入，直到数据库中能够索引到最新出版物为止。当ARC大于1时，意味着一个实体的得分高于世界平均水平；当ARC小于1时，表示一个实体发表的文章的被引次数低于世界平均水平。Science-Metrix/RELX Canada公司认为，一个实体必须拥有至少30篇具有有效RC分值的文章才能计算其ARC，否则结果不可靠。

相对影响因素平均值（ARIF）：是指基于文章所发表的期刊的影响因素（IF），对一个特定实体（如国家或机构）发表的出版物的预期科学影响的度量。在本研究中，根据整个报告中用于生成文献计量数据的文档类型，Science-Metrix/RELX Canada公司计算并应用对称的影响因素。出版物的影响因素，是通过将其出版的期刊的影响因素与出版年份联系起来计算的，之后，考虑到科学领域和子领域间的不同引用模式（例如，生物医学研究中引用的数量多于数学），一个出版物的每一个影响因素除以同年度同一子领域中发表的相应文档类型（即一份评审与其他评审进行比较，一篇文章与其他文章进行比较）的所有文章的平均影响因素以获得（RIF）。在本研究中，期刊的影响因素计算周期为5年。一个特定实体的ARIF是其RIF的平均值（也就是说，如果某机构有20个出版物，其ARIF为20个RIF的平均值，每个出版物一个RIF）。当RIF大于1时，表示实体的得分高于世界平均水平；当RIF小于1时，意味着一个实体发表的期刊的被引次数低于世界平均水平。为开展分析，实体必须拥有至少30个具有有效RIF的出版物才能计算其ARIF，否则结果不可靠。

专业化指标（SI）：是指一个特定实体（如某机构）在特定研究区域（如某领域或某类型），相对于同一研究领域的一个参照实体（如全球或数据库测量的全部产出）的科研力度指标。换句话说，当一个机构专攻某一领域时，宁愿牺牲其他领域研究也要更加重视该领域的研究。在本研究中，有两个参照物：一个参照物涵盖所有的科学；另一个参照物只涉及海洋科学，后一种参照物将以海洋科学为中心提供专业化指数。专业化指数计算公式如下：

$$SI = \frac{(XS/XT)}{(NS/NT)}$$

其中：

XS为X实体在特定研究领域的出版物（如德国海洋健康方向的论文）；

XT为某一论文参考集中来自X实体的出版物（如德国发表的全部论文集）；

NS为特定研究领域中来自N参照实体的出版物（如全球海洋健康方向的论文）；

NT为某一论文参考集中来自N参照实体的出版物（如全球所有论文或全球海洋科学论文）。

如果提供的数据集不能满足前面提到的标准，则用N/C（不可计算）或N/A（不可用）表示。

国际共同出版率（ICR）：在计算国际共同出版率时，在文献数据库中编入索引的所有国际科学出版物中，有至少来自两个不同国家的机构/组织的至少两名合著作者参与时会被计入，然后将数据转换为国际共同出版的百分比。

2.3.3 文献计量数据集的潜力和局限性

文献计量分析建立在全球分布的海量数据集基础

上，涵盖了大多数已发表的同行评审文章。科学论文在同行评审期刊上的出版发表是传播海洋科学研究的基石，因此，不同的文献计量指标可以用来代表研究活动；文献计量分析能够提供有关研究产能（即在期刊上发表的文章数量）、专业性、合作活动和研究影响（通过引用次数衡量）的信息。如果使用得当，基于引用的指标可以成为有效的尺度，来探讨科学产出的影响。

文献计量分析的局限性主要有以下三点。首先，所有的文献计量指标都基于一种研究成果，即在期刊上发表的同行评审文章；其他形式的研究成果，可能会也可能不会经过同行评审（如专利、会议报告、国家报告和技术系列），因此都不予考虑。此外，文章必须为英文或至少有英文摘要，否则不收录于数据库中，也就不属于本研究的范畴。其次，文献计量分析的结果受到本报告应用的分类系统（海洋科学分为八大类型）的选择和所使用的数据库（在本例中为Scopus-Elsevier）的局限性的影响。最后，文献计量指标对研究的时间段也很敏感。发表时间较长的论文，其引用次数自然比最近出版的出版物要多；相对于同类型、同年度、同专业论文的平均引用次数，运用标准化的引用指标，最大限度地减少了这些影响。此外，海洋科学的新投资并未在科学产出方面得到直接反映，因为实地工作、分析和出版工作要想在文献计量分析中得到适当反映，需要数年时间。

2.3.4 技术分析

《全球海洋科学报告》2020年版首次对2000—2018年期间海洋科学领域的全球专利数据进行技术计量分析。技术计量数据集由Science-Metrix/RELX Canada公司提供。专利族是通过从全球五个主要专利局中与海洋科学有关的文章中摘取所得的近似关键字而选取的，五个主要专利局分别是：美国专利商标局（USPTO）、欧洲专利局（EPO）、韩国特许厅（KIPO）、日本特许厅（JPO）和中国国家知识产权局（CNIPA）。

数据覆盖全球各国和各地区，按世界知识产权组织（WIPO）技术领域，合作专利分类（CPC）方法进行分类。WIPO的35个领域[1]按技术领域（如生物技术、化学工程）对专利进行高级分类，而CPC分类［由美国专利商标局（USPTO）和欧洲专利局（EPO）联合开发］则以WIPO的国际专利分类（IPC）为基础，提供更先进、更精细的技术门类。

在这项研究中，Science-Metrix/RELX Canada公司使用了PATSTAT专利数据库[2]，该数据库涵盖了全球大多数主要专利局。如未另行指定，则同族专利的发明国家为发明人所在国家。所有发明人数据都是从DOCDB[3]族的申请中提取的，每个作者的标准化名称（在PATSTAT中可以查到）被赋予的权重都相同。

因此，如果发明人隶属于多个国家，则发明人的权重在该发明人所属国家之间平均分配。如果在PATSTAT数据库的DOCDB族中通过索引没有找到发明人的数据，则使用文献中先前描述的方法修补缺失的数据（de Rassenfosse et al., 2013）。如果多个主管局在同一天收到申请，则对每个国家分配相等比例的族申请。如果此信息未链接到有效的办公室（这种情况非常罕见），则将国家/地区标注为"未知"。

申请人的国家是在与上述过程类似的过程中确定的，该过程将申请人的信息置于优先地位，并使用有关发明人的信息对缺失的数据进行修补。

专利族所属年度：DOCDB专利族可能包含来自不同年份的多个申请。为了更好地确定原始发明的完成时间，DOCDB族所属年度认定为首次申请的存档年度。为确保此点，收集了所有可能与申请相关的数据，甚至包含本项研究五个主管局以外的主管局提交的数据。

1　WIPO根据国际专利分类(IPC)定义了35个技术领域。
2　PATSTAT是欧洲专利局的一个数据库，包含主要工业化国家和发展中国家的专利数据。
3　DOCDB是欧洲专利局(EPO)的主要文献数据库。PATSTAT的数据部分来自DOCDB。

专利族所属部门：专利统计数据按申请人的活动部门（学术、私人、政府、个人、其他/未知）提供。通过使用PATSTAT中索引的申请人的标准化名称，给予每个申请人同等的专利族权重。

确定申请人所属部门是通过使用PATSTAT中索引的申请人姓名进行人工编码完成的。如果缺少此信息或无法编码（例如，缺乏有关单位的信息），则申请人被分配到"其他/未知"类别。有一点需要着重说明，国有营利性公司被编码为"私人"，因为它们更接近私营公司的定义，而不是由政府资助的非营利组织（例如美国联邦政府基金研发中心）被编码为"政府"。

专利族所属技术领域：专利数据按两种技术领域呈现：WIPO技术领域和CPC子类（所有CPC代码都位于第三级子类别）。WIPO技术领域由35个高级专利类别组成，CPC子类别则更为详细。在以上两类中，DOCDB族会根据应用领域细分到相应领域；在申请层面首先进行分类，为每个WIPO技术领域或CPC子类赋予不同技术领域编码作为权重。随后，通过给予每个应用相同的权重来计算DOCDB类别权重。

需要注意的是，CPC分类方案主要由欧洲专利局和美国专利商标局使用，亚洲专利局使用的方法要少得多。因此亚洲专利局的未分类专利所占比例会更高。

海洋科学出版物的族引用：PATSTAT包括从专利到非专利文献的引用数据。为了能够计算引用相关文献的同族专利的数量，这些数据与Scopus中的出版物进行了匹配。目前仅考虑引用自GOSR2020文献计量研究定义的科学出版物数据集中存在的文章。若要包括在引用海洋科学出版物的所有数量，DOCDB族必须至少有一个包含指向相关文献引用的应用程序，否则它将被计为未引用文献。族的计算方法与以上所述族的引用数量相同。

必须指出的是，就亚洲专利局（中国国家知识产权局、韩国特许厅、日本特许厅）而言，对非专利文献的引用往往没有得到很好的涵盖，而且在许多情况下可能没有英文版本，因而限制了这些专利局的数据集。

技术指标

族数量（申请）：使用分数计数法计算国家一级的DOCDB族申请数量。这种方法根据一个国家的发明人为文章做出贡献的比例来划分出版物。同族专利还根据其所有申请人的活动部门进行了细分。如果同一专利族中同时存在多个活动部门和国家，则将这两个分数相乘，以获得该部门和国家专利族的最终权重。如未另行说明，本报告中提出的指标就是根据这一数据计算的。所有发明的同族专利均被计算在内，即便是那些不包含已授权专利的。归属于某一专利族的年份对应于其最早申请的申请年份，国家对应于发明人的国家。

增长率（GR）：增长率衡量一个单位的产出在一个时期和另一个时期之间的变化比率。GR为1表示没有变化，当GR大于1时意味着增长，当GR小于1时意味着产出减少。由于2017年和2018年的专利数据可能尚未完成，因此使用2000—2007年和2009—2016年周期数据计算增长率。不计2008年的数据，以确保两个子周期的年数相同。计算中使用所有DOCDB族的数据，不计授权状态和专利局。

专业化指数（SI）：专业化指数（SI）指的是一个特定实体在一个领域或子领域的产出量相对于该领域全球平均产出量的水平。例如，如果某一国家10%的专利是关于海洋科学研究，但在全球范围内，只有5%的专利属于这一领域，就认为该国在海洋科学领域更为专业，该领域的产出比例高于世界其他地区的平均水平。SI参考值为1（即世界平均水平始终等于1）；如果SI大于1，表明该实体在特定领域产出水平高于平均水平；如果SI小于1，表明该实体在特定领域的产出水平低于平均水平。同族专利的比例是通过对同一时期数据库中的所有同族专利计算得出的。

技术计量分析的局限性

技术计量分析与文献计量分析有许多共同的局限

性。例如，许多发明没有注册为专利，因为它们的发明人和公司可能会选择其他保护方式。

此外，专利在商业价值和影响潜力方面存在很大差异，科学文章也是如此——所以说，海洋科学的价值或发展不是通过简单计算专利数量可以衡量的。

有些如下更为具体的限制也应该纳入考虑。

技术计量分析会对有国家专利局的国家有利，是因为注册的专利申请可能被错误归属某个国家。在为GOSR2020进行分析时，由于覆盖了众多国家的办事处，故而减少了这种概率。

美国专利商标局的专利申请数量可能被低估了，因为公布未授权的美国专利商标局专利申请不是强制性的。然而，近年来这不再是个问题，相反，这导致大部分通过美国专利商标局公布专利的那些国家的专利增长率略有高估。

尽管大多数公布的专利以英文形式或配有英文翻译，但这样做也并不是欧洲专利局和亚洲专利局的义务。因此，分析可能会造成对未以英文公布的专利的偏见，因为将这些专利纳入数据集的唯一途径是纳入CPC类别。

此外，数据和信息的质量因专利局而异。尽管欧洲专利局和美国专利商标局的专利信息符合技术分析的要求，但中国国家知识产权局、韩国特许厅和日本特许厅的专利信息却未能尽如人意。尽管通过使用DOCDB专利族和前述修补措施可以缓解这一问题，但这可能导致专利族的国家间分配问题。

2.3.5 其他资源

除了调查问卷和Science-Metrix/RELX Canada公司提供的数据外，还有补充资源来完善报告中用于分析的数据集。更多信息来自政府间组织和联合国教科文组织政府间海洋学委员会等国际认证的合作伙伴发布的资源，如网络评估、国家和国际报告。每章后面都附有相关的参考文献。

对国家海洋科学人力资源的评估和审查很少，通过问卷调查获得的信息也非常有限，因此需要获得其他的数据记录方式，如以不同的方法读取海洋科研人员的性别平等信息和科研团体年龄分布状况（第4章）。因此，在2009—2018年期间，参加过国际海洋科学会议/研讨会的与会者名单也纳入研究。纳入本评估的国际会议要符合以下标准：①至少有来自10个不同国家的50位与会者出席；②主办国的专家不能超过与会者总数的50%；③开放的注册流程；④可以获得超过90%以上的参与者的性别和国家信息。每个海洋科学类型会议的完整名单显示了参会人数、所代表的国家以及参会专家、学生、组织者、演讲者的总体性别比例（补充材料4.1）。

此外，第4章还介绍了海洋科学或海洋科学相关学士、硕士和博士（或同等学力）课程的两项区域性评估。这些分析基于受IOC-UNESCO资助的两个项目所收集的数据。在拉丁美洲和加勒比国家收集的2018—2019学年信息，是会同政府间海洋学委员会位于加勒比及邻近地区的下属委员会（IOCARIBE）共同完成的。西非国家2019—2020学年的分析数据取自机构网站，并得到其国内专家的支持。

2.4 参数标准化

为了使数据标准化，提高可比性并允许在不同国家之间进行基准比较分析，研究者引入一些参数，以便把某些参数（如配置给海洋科学的财政资源、技术和人力资源）的绝对值纳入研究视角。

国内生产总值（GDP）：[1] 经济体中所有居民生产者总增加值之和，包括经销业和运输业，加上任何产品税再减去不包含在产品价值里的任何补贴。国内生产总值是衡量国民经济健康状况和规模的主要指标。

购买力平价（PPP）：购买力平价是根据各国不同的价格水平计算出来的货币之间的等值系数。购买

---
1 联合国教科文组织统计研究所(UIS)给出的定义。

力平价可以用一种货币乘以特定产品或服务的成本，换算成以美元计算的相同商品或服务的成本来衡量。

GDP，PPP（当前国际美元）：GDP，PPP是使用购买力平价率转换为国际美元的GDP。国际美元对GDP的购买力与美国美元相同。GOSR2020中使用的数据以当前国际美元为单位。[1]

用于研究和试验开发的国内支出总额（GERD）：作为GDP的百分比，GERD是指某一特定年内，在国家领土或地区内进行研发的内部总支出，以国家领土或地区的GDP的百分比表示［由《弗拉斯卡蒂手册》（OECD，2015）定义，由联合国教科文组织（UNESCO）统计研究所（UIS）编］。通过研发统计调查，UIS收集用于研究和试验开发资源的有关数据。[2]

货币汇率：货币汇率是两种货币可以兑换的汇率。对于GOSR2020货币汇率，我们使用美元（US$）和US$以外的国家货币之间的年度货币汇率。一种货币单位可以使用世界银行全球经济监测（GEM）汇率兑换成另一种货币。[3]

总人口：总人口是基于人口的定义，该定义计算所有居民，无论其法律地位或公民身份如何。使用的值是年中估计值。[4]

海岸线：就GOSR2020评估而言，海岸线值是指陆地面积（包括岛屿）和海洋之间的边界总长度。[5]

第3章中，根据收集的数据提供了以下三种不同类型的指标。

不同国家的年度海洋科学支出（美元）：该指标显示调查问卷答复国报告并换算成美元的国家海洋科学支出总额。

2017年不同国家海洋科学支出占国内研究和试验开发的国内支出总额（GERD）的份额：该指标显示了2017年GERD分配在海洋科学领域的部分，是以当前货币单位和当前价格计算的当地海洋科学总支出与GERD之间的比率。

2013—2017年海洋科学支出年均增长率：该指标提供了每个国家海洋科学支出的年均增长率。考虑到通货膨胀，以当地2010年不变价格计算的居民消费价格指数（CPI）作为平减指数。

2.5 可视化

数据可视化有助于通过统计图形、图表和信息图表清晰有效地传达复杂信息。对数据的分析以视觉化的形式呈现，可以帮助读者理解数据集，并可识别新模式。报告中的可视化展示如下所述。

位置分析：位置分析图表可以对机构的综合表现进行可视化展示（图2.4和第5章）。

---

1 来源：世界银行，截至2019年12月的数据。
2 来源：联合国教科文组织统计研究所，截至2019年11月的数据。
3 来源：全球经济监控，截至2019年9月的数据。
4 来源：世界银行，截至2019年12月的数据。
5 来源：中央情报局世界概况，截至2019年12月的数据。

第2章
定义、数据收集和数据分析

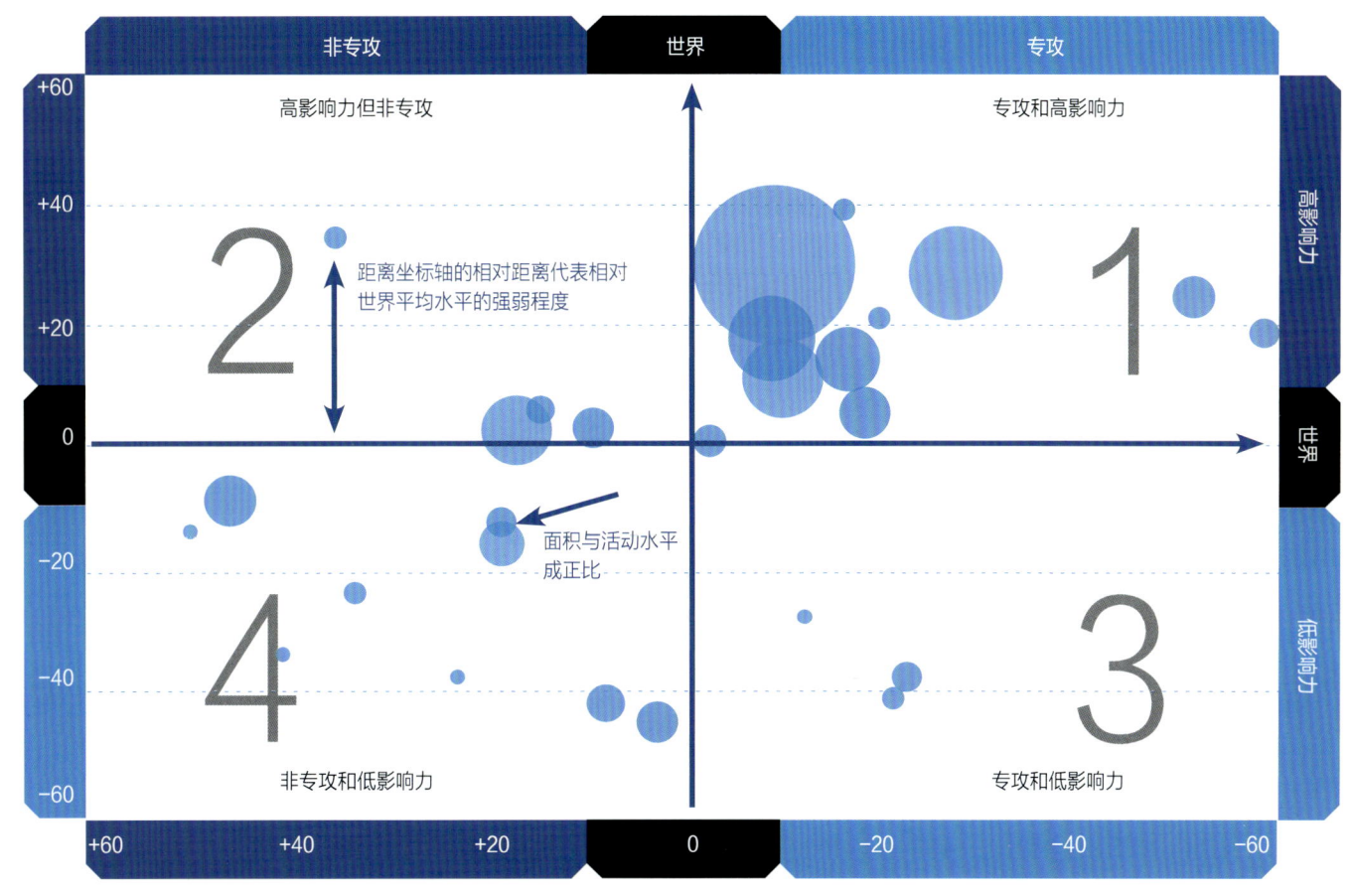

图2.4 第5章所呈现的专业化指数（SI）和相对引用平均值（ARC）的位置分析图示例
资料来源：IOC-UNESCO，2017。

它可以通过若干独立指标，帮助解读机构的优势与不足，这些图示在逻辑上结合了前面提到的三个指标［论文数量、专业化指数（SI）和相对引用平均数（ARC）］。为了产生更好的视觉效果，对 SI 和 ARC 进行对数变换。一个实体在四个象限之一的位置可解释如下。

象限1：位于图表右上角。此象限中的实体专攻特定领域的研究，其活动具有很高的影响力，这意味着他们论文的被引用率在该领域中高于世界平均值。

象限2：位于图表左上角，此象限代表高影响力的科学产出，但实体并非专攻某一领域。

象限3：位于图表的右下角，此象限代表某领域的专业性较高，但产出影响低于世界平均值。

象限4：位于图表左下角，位于该象限的机构活动强度高，其影响力低于该领域的世界平均值。

协作关系网络：代表来自不同实体（国家、机构等）作者之间的协作。合作采用全计数法计算，例如，一篇论文的署名是A大学的两名研究人员，其中一名作者来自B大学，另一名作者来自C大学，那么A大学和B大学，A大学和C大学，B大学和C大学各只被计入一次合作。两个实体之间联系的宽度与它们之间的合作数量成正比，代表每个实体的气泡大小（面积）与这个实体发表文章的数量成正比。合作者数量与合作强度的关系，可以通过网络的空间布局这一函数呈现（实体之间的协作越多，就会越聚集）。在本研究中，每个海洋科学类型中出版数量最多的前40个国家被纳入国家关系网络，每个核心领域排名前40的机构被纳入机构关系网络。

45

等值区域图：等值区域图是一种专题图，根据图中显示的对统计变量的测量，按照比例对其中的区域进行阴影或者模式处理。等值区域图是一种简单方法，将某一地理区域内的测量变化可视化，或者显示区域内的变化水平。

参考文献

DE RASSENFOSSE G, DERNIS H, GUELLEC D, et al., 2013. The worldwide count of priority patents: A new indicator of inventive activity. Research Policy, 42(3): 720–737.

EXPERT PANEL ON CANADIAN OCEAN SCIENCE, 2013. Ocean Science in Canada: Meeting the Challenge, Seizing the Opportunity. Ottawa, Council of Canadian Academies. Available at: https://cca-reports.ca/reports/ocean-science-in-canada-meeting-the-challenge-seizing-the-opportunity

IOC-UNESCO, 2017. Global Ocean Science Report — The current status of Ocean Science around the World.//Valdés L et al. (eds). Paris, UNESCO Publishing. Available at: https://en.unesco.org/gosr.

KING D A, 2004. What different countries get for their research spending. Nature, 430: 311-316.

OECD, 2015. Frascati Manual 2015: Guidelines for Collecting and Reporting Data on Research and Experimental Development. Paris, OECD. Available at: https://www.oecd.org/sti/inno/frascati-manual.htm.

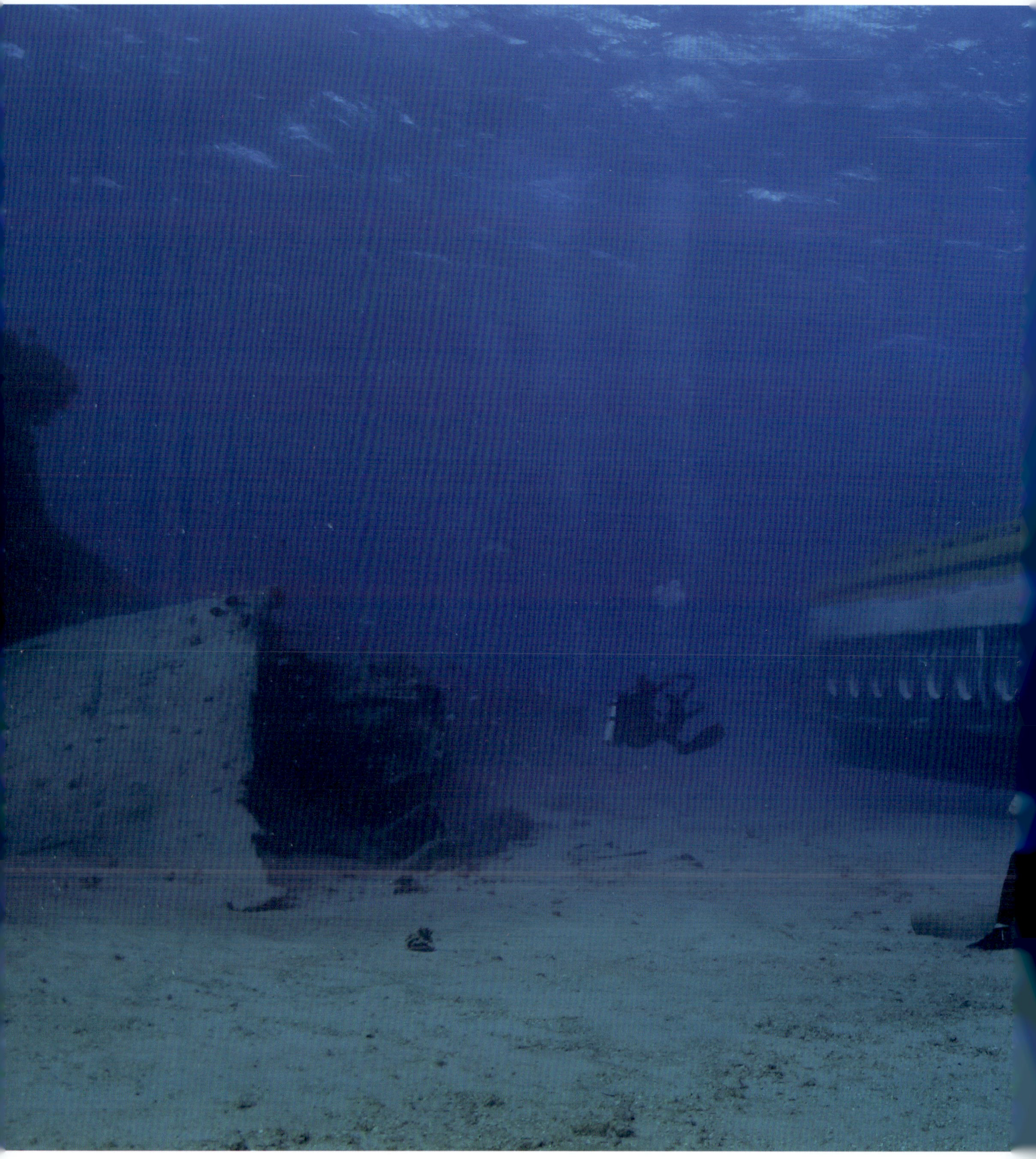

第3章
海洋科学基金

第3章 海洋科学基金

Claire Jolly, Mattia Olivari, Kirsten Isensee,
Leonard Nurse, Susan Roberts, Youn-Ho Lee,
Elva Escobar Briones

Jolly, C., Olivari, M., Isensee, K., Nurse, L., Roberts, S., Lee, Y.-H. and Escobar Briones, E. 2020. Funding for ocean science. IOC-UNESCO, *Global Ocean Science Report 2020– Charting Capacity for Ocean Sustainability*. K. Isensee (ed.), Paris, UNESCO Publishing, pp 69-90.

3.1 引言

持续的和富有成效的基金支持对海洋科学的发展至关重要，有助于人们掌握更多有关如何促进海洋健康高产的知识。而当前，海洋正遭受来自气候变化加速、海洋污染和资源开采（如海底采矿、海洋渔业和海水养殖）等诸多威胁。

基于前版《全球海洋科学报告》（GOSR2017）中有关海洋科学基金和当前国际实践等相关章节的研究基础，本章旨在：

- 梳理全球与海洋科学相关的基金，明确海洋科学基金的来源和机制；
- 建立关于海洋科学投资国际可比数据的知识库。

为取得长时间序列数据，需要持续不断地收集有关海洋科学投资的数据，并观察其随时间推移发生的变化。对这些数据的分析有助于进一步分析海洋科学对社会经济的影响。

本章内容如下：第3.2节，总结主要发现并提出对海洋科学基金的战略展望；第3.3节，概述海洋科学基金的不同来源（国家机构预算、国际项目、私营部门、基金会和慈善事业以及其他创新性投资工具），通过GOSR2020调查问卷收集原始数据；第3.4节，关于资金流和机制的国家和国际案例研究。

3.2 海洋科学基金战略展望

新型冠状病毒肺炎（COVID-19）大流行可能对国际海洋研究格局产生长期影响，许多项目、长期资助计划和科研基础设施建设需要重新确定优先级。在此背景下，海洋科学发展仍是重中之重，以应对海洋经济活动加剧、海洋环境加速恶化和气候变化所带来的挑战。

各国对海洋科学投资的动机很多。当今世界，人们有关海洋环境、气候和沿海地区发展的了解直接影响到社会经济发展和国家安全。海洋科学有关海洋发展及海洋资源的深入了解将日益成为以可持续方式开展海洋活动的基础。

3.2.1 海洋科学基金的主要趋势

各国和各区域之间海洋科学基金的获取和分配差别仍然很大，发展中国家的预算更低。根据GOSR2020问卷调查结果（见第2章中介绍的方法学），2017年美国海洋和沿海活动预算最高（包括海洋科学以及其他海洋和沿海政府项目），超过120亿美元，其次是日本（6亿美元）和澳大利亚（5.11亿美元）。全球有六个国家为海洋科学拨款超过2亿美元：挪威（3.67亿美元）、法国（3.33亿美元）、德国（3.12亿美元）、英国（2.93亿美元）、韩国（2.28亿美元）和加拿大（2.2亿美元）。

2013—2017年间，海洋科学预算差异很大。根据数据集，14个国家的预算随时间增加（俄罗斯年增长率最高，高达10.4%，其次是英国和保加利亚），而9个国家的预算随时间减少，有些地区变化非常明显（特别是日本、厄瓜多尔、土耳其、巴西和意大利）。

总体而言，与许多其他研究和创新领域相比，海洋科学基金规模极小。用于研究和试验开发的国内支出总额（GERD）中海洋科学所占份额相当低。平均而言，2017年海洋科学占GERD的比例约为1.7%，各国在0.03%~11.8%之间不等。秘鲁（11.8%）遥遥领先，其次是南非（5.6%），爱尔兰（5.3%），挪威（4.4%）和葡萄牙（3.5%）。

私人基金会以及包含海洋活动的企业捐赠项目数量正在增加。2017年，约5.005亿美元用于海洋相关项目，其中1.494亿美元用于1 000多个海洋科学项目。在2013—2017年的五年中，私人基金会和捐助者通过6 000多次捐赠活动向海洋科学项目提供了约6.682亿美元。

3.2.2 未来展望：挑战与机遇

展望未来几年海洋科学基金的发展，有几个领域需要特别注意：促进科学"生产者"与科学"用户"（如政府、当局和行业）之间的联系和沟通；寻求海洋基础研究投资和基础设施投资之间的平衡；加强海洋科学对可持续发展的整体贡献；促成发展中国家之间的持续合作和能力建设项目，造福全人类。

首先需要改进的领域之一涉及科学"生产者"与科学"使用者"（如政府、行政当局和工业界）之间的联系和交流。改善这些利益攸关方之间的联系将有助于它们更有效地应对海洋可持续管理活动面临的许多挑战。此外，提高对海洋科学相关性的认识也可能带来立竿见影的好处，特别是对机构和工业用户（如，平衡的海洋养护政策和更可持续和更有利可图的渔业），同时可能为目标领域和海洋研究找到新的筹资渠道（见第3.3.3节）。

海洋科学的另一个问题是，需要在提供和维护海洋科学基础设施（如关键的海洋观测系统）和基础研究活动之间平衡资金（和其他资源）的分配。美国国家研究委员会在2015年指出，美国国家科学基金会支持的科学调查可用资金下降了37%，而2011—2014年期间，基础设施成本每年增加约1 000万美元（National Research Council，2015）。虽然人们认识到，如果要保持海洋科学对可持续发展的重要贡献，就必须支持这两方面的投入，然而在当下科学预算减少的全球趋势下，需要在这些研究领域之间进行某种程度的重新平衡。因此在此建议，总预算的固定比例可以分配给基础设施，同时增加针对核心海洋科学研究的"长期供资轨迹"，当然各国情况会有所不同。

核心科学和基础设施之间资金分配的不平衡也为政府和研究机构之间加强合作创造了新的机会。近年来，这一挑战引起了更广泛的全球反应，许多国家，包括欧盟（EU）、美国、南非和巴西，同意通过共享各种基础设施平台和相关资源来执行联合海洋研究计划（Government Office for Science，2018；European Commission，2019；South Africa DST and Brazil MSTIC，2017）。在小岛屿发展中国家（SIDS），还存在采用和扩大此类举措的进一步机会（Hind et al., 2015），国际研究团体可以在宣传、协调和能力发展方面发挥有效作用。

同样，虽然海洋科学对人类发展的贡献很大，但在科学政策层面上可以取得更高成效，以确保重要研究领域投资对可持续发展的贡献，特别是可持续发展目标14的实现（Rudd，2015）。这可能需要在"纯"研究和"应用"研究之间明智地分配资源以及优化利用相关可持续发展目标之间联系的举措，例如解决粮食和能源安全以及运输问题。这不仅有助于实现可持续发展的目标，而且可以更有效地部署人力和技术资源、共享数据和避免重复努力，加强各国之间的合作。

最后，多年来就海洋研究中南南合作和对话的必要性进行了大量讨论，并强调了一些倡议（Liu et al., 2016；Claassen et al., 2019），本章还提供了一些合作的例子（见第3.3.2节）。这表明，海洋科学的研究专长并不局限于发达国家，第三世界国家某些地区有尚未开发的海洋研究能力，可以得到更广泛和更有效的部署。然而，事实证明，维持这些举措对有关国家来说往往是一项挑战。

发达国家可以通过成立专项贷款基金，提供后勤援助，更好地利用技术和现有平台来支持国际合作。联合国海洋科学促进可持续发展十年（"海洋十年"）将助推进一步开展国际合作。

3.2.3 联合国海洋科学促进可持续发展十年展望

目前，各国政府是海洋科学的主要资金来源。尽管各国对海洋科学的投资量在世界各地各不相同，但平均而言，只有1%的国家预算用来支持海洋科学（IOC-UNESCO, 2017）。与2010年海洋对全球经济的15 000亿美元贡献相比，这一占比非常低（OECD, 2016）。

鉴于全球气候变化、生物多样性丧失和海洋不可持续利用带来的风险与日俱增，海洋科学应持续摆在战略首位。如果要实现"海洋十年"的雄心壮志，就需要增加国家资金对海洋科学的支持，并进一步调动其他资金来源。

例如，"海洋十年"提供了一个框架，可以围绕一系列共同的海洋科学优先发展项目召集慈善基金会。正如本章所述，慈善基金会已经成为海洋科学的重要资金来源，并在提高认识、教育和宣传方面发挥着补充作用。

此外，工业是海洋的主要用户，可以通过资源、伙伴关系、技术和创新方面为"海洋十年"做出重要贡献，以此促进海洋科学的发展。私营部门通过提高科学认知，降低商业风险，寻求可持续经济发展的机遇而为自己谋求利益。

公民和非政府组织（NGOs）是另一个可以在"海洋十年"中发挥诸多作用的团体，可以为海洋科学提供资金支持，促进科学新知的诞生，对政府和决策者颁布的政策进行宣传，与当地社区联络并开展科普教育。非政府组织（NGOs）和公民参与"海洋十年"的益处广泛且多样，如获取更多资源，创新伙伴关系，通过其开展的活动获取更多可用数据和信息。

由于多元化的参与主体积极投入到各项行动方案中，"海洋十年"的资源基础无疑将是广泛灵活的。"海洋十年"在调动资源时会采取各种形式，参与各方都会为确定和争取支持积极奔走呼吁。

3.3 绘制资金来源图

多年来，海洋科学的资金来源日趋多样化，目前主要包括国家行政当局、国际项目、私营部门、基金会和慈善事业以及新型和创新型融资工具。

3.3.1 国家机构预算

世界各国通过不同的部委和行政部门为海洋科学提供基金。GOSR2020调查问卷的回复，反映了海洋科学基金实体的多样性，有些与海洋活动有明显的联系（如渔业部、环境部、国防部海军部），有些倾向于与科技发展相关联（科学部、粮食安全部、技术部、空间机构），有些从更广泛的政策层面出发成立该部门（经济部、贸易部）（框3.1）。在小型发展中国家情况尤其如此，因为这些国家的政府各部委、部门和法定机构联系密切，因此难以有效地将每个实体中有助于海洋研究活动的具体预算分开。

以下报告仅提供保守的估计数，或许并不能反映一些国家在海洋科学方面的国家总支出。受数据可用性限制，一些国家无法每年报告详细信息，也无法报告分配资金的部委或部门。

框 3.1 提供海洋科学基金的政府指定机构

根据对GOSR2020问卷的回复，这份非详尽列举的清单说明了参与海洋科学基金的机构，部门和部委的多样性：

- 安哥拉：渔业部；交通部；电信部
- 澳大利亚：澳大利亚南极分部（AAD）；环境与能源部（DoEE）海洋保护区处
- 比利时：联邦政府在发展合作中的海洋科学基金；佛兰德地区海洋科学和创新基金流
- 巴西：海洋资源部际委员会（CIRM）
- 保加利亚：教育和科学部
- 加拿大：加拿大渔业和海洋部；加拿大国防和研究发展部
- 哥伦比亚：环境和可持续发展部
- 刚果（刚果民主共和国）：环境部
- 萨尔瓦多：环境和自然资源部；科技部；农业和畜牧业部
- 芬兰：环境部；运输和通信部；农业和林业部；经济事务和就业部
- 法国：高等教育、研究和创新部（MESRI）
- 德国：联邦教育和研究部（BMBF）
- 几内亚：高等教育和科学研究部；渔业、水产养殖和海洋经济部
- 爱尔兰：科学和技术部（商业、企业与创新司）；渔业部（农业、食品和海洋司）；国防部（国防司）；环境部（通信、气候行动和环境司）；规划部（住房、规划和地方政府司）
- 意大利：教育、大学和研究部（MIUR）；环境、土地和海洋保护部（MATTM）；经济发展部（MISE）
- 日本：文部科学省（MEXT）；农林水产省（MAFF）；经济产业省（METI）；国土交通省（MLIT）；环境省（MOE）
- 韩国：海洋和渔业部；环境部（韩国气象厅）
- 科威特：公共环境管理局；农业和渔业公共管理局；科威特科学研究所
- 毛里塔尼亚：渔业和海洋经济部
- 毛里求斯：国防部大陆架、海域管理和勘探部（CSMZAE）
- 摩洛哥：渔业部；研究部；公共工程部
- 莫桑比克：国家海洋研究所（INAMAR）
- 荷兰：教育、文化和科学部（OCW）；农业、自然和食品质量部［MinLNV/瓦赫宁根海洋研究所（WMR）］；基础设施和水域管理部（Deltares研究所）
- 阿曼：农业和渔业财富部；阿曼开发银行
- 秘鲁：国防部；生产部
- 波兰：科学和高等教育部；海洋经济和内河航运部；环境保护总督察
- 俄罗斯：科学和高等教育部；农业部；自然资源和环境部；工业和贸易部
- 索马里：渔业和海洋资源部；港口和运输部；卫生部；环境部；农业部
- 南非：科学和技术部；环境事务部；农业和渔业部；矿产资源部；高等教育和培训部
- 西班牙：科学、创新和大学部
- 英国：商业、能源和工业战略部（BEIS）；环境、食品和农村事务部
- 美国：农业部；商务部；国防部；能源部；卫生与公众服务部；国土安全部；内政部；国务院；运输部；财政部；环境保护局；海洋哺乳动物委员会；美国国家航空航天局；美国国家科学基金；史密森学会

资料来源：GOSR2020调查问卷。

第3章
海洋科学基金

根据GOSR2020调查问卷的结果，美国用于海洋活动的机构基金最高（图3.1）。2017年，美国为海洋和沿海活动拨款超过120亿美元，其中包括海洋科学以及其他海洋和沿海政府计划。日本2013年用于海洋科学的基金约为14亿美元，2015年降至7.68亿美元，2017年略低于6亿美元。澳大利亚2017年的海洋科学预算为5.11亿美元。

图3.1 2017年或最新可用年份划分的各个国家（百万美元）海洋科学资金估计数。估计数根据对《全球海洋科学报告》调查问卷调查表问题14的回复得出，但下列国家除外，其数据来自《全球海洋科学报告》调查问卷问题16：芬兰、挪威、葡萄牙、南非、西班牙和英国。美国报告的基金不仅涵盖海洋科学，还包括其他海洋活动和沿海政府计划。秘鲁、葡萄牙和美国的最新可用数据来自2016年。澳大利亚、俄罗斯和西班牙用2016年数据代替未报告的2015年数据。伊朗和葡萄牙的最早可用数据来自2014年

资料来源：数据统计自GOSR2020调查问卷。

一些国家海洋科学基金在2013—2017年期间差异很大，一部分原因是由汇率波动引起的。图3.2显示了以不变价格计算的海洋科学预算的年均增长率，这些国家提供的数据涵盖了调查问卷所涉及的时间窗口的最初一年和最后一年。

有14个国家随时间增加了预算，而9个国家则减少了预算——有些国家相当明显。俄罗斯是年增长率最高的国家，高达10.4%，其次是英国（7.5%）和保加利亚（4.7%）。哥伦比亚、芬兰、德国、伊朗和摩洛哥保持了稳定的支出。与此同时，意大利和巴西下降了9%~10%，土耳其，厄瓜多尔和日本的下降幅度在15%~17%之间。

总体而言，用于海洋科学的国内研发支出总额（GERD）比例相对较低（图3.3）。以目前有GERD数据的受访国家为例，2017年平均约有1.7%的GERD用于海洋科学领域，各国浮动在0.03%~11.8%之间不等。秘鲁（11.8%）在这方面领先，其次是南非（5.6%），爱尔兰（5.3%），挪威（4.4%）和葡萄牙（3.5%）。与此相反，土耳其海洋科学领域的GERD比例最低，其次是巴西、保加利亚和哥伦比亚。

通过比较海洋科学基金占GERD的比例与GERD占国内生产总值（GDP）的比例，可以评估各国在海洋科学方面的相对"专业化"。这显示了海洋科学是否是各国GERD支出目标中优先选择的方向。实际上，图3.3中左右两图之间的比较显示了哪些国家将海洋科学列为重中之重。以秘鲁为例，其GERD占GDP的比例非常低（0.12%），但GERD中海洋科学的比例非常高（11.8%）（在该组中最高）。相反，韩国将其GDP的4.6%用于GERD（在该组中最高），仅将GERD的0.32%用于海洋科学。

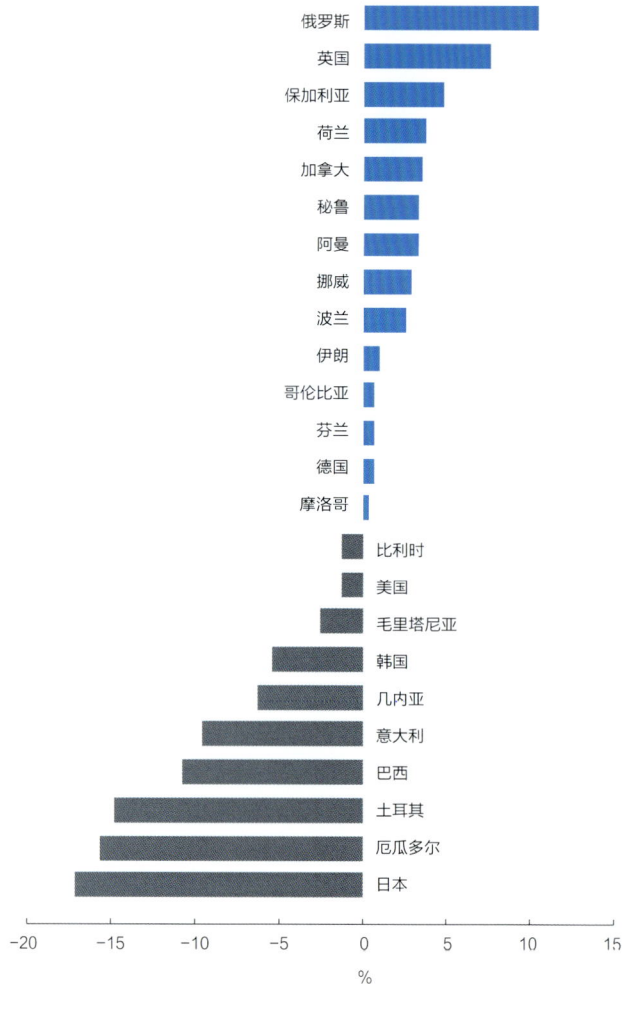

图3.2 海洋科学支出增长率。2013—2017年，以当地货币计算的海洋科学支出年均增长率（按不变价格计算，2010年为100）。估算基于对GOSR2020调查问卷第14个问题的回复，但以下国家的数据来自问题16（见GOSR网站）：芬兰、葡萄牙、西班牙、挪威、南非和英国。秘鲁、葡萄牙和美国的最新可用数据来自2016年。伊朗和葡萄牙的最早可用数据来自2014年

资料来源：数据源自GOSR2020调查问卷和国际货币基金组织国际金融统计数据库。

第3章
海洋科学基金

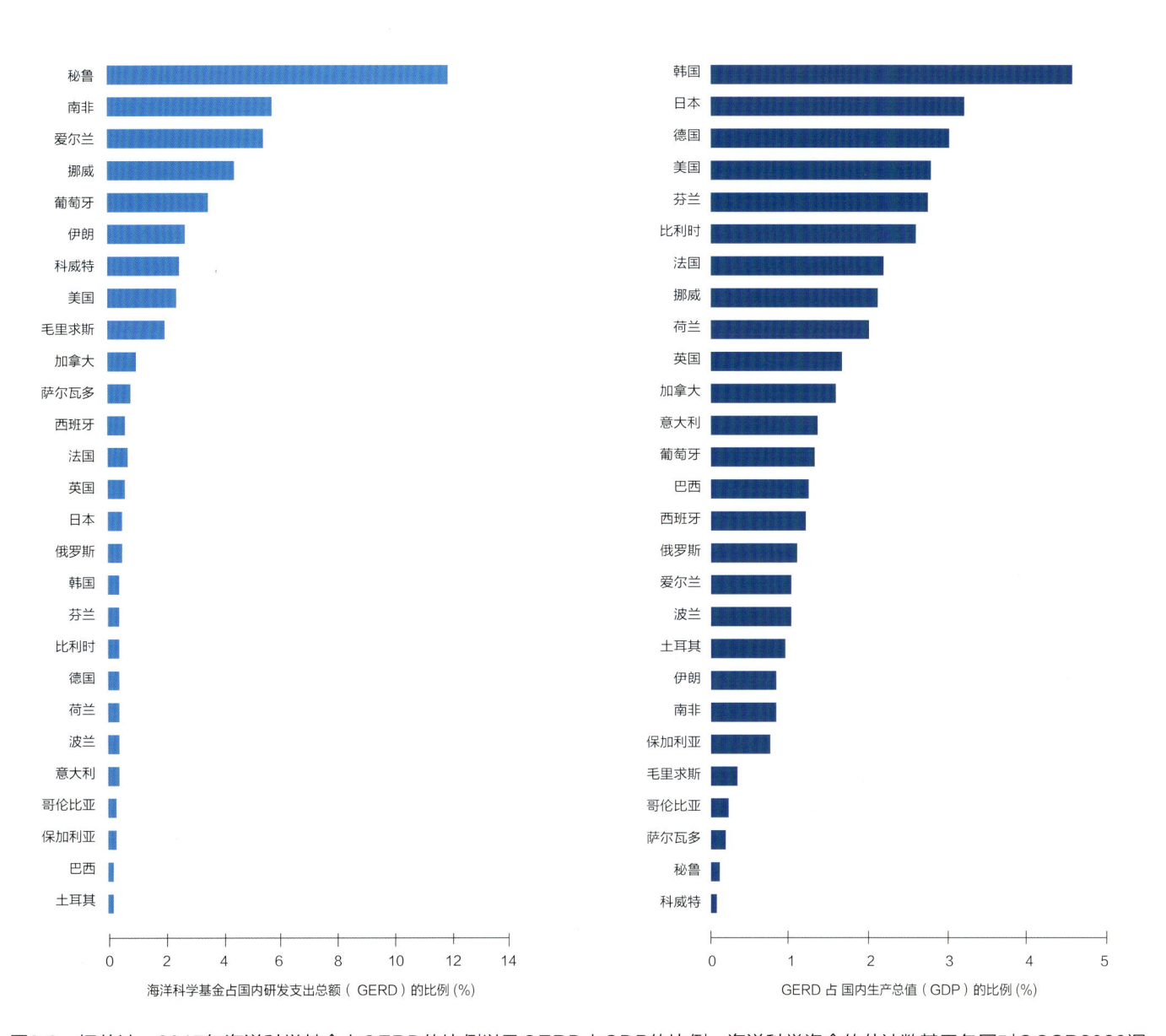

图3.3 据估计，2017年海洋科学基金占GERD的比例以及GERD占GDP的比例。海洋科学资金的估计数基于各国对GOSR2020调查问卷问题14的回复，但以下国家数据来自问题16：芬兰、挪威、葡萄牙、南非、西班牙和英国。秘鲁、葡萄牙和美国的最新可用数据来自2016年。伊朗和葡萄牙的最早可用数据来自2014年。南非最新的GERD数据来自2016年

资料来源：数据源自GOSR2020调查问卷和教科文组织统计研究所数据库。GERD数据中没有海洋科学基金数据的，在自然科学和其他类别中获取。

全球海洋科学报告：海洋可持续发展能力调查与展望
Global ocean science report, charting capacity for ocean sustainability

表3.1　全球领域与海洋科学有关的国际组织及参与国

国际机构和组织	相关信息	参与国家
贝尔蒙特论坛（环境变化研究基金）	致力于促进跨学科科学的基金组织、国际科学理事会和区域财团之间的伙伴关系，为理解、减缓和适应全球环境变化提供知识	阿根廷、澳大利亚、奥地利、巴西、加拿大、中国、科特迪瓦、法国、德国、印度、意大利、日本、墨西哥、荷兰、挪威、卡塔尔、南非、瑞典、泰国、土耳其、英国、美国
国际大洋发现计划（IODP）	国际海洋研究合作，使用远洋平台探索海底沉积物和砾石数据，以监测海底环境。来自参与国的科学家可以选择进行考察。IODP依赖于由三个平台（美国、日本、欧盟）资助的设施以及另外五个伙伴机构（澳大利亚-新西兰联盟、巴西、中国、韩国、印度）的财政捐助	澳大利亚、奥地利、巴西、加拿大、中国、丹麦、芬兰、法国、德国、印度、爱尔兰、意大利、日本、荷兰、新西兰、挪威、葡萄牙、韩国、西班牙、瑞典、瑞士、英国、美国
国际海洋考察理事会（ICES）	政府间海洋科学组织，旨在促进和分享对海洋生态系统及其提供的服务的科学理解，以实现养护、管理和可持续发展目标。它是一个由来自700多个海洋研究所的近6 000名科学家组成的网络，专注于大西洋、北极、地中海、黑海和北太平洋	比利时、加拿大、丹麦、爱沙尼亚、芬兰、法国、德国、冰岛、爱尔兰、拉脱维亚、立陶宛、荷兰、挪威、波兰、葡萄牙、俄罗斯、西班牙、瑞典、英国、美国
联合国教科文组织政府间海洋学委员会（IOC-UNESCO）	联合国教科文组织（UNESCO）的政府间海洋学委员会（IOC）成立于1960年，是联合国教科文组织内一个具有职能自主权的机构，是联合国系统内唯一负责海洋科学的组织。委员会的宗旨是促进国际合作，协调研究、服务和能力建设方面的方案，以便更多地了解海洋和沿海地区的性质和资源，并将这些知识用于改进管理、可持续发展、保护海洋环境及其成员国的决策进程	150个成员国
北太平洋海洋科学组织（PICES）	政府间科学组织，成立于1992年，旨在促进和协调北太平洋和邻近海域，特别是北纬30°以北的海洋研究。该组织致力于促进海洋环境、天气、气候变化、海洋生物及其栖息地以及人类活动对这些影响的科学认知。推进收集和交流关于这些问题的科学信息	加拿大、中国、日本、韩国、俄罗斯、美国
全球海洋观测伙伴关系（POGO）	全球海洋观测伙伴关系（POGO）作为促进和推进全球海洋观测的论坛，由世界各地海洋学机构的主管于1999年创立。POGO是一家在英国注册的慈善机构，成员机构来自世界各地，并与其他国际和区域计划及组织密切合作	多个利益攸关方合作伙伴
海洋研究科学委员会（SCOR）	SCOR是由国际科学理事会（ICSU）成立的国际非政府非营利组织，旨在帮助解决与海洋有关的跨学科科学问题	澳大利亚、比利时、巴西、加拿大、智利、中国、厄瓜多尔、芬兰、法国、德国、印度、爱尔兰、以色列、意大利、日本、墨西哥、纳米比亚、荷兰、新西兰、挪威、巴基斯坦、波兰、韩国、俄罗斯、南非、瑞典、瑞士、土耳其、英国、美国

资料来源：数据源自GOSR2020调查问卷，特别是各国对问题18的回复及其他背景研究。

3.3.2 加强基金和能力建设的国际组织

几十年来，由于国际上有与海洋研究相关的广泛多样的参与主体及学科，国际合作一直在海洋科学领域发挥关键作用。

3.3.2.1 海洋科学基金合作组织选编

国际合作可以从多方面助力海洋科学基金，从在有关条约和政府间组织范围内为个别国家提供促进沿海和流域合作的机会，到建立具有海洋研究跨界供资机制的专门协调机构。基于各国在GOSR2020问卷中提供的信息，部分举措在表3.1至表3.4中列出。表3.1未全部列举，还有一些倡议正在进行中，也会在下一节中进行介绍。

在欧洲，许多倡议汇集了不同的国家研究机构和科学组织来为海洋科学活动提供基金。其中主要的在表3.2（特别是欧洲海洋委员会和JPI Oceans）中列举，但由于海洋科学团体还有许多其他论坛，故列举并不详尽。例如，欧洲科学技术合作组织（COST）是为研究人员在欧洲及其他地区建立跨学科研究网的基金组织，欧洲地球科学联盟（EGU）海洋科学司，推进地质学不同领域的专家交流互动。

表3.2 欧洲各国参与海洋科学有关的机构/组织的情况

海洋科学机构与组织	相关信息	参与国家
欧盟海事委员会	1995年设立的非政府咨询机构和泛欧海洋研究与技术论坛。它进行海洋研究的展望和分析，并向欧洲机构和国家政府提供政策建议。其34名成员是国家海洋或海洋学研究所、科研基金机构或国家大学联盟，专注于海洋研究，代表来自18个国家的1万多名科学家	比利时、克罗地亚、丹麦、爱沙尼亚、法国、德国、希腊、爱尔兰、意大利、荷兰、挪威、波兰、葡萄牙、罗马尼亚、西班牙、瑞典、土耳其、英国
健康和富饶的海洋联合计划倡议（JPI Oceans）	该政府间平台创建于2011年，有20个成员国和一个观察国，向投资海洋和海事研究的欧盟成员国和联系国开放。其目的是组织和参与联合研究倡议，调整目标，汇集现有的国家财政资源和能力。对于共同资助的倡议（ERANET共同基金），国家研究预算由欧盟委员会的基金进行补充	比利时、克罗地亚、丹麦、爱沙尼亚、法国、德国、希腊、冰岛、爱尔兰、意大利、马耳他、荷兰、挪威、波兰、葡萄牙、罗马尼亚、西班牙、瑞典、土耳其、英国
欧洲大洋钻探研究联盟（ECORD）	自2003年以来，由15个国家组成的财团负责资助和实施海洋钻探科学考察，作为国际大洋发现计划（IODP）"海底地球探索"的一部分	奥地利、加拿大、丹麦、芬兰、法国、德国、爱尔兰、意大利、荷兰、挪威、葡萄牙、西班牙、瑞典、瑞士、英国
欧洲海洋网	2014年由来自22个国家的60个研究和学术组织创建的欧洲海洋科学网，以支持海洋科学新兴科学主题的发展。它组织内部竞争性提案征集，由EuroMarine预算提供资金，大型项目由欧洲各国、政府或联合研究基金项目进行贷款资助。该协会靠会费自给自足	比利时、克罗地亚、丹麦、芬兰、法国、德国、爱尔兰、以色列、意大利、摩洛哥、荷兰、挪威、秘鲁、波兰、葡萄牙、斯洛文尼亚、南非、西班牙、瑞典、突尼斯、土耳其、英国

资料来源：数据源自GOSR2020调查问卷，特别是各国对问题18的回复以及其他背景研究。

除欧洲协调机构外,许多海洋科学项目和大型计划均由欧盟委员会资助,从而可以与广泛的利益攸关方进行互动交流。"地平线2020"计划有超过77个项目,反映了来自不同领域的呼吁,[1] 包括关注海洋生态系统、海洋和海事科研交叉等。基金有多种形式,主要取决于项目目标(例如研究和创新行动、协调和支持行动)。欧洲研究区域(ERA)网络共同基金是一个以支持在欧洲建立政府和政府资本合作网络结构模式为宗旨的基金工具。这些工具为单一的联合呼吁和跨国行动"补充"了资金。在海洋科学方面,正在开展若干ERA-Net共同基金(表3.3)。

表3.3 各国参与与海洋相关的欧洲研究区域(ERA)网络情况

欧洲研究区域(ERA)网络	相关信息	参与国家
BioDivERsA欧洲研究区域网络	促进泛欧生物多样性和生态系统服务研究的国家和区域供资组织网络,为生物多样性的保护和可持续管理提供创新机会	正式合作伙伴:奥地利、比利时、保加利亚、捷克、丹麦、爱沙尼亚、芬兰、法国、德国、匈牙利、爱尔兰、以色列、立陶宛、荷兰、挪威、波兰、葡萄牙、罗马尼亚、斯洛伐克、西班牙、瑞典、瑞士、土耳其、英国
合作伙伴:拉脱维亚	政府间平台创建于2011年,有20个成员国和一个观察国,向投资海洋和海事研究的欧盟成员国和联系国开放。其目的是组织和参与联合研究倡议,调整目标,汇集现有的国家财政资源和能力。对于基金倡议(ERANET Cofunds),国家研究预算由欧盟委员会的基金工具补充	比利时、克罗地亚、丹麦、爱沙尼亚、法国、德国、希腊、冰岛、爱尔兰、意大利、马耳他、荷兰、挪威、波兰、葡萄牙、罗马尼亚、西班牙、瑞典、土耳其、英国
渔业、水产养殖和海产品加工合作(COFASP)欧洲研究区域网络	ERA-Net共同基金协调活动,以改善海洋生物经济(即渔业、水产养殖和海产品加工)对欧洲经济福祉的贡献	比利时、丹麦、爱沙尼亚、芬兰、法国、德国、希腊、冰岛、意大利、挪威、葡萄牙、罗马尼亚、西班牙、英国
MartERA欧洲研究区域网络(ERA-Net)	ERA-Net共同基金旨在加强欧洲研究区域的海洋和海洋技术领域以及蓝色增长	阿根廷、白俄罗斯、比利时、法国、德国、爱尔兰、意大利、马耳他、荷兰、挪威、波兰、葡萄牙、罗马尼亚、南非、西班牙、土耳其

资料来源:数据改编自GOSR2020调查问卷,特别是各国对问题18的回复以及其他背景研究。

非洲已经制定了许多公约,以推进流域和沿海地区管理合作,促进区域内海洋科学合作,在表3.4中进行了列举。许多科学组织很活跃,如西印度洋海洋科学协会(WIOMSA)。该协会致力于促进整个西印度洋区域〔由10个国家组成:科摩罗、法国(留尼汪岛)、肯尼亚、马达加斯加、毛里求斯、莫桑比克、塞舌尔、索马里、南非和坦桑尼亚〕海洋科学领域包括教育、科学和技术发展等各方面的发展。

在亚太地区,也有许多支持海洋科学计划的区域性机构。政府间海洋学委员会(IOC)西太平洋委员会(WESTPAC)作为一个重要的国际协调小组,成立于1989年,由22个会员国组成,主要分布在东亚、东南亚、南太平洋和东印度洋。它包含若干关于海洋过程和气候变化、海洋生物多样性、海产品安全和保障以及海洋生态系统健康的合作科学计划。

---

[1] "地平线2020"是欧盟有史以来规模最大的研究与创新计划,迄今为止,已提供了七年(2014—2020年)近800亿欧元的可用资金。"地平线 2020"是实施"创新联盟"的金融工具,"创新联盟"是欧洲2020年的旗舰计划,旨在确保欧洲的全球竞争力。

表3.4　各国参与海洋科学有关的非洲公约或计划的情况

公约与合作机制	相关信息	参与成员
阿比让公约	保护、管理和开发西非、中非和南部非洲区域大西洋沿岸海洋和沿海环境合作公约	贝宁、喀麦隆、刚果民主共和国、科特迪瓦、加蓬、冈比亚、加纳、几内亚、利比里亚、尼日利亚、塞内加尔、塞拉利昂、南非、多哥
巴塞罗那公约	《保护地中海海洋环境和沿海区域公约》是一项区域公约，旨在防止和减轻地中海船舶、航空器和陆源造成的污染。这包括但不限于倾倒、径流和排放。签署方同意在处理污染紧急情况、监测和科学研究方面进行合作和协助	阿尔巴尼亚、阿尔及利亚、波斯尼亚和黑塞哥维那、克罗地亚、塞浦路斯、埃及、欧盟、法国、希腊、以色列、意大利、黎巴嫩、利比亚、马耳他、摩纳哥、黑山、摩洛哥、斯洛文尼亚、西班牙、叙利亚、突尼斯、土耳其
本格拉洋流公约及委员会	基于可持续管理和保护环境条约（本格拉洋流大型海洋生态系统 BCLME）的多部门政府间倡议，以维持西南非洲区域的人类和生态系统福祉	安哥拉、纳米比亚、南非
内罗毕公约	政府、民间社会和私营部门之间的伙伴关系，为区域合作、协调和协作行动提供机制，以实现拥有健康的河流、海岸和海洋的繁荣的西印度洋地区	科摩罗、法国、肯尼亚、马达加斯加、毛里求斯、莫桑比克、塞舌尔、索马里、坦桑尼亚、南非

资料来源：数据源自GOSR2020调查问卷，特别是各国对问题18的答复（见GOSR网站）和其他背景研究。

联合国亚洲及太平洋经济社会委员会（UNESCAP）会定期与不同的海洋研究机构和团体协调召开大型会议。东南亚国家联盟（ASEAN）在其《科学和技术行动计划（2016—2025年）》中鼓励在该地区及其他地区开展海洋科学合作。太平洋共同体（SPC）成立于1947年，是一个拥有26个成员国和属地的国际发展组织，旨在利用科学、知识和创新促进可持续发展，造福太平洋地区的人民。太平洋共同体是太平洋共同体海洋科学中心（PCCOS）的所在地。

3.3.2.2　发展中国家的海洋科学基金

许多发展中国家拥有当地沿海和环境发展领域的领先专业知识。在国际计划的支持下，国家之间进行相互交流学习，这些国家为拓展海洋科学知识基础做出了诸多努力。然而，它们也需要构建国家层面的人力资源和技术能力所需的资源，将科学合理转化为政策行动。如第3.3.1节所述，合作、伙伴关系和合资企业是海洋研究基金的有效筹资举措，特别是与发展中国家成立科学计划和发展中国家之间成立科学计划，当然在更广泛的基础上将这些战略的执行纳入主流并建立起长期方案还存在一些重大挑战。尽管如此，在研究机构之间共享人员和其他专门知识（如建模、质量保证和技能控制、培训）、设备和实验室设施，参与国和机构可以互惠共赢，海洋科学研究效率更高，成本更低，资源更易获取。这也可以成为"南南合作"的一种合作方式。

目前已经有一些践行此类举措的模式，为未来各类新活动的开展提供了指导和借鉴：

- 联合国亚洲及太平洋经济社会委员会包括几个专门旨在实现可持续发展目标14目标的能力建设计划（UN ESCAP，2018）。
- 《南大西洋和热带大西洋及南大洋科学和技术合作南南框架》是南非和巴西于2017年签署的海洋和海洋研究双边协议，包括联合学术和船舶培训（South Africa DST and Brazil MSTIC，2017）。
- 国际印度洋考察（IIOE-2）是一个大型的海洋学和大气合作研究计划，旨在收集从沿海环境到深海的观测数据和研究成果（IIOE-2，

2020）。2015—2020年该计划与区域各国密切接触，并得到三个实体单位的支持：印度洋全球海洋观测系统区域联盟（IOGOOS），一个由25个以上的海洋业务和研究机构组成的协会；国际科学理事会海洋研究科学委员会（SCOR）；联合国教科文组织政府间海洋学委员会（IOC）。

- ADCP（AANChOR）计划是欧洲2020年下半年的一个项目，旨在促进《关于大西洋研究与创新合作的贝伦声明》的实施[1]——这是一个南非、巴西和欧盟之间的三方声明，力求增进对海洋生态系统与气候之间关系的理解（Claassen et al., 2019）。这项合作旨在整合大西洋沿岸诸多国家和国际机构的研究工作，并与以北大西洋为重点的平行倡议相联系，如《关于大西洋合作的戈尔韦声明》和加拿大、欧盟和美国之间的大西洋研究联盟（AORA）。

此外，国际倡议计划可能与海洋科学能力建设基金挂钩。全球环境基金（GEF）与国际机构、民间组织和私营部门合作，聚集了183个国家，以解决全球环境问题，同时向国家可持续发展倡议提供财政资助。世界银行担任全球环境基金（GEF）信托基金的受托人，管理全球环境基金信托基金并从捐助国调拨资金（World Bank, 2020a）。

在过去20年中，全球环境基金（GEF）通过全球基金国际水域方案（GEF-IW）提供支持，以协助至少124个受援国在世界上66个大型海洋生态系统（LMEs，包括两个LME系统，即太平洋暖池和里海）中的23个地区的生态建设。这66个大型海洋生态系统（LMEs）通常被称为生产力最高的地区，但也是承受压力最大的地区。全球环境基金（GEF）通过对大型海洋生态系统项目提供支持（2.85亿美元以及利用其他伙伴提供的11.4亿美元融资），帮助各国通过跨界诊断分析（TDA）共同确定导致其共同的海洋生态系统（LMEs）的突出问题的根本原因，并制定联合行动，通过战略行动计划（SAP）解决其根本成因，帮助恢复生态系统产品与服务。

自20世纪90年代初以来，与美国国家海洋与大气管理局（NOAA）、国际自然保护联盟（IUCN）、联合国开发计划署（UNDP）等机构合作，联合国教科文组织政府间海洋学委员会（IOC-UNESCO）从概念、方法以及实践中推广了海洋生态系统（LME）方法，为在各区域制定和执行全球环境基金的海洋生态系统项目做出了贡献，从而发展起了广泛的从业人员网。

全球环境基金第五次充资战略认识到上述事实，并认识到需要向各国提供更多的支持，以具体应对气候多变性和诸如海平面上升、海洋变暖、海洋酸化、生产力和鱼类种群变化以及"蓝色森林"和生态系统恢复力的丧失等挑战。全球环境基金第七次充资战略再次确认，在交流内容方面囊括海洋生态系统方法（LME），国际海域学习交流资源网络平台是全球环境资金的跨机构和多行为者知识交流和能力建设的平台，支持建立多方伙伴关系，以增进全球环境基金及其他项目活动之间的对话和能力。全球环境基金还认识到，需要通过地方、国家和区域各级的跨部门机构改革，帮助各国应对这些挑战，在沿海地区整合基于生态系统的方法，在LMEs和跨水域系统改进海洋空间规划（MSP）和综合沿海区管理（ICZM）。海洋空间规划（MSP）和综合沿海区管理（ICZM）需要在生态系统健康以及生态系统服务和人类福祉方面的政策之间权衡取舍。

LME：LEARN和IW：LEARN4项目是在联合国开发计划署（UNDP）/全球环境基金（GEF）的领导下，在IOC-UNESCO的技术投入和支持下编制的，并由其执行。项目的实施始于2016年，并于2020年完成，IW：LEARN的第五阶段预计将于2021年开始。IOC-UNESCO设立了专门的项目协调办（PCU）。

其中一个全球环境基金大型海洋生态系统计划

---

[1] 《关于大西洋研究与创新合作的贝伦声明》，请参阅：https://ec.europa.eu/research/iscp/pdf/belem_statement_2017_en.pdf。

于2008—2013年期间由UNDP执行，在东南非洲区域启动，以支持阿古拉斯和索马里洋流大型海洋生态系统（ASCLME）。其目的是使这里的生态系统合作和适应性管理制度化，包括科摩罗、肯尼亚、马达加斯加、毛里求斯、莫桑比克、塞舌尔、南非和坦桑尼亚，它为每个参与国提供了单独的海洋生态系统诊断分析（MEDAs）。另一个项目是西印度洋大型海洋生态系统战略行动计划政策协调和体制改革（WIO LME SAPPHIRE），包括上述国家及索马里（UNDP，2020）。SAPPHIRE由UNDP实施，并由设在环境署的内罗毕公约秘书处执行。

3.3.3 私营部门

私营部门越来越多地直接或间接地为海洋科学计划提供资金。许多与海洋有关的行业需要不同类型的海洋数据（从地球物理数据集到涵盖整个海洋生态系统的信息），以维持正在进行的或未来的海上活动，例如勘探和开采矿物资源以及渔业。许多公司通过与研究人员合作，基于科学依据制定决策，在尊重规则的基础上避免对海洋环境产生的负面影响，也发展强化了自身的专业知识。

由于对数据应用的要求不同，私营部门之间建立起了不同的伙伴关系，在互惠互利的基础上，海洋科学领域的各类团体不断涌现，不仅有助于发展基础科学知识，同时有利于商业企业以可持续的方式绘制、收集、储存和管理其运营所需的海洋数据。

在这些伙伴关系中，私营部门使用的金融工具包括博士资助计划、为船只提供实物支持、向科学家提供已有数据以及观测站（或停泊站）等。私营部门对海洋科学数据使用和收集的补充资料，见第7章。

自GOSR2017发布以来，海洋科学基金环境有了新变化——来自金融投资者的作用。这些投资者越来越期望他们资助的公司能够在海洋可持续利用领域以透明的方式系统性地应对挑战和机遇。

大多数私人投资策略的目标是在合理的风险内实现最高的回报，无论是财务、技术还是声誉。在此背景下，商业化运营对环境和社会造成的广泛影响已成为许多参与海洋投资的私人基金会考虑的重要因素。

在挪威，政府全球养老基金成立于1990年，以确保对挪威石油和天然气资源的收益进行长期有效管理，造福当代及子孙后代。2018年，管理该基金和9 000多家公司资产的挪威银行投资管理公司为赞助公司制定了标准，以促进其在业务战略中贯彻海洋可持续性原则（Norges Bank Investment Management，2018）。这些标准与国际准则紧密结合，如联合国全球契约、联合国工商业与人权指导原则、G20/OECD公司治理原则和经合组织跨国企业准则，并提供了切实可行的措施。例如，要求公司对海洋进行环境影响评估，采取预防措施，提高正在进行的和计划中的活动的透明度，并制定战略，防止或减少商业活动造成的海洋污染。自2018年以来，许多其他投资基金已将有关海洋可持续利用的要求纳入其企业融资策略。

3.3.4 基金会和私人捐助者

慈善事业正在成为推动科学发展日益重要的资金来源。正如GOSR2017所言，私人基金会和捐助者对海洋科学的投资造就了突破性研究，催化了新的合作和额外资源（IOC-UNESCO，2017）。

慈善资金可以采取不同的形式，例如捐赠，公司和个人（包括高净值个人和众筹）的捐赠和遗产以及来自特许权使用费、股息和彩票的收入。

虽然数据较少，但私人基金会的数量以及包含海洋活动的公司捐赠计划的数量似乎正在增加。根据基金会中心收集的赠款数据，2017年共有约5.005亿美元用于海洋相关项目，其中1.494亿美元分配给1 000多个海洋科学项目（图3.4、图3.5）。从2013—2017年的

全球海洋科学报告：海洋可持续发展能力调查与展望
Global ocean science report, charting capacity for ocean sustainability

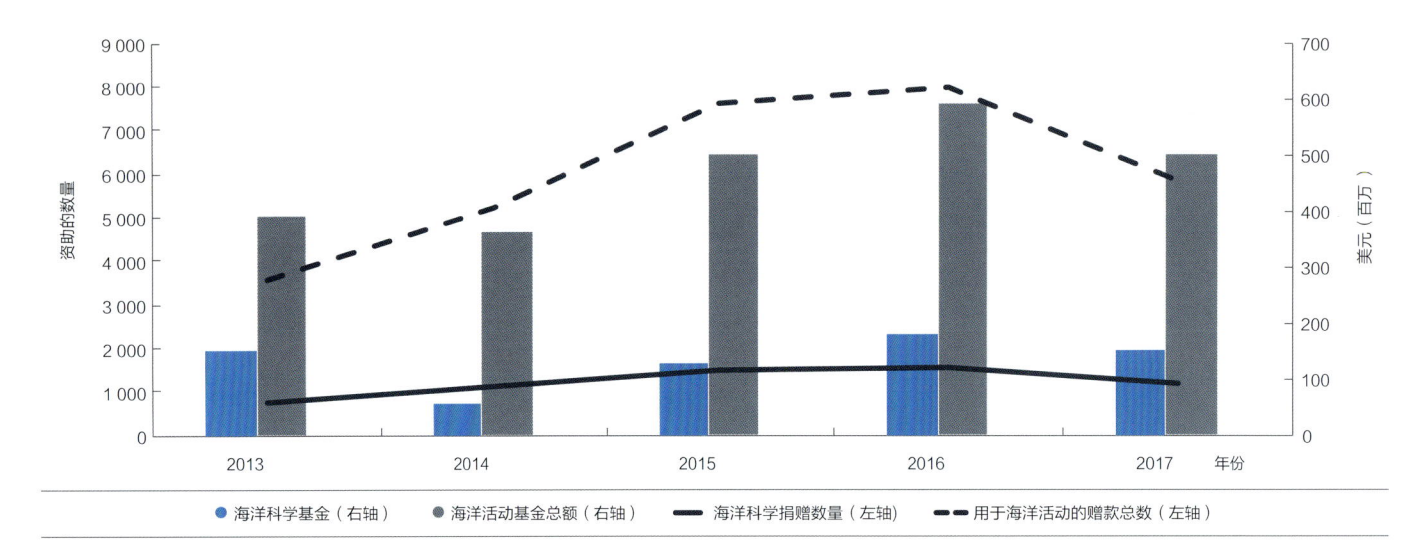

图3.4 海洋科学项目基金以及私人基金会和捐助者的捐赠数量（2013—2017年）。根据基金会中心使用的分类法进行分类。此图中仅包括私人基金会和捐赠者，并包括以下类别：企业捐赠计划，社区基金会，公司赞助的基金会，独立基金会，非政府组织，运营基金会和公共慈善机构。美国联邦机构和由政府资助支持的公共基金会（例如美国国家科学基金会）不在评估范围内。基金会中心将资金分为四大类（或有重叠）：海洋科学，海洋和沿海水域，珊瑚礁和水生野生动物保护，水产养殖和渔业。所有这些都汇总在"海洋活动"一词下，以比较海洋科学基金与整体海洋活动基金的份额

资料来源：信息改编自基金会中心的基金会地图平台：https://fundingtheocean.org, accessed March 2020。

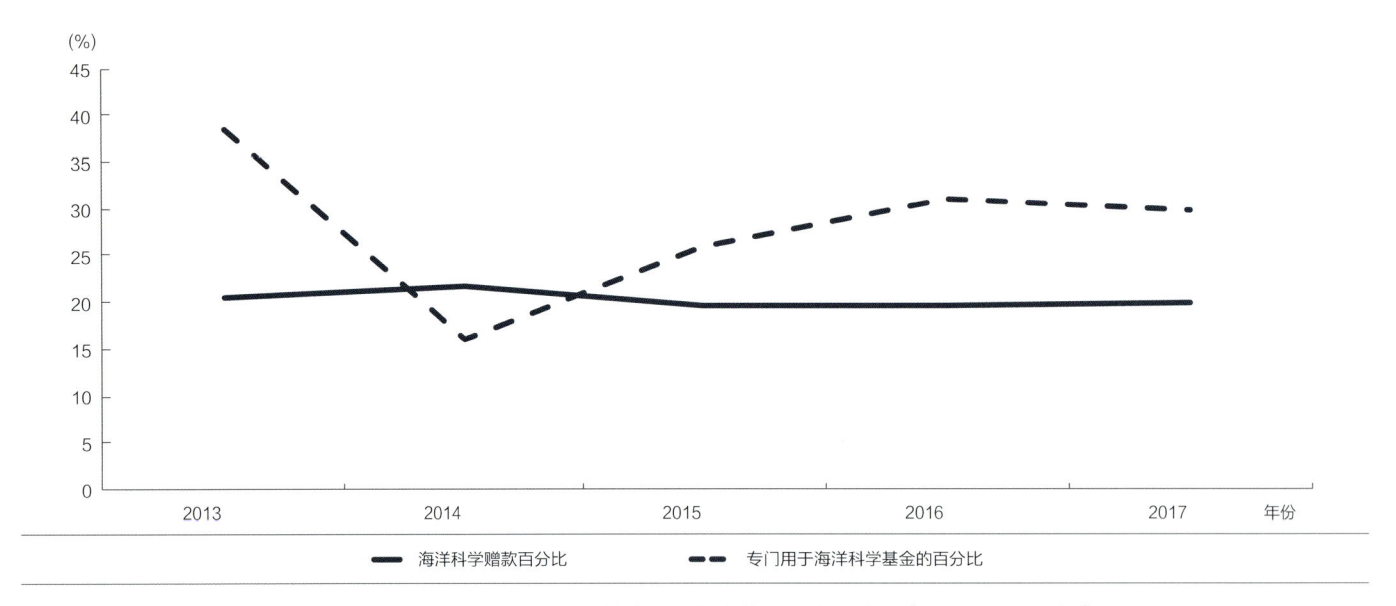

图3.5 用于海洋科学的基金和赠款数量占海洋相关项目总基金和慈善赠款数量的百分比（2013—2017年）

资料来源：信息源自基金中心的基金地图平台：https://fundingtheocean.org，于2020年3月访问。

5年间，私人基金会和捐助者通过约6 000种不同的赠款向海洋科学项目提供了约6.682亿美元。[1]

虽然所提供的数据并未包括所有赠款和项目（其中许多赠款和项目的资金期限为三年或更长时间），有些可能会被重复计算，但可以估算出，在2015—2017年期间海洋科学项目平均获得了所有与海洋相关的慈善基金的25%～30%。

许多位于美国的基金会支持与海洋有关的项目，包括大规模的海洋科学计划。例如，2017年，大卫和露西尔·帕卡德基金会为海洋科学项目提供了12笔赠款，价值5 300万美元，蒙特雷湾海洋研究所是最大的受益者（4 340万美元）。此外，戈登和贝蒂·摩尔基金会为29个海洋科学项目提供了约3 000万美元，其中非政府组织海洋保护协会获得了当年最大的赠款（约700万美元）。[2]

在"海洋十年"来临之际，为促进各基金会之间的进一步合作，"海洋十年"基金会对话于2020年初启动。它首次汇集了全球主要的海洋慈善机构，旨在促进资源调配并建立伙伴关系，为科学创新提供资金（IOC-UNESCO，2020）。在今后十年中，私人基金会和捐助者必将在资助小规模和大尺度海洋科学项目方面发挥关键作用。

3.3.5 探索海洋科学基金的创新形式

与其他科学领域一样，海洋科学也在逐渐从创新的基金机制中受益，包括跨学科研究基金、众筹、博彩和征税等。

3.3.5.1 海洋科学的非传统筹资渠道：跨学科研究

尽管许多全球性投资基金并非专门为海洋研究和开发所设，但这些基金的目标学科却与海洋科学有着千丝万缕的联系，海洋科学可以从与其他学科的协同

---

[1] 查看基金会地图平台：https://fundingtheocean.org/funding-map。
[2] 同上。

作用中受益。

全球关心的重要和迫切问题，如海洋变暖、脱氧和酸化、珊瑚白化、生境破坏、资源退化和鱼类种群丧失，往往各领域的交叉问题，为跨学科研究提供了机遇。诸如适应基金、最不发达国家基金和绿色气候基金等，更应该通过它们资助的项目建立起彼此之间更紧密的合作。这可能无须改变管理规则，也无需对已获得此类资助的国家不利，便可做到。

3.3.5.2 众筹

与其他领域一样，众筹可以成为海洋科学研究获得资金支持的宝贵且富有成效的工具，特别是对于私人机构、非政府组织和参与微型、中小型项目的个人而言，众筹可以产生切实、直接的地方和社区利益。事实证明，这种筹资方式可以吸引致力于对地方、区域乃至全球范围内公平、可持续地开发海洋资源提供帮助的独立捐助者、慈善家和小额捐助者。由该种筹资模式供资的一些项目包括以下几项。

- "海洋清理"项目在阿姆斯特丹的INDIEGOGO众筹平台上启动，在100天内从38 000多名支持者的捐款中筹集了超过200万美元。该倡议的目的是协助从世界海洋中清除塑料。
- 由Fathom基金发起的一项众筹计划，旨在协助恢复栖息地并监测进入萨利希海（从加拿大不列颠哥伦比亚省西南部延伸到美国华盛顿州西北部的沿海水道网络）的污染物。[1]
- 该项目在太平洋帕劳岛上建立了一个覆盖该国60万平方千米领海的"禁捕海洋保护区"。该计划的资金来自政府主导的名为"与帕劳站在一起"的众筹活动，该活动从400多笔小额捐款中筹集了53 000美元。这些资金用于购买船只和无人机，用于监控、系泊浮标和人员配备。[2]

3.3.5.3 博彩

一些司法管辖区还通过建立国家、州和省级博彩行业来筹集科学研究资金。这些设施可由政府机构或经政府许可的私营部门经营管理。

在英国，国家彩票社区基金可以分配到由国家彩票为公益事业筹集的所有资金的40%。例如，在2018年，它向鲸目动物研究和救援部门提供了赠款，为学校和青年团体提供海洋管理研讨会。[3]

荷兰国家邮政编码彩票将其年度总收入的60%提供给当地和国际非政府组织，用于自然保护等公共事业。截至2002年，该彩票已经批准了向世界自然基金会（WWF）提供的总额为1.28亿美元的捐赠款，用于生物多样性保护活动，其中包括墨西哥加利福尼亚湾地区的海洋研究项目（Spergel, Moye, 2004）。

最后一例，是美国西海岸的俄勒冈州推出的一种独特的彩票。1998年俄勒冈州修订了州宪法，要求将俄勒冈州彩票15%的收入分配给州立公园、恢复和保护鲑鱼，保护流域和栖息地，"……在州立公园、全州范围内恢复和保护鲑鱼、保护流域和栖息地之间平均分配"（Spergel, Moye, 2004）。

3.3.5.4 征税

该种类型的征税是立法规定的一种特别税，是在一些国家已成功应用的另一种筹资手段，可以为海洋

---

1 请参阅：https://fathom.fund/news/2018/12/5/fathom-fund-launches-pilotcrowdfunding-campaign。
2 请参阅：https://www.scientificamerican.com/article/island-nation-sets-upworlds-first-crowdfunded-marine-protected-area；https://grist.org/living/this-is-what-happens-when-you-crowdfundan-awesome-marine-park；https://news.nationalgeographic.com/news/2014/06/140617-pacific-marine-reserves-ocean-environment。
3 见基金会地图平台网站。网址：https://fundingtheocean.org/funding-map。

和沿海地区的研究计划筹集资金。一个例子是特立尼达和多巴哥政府在加勒比实施的绿色基金税。该税种于2000年根据议会法案设立，对当前在该国经营的企业的总销售额征收0.3%的税。它在2018年筹集了约900万美元税款，用于资助环境项目，特别是那些旨在减轻陆地和海洋污染对环境影响的项目。

3.4 关于基金流的若干案例研究

本节选取一些案例进行研究，主要介绍挪威、美国和加勒比地区的基金流和运行机制。

3.4.1 挪威

挪威研究委员会（RCN）投资于研究和创新，为可持续的未来积累知识，并应对重大的社会挑战。RCN由15个部委资助。2019年，RCN拨款110亿挪威克朗（约合10.7亿美元）用于所有可能的主题领域的研究和创新计划。RCN是挪威实施研究和开发的关键参与者，为政府建言献策，提供研究资金（如支持基础和应用研究，实施国家战略优先主题，投资所有科学和技术领域，支持私人研发等），支持网络、传播和国际化建设（"地平线2020"计划是国际研究合作的主要领域，挪威完全融入欧盟研究基金）。RCN的海洋秘书处负责协调和开展挪威与"海洋十年"相关事宜。

2019年，RCN预算中约有10亿挪威克朗（约合9 800万美元）用于资助海洋科学，挪威将30%的财政资金投入海洋科学领域。工业企业贡献了36%，其中23%用于直接向大学和研究机构提供资金支持。

该项研究的目的是为子孙后代维护清洁、富饶的海洋而寻求知识和解决方案，并为现在和未来的可持续海洋管理和海洋产业奠定坚实的基础。与石油和海事活动有关的研究和创新不包括于此项海洋研究范畴。用于海洋研究和创新的约10亿挪威克朗用于下文详述的各项活动。其中两个最重要的计划囊括海洋资源与环境以及水产养殖，其他计划侧重于生物技术、极地研究和气候活动。

- "海洋资源与环境研究"计划为海洋环境研究提供基金，并力求产生关于海洋和沿海地区生态系统以及人类活动压力影响的知识。该研究活动旨在增强以海洋资源和其他生态系统服务为基础的可持续管理和价值创造的基础。该计划涵盖了野生生物从收获到加工再到上市的整个产业链。

- "水产养殖计划"提供的研究和创新基金，是为挪威水产养殖业在社会、经济和环境可持续增长和发展方面创新知识并寻求方案。该计划旨在保持并进一步巩固挪威在水产养殖研究的领先地位。该计划涵盖鱼类和其他海洋物种从选育和遗传到生产和市场的全产业链。

- "创新生物技术计划"为以负责任的方式促进生物技术的发展和应用提供研究和创新基金。该计划特别侧重于农业、海洋、工业和卫生领域。

挪威还支持一些独立项目，如南森遗产，[1] 六年内总预算为7.4亿挪威克朗。南森遗产是一个新颖而全面的北极研究项目，旨在提供有关快速变化的海洋气候和生态系统的综合性科学知识。该项目将设计一个新的知识库，以促进在21世纪对巴伦支海北部和邻近的北极盆地进行可持续管理。

除了主题计划外，还有一些举措有助于更广泛的海洋研究和生态系统创新。

- "国家研究基础设施融资倡议"旨在为挪威研究界、贸易领域和工业领域提供其所需的最前沿的基础设施。全新的基础设施有助于在对挪威社会具有重要意义的前沿领域开展研究和创新，例如环保能源，未来工业产品技术和健康

---

[1] 南森遗产：https://arvenetternansen.com/project-description。

状况改善。
- "研究型创新中心"（SFI）旨在对创新和价值创造具有重要意义的领域拓展专业知识。该中心致力于推动研究公司和知名研究小组之间的紧密合作并开展长期研究，加强技术转让、国际化水平和进行研究人员培训。"研究型创新中心"的研究成果具有较高的国际水平。
- "SkatteFUNN研发税收激励计划"是一项旨在刺激挪威贸易和工业研发的政府计划。该计划通过税收抵免进行激励，以扣除公司应付交税费的形式实现。RCN负责申请和批准流程。

3.4.2 美国

美国海洋科学的研究、基金和应用获得了许多联邦机构的支持。

从美国国家科学技术委员会（总统办公厅）下属的海洋科技小组委员会的成员名单中可以看出其利益攸关者的多样性。该小组委员会包括九个部门和六个独立机构。该委员会由美国国家海洋与大气管理局（NOAA）以及美国国家科学基金会（NSF）共同主持，代表了美国政府中海洋科学的两个主要支持机构。美国宇航局（NASA）和海军部海军研究办公室也是主要支持机构（National Research Council，2015）。其余部门和机构也都有借助海洋科学和技术的专门计划，但这些计划只占联邦政府在海洋研究领域总投资的一小部分。

除联邦政府的投资外，海洋科学还得到各州的支持，有来自各州自然资源部门的直接投资，也有联邦和各州的合作计划（如国家海洋补助金学院计划和美国综合海洋观测系统的区域协会）。除政府之外，美国的海洋科学也得到了私营企业、基金会和其他非政府组织的支持。

大多数科学家通过竞争的方式获得资金支持，通常是捐赠款或合同。NSF资助了大部分由研究者发起的研究，重点是推进基础知识为目的的基础研究。其他机构既会支持研究者发起的研究，也会支持针对性研究，以解决该机构面临的科学问题。除了这些面向社会的计划外，许多机构还直接雇用科学家为其机构研究关键问题，例如NOAA关于海洋酸化、海平面变化和渔业种群评估的计划。

2018年，海洋科技小组委员会出版了《美国海洋科技发展：未来十年愿景》[1]。该报告通过确定五个发展目标，罗列了联邦海洋研究的优先事项：①了解地球系统中的海洋；②促进经济繁荣；③确保海上安全；④保障人类健康；⑤发展有弹性的沿海社区（US Subcommittee on Ocean Science and Technology，2018）。在确定这些宏观主题的同时，也确定了研究需求和近期发展机遇。例如，该文件描述了如何使用先进的数据收集和分析来支持地球系统预测模型和决策支持工具。为了推进这些目标，报告呼吁美国联邦政府各部门和机构、州和地区、行业和非政府组织之间建立伙伴关系以及国际伙伴关系以增进海洋科学计划方面的合作与协调，包括对研究和研究基础设施的支持。

2019年11月，白宫海洋科学技术伙伴关系峰会以推进伙伴关系为主题，聚集了来自各个部门的专家和利益攸关方，以期促进海洋科学和技术伙伴关系。（US Ocean Policy Committee，2019）。尽管美国对海洋科学投入了大量支持，但资源仍是供不应求。因此，只有建立起跨部门和跨政府的行之有效且追求高效的伙伴关系才能全方位满足社会需求。

3.4.3 加勒比地区

加勒比地区拥有13个国家和17个附属领土，拥有美丽的海洋景观和丰富的生物多样性，几十年来一直吸引着来自世界各地的游客。然而，该地区极

---

[1] 请参阅 https://www.noaa.gov/sites/default/files/atoms/files/Science%20and%20Technology%20for%20Americas%20Oceans%20A%20Decadal%20Vision.pdf。

易受到气候变化和自然灾害的影响。(World Bank, 2020b)。在大多数国家，特别是小岛屿发展中国家，制定以海洋资源为基础的可持续发展战略的重要性日益突出（UN General Assembly, 2018）。

在这方面，加勒比共同体气候变化中心（CCCCC）在为海洋科学研究筹集资金方面发挥着重要作用。它是根据加勒比共同体（CARICOM）政府首脑于2002年2月达成的协议设立的。其任务是协调处理全球气候变化对该地区带来的不利影响，在加勒比共同体成员国寻求实施有效的适应和减缓策略时，向它们提供科学、财政和政策支持。鉴于海洋和沿海资源对加勒比经济和社会发展至关重要，该中心一直注重构建以可持续的方式管理海洋和海岸带资源的地区能力，作为其形成全球气候变化弹性战略的组成部分。

自2013年以来，该中心一直能够从欧盟和美国国际开发署获得资金，用于购买和部署关键的监测和检测设备，包括珊瑚礁预警站（CREWS）。这些可以为预测珊瑚白化事件以及制定有效、循证管理其他海洋和海岸带资源策略提供连续、实时的海洋和大气数据。表3.5列出了由CCCCC协调的，在加勒比部署的十个珊瑚礁预警站的费用细目。

在加勒比国家和地区，沿海珊瑚礁可以保护海岸免受许多风暴和海浪侵蚀。由珊瑚礁形成的关键的生态系统，有助于渔业和旅游业的可持续发展（Manfrino, Dell, 2019）。鉴于海水温度升高对珊瑚礁的影响，减少来自人类活动的压力是加勒比各国为保护珊瑚礁可以采取的最紧迫的行动，同时也要为进一步开展海洋研究而进行能力建设。

在此背景下，加勒比海洋实验室协会（AMLC）致力于促进加勒比地区的联合海洋研究项目和知识转让。它是一个由40个海洋研究、教育和资源管理机构组成的联合会，每年举行AMLC会议，由成员实验室主办并为年轻研究人员提供资助。

表3.5 2013—2018年加勒比共同体气候变化中心珊瑚礁预警站成本

国家	站点数量	费用（美元）	运输、安装和调试（美元）	每个国家/地区的总成本（美元）
安提瓜和巴布达	1	62 250	8 000	70 250
巴巴多斯	1	123 600	26 858	150 458
伯利兹	1	123 600	26 858	150 458
多米尼加共和国	2	247 200	53 716	300 916
格林纳达	1	62 250	8 000	70 250
圣基茨和尼维斯	1	62 250	8 000	70 250
圣卢西亚	1	62 250	8 000	70 250
圣文森特和格林纳丁斯	1	62 250	8 000	70 250
特立尼达和多巴哥	1	123 600	26 858	150 458
珊瑚礁预警站计划的总成本（美元）				1 103 540

资料来源：CCCCC, Belize。

参考文献

CLAASSEN M, ZAGALO-PEREIRA G, SOARES-CORDEIRO A S et al., 2019. Research and innovation cooperation in the South Atlantic Ocean. South African Journal of Science, 115(9/10).

EUROPEAN COMMISSION, 2019. International Ocean Governance: An Agenda for the Future of our Oceans. Available at: https://ec.europa.eu/maritimeaffairs/sites/maritimeaffairs/files/list-of-actions_en.pdf.

GOVERNMENT OFFICE FOR SCIENCE, 2018. Foresight Future of the Sea: A Report from the Government Chief Scientific Adviser. London, Government Office for Science. Available at: https://assets.publishing.service.gov.uk/government/uploads/system/uploads/attachment_data/file/706956/foresight-future-of-the-sea-report.pdf

HIND E J, ALEXANDER S M, GREEN S J, et al., 2015. Fostering effective international collaboration for marine science in small island states. Frontiers in Marine Science, 2: 86.

IIOE-2, 2020. Second International Indian Ocean Expedition (IIOE-2) (website). Available at: https://incois.gov.in/IIOE-2/index.jsp.

IOC-UNESCO, 2017. Global Ocean Science Report — The Current Status of Ocean Science around the World. L. Valdés et al. (eds), Paris, UNESCO Publishing. Available at: https://en.unesco.org/gosr.

IOC-UNESCO, 2020. Dialogue mobilizes over twenty foundations to build ocean partnerships for the next decade (web article). Available at: https://oceandecade.org/news/49/Dialogue-mobilizes-over-twenty-Foundations-to-build-ocean-partnerships-for-the-next-decade.

LIU Y, MA Z, GUI B, et al., 2016. Technology identification of South-South cooperation on climate change of developing countries: A case of the countries along OBOR. 2016 Portland International Conference on Management of Engineering and Technology (PICMET): 2894–2912.

MANFRINO C, DELL C, 2019. Cayman Islands Reef Survey Report — 20 Year Report on the Status and Trends of the Coral Reefs in the Cayman Islands 1999–2018. Special Report from the Central Caribbean Marine Institute, #20190.

NATIONAL RESEARCH COUNCIL, 2015. Sea Change: 2015–2025 Decadal Survey of Ocean Sciences. Washington DC, National Academies Press. Available at: https://www.nap.edu/catalog/21655/sea-change-2015-2025-decadal-survey-of-ocean-sciences.

NORGES BANK INVESTMENT MANAGEMENT, 2018. Ocean Sustainability: Expectations Towards Companies. Oslo, NBIM. Available at: https://www.nbim.no/contentassets/17ed97a1a9f845ad8e847a51bc4b8141/nbim_expectations_oceans.pdf.

OECD, 2016. The Ocean Economy in 2030. Paris, OECD. Available at: https://read.oecd-ilibrary.org/economics/the-ocean-economy-in-2030_9789264251724-en#page1.

RUDD M A, 2015. Scientists' framing of the ocean science–policy interface. Global Environmental Change, 33: 44–60.

SOUTH AFRICA DST AND BRAZIL MSTIC, 2017. South-South Framework for Scientific and Technical Cooperation in the South and Tropical Atlantic and Southern Oceans. Available at: https://www.atlanticresource.org/aora/sites/default/files/GalleryFiles/AtlanticFacts/South--South-Framework-for-Scientific-and-Technical-Cooperation-in-the-S....pdf.

SPERGEL B, MOYE M, 2004. Financing Marine Conservation: A Menu of Options. Washington DC, WWF Center for Conservation Finance.

UNDP, 2020. The Western Indian Ocean Large Marine Ecosystems SAPPHIRE project. Available at: https://www.unenvironment.org/nairobiconvention/projects/western-indian-ocean-large-marine-ecosystems-sapphire.

UN ESCAP, 2018. Assessment of Capacity Development Needs of the Countries in Asia and the Pacific for the Implementation of Sustainable Development Goal 14. Bangkok, United Nations Economic and Social Commission for Asia and the Pacific (ESCAP). Available at: https://www.unescap.org/sites/default/files/ESCAP%20Ocean%20Assessment_1.pdf.

UN GENERAL ASSEMBLY, 2018. Sustainable Development of the Caribbean Sea for Present and Future Generations, Report of the Secretary-General. United Nations General Assembly, Seventy-Third session. Available at: https://digitallibrary.un.org/record/838645?ln=en.

US OCEAN POLICY COMMITTEE, 2019. Summary of the 2019 White House Summit on Partnerships in Ocean Science and Technology. Washington DC, Office of Science and Technology Policy and Council on Environmental Quality. Available at: https://www.whitehouse.gov/wp-content/uploads/2019/12/Ocean-ST-

Summit-Readout-Final.pdf.

US SUBCOMMITTEE ON OCEAN SCIENCE AND TECHNOLOGY, 2018. Science and Technology for America's Oceans: A Decadal Vision. Washington DC, Office of Science and Technology Policy. Available at: https://www.whitehouse.gov/wp-content/uploads/2018/11/Science-and-Technology-for-Americas-Oceans-A-Decadal-Vision.pdf.

WORLD BANK, 2020a. Global Environment Facility Projects. Available at: https://www.thegef.org/projects.

WORLD BANK, 2020b. Overview of the Caribbean. Available at: https://www.worldbank.org/en/country/caribbean/overview.

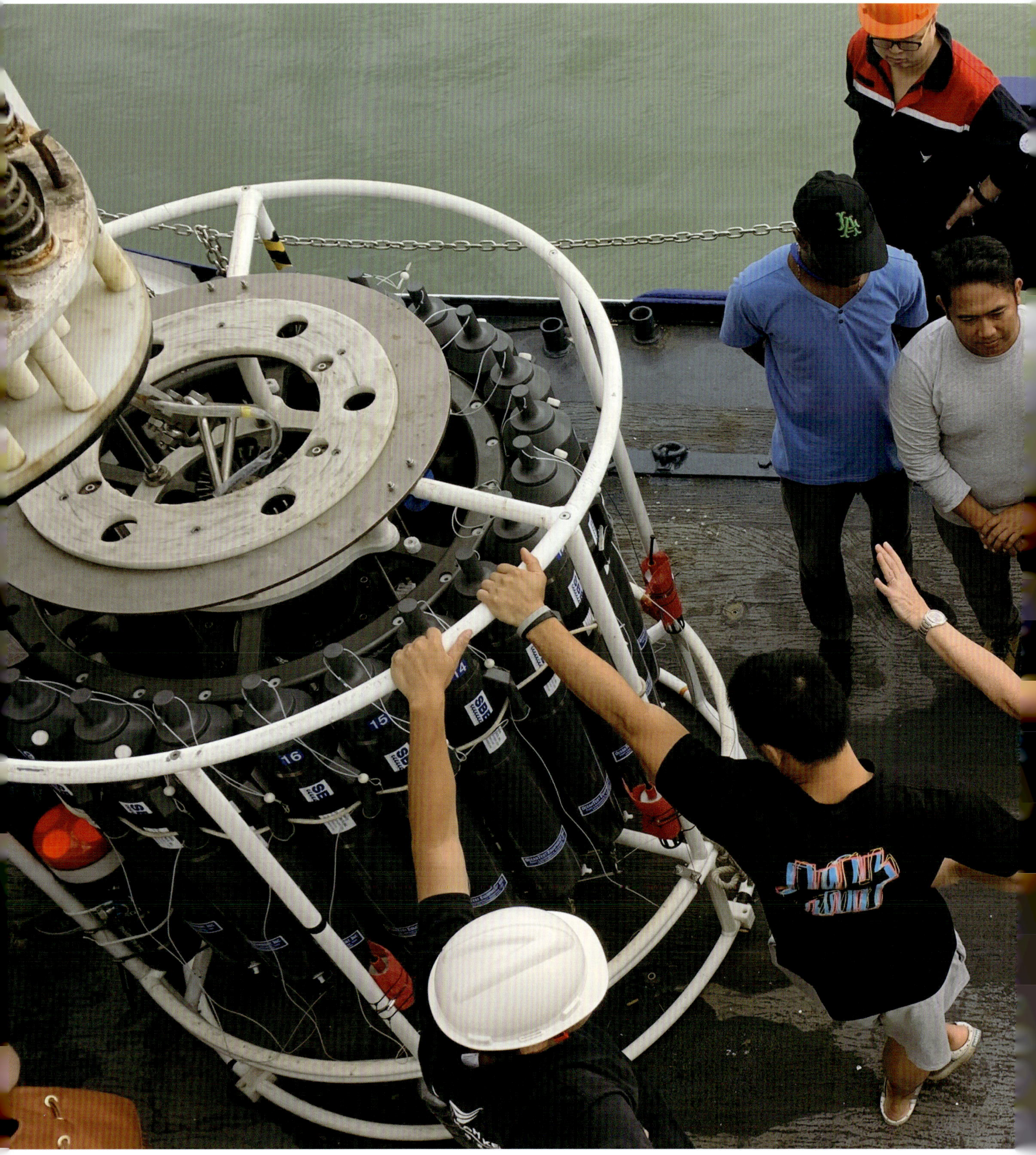
15
16
SBE

第4章
研究能力与基础设施

第4章 研究能力与基础设施

Paula Cristina Sierra-Correa, Kwame A. Koranteng,
Itahisa Déniz-González, Christian Wexels Riser,
Margareth Serapio Kyewalyanga, Ntahondi Mcheche Nyandwi,
J. Magdalena Santana-Casiano, Francesca Santoro,
Kirsten Isensee, Dongho Youm

Sierra-Correa, P. C., Koranteng K. A., Déniz-González, I., Wexels Riser, C., Kyewalyanga, M. S., Nyandwi, N. M., Santana-Casiano, J. M., Santoro, F., Isensee, K. and Youm, D. 2020. Research capacity and infrastructure. IOC-UNESCO, *Global Ocean Science Report 2020– Charting Capacity for Ocean Sustainability*. K. Isensee (ed.), Paris, UNESCO Publishing, pp 93-133.

4.1 简介

联合国海洋科学促进可持续发展十年（2021—2030年）（"海洋十年"）即将到来。海洋科学能力的转变，升级管理工具以应对生态系统产品和服务面临的威胁以及面临的与2030年可持续发展议程中的可持续发展目标（SDGs）相关的日益严峻的挑战，要求世界各国加快人力资源建设与技术能力提升，在地方、国家、地区和全球各级做出承诺并达成伙伴关系。

海洋科学成果的质量在很大程度上取决于由适当财政手段支持的人力资源的质量和技术基础设施的水平。在为国家匹配需要的和必要的资金时需要对其现有能力进行评估。本章从人力资源的角度评估现有的全球海洋科学能力，包括性别和年龄分布、海洋科学机构、观测平台和用于持续海洋观测的工具。本章还进一步介绍了海洋科学能力发展战略和海洋技术转让的优秀实例，包括一些区域试点活动。

评估中使用的一个重要数据来源是GOSR2020问卷。《全球海洋科学报告》第一版的调查问卷作为补充数据来源，用作对比分析（详细信息请见第2章），但仅以会员国提交的数据为基础所做的分析并非总是完整的，且并非都能进行横向比较。需要注意的是，有关亚洲的现有资料非常有限。此外，本章没有涉及私营部门在海洋科学中发挥的重要作用，这是因为GOSR2020调查问卷并未具体提到私营部门，因此成员国提供的信息不足以评估私营部门本身的具体作用。

成员国提交的完整信息可通过GOSR2020网站获得。[1]

4.2 人力资源

"海洋十年"（IOC-UNESCO，2018）的核心目标之一是为目前容量和能力有限的地区和群体夯实科学知识基础，推动其能力建设。海洋科学人力资源能力建设与教育、创新、增长和就业紧密相连，共同构成一个复杂网络。这意味着海洋科学的教育和培训系统不仅仅是一种科学支持机制。海洋科学所需的人力资源能力由不同的标准决定，主要与从事研究工作的资格、知识和经验有关。本章在这一节中列举了海洋科学人员数量的现有数据和资料，特别强调性别和年龄分布。

人类越来越认识到，以可持续的方式保障海洋环境的紧迫性，从而确保海洋提供生态系统服务的功能。如果我们想要合理和可持续地利用海洋中的现有资源，就需要培养出能够利用科学知识作为决策基础的业务熟练且训练有素的工作人员以及能够通过研究和创新开发新技术、新方法和新产品的专业人员。海洋科学需要具有高度热情、知识、经验和好奇心的人才，他们可以帮助我们提升对海洋和相关领域的理解。海洋科学领域的从业人员在数量、性别、年龄、教育水平等方面因国家而异，且会随着时间的变化而变化。

GOSR2020对许多国家的海洋科学人员总数进行了统计，可对这些国家的数据进行比对分析，其变化（百分比差异）根据2013年和2017年汇编的数据得出（图4.1）。2013—2017年期间，27个国家中有17个国家的人员数量有所增加。然而总数可能被低估，因为有些国家提交的资料仅来自个别机关或机构，其国家全部数据和信息不足或无法获得（有关2017年图4.1中使用的数据的更多信息，请参见表4.1）。

---

[1] 参见 GOSR2020 portal:https://gosr.ioc-unesco.org。

全球海洋科学报告：海洋可持续发展能力调查与展望
Global ocean science report, charting capacity for ocean sustainability

45个国家的海洋科学人员（研究人员和技术人员）总数从萨尔瓦多的12人到美国的13 434人不等（表4.1）。根据现有数据，平均53%的海洋科学人员属于研究人员（科学家与技术支持人员的平均比例为1∶0.89，这里的某些数据仅仅是粗略估计，或是来源于各国海洋研究所的次级机构）和国家海洋研究机构（如澳大利亚、加拿大、智利、丹麦、日本、荷兰、毛里塔尼亚、毛里求斯、莫桑比克和波兰）。例如，挪威在对GOSR2020调查问卷的答复中，明确指出私营部门的人员不包括在数据中，许多其他国家虽未说明，但也同样如此。此外，一些数据是作为海洋科学人员总数提供的，没有对任何类别进行细分，或者从总数中分列了唯一的研究人员人数。有些国家只提供全职等效员工（FTE）数据，而非员工人数（总人数，HC）。

根据表4.1中所列国家了集以及最近一年的可查数据，图4.2更详细地说明了每百万居民中从事海洋科学研究人员的总人数。根据收集到的信息，挪威和葡萄牙等欧洲国家的研究人员比例最高，每百万居民中有300多名研究人员。

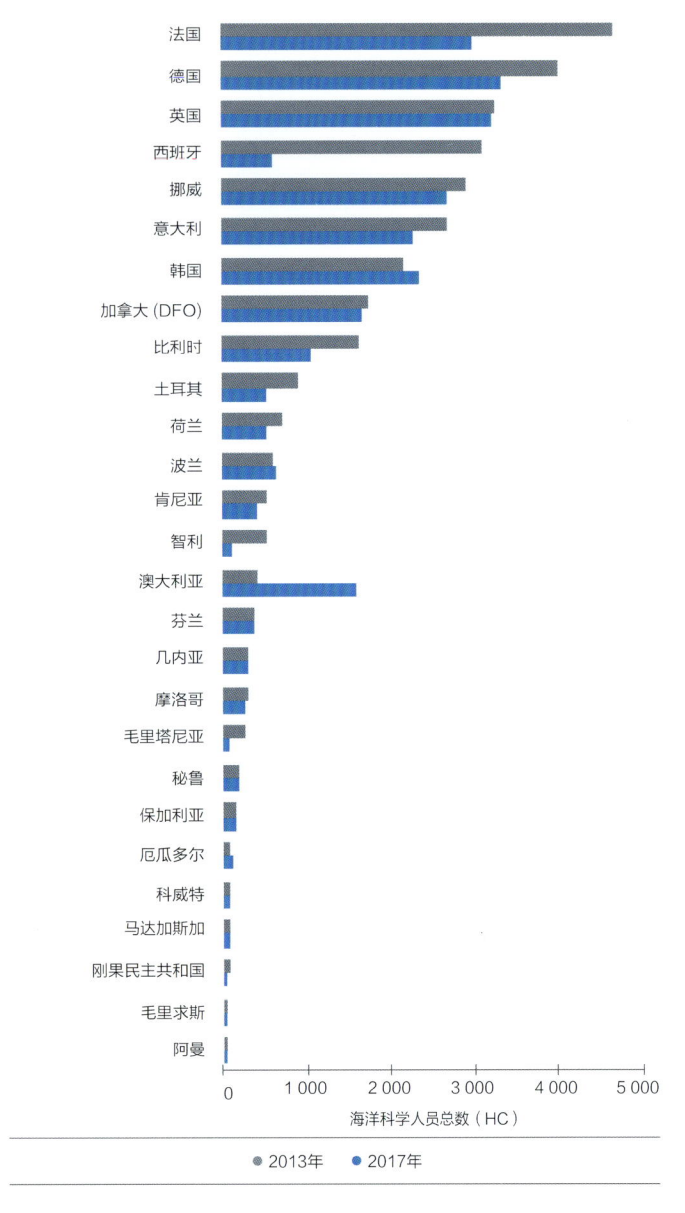

图4.1 2013年和2017年提交信息的26个国家的海洋科学人员总数（人数）[1,2]
资料来源：基于GOSR2017和GOSR2020调查问卷的数据。

---

1 "国家"首字母缩略词：DFO—加拿大渔业和海洋部。
2 2013年和2017年，澳大利亚和西班牙的机构非常不同。2017年，澳大利亚为一部分机构提供了数据；2013年，西班牙仅为西班牙海洋研究所（IEO）提供了数据。

第4章
研究能力与基础设施

表4.1 海洋科学人员总数，海洋科学研究人员总数，海洋科学研究人员总数占海洋科学人员总数的百分比（%）（按总人数计算）。[1,2] 图示数据为可获得的最新一年的数据。在没有总人数（HC）的情况下，使用全职等效员工（FTE）（括号内所示）。没有适当数据的情况用"–"标记

国家	海洋科学人员总数（HC）	海洋科学研究人员总数（HC）	海洋科学研究人员占海洋科学人员总数的百分比（%）
美国（2013年）	13 434	5 874	43.7
伊朗（2015年，FTE）	5 890	879	14.9
南非（2017年）	5 000	2 000	40.0
法国（2017年）	4 637	3 298	71.1
葡萄牙（2016年）	4 022	3 326	82.7
德国（2013年）	3 328	2 385	71.7
英国（2017年）	3 275	1 394	42.6
西班牙（2017年）	3 101	1 704	55.0
挪威（2017年）	2 907	1 955	67.3
意大利（2017年）	2 708	1 657	61.2
韩国（2017年）	2 159	537	24.9
加拿大（2017年，DFO）	1 760	186	10.6
比利时（2018年）	1 617	1 179	72.9
日本（2017年，OSJ）	–	1 591	–
瑞典（2017年）	–	1 200	–
印度（2013年）	971	452	46.5
丹麦（2017—2018年，机构）	968	561	58.0
土耳其（2017年）	933	710	76.1
莫桑比克（2017年，研究人员机构）	800	50	6.3

---

1 "国家"缩略语：DFO—加拿大渔业和海洋部；OSJ—日本海洋学会；WMR—瓦赫宁恩海洋研究所；NIOZ—荷兰皇家海洋研究所；SHOA—智利海军水文和海洋局；PUC—智利天主教大学；UCSC—圣心天主教大学；IMROP—毛里塔尼亚海洋和渔业研究所；MOI—毛里求斯海洋研究所；UoM—毛里求斯大学；MMS—毛里求斯气象局（海洋科学人员：仅限研究人员和技术人员）；CSMZAE—大陆架，海洋区域管理和勘探部。

2 "国家"研究机构的子集：澳大利亚：综合海洋观测系统，海洋和南极研究所，澳大利亚南极司，澳大利亚联邦科学和工业研究组织（CSIRO），海洋国家设施研究船，大堡礁海洋公园管理局。哥伦比亚：未指定。丹麦：奥尔堡大学，奥胡斯大学（生物科学系和地球科学系），丹麦海岸管理局，丹麦环境保护署，作战海洋学防御中心，丹麦气象研究所，法罗群岛大学，NIVA丹麦，Ramboll，罗斯基勒大学科学与环境系，GEUS，Fiskaaling，丹麦技术大学（国家食品研究所、国家水产资源研究所、国家空间研究所），法罗海洋研究所，哥本哈根大学（生物系，食品与资源经济学系，地球科学和自然资源管理系，地球研究所，自然历史博物馆，尼尔斯·玻尔研究所），南丹麦大学。莫桑比克（仅限研究人员）：国家水文和导航研究所（INAHINA），爱德华多蒙德拉纳大学，国家海洋研究所（INAMAR），国家渔业研究所（IIP）。波兰：波兰科学院海洋学研究所，国家气象与水管理研究所，国家海洋渔业研究所，斯武普斯克波莫瑞师范大学，格但斯克大学海洋研究所，什切青大学海洋和沿海科学研究所。

续表

国家	海洋科学人员总数（HC）	海洋科学研究人员总数（HC）	海洋科学研究人员占海洋科学人员总数的百分比（%）
荷兰（2017年, WMR, NIOZ, Deltares）	731	–	–
爱尔兰（2017年）	687	561	81.7
波兰（2017年, 机构）	625	204	32.6
巴西（2014年）	–	606	–
肯尼亚（2017年）	530	150	28.3
智利（2017年, SHOA, PUC, UCSC）	526	230	43.7
澳大利亚（2017年, 机构）	426	110	25.8
芬兰（2017年）	370	201	54.3
几内亚（2017年）	313	156	49.8
摩洛哥（2017年）	300	200	66.7
毛里塔尼亚（2017年, IMROP）	259	68	26.3
秘鲁（2017年）	190	60	31.6
保加利亚（2017年）	156	51	32.7
克罗地亚（2013年）	150	110	73.3
厄瓜多尔（2017年）	101	46	45.5
多米尼加（2013年）	94	29	30.9
科威特（2017年）	90	45	50.0
贝宁（2013年）	89	67	75.3
马达加斯加（2017年）	88	50	56.8
苏里南（2013年）	75	5	6.7
刚果民主共和国（2017年）	67	12	17.9
安哥拉（2013年）	55	31	56.4
哥伦比亚（2017年, FTE, 机构）	48	28	58.3
毛里求斯（2017年, MOI, UoM, MMS 和 CSMZAE）	42	24	57.1
阿曼（2017年）	28	15	53.6
萨尔瓦多（2017年）	12	4	33.3

资料来源：基于GOSR2017和GOSR2020调查问卷数据。

第4章
研究能力与基础设施

在将海洋科学研究者的数量与国家海岸线的长度进行比较时发现，[1]海岸线的长度与海洋科学研究人员的数量之间没有直接关系（图4.3）。

最后，根据表4.1提供的数据，海洋科学研究人员人数与国内生产总值的关系［国内生产总值，购买力平价（PPP），当前百万美元US$］如图4.4所示。与每百万居民科学研究人员数量（图4.2）一样，葡萄牙和挪威遥遥领先。

与图4.2所示的结果不同，当以GDP衡量一国经济发展水平时，一些发展中国家（如几内亚、毛里塔尼亚、贝宁和南非）的国家海洋科学研究人员（人数）与一些发达国家（如瑞典、比利时、丹麦）相当，甚至更高（图4.4）。

与图4.2所示的结果不同，当以GDP衡量一国经济发展水平时，一些发展中国家（如几内亚、毛里塔尼亚、贝宁和南非）的国家海洋科学研究人员（人数）与一些发达国家（如瑞典、比利时、丹麦）相当，甚至更高（图4.4）。

4.2.1 海洋科研人员性别

不久前，海洋界还以男性化的形式被描述。20世纪的科学由男性主导（UNESCO，2015），虽然女性从很早就开始为科学做出贡献，但并不总是能够得到公正的认可。科学研究显示在科技产出方面，男性和女性缺乏平等性。然而，男性和女性在科学、技术、工程和数学方面的年出版率相当，对相同数量的出版物具有同等的职业影响。生产力和影响力的性别差异可以通过在男女科学家职业生涯中，女性科学

---

1 来源：CIA World Factbook (km of coastline), available at https://www.cia.gov/library/publications/resources/the-world-factbook。
2 请参阅：https://databank.worldbank.org/source/world-developmentindicators (accessed 17 December 2019)。

图4.2 各国每百万居民中从事海洋科学研究人员的平均数量（总人数，HC）。根据表4.1中的数据子集，提取每个国家指定年份每百万居民从事海洋科学研究人员

资料来源：基于GOSR2017和GOSR2020问卷调查（研究人员）和世界银行数据库（人口）的数据。[2]

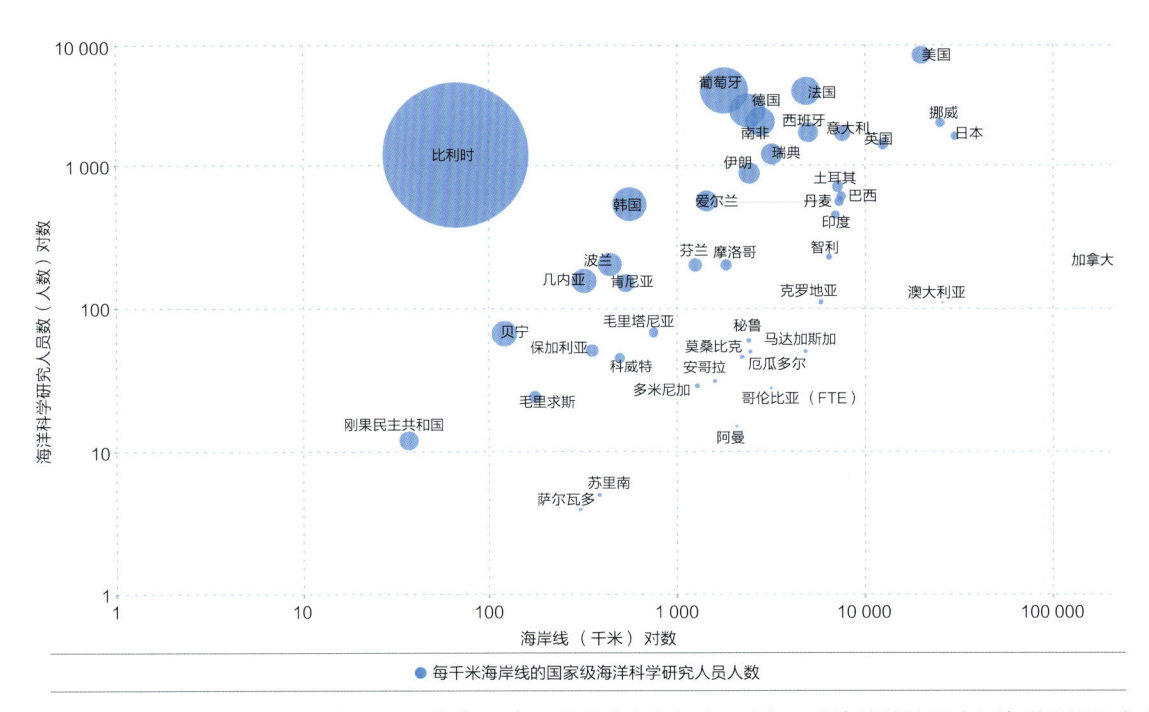

全球海洋科学报告：海洋可持续发展能力调查与展望
Global ocean science report, charting capacity for ocean sustainability

图4.3 每千米海岸线的国家级海洋科学研究人员人数（HC）。圆的大小与每个国家每千米海岸线的国家级海洋科学研究人员数量成正比（比利时报告每千米有18名海洋科学研究人员）。根据表4.1中提供的数据子集，研究人员为海洋科学研究人员[1]

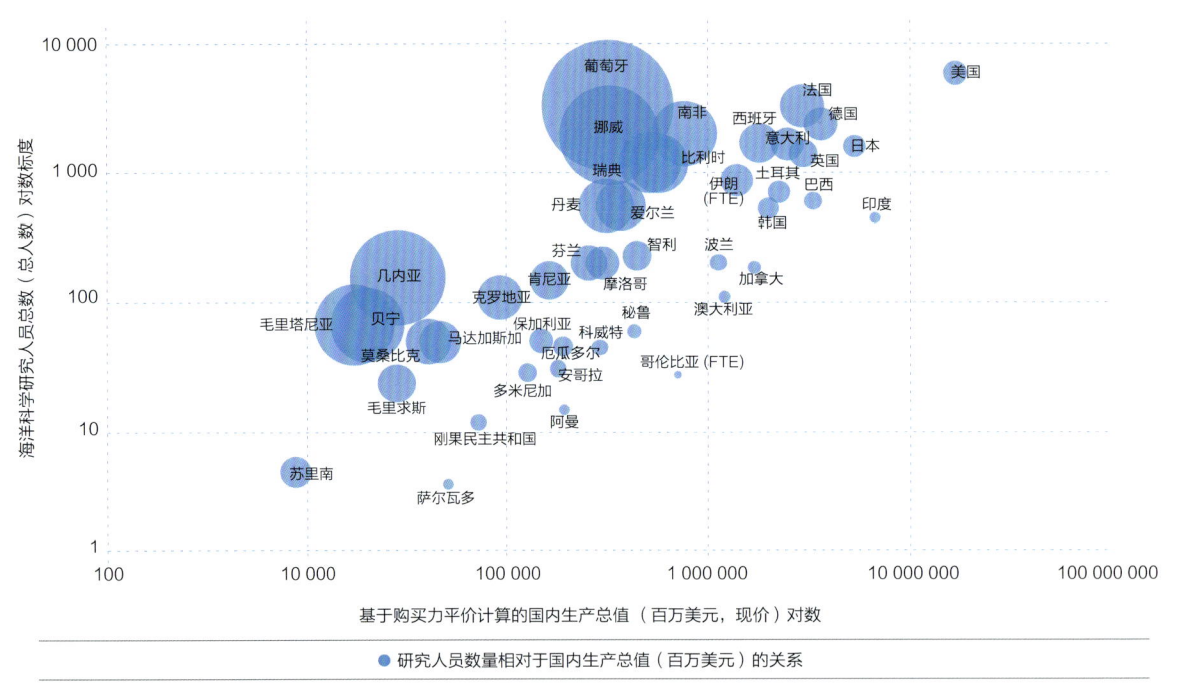

图4.4 国家海洋科学研究人员数量（人数）与每个国家每年国内生产总值［GDP，基于购买力平价（PPP）计算，当前百万美元］的关系。气泡的大小与该国每单位GDP贡献的研究人员数量成正比

资料来源：基于GOSR2017和GOSR2020调查问卷（研究人员）数据；全球经济监测（GDP，当前美元价格，百万，季节性调整），可在世界银行数据库查阅。[2]

1　美国中央情报局世界概况（海岸线千米），见：https://www.cia.gov/library/publications/resources/the-world-factbook/ (2020年2月13日检索)。

2　请参阅 https://databank.worldbank.org/home.aspx（2020年2月12日检索）。

家出版生涯持续时间更短（定义为发表最后一篇论文的人群中作者性别的年度比例）来解释（Huang et al., 2020）。UNESCO（2015）发现，在学术界、工业界和行政部门担任相关职位时，存在妇女特有的障碍。这些障碍导致的性别偏见，反映了科学和技术的社会属性，并为制定可用于克服这种不平等的战略提供了信息。女性仍然占世界研究人员的少数，但科学界女性统计比例需求日益增加；国家数据及其在政策制定中的应用仍然有限（UNESCO，2017）。有必要更系统地收集和使用有关海洋管理的按性别分列信息（Michalena et al., 2020）。

通过分析GOSR2020问卷提交的数据，并辅以GOSR2017问卷提交的数据，可以获得有关女性海洋科学从业人员占比的一些结论（表4.2）。平均而言，海洋科学研究人员总数中有38.6%是女性——与GOSR2017报告（38%）相似——并且比全球自然科学女性研究人员的比例高出10%（IOC-UNESCO, 2017a；UNESCO, 2015）。这表明海洋科学在缩小性别差距方面已经做了重要工作；然而，在区域和国家层面上，各学科中的女性人数各不相同。在接受调查的国家子集中，有几个国家没有关于海洋科学从业人员的按性别分列的资料（如澳大利亚、科摩罗、科威特、墨西哥和波兰）。女性海洋科学从业人员的比例从大约7%（刚果民主共和国）到72%（爱尔兰）不等。在安哥拉、保加利亚、克罗地亚、萨尔瓦多、爱尔兰、波兰和土耳其等国，女性海洋科学从业人员的比例等于或高于50%（表4.2，图4.5）。然而，在本报告所研究的国家子集中，女性在海洋科学研究人员中的参与率从约12%（日本）到超过63%（克罗地亚）不等。在安哥拉、巴西、保加利亚、克罗地亚、多米尼加、萨尔瓦多、毛里求斯、波兰和苏里南，50%或更多的海洋科学研究人员是女性。

然而，由于有些国家没有最新资料或只有部分机构提供资料，因此，此结果只能部分反映目前海洋科学人员的性别分布。

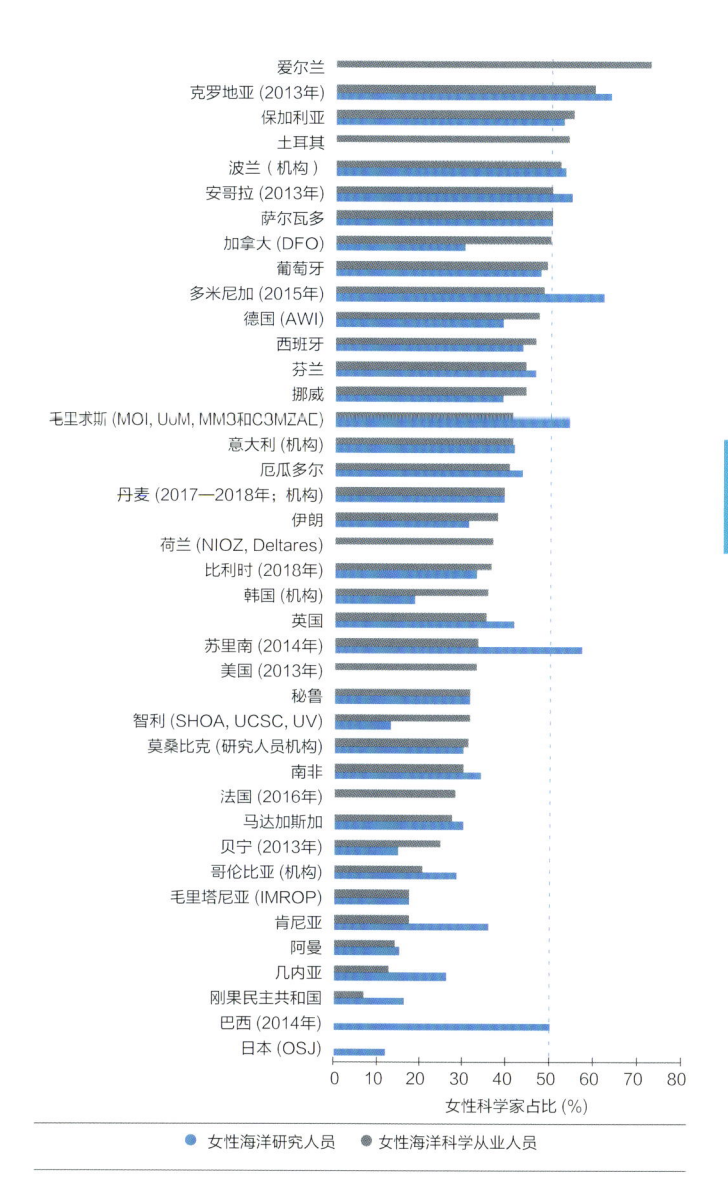

图4.5　2017年女性海洋科学从业人员和女性海洋研究人员的比例（占员工总人数的百分比）。[1,2] 在没有2017年数据的情况下，最新可用年份显示在括号中

资料来源：数据基于GOSR2017和GOSR2020调查问卷。

1　"国家"缩略语与表4.2相同。
2　机构与表4.2相同。

全球海洋科学报告：海洋可持续发展能力调查与展望
Global ocean science report, charting capacity for ocean sustainability

表4.2　2017年女性海洋科学从业人员和女性研究人员的比例（占总人数的百分比）[1,2]，按女性海洋科学从业人员的最高值到最低值排序。在没有2017年数据的情况下，最新可用年份显示在括号中。没有适当数据的情况用"–"标记

国家	年份	女性占海洋科学从业人员的比例（%）	女性占海洋科研人员的比例（%）	可持续发展目标区域
爱尔兰	2017	72.42	–	欧洲与北美洲
克罗地亚（2013年）	2013	60.00	63.64	欧洲与北美洲
保加利亚	2017	55.13	52.94	欧洲与北美洲
土耳其	2017	54.02	–	北非和西亚
波兰（机构）	2017	52.16	52.99	欧洲与北美洲
萨尔瓦多	2017	50.00	50.00	拉美和加勒比地区
安哥拉（2013年）	2013	50.00	54.55	撒哈拉以南非洲
加拿大（DFO）	2017	49.62	30.11	欧洲与北美洲
葡萄牙	2016	48.91	47.59	欧洲与北美洲
多米尼加（2015年）	2015	48.35	61.90	拉美和加勒比地区
德国（AWI）	2017	46.98	39.05	欧洲与北美洲
西班牙	2017	46.37	43.60	欧洲与北美洲
芬兰	2017	44.05	46.27	欧洲与北美洲
挪威	2017	44.03	38.87	欧洲与北美洲
毛里求斯（MOI, UoM, MMS和CSMZAE）	2017	41.38	54.17	撒哈拉以南非洲
意大利（机构）	2017	41.08	41.73	欧洲与北美洲
厄瓜多尔	2017	40.59	43.48	拉美和加勒比地区
丹麦（2017—2018年；机构）	2017	39.28	39.15	欧洲与北美洲
伊朗	2015	38.00	31.29	中亚和南亚
荷兰（NIOZ, Deltares）	2017	36.90	–	欧洲与北美洲
比利时（2018年）	2017	36.18	32.82	欧洲与北美洲
韩国（机构）	2017	35.60	18.75	中亚和南亚
英国	2017	35.33	41.68	欧洲与北美洲
苏里南（2014年）	2014	33.33	57.14	拉美和加勒比地区
美国（2013年）	2013	33.17	–	欧洲与北美洲
秘鲁	2017	31.58	31.67	拉美和加勒比地区
智利（SHOA, UCSC, UV）	2017	31.50	13.16	拉美和加勒比地区
莫桑比克（研究人员机构）	2017	31.25	30.00	撒哈拉以南非洲
南非	2017	30.00	34.29	撒哈拉以南非洲
法国（2016年）	2016	28.01	–	欧洲与北美洲
马达加斯加	2017	27.27	30.00	撒哈拉以南非洲
贝宁（2013年）	2013	24.72	14.93	撒哈拉以南非洲
哥伦比亚（机构）	2017	20.83	28.57	拉美和加勒比地区
毛里塔尼亚（IMROP）	2017	17.79	17.86	撒哈拉以南非洲
肯尼亚	2017	17.55	36.00	撒哈拉以南非洲
也门	2017	14.29	15.38	北非和西亚
几内亚	2017	12.69	26.28	撒哈拉以南非洲
刚果	2017	6.90	16.67	撒哈拉以南非洲
巴西（2014年）	2014	–	50.17	拉美和加勒比地区
日本（OSJ）	2017	–	12.01	东亚和东南亚

资料来源：数据基于GOSR2017和GOSR2020问卷。

1　表4.2"国家"缩略语：AWI—阿尔弗雷德·韦格纳研究所，亥姆霍兹极地和海洋研究中心；CSMZAE—大陆架部，海洋区域管理和勘探部；DFO—加拿大渔业和海洋部；IMROP—毛里塔尼亚海洋和渔业研究所；MOI—毛里求斯海洋研究所；NIOZ—荷兰皇家海洋研究所；OSJ—日本海洋学会；SHOA—智利海军水文和海洋局；UCSC—圣心天主教大学；UoM—毛里求斯大学；MMS—毛里求斯气象局（海洋科学人员：仅限研究人员和技术人员）；UV—瓦尔帕莱索大学。

2　表4.2"国家"机构：哥伦比亚：未具体说明。丹麦：奥尔堡大学；奥胡斯大学（生物科学系和地球科学系）；丹麦海岸管理局；丹麦环境保护署；作战海洋学防御中心；丹麦气象研究所；法罗群岛大学；NIVA丹麦；Ramboll；罗斯基勒大学科学与环境系；GEUS；Fiskaaling；丹麦技术大学（国家食品研究所，国家水产资源研究所，国家空间研究所）；法罗海洋研究所；哥本哈根大学（生物系、食品与资源经济学系、地球科学与自然资源管理系、地球研究所、自然历史博物馆、尼尔斯·玻尔研究所）；南丹麦大学。意大利：国家情报委员会（CNR）；国家新技术、能源和可持续经济发展局（ENEA）；安东·多恩那不勒斯动物园（SZN）；国家海洋学和应用地球物理研究所（OGS）；意大利环境与保护研究高等研究所（ISPRA）；国家海洋科学大学协会（CONISMA）。莫桑比克（仅限研究人员）：国家水文和导航研究所（INAHINA）；爱德华多蒙德拉纳大学；国家海洋研究所（INAMAR）；国家渔业研究所。波兰：波兰科学院海洋研究所；国家气象与水管理研究所；国家海洋渔业研究所；斯武普斯克波莫瑞师范大学；格但斯克大学海洋研究所；什切青大学海洋和沿海科学研究所。韩国：国家渔业科学研究所（NIFS）；韩国气象局（KMA）；韩国海洋科学技术研究院（KIOST）。

表4.2中的信息可以更直观地表示为图4.5，该图显示了2017年每个提交信息国家的女性比例（占总人数的百分比）。这一信息很关键，它表明在许多国家，女性正在付出相当大的努力以成为海洋研究人员，而非仅仅是海洋科学从业人员。当然，仍应继续努力缩小性别差距。

报告还从选定的国际会议/专题讨论会的与会者名单中收集了按性别分列的数据。为2009—2018年举行的57次国际会议/专题讨论会的27 501名与会者确定了国家和性别信息[1]（补充材料4.1）。在这10年期间列举会议中只有不到20%是由南半球国家组织的。

第一部分评估是对参加2015—2018年举行的37次国际会议/专题讨论会的女性和男性参与者（总共16 400名参与者）的比例（图4.6和图4.7）。数据来自以海洋科学为重点的会议的与会者名单以及第2章介绍的八类海洋科学中的七类会议的与会者名单：海洋与气候、海洋生态系统功能和变化过程、海洋和人类健康福祉、蓝色增长、海洋观测与海洋数据、海洋健康以及海洋地壳和海洋地质灾害。评估涉及五个区域：北大西洋［数据由国际海洋勘探理事会（ICES）提供］；北太平洋［数据由北太平洋海洋科学组织（PICES）提供］；地中海［数据由地中海科学委员会（CIESM）提供］；极地地区［数据由南极研究科学委员会（SCAR）和国际北极科学委员会（IASC）及其他部门提供］；印度洋［数据由西印度洋海洋科学协会（WIOMSA）提供］。

在出席图4.6所涉及的国际会议/专题讨论会的与会者总数中，妇女占43%。然而，性别分布因会议主题以及区域而异。在所有海洋科学类别和区域中，女性参与者分别占参与者的29%和53%。在一般海洋科学会议的与会者中，妇女占48%（非第2章中介绍的任何海洋科学类别中的特定某类）。虽然接近平等，但在两个海洋科学类别（人类健康与福祉和海洋健康）中，妇女的代表性更强。就海洋生态系统功能和变化过程而言，参与者的性别代表性大致相等。就区域而言，只有在地中海地区实现了均等（51%的女性参与者）。这与GOSR2017（IOC-UNESCO，2017a）中提供的2009—2015年期间的评估形成鲜明对比，在2009—2015年期间，男性在所统计的所有海洋类别和区域中要么平等，要么代表性更强。事实上，与GOSR2017中为相同类别和区域提供的评估相比，本次评估中各海洋类别和各区域的女性参与者比例总是更高。

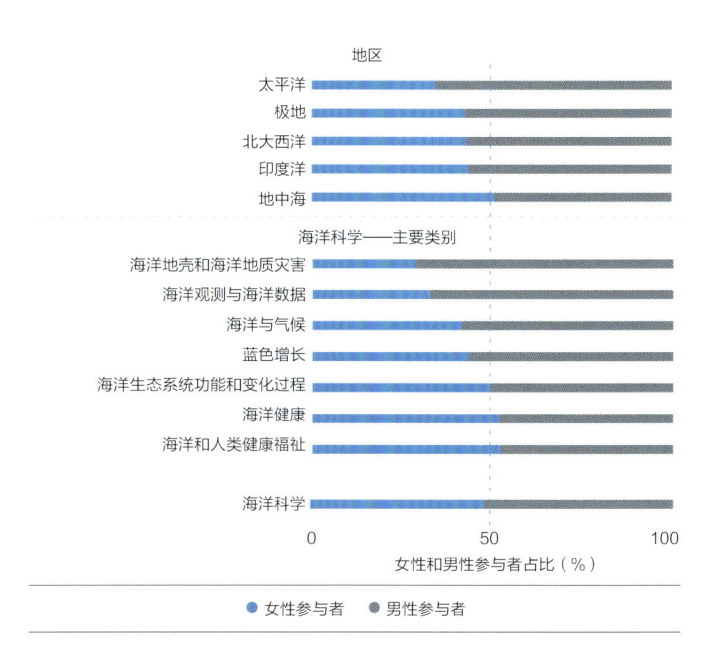

图4.6　2015—2018年举行的国际科学会议/专题讨论会的女性和男性参与者比例（%）。上半部分侧重于会议/专题讨论会的区域；下半部分侧重会议/专题讨论会的主题

资料来源：2015—2018年举行的国际科学海洋科学会议/专题讨论会的与会者名单。

图4.8显示了2012—2018年期间提供按性别分类的数据的国际会议上女性参与者的比例。该图显示，该时间段内女性参与者人数没有显著变化。

---

[1] 参加会议的与会者总数包括来自未确定性别的国家的与会者，或未确定所属国家的与会者。女性和男性参与者的比例是根据同时确定了所属国和性别的参与者总数计算的。

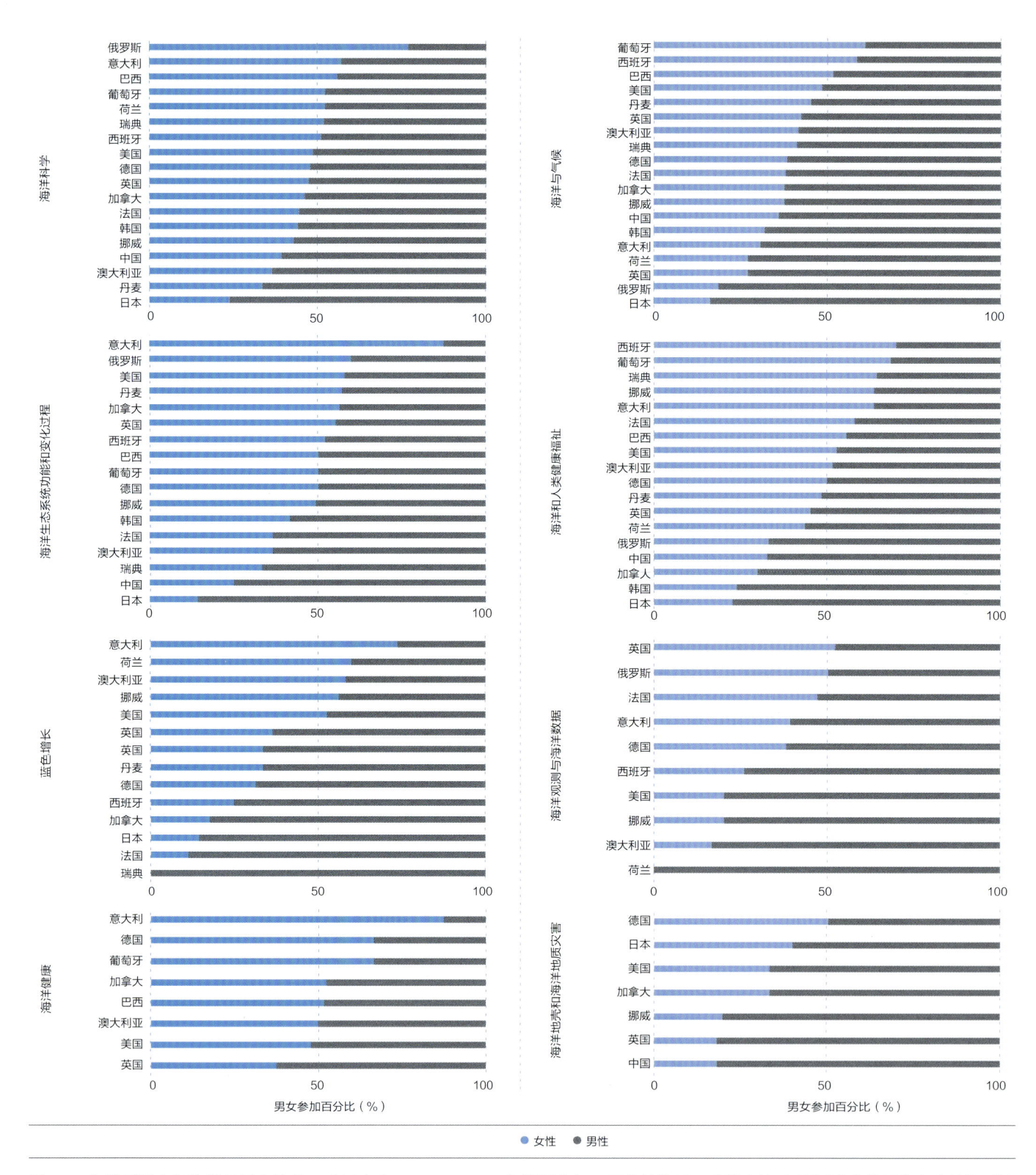

全球海洋科学报告：海洋可持续发展能力调查与展望
Global ocean science report, charting capacity for ocean sustainability

图4.7 海洋科学出版物数量最多的前20个国家中，2015—2018年期间参加不同主体的国际科学会议/专题讨论会的男女专家的相对比例（海洋科学，海洋与气候，海洋生态系统功能和变化过程，海洋和人类健康福祉，蓝色增长，海洋观测与海洋数据，海洋健康，海洋地壳和海洋地质灾害）（第5章；补充材料4.1）

资料来源：2015—2018年举行的国际科学海洋科学会议/专题讨论会的与会者名单。

能否参加国际会议/专题讨论会的一个决定性因素是孩子的保育问题，这是对已经为人父母的研究人员来说摆在面前的难题。由于生理、成见和社会性因素引发的儿童保育需求，特别是怀孕、母乳喂养和育儿等问题，使得母亲通常处于不利地位。因此，有必要在组织会议时，将两性平等的战略纳入主流。消除参与障碍，包括使会议成为家庭友好型会议——例如，提供儿童保育补助金或提供现场儿童保育，协助旅行和住宿，或为所有会议制定强制性行为守则，包括为希望在会议区域和会谈期间母乳喂养婴儿的妇女制定反骚扰政策——这是第一步（Calisi and a Working Group of Mothers in Science，2018；Sardelis，Drew，2016）。

另一种反映"玻璃天花板"的现象——特别影响妇女在职业中取得进步的障碍——是女性科学家作为专题发言人参加国际会议和专题讨论会的情况。从参加12次国际会议的总共414名发言者中，甄别出全体会议上应邀发言者和其他发言者的性别（补充材料4.2）。图4.9显示，在所有特邀发言者中，只有29%是女性。组织国际会议/专题讨论会的妇女占比与女性作为受邀发言人参加全体会议的比例之间存在正相关关系（图4.10）。这些结果与Sardelis和Drew（2016）为保护研讨会提供的分析一致。此外，当对女性作为受邀演讲嘉宾的占比与女性作为参与者的占比进行比较时，前者总是小于后者，这意味着女性作为专题演讲者的代表性普遍不足。

对于以太平洋为重点的国际会议，女性受邀演讲者的比例为20%（图4.11），低于全球平均水平29%（见图4.9）。

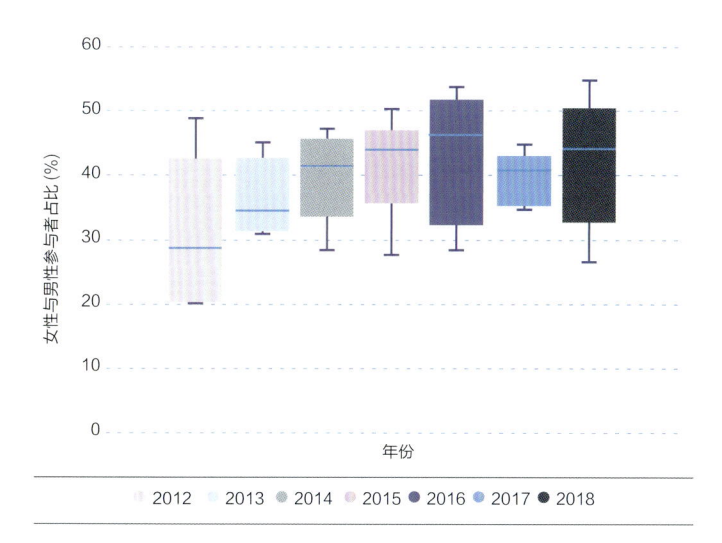

图4.8 根据补充材料4.1中的表格，在2012—2018年期间提供按性别分列数据的国际会议的与会者总数中，女性与会者的比例（%）（箱形图用5个点对数据集做简单总结：分别是分部状态低位、下四分位数Q1、中点、上四分位数Q3和分部状态高位）

资料来源：2012—2018年举行的国际科学海洋科学会议/专题讨论会的与会者名单选编。

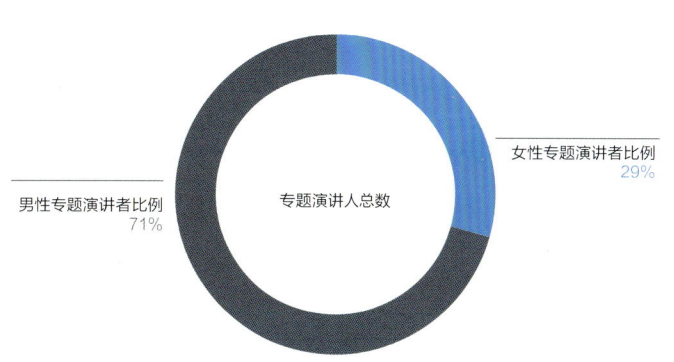

图4.9 根据补充材料 4.2提供的数据，国际会议上女性和男性专题演讲者的比例（%）

资料来源：2011—2018年举行的国际科学海洋科学会议/专题讨论会的与会者名单。

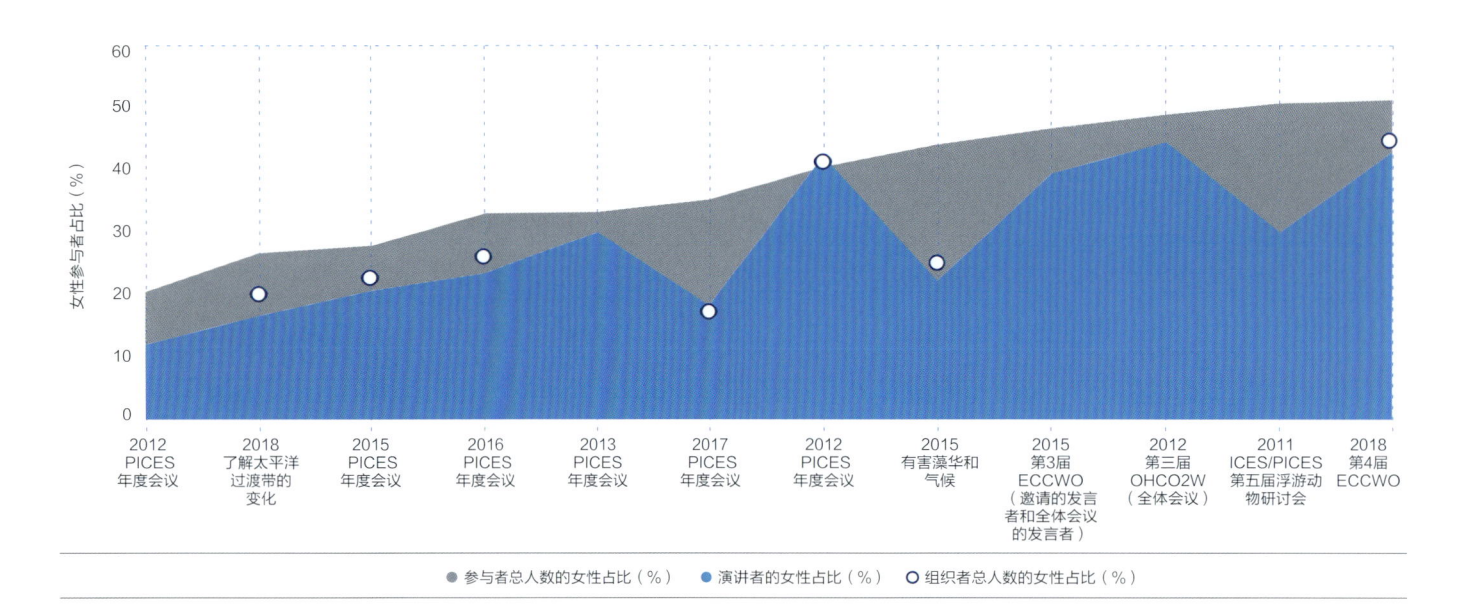

图4.10 根据补充材料4.2中收集的数据，女性与会者、受邀发言人和女性国际会议组织者的比例（%）

资料来源：2011—2018年举行的国际科学海洋科学会议/专题讨论会的与会者名单。

4.2.2 海洋科学研究人员的年龄分布和性别情况

15个国家还提供了关于海洋科学研究人员年龄分布和性别的信息（表4.3）。

图4.12显示了2017年（或有数据可查的最新年份）18个国家在职海洋科学研究人员的不同年龄组占比。部分国家提供了年龄分组略有不同（例如，美国提供的年龄分组：<30岁，30～39岁，40～49岁，50～59岁，≥60岁；加拿大的年龄分组为55～59岁，≥60岁）。此外，有些国家提供的数据包括推断（如美国、西班牙）和/或国家海洋研究机构（如加拿大、智利、丹麦、芬兰、意大利、日本、毛里求斯、荷兰、阿曼、波兰、韩国和西班牙），有些国家提供的则是海洋科学人员总数，没有分类（如荷兰、萨尔瓦多、厄瓜多尔）。

在图4.12中的18个国家中，6.6%的海洋科学研究人员年龄小于25岁；21.3%的人年龄在25～34岁之间；23.9%的人年龄在35～44岁之间；27.5%的人年龄在45～54岁之间；16.9%的人年龄在55～64岁之间；其余3.8%的人年龄超过65岁。

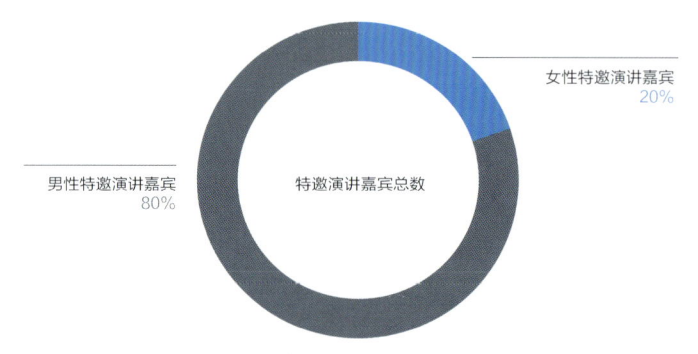

图4.11 在以太平洋区域为重点的国际会议上，应邀发言的女性和男性比例（%）（补充材料4.2）

资料来源：2012—2018年举行的国际科学海洋科学会议/专题讨论会的与会者名单选编。

一些国家，特别是发展中国家，研究人员群体相对年轻，马达加斯加超过50%的海洋研究人员年龄在34岁以下。许多国家，超过50%的海洋科学研究人员年龄超过45岁（加拿大、芬兰、意大利、日本、阿曼）。

4.2.3 海洋科学研究人员学历水平

各国海洋科学研究人员的学历水平各不相同。据GOSR2020调查问卷反馈，有的国家所有海洋科学

第4章
研究能力与基础设施

表4.3 从事海洋科学的研究人员的年龄分布和性别（总人数，2017）[1,2]

国家	25岁以下 女	25岁以下 男	25~34岁 女	25~34岁 男	35~44岁 女	35~44岁 男	45~54岁 女	45~54岁 男	55~64岁 女	55~64岁 男	65岁以上 女	65岁以上 男
厄瓜多尔（海洋科学人员总数）	2	1	12	25	6	14	14	24	1	2	0	0
萨尔瓦多（海洋科学人员总数）	0	0	2	2	2	2	1	1	1	1	0	0
马达加斯加	6	8	6	10	4	6	2	3	2	3	0	0
秘鲁	1	3	3	10	5	10	5	10	3	5	2	3
英国	7	7	228	138	207	241	173	186	41	145	7	14

机构提供的信息

国家	25岁以下 女	25岁以下 男	25~34岁 女	25~34岁 男	35~44岁 女	35~44岁 男	45~54岁 女	45~54岁 男	55~64岁 女	55~64岁 男	65岁以上 女	65岁以上 男
加拿大（DFO）	0	0	2	4	18	19	22	39	11	23	3	45
丹麦（2017—2018年，机构）	27	36	74	71	41	56	29	57	19	38	1	16
芬兰（机构）	1	0	21	9	34	22	12	27	11	38	3	3
意大利（机构）	0	0	65	66	180	212	217	323	170	242	61	104
日本（OSJ）	21	64	80	242	52	310	28	391	7	234	3	159
毛里求斯（机构）			3	1	3	10	5	3				
阿曼（SQU）			1	1	2	2		6		2		1
波兰（机构）	0	0	35	24	73	37	35	25	35	34	9	24
韩国（机构）	3	1	36	84	39	159	20	161	1	24		
西班牙（机构）	44	34	191	173	209	223	171	263	83	175	9	25

资料来源：数据基于GOSR2020调查问卷。

---

1 "国家"首字母缩略语：DFO—加拿大渔业和海洋部；OSJ—日本海洋学会；SQU—苏丹卡布斯大学。
2 "国家"机构：丹麦：奥胡斯大学（生物科学系和地球科学系）；作战海洋学防御中心；丹麦气象研究所；兰博尔；GEUS；菲斯卡林；丹麦技术大学（国家食品研究所，国家水产资源研究所，国家空间研究所）；法罗海洋研究所；哥本哈根大学（生物系、食品与资源经济学系、地球科学与自然资源管理系）；南丹麦大学；NIVA 丹麦；Ramboll；ORBICON；水与环境中心（DHI）。芬兰：未指定。意大利：国家情报委员会（CNR）；国家新技术、能源和可持续经济发展局（ENEA）；安东·多恩·那不勒斯动物园（SZN）；国家海洋学和应用地球物理研究所（OGS）；意大利环境与保护研究高等研究所（ISPRA）；国家海洋科学大学协会（CONISMA）。毛里求斯：毛里求斯海洋研究所；UoM—毛里求斯大学；MMS—毛里求斯气象局；CSMZAE—大陆架部，海洋区域管理和勘探。波兰：波兰科学院海洋研究所；国家气象与水管理研究所；斯武普斯克波莫瑞师范大学；格但斯克大学海洋研究所；什切青大学海洋和沿海科学研究所。韩国：国家渔业科学研究所（NIFS）；韩国气象局（KMA）；韩国海洋科学技术研究院（KIOST）。西班牙：未指定。

全球海洋科学报告：海洋可持续发展能力调查与展望
Global ocean science report, charting capacity for ocean sustainability

研究人员都拥有博士学位（巴西、加拿大、德国、瑞典），而有些国家，具有硕士或硕士以上学位水平的工作人员是参与研究活动最多的（刚果民主共和国，几内亚、毛里塔尼亚、西班牙）。这主要是源于博士学位是部分国家机构研究人员职位的必要资格。部分国家正在开展研究工作的硕士和博士在读生也可被视为海洋科学研究人员。部分国家（智利、意大利、肯尼亚、马达加斯加、毛里求斯、莫桑比克、阿曼、韩国）大多数海洋研究人员的学历水平至少为学士同等学位（图4.13）。

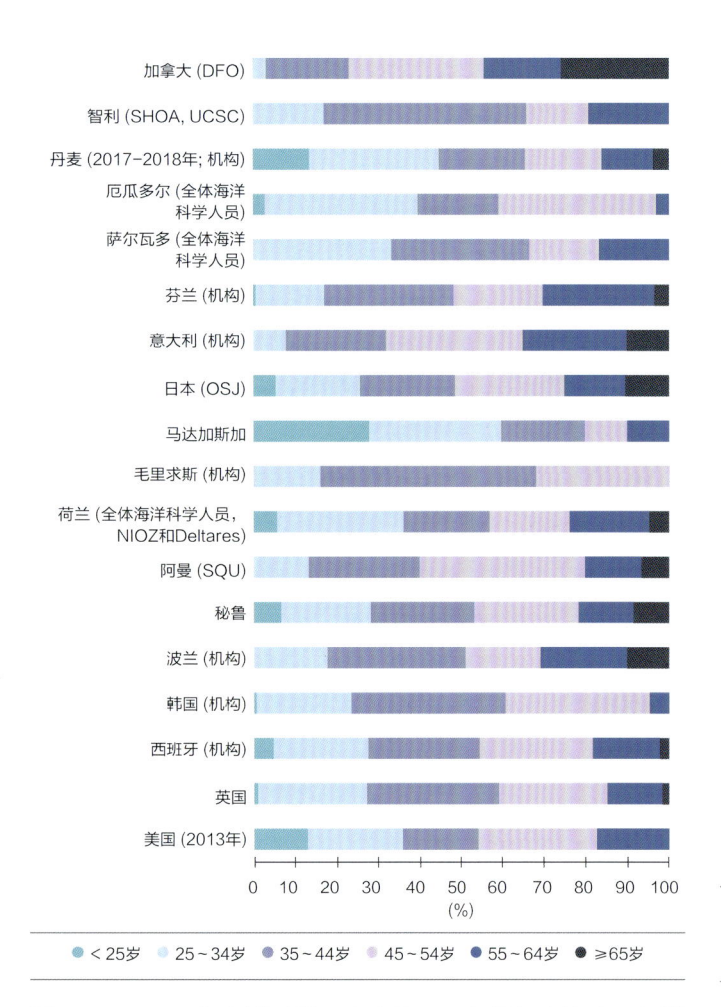

图4.12 2017年海洋科学研究人员不同年龄组占比（%）[1,2]（在缺少2017年数据的情况下，最新可用年份显示在括号中）

资料来源：数据基于GOSR2020调查问卷。

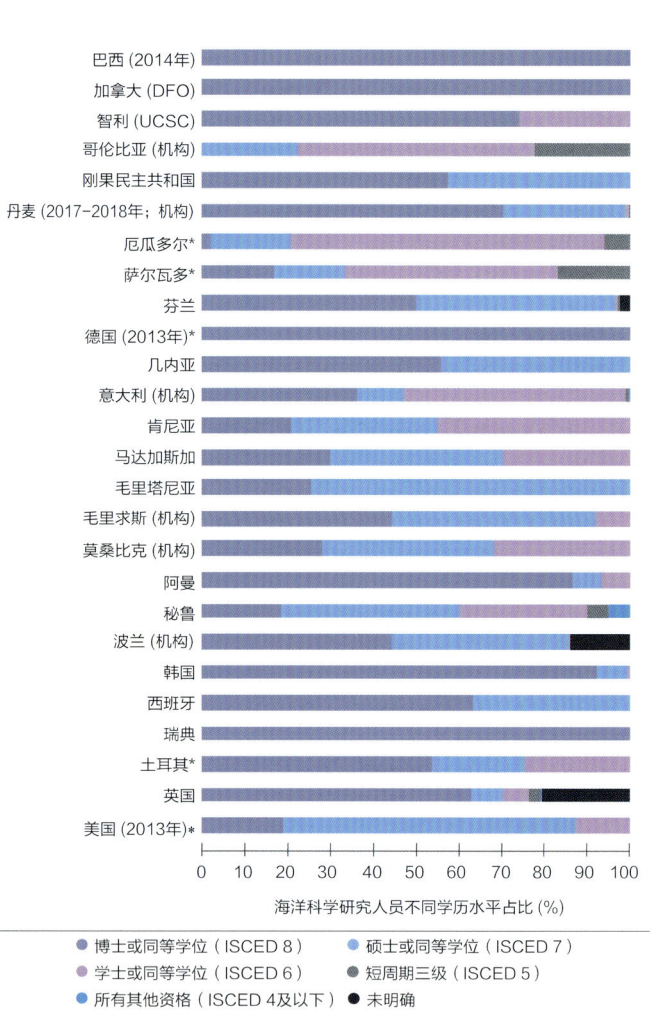

图4.13 2017年（或最新年份）不同学历水平的海洋科学研究人员比例（%）[3]

资料来源：数据基于GOSR2020调查问卷。

---

1 "国家"缩略语与表4.3相同。未列入表4.3的有：SHOA—智利海军水文和海洋局；UCSC—圣心天主教大学。
2 机构与表4.3相同。不包括在表格4.3中的有：NIOZ—荷兰皇家海洋研究所。
3 图4.13显示了2017年或最新可用年份在26个国家就业的海洋科学研究人员——对于这些例外情况，年份与"国家"一起标明。一些记录包括推断（如德国、肯尼亚、西班牙、美国）、粗略数字（如莫桑比克）和/或国家海洋研究机构的子集（如巴西、加拿大、智利、丹麦、意大利、毛里求斯、莫桑比克、波兰、韩国、西班牙）。最后，一些数据以海洋科学人员总数（例如厄瓜多尔、萨尔瓦多、德国、土耳其、美国）的形式提供——这些例外情况标有"*"。

4.3 海洋科学机构

海洋科学机构的资料是国家层面提供的。然而，不同答卷国家提交的数据类型在细节上差异很大。有些国家按国内主要组织汇总信息，有些国家则细分了属于大机构/组织的各个部门、中心等。

通过各国在海洋科学方面进行投资和发表文章的情况可以看出，分属于不同部门的机构形成了一套复杂的科研机构体系。通常，一国坐落于不同地点的几个中心构成一个组织，国家和联邦大学设有专攻海洋科学不同领域的院系、部门、团体、研究所和实验室。在此介绍的分析中，只统计至少有一个与海洋科学有关的中心/组织的国家（图4.14）。

根据GOSR2020问卷获得的数据，海洋科学机构数量排名前五的国家是日本、美国、比利时、西班牙和英国。

4.4 用于持续海洋观察的观测平台和工具

GOSR2017（IOC-UNESCO，2017a）汇编了2012—2015年期间科学考察船和其他研究基础设施/设备的信息。GOSR2020调查问卷收集了2013—2017年期间汇总的最新信息。

4.4.1 部分用于海洋科学的科学考察船和其他船舶

GOSR2017问卷有30个国家提供了有关科学考察船（RV）的信息；GOSR2020问卷调查时增加到36个国家。在分析时，将数据与GOSR2017中的一些数据相结合，总共获得来自42个国家的数据。根据统计，共有1081艘船舶用于海洋科学相关活动——924艘科学考察船主要用于海洋科学，157艘部分用于海洋科学（图4.15）。对GOSR2017和GOSR2020问卷结果的比较显示，海洋科学考察船的数量增加了三倍，特别是在沿海地区。在拥有20艘以上科学考察船的国家

中，排名前8位的国家是：美国（441艘）、日本（50艘）、瑞典（42艘）、加拿大（40艘）、韩国（26艘）、英国（26艘）、德国（25艘）和土耳其（24艘）。拥有20艘以上科学考察船的国家（674艘）的船只总数高于其余国家的总和（250艘）（图4.15）。除

图4.14 按国家分列的海洋科学机构、海洋实验室和实地观察站的数目

资料来源：数据基于GOSR2017和GOSR2020调查问卷。

了通过GOSR2020问卷收集的数据外，一些数据还来自OCEANIC[1]，MarineTraffic[2]和Eurofleets[3]国际数据库，其中包含有关科学考察船的汇总信息（图4.16）。

根据船舶长度，本报告使用的科学考察船类别大体分为以下四类（图4.17）。

- ≥65米：全球性船舶（体积大，能在多海洋盆地范围内航行）；
- ≥55米：国际性船舶（体积较大，能在国际范围内航行）；
- ≥35米：区域性船舶（如在欧洲区域范围内航行）；
- ≥10米：本地和/或沿海船只（仅供科研使用）。

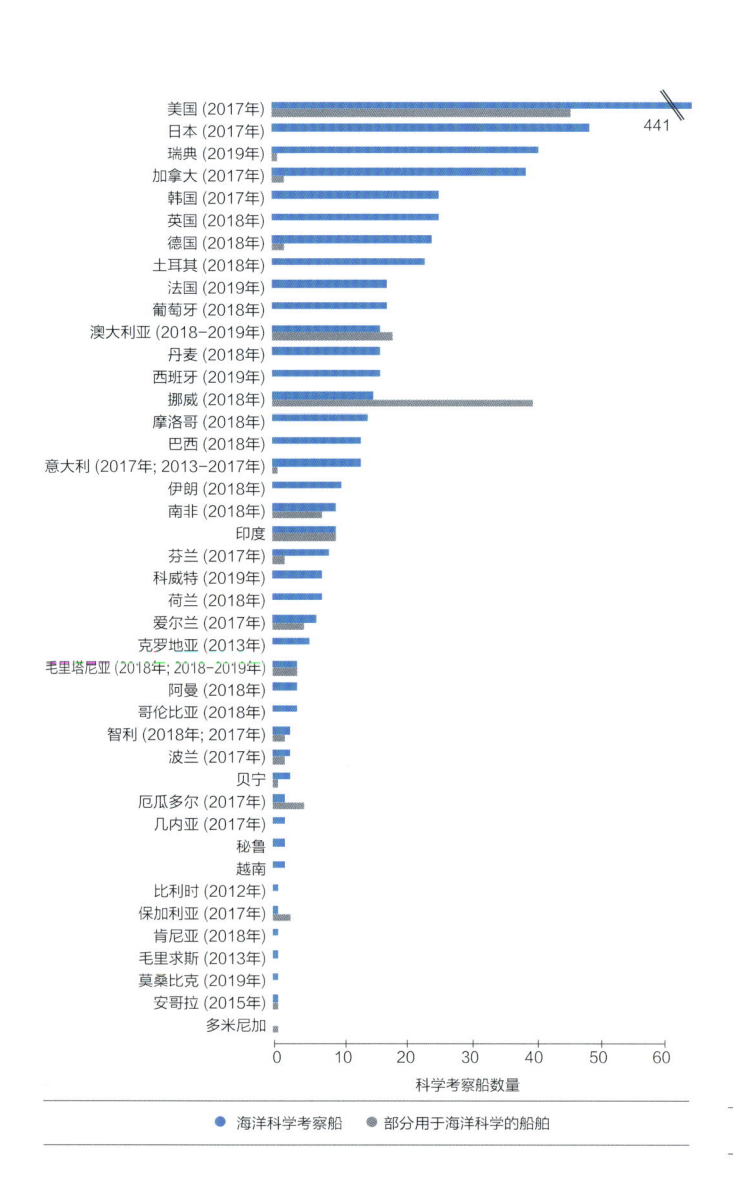

图4.15 各国维护的海洋科学考察船数量

资料来源：数据基于GOSR2017和GOSR2020调查问卷。

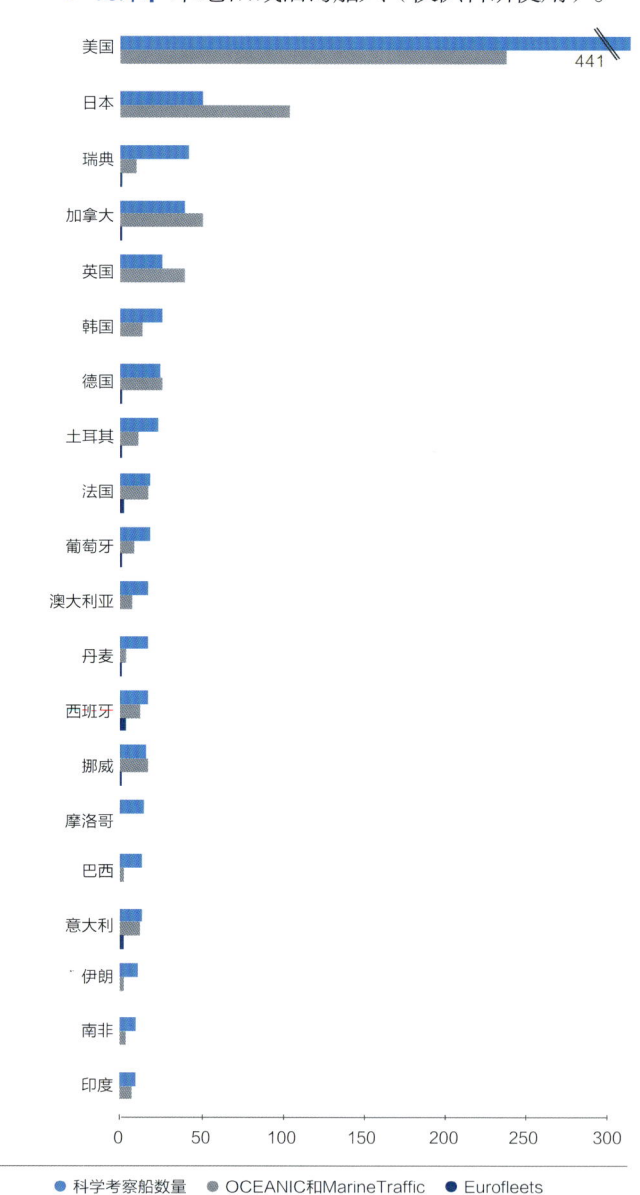

图4.16 前20个国家维护的科学考察船数量

资料来源：数据基于GOSR2017和GOSR2020调查问卷，OCEANIC，MarineTraffic和Eurofleets数据库。

---

1 请参阅 https://www.researchvessels.org。
2 请参阅 https://www.marinetraffic.com。
3 请参阅 https://www.eurofleets.eu。

第4章
研究能力与基础设施

35个国家中，24%的科学考察船以地方和沿海研究为主要目的，而8%的船舶在地区内航行，5%在国际范围内航行，11%在全球航行。全球航行的船舶由23个国家维护（图4.17）。

船龄是另外一个指标，据此可以获得有关海洋科研船队的有用信息。图4.18显示了前20个国家拥有的科学考察船的平均船龄状况。平均而言，这些船舶是在30多年前建造的，而在过去10年中只有不到4%的船舶投入作业。

26个国家报告了在领海、专属经济区和公海执行考察任务的船舶所花费的时间（图4.19）。海上作业天数排名前三的国家是英国、日本和美国。

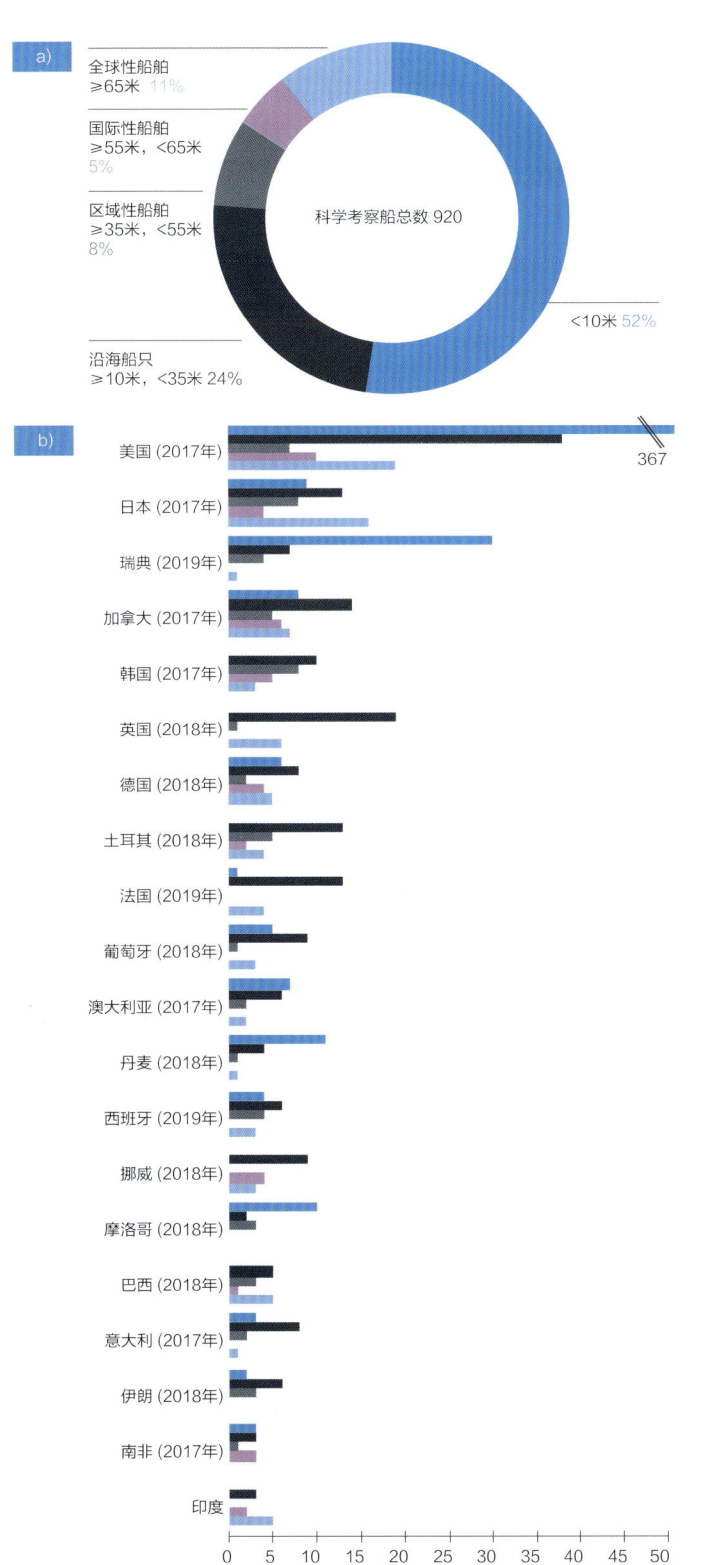

图4.17 按船舶尺寸分类，各国维护的科学考察船数量。仅提供前20个国家/地区的详细信息

资料来源：数据基于GOSR2017和GOSR2020调查问卷。

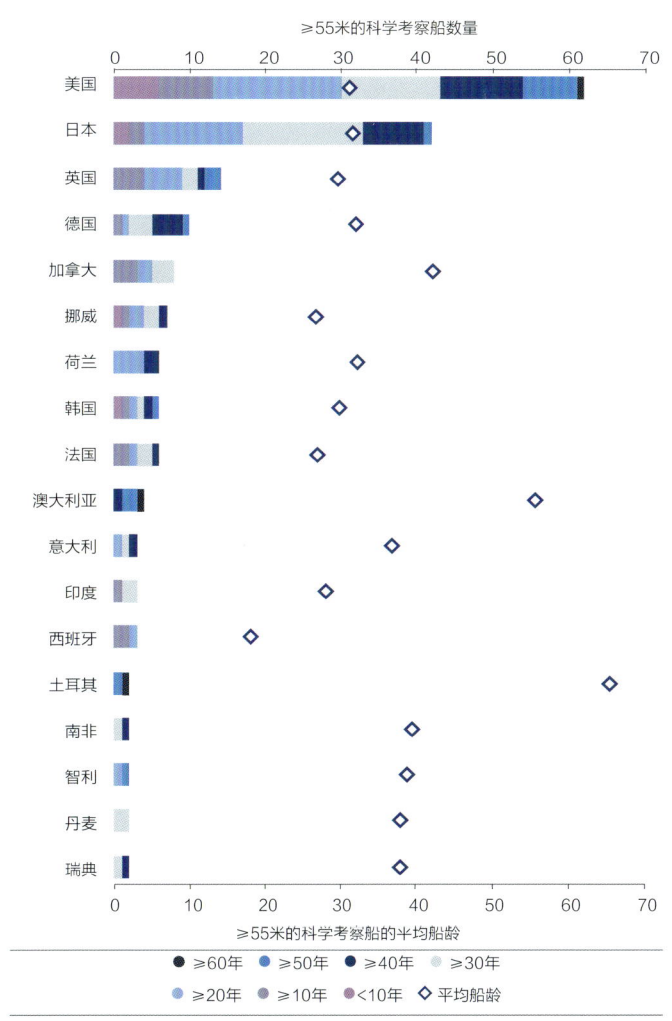

图4.18 2019年各国至少拥有两艘船长不小于55米的科学考察船的数量

资料来源：数据基于OCEANIC和MarineTraffic数据库。

4.4.2 其他研究基础设施/设备

42个国家通过GOSR2020调查问卷提供了用于海洋科学的专业技术设备信息。尽管没有提供分类别的基础设施/设备的数量，但所有类别设备拥有量前五位的国家是美国、德国、挪威、日本和加拿大。此外，加拿大无法使用人工操作的船只（潜水器）、遥控钻井设备或X射线断层扫描技术。几乎所有国家都拥有多种设备，但有三个国家（科摩罗、缅甸和墨西哥）没有具体说明它们是否拥有所列举的任何一种设备。详细信息可通过 GOSR2020 网站访问。表4.4列出的调查结果显示，各国除科学考察船以外拥有的其他研究基础设施的情况［人工操作的船只（潜水器）、无人水面艇（USV）、系泊用具/浮标、无人遥控潜水器（ROV）、自主式潜水器（AUV）、水下滑翔机、波浪滑翔机、飞行无人机］。

系泊工具和浮标非常重要，它们通过连续测量物理和化学参数来收集数据，了解全球海洋状态。通常，系泊是连接到电线并锚定在海底的传感器和测量设备［如声学多普勒流速剖面仪（ADCP），单点海流计，CTD传感器，沉降物捕集器或带风和海面气象传感器］的集合。维护系泊/浮标的国家见表4.4。超过85%（36个国家）拥有浮标。数据浮标合作小组（DBCP）[1]仅有21个国家在全球拥有498个浮标，而其中一半以上由美国运营（256个）。由于向GOSR2020调查表提交信息的许多国家未列在DBCP数据库中，而许多列入的国家（希腊、印度、新西兰、泰国）却没有向GOSR2020提交信息，因此可以假设至少有40个国家维护海洋系泊/浮标。其他类型的海洋科学技术包括ROV，它是无人驾驶的高度机动的水下机器人，可用于探索海洋深度，受船上的操作人员控制。AUV是一种自主式、无人驾驶、无系留的水下航行器，能够在很少或无人控制的情况下进行简单的活动，例如滑翔

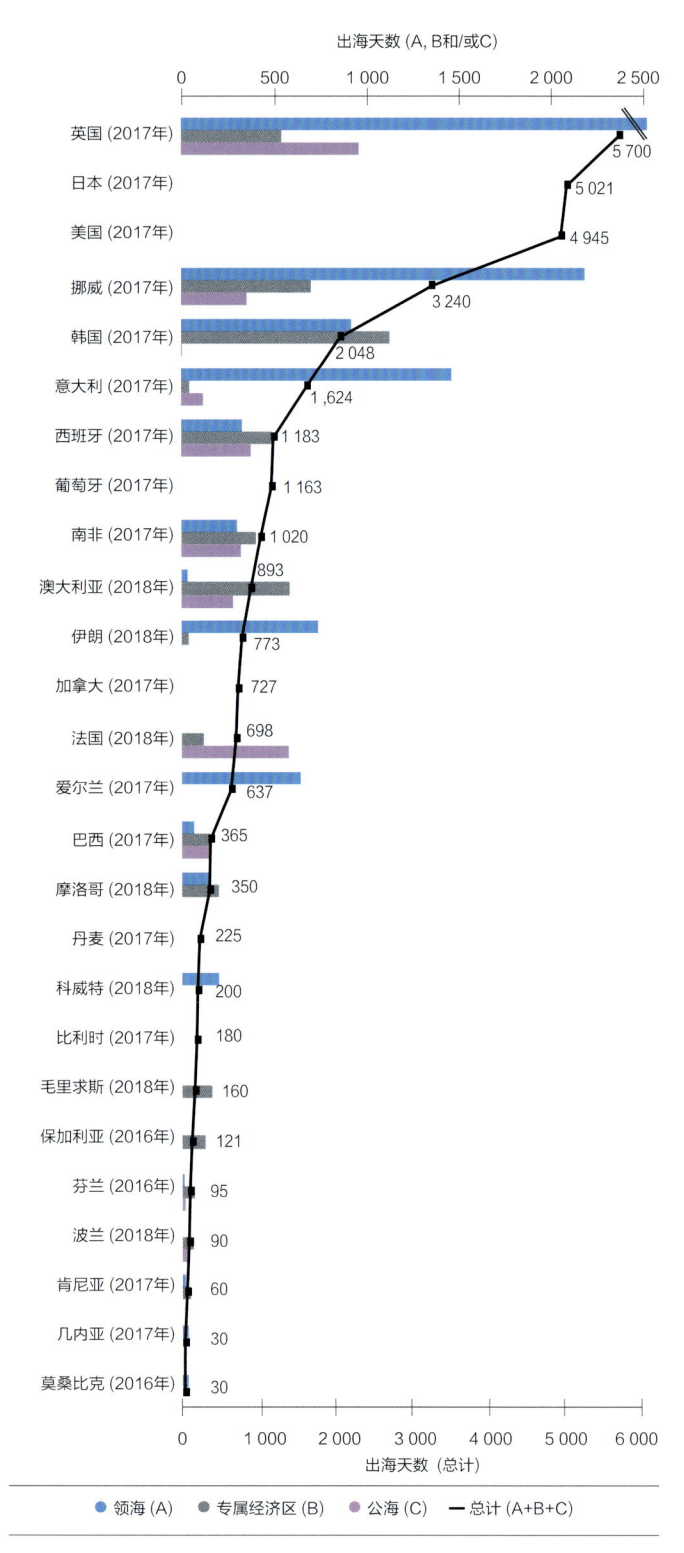

图4.19 各国执行领海（A）、专属经济区（B）和公海（C）考察任务的科学考察船每年的工作天数和/或海上总天数（A+B+C）。括号内为有数据的最新年份。在没有分类数据的情况下，只提供总天数

资料来源：数据基于GOSR2020调查问卷。

---
[1] 数据浮标合作小组（DBCP）是世界气象组织（WMO）和政府间海洋学委员会（IOC）的官方联合机构。资料来源：http://www.jcommops.org/，截至2020年3月的dbcp数据。

机。水下滑翔机和波浪滑翔机有不同的用途。

水下滑翔机采用可变浮力，允许它们在下降或上升时向前滑行，同时测量温度、电导率（换算盐度）、洋流、叶绿素、光学反向、底部深度和（少数）声学反向。波浪滑翔机是一种波浪和太阳能驱动的AUV。有了这种能量，波浪滑翔机可以在海上一次性工作数月，收集和传输海洋数据。这些工具可以搭载传感器，如大气和海洋学传感器，用于地震和海啸探测的地震传感器以及用于安全和海洋环境保护目的的摄像机和声学传感器。在海洋科学中使用越来越多的新兴技术，如飞行无人机。总之，根据GOSR2020调查问卷中提交的信息（42份答复），15个国家（36%）拥有或能够使用人工操作的潜水器，18个国家（43%）有USV，36个国家（86%）有系泊/浮标，29个国家（69%）有ROV，23个国家（55%）有AUV，23个国家（55%）有水下滑翔机，14个国家（33%）有波浪滑翔机，17个国家（40%）有飞行无人机（表4.4）。

除了表4.4所列的用于科研的基础设施/设备，还有用于监测海洋、海表洋流速度和方向等特定变量或条件的高频雷达（HF雷达）系统。尽管发给各国的调查表中没有涉及高频雷达，但鉴于在"海洋十年"的背景下，高频雷达未来可以为制定促进海洋健康发展的政策提供数据，故而在此给出简要介绍。

表4.4 各国拥有的新兴海洋科学技术

国家	人工操作的船只（潜水器）	无人水面艇（USV）	系泊用具/浮标	无人遥控潜水器（ROV）	自主式潜水器（AUV）	水下滑翔机	波浪滑翔机	飞行无人机
澳大利亚		×	×	×	×	×		
比利时			×	×	×			
巴西	×	×	×	×	×	×	×	×
保加利亚	×		×	×				
加拿大		×	×	×	×	×	×	×
智利			×	×		×		×
中国	×				×	×	×	
哥伦比亚			×	×				
刚果民主共和国		×	×	×	×			
丹麦			×					×
厄瓜多尔			×			×		
萨尔瓦多			×					×
芬兰			×	×		×		
法国	×		×		×	×		×
德国	×	×	×	×	×	×	×	
爱尔兰			×	×				
意大利		×	×	×	×	×	×	
日本	×	×	×	×	×	×	×	×
肯尼亚			×	×				
科威特			×					
马达加斯加			×					
毛里求斯			×					
摩洛哥			×	×				
莫桑比克			×					
荷兰	×	×	×	×	×			×
挪威		×	×	×	×	×	×	
阿曼			×			×		
秘鲁	×	×	×	×	×	×		
波兰			×	×	×			
葡萄牙	×	×	×	×	×	×		×

全球海洋科学报告：海洋可持续发展能力调查与展望
Global ocean science report, charting capacity for ocean sustainability

国家	人工操作的船只（潜水器）	无人水面艇（USV）	系泊用具/浮标	无人遥控潜水器（ROV）	自主式潜水器（AUV）	水下滑翔机	波浪滑翔机	飞行无人机
韩国		×	×	×	×	×	×	×
俄罗斯	×			×	×			
索马里								×
南非	×	×	×	×	×	×	×	
西班牙	×		×	×	×	×		
瑞典		×	×	×	×	×	×	×
土耳其	×	×	×	×	×			×
英国		×	×	×	×	×	×	×
美国	×	×	×	×	×	×	×	×
总数	15	18	36	29	23	23	14	17

资料来源：数据基于GOSR2020问卷。

框4.1 高频雷达（HFR）

HFR可以测量沿海海洋大片区域的状况，从离岸几千米到大约200千米，并且可以在相对恶劣的天气条件下运行。HFR是唯一可以在大面积区域同时测量若干变量的传感器，它可以在几个重要应用方向精细测量，如沿海洋流测量。卫星无法达到精细测量，因为它们缺乏必要的时间和空间分辨率。[1]

HFR有许多适用场景，如海岸警卫，搜索和救援，海洋安全和导航，对石油和化学品泄漏的响应，海啸预警，沿海地区生态系统管理，水质评估以及天气，气候和季节性预报。

自2012年以来，在国家或区域层面拥有HFR网络的全球学术、政府和私人组织联盟已经建立了合作伙伴关系，以协调和协作建立起全球统一的高频网络雷达。[2] 这是地球观测小组（GEO）的一部分，旨在推广HFR技术并加强运营商和用户之间的数据共享。2017年，全球HFR网络（图4.20）被WMO-IOC海洋学和海洋气象联合技术委员会（JCOMM）认可为全球海洋观测系统（GOOS）的观测网络。九个国家——澳大利亚、加拿大、克罗地亚、德国、意大利、马耳他、墨西哥、西班牙和美国——向全球高频雷达网络提供数据。该网络覆盖超过35个国家，预计在不久的将来，更多的国家将建立自己的网络并加入全球网络。在保持平稳增长的同时，约有350台雷达已投入运行，9个国家通过全球网络共享数据。截至2018年，大约有281个站点报告进入GEO列表（Roarty et al., 2019）。

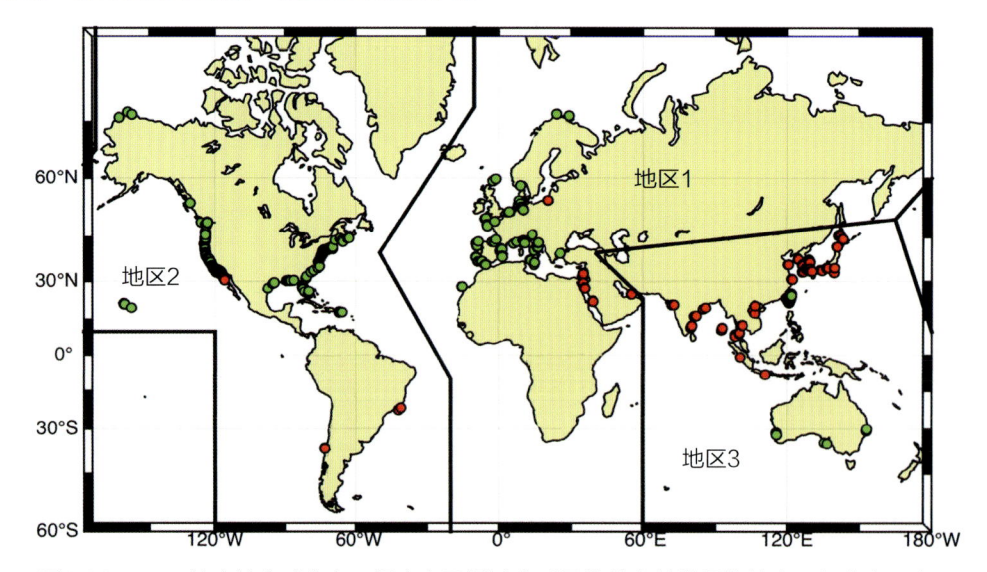

图4.20 HFR站点的全球分布。绿点表示通过全球网络共享其数据的站点，红点表示当前未共享其数据的站点

资料来源：Roarty et al., 2019。

---

[1] 请参阅 https://ioos.noaa.gov/project/hf-radar。

[2] 请参阅 http://global-hfradar.org。

4.5 能力发展

能力发展——个人和组织获得、加强并保持其设定和实现自身发展目标的能力的形成过程——是IOC-UNESCO和"海洋十年"的基本宗旨。它使所有会员国能够参与到对可持续发展和人类福祉至关重要的海洋研究和服务中去，并从中受益（IOC-UNESCO，2016）。

根据IOC-UNESCO能力发展战略（2015—2021），其六项结论中有两项是：（i）通过学术（高等）教育、持续专业发展、知识共享和性别平衡的方式开发人力资源；（ii）通过公共信息和海洋知识提高关注度和认知（IOC-UNESCO，2016）。

这些结论在第4.5.1节至第4.5.6节中通过以下内容说明：（i）海洋技术转让；（ii）海洋科学专业学生出席国际会议和专题讨论会；（iii）WIOMSA、JPI Oceans和SPREP作为支持国际科学的组织的案例；（iv）学术（高等）教育；（v）全球海洋教师学院（OTGA）模式，促进持续的专业发展；（vi）海洋知识的相关性。以上可作为即将到来的"海洋十年"的展望方向。

有关能力发展的定量数据和信息有限，会员国通过GOSR2020调查问卷提供的数据表明了这一点。只有少数几个国家对所有问题都提供了答案，亚洲的差距最大。为了说明目前的发展形势并提供一些实例，对从IOC-UNESCO协调的区域国家信息中选取了拉美和西非地区进行分析，为今后各版《全球海洋科学报告》的更广泛的评估奠定了基础。

4.5.1 海洋技术转让

海洋技术转让是实施能力发展的一项工具，鼓励各国和国际组织合作，以公平合理的条款和条件促进海洋技术的开发和转让（即人力资源、基础设施研究、生产和使用海洋和沿海知识的程序和方法）。这使各国能够通过增进对海洋和沿海区域自然属性和资源的研究和了解而获益。

在研究领域使用的海洋技术类型如下。

a. 海洋科学以及海洋作业和服务相关的用户友好型信息和数据；

b. 手册、指南、标准、准则、参考材料；

c. 采样方法和设备（如用于水、地质、生物、化学样品）；

d. 观测设施和设备（如遥感设备、浮标、潮汐计、船上和其他海洋观测手段）；

e. 用于在原位和实验室观察、分析和实验的设备；

f. 计算机和计算机软件，包括模型和建模技术；

g. 与海洋科学研究和观测有关的专业、知识、技能、技术/科学/法律专业知识和分析方法（IOC-UNESCO，2005）。

IOC-UNESCO正在着手为海洋技术转让建立一个信息交换所机制（CHM/TMT）（图4.21）。能力发展必须以需求为导向，承认区域多样性，该系统必须使供给与需求相匹配（IOC-UNESCO，2019）。从这个意义上说，在IODE-IOC项目的框架下，拉美和加勒比的CHM/TMT可作为一个灵活架构信息工具的开发原型，它包括七个专题单元，为该区域收集具体数据：（i）从海洋科学专家那里获得信息；（ii）文件；（iii）教育和培训机会；（iv）实验室；（v）机构；（vi）科学考察船；（vii）地理空间数据和信息，包括加勒比海洋数字化平台（CMA）开发的基本计划。拉美和加勒比网站的CHM/TMT以网络服务为基础，实现与多个数据和信息来源的互操作性，特别是使用IOC下属的国际海洋数据和信息交换委员会（IODE）创建的不同平台，如OceanExpert、OceanDocs、海洋生物地理信息系统（OBIS）和海洋数据和信息系统（ODIS）。CHM-LAC使用以下技术进行数据提取：（i）网站抓取；（ii）地理信息的网络目录服务（CSW）；（iii）文件导入数据。

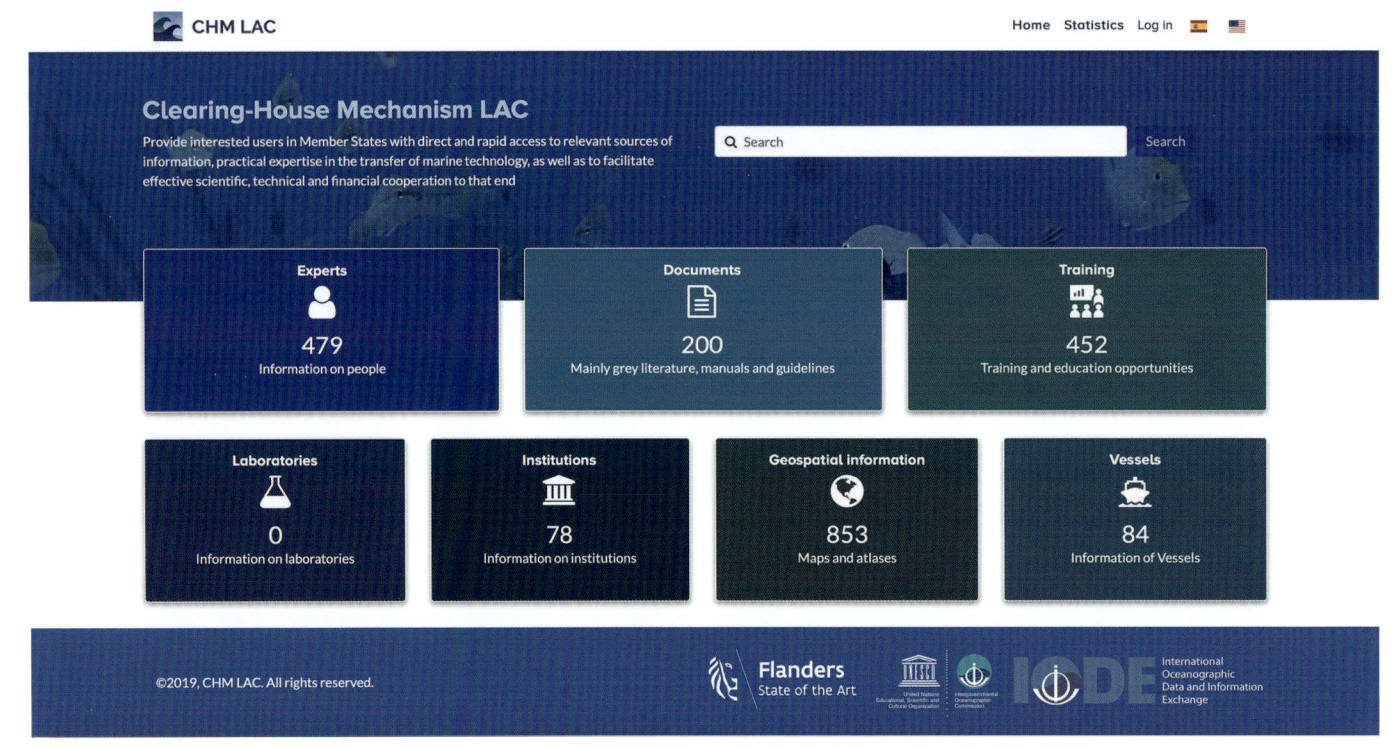

图4.21　CHM LAC 主页

资料来源：见 http://portete.invemar.org.co/chm。

4.5.2　海洋科学专业学生出席国际会议和专题讨论会

早期科研人员能力发展的一个重要因素是参加海洋科学会议和专题讨论会。

补充材料4.3分析了海洋科学学生（学士，硕士和博士）在2009—2018年期间举行的国际会议和座谈会的出席情况（从2011年开始学生信息可查）。

对参加2011—2018年间举行的15场国际会议[1]的1 851名学生提取了性别信息，女性占参与者总数的56%（图4.22）。在这15次会议中，有6次会议是在太平洋地区举行的，女生占学生总数的比例低于全球平均水平，仅占47%（图4.23）。

当将学生参与者中女性的比例与会议中其他女性参与者的比例进行比较时（图4.24），很明显前者高于后者。为了确定这是由于代际变化引起的，还是因为妇女在以后的几年里从事科学事业时面临诸多困难，还需进一步研究。

1　对于其中两次会议，学生和青年科学家被计入同一类别：第二届WCRP / CLIVAR开放科学会议（青年科学家包括学生和获得最后学位五年内的研究人员）；第10届海洋生物入侵国际会议（ICMB-X）。

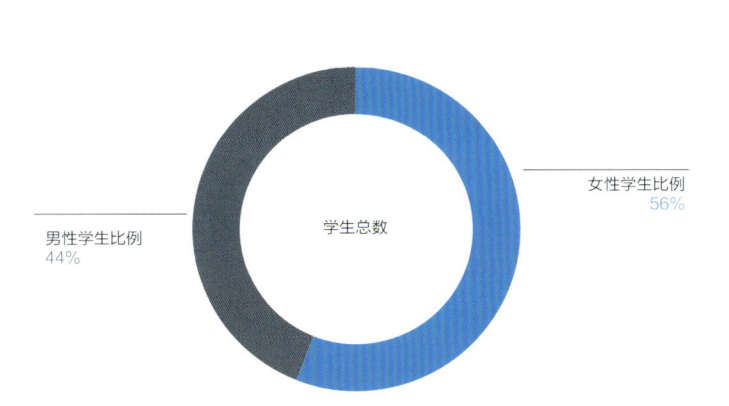

图4.22 根据补充材料4.3收集的数据，参加国际会议的女生和男生比例（%）

资料来源：2011—2018年举行的国际科学海洋科学会议/专题讨论会的与会者名单选编。

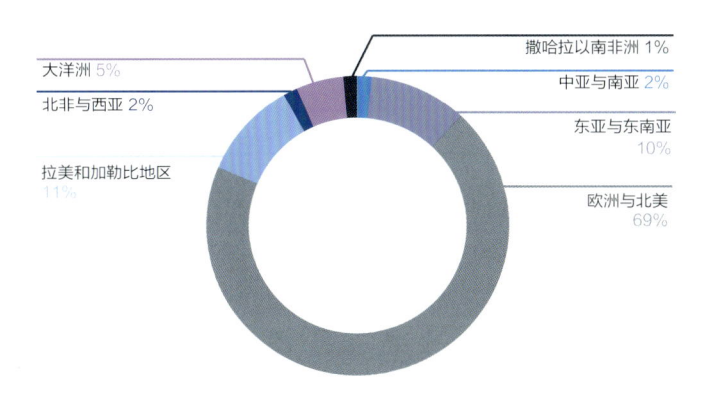

图4.23 参加以太平洋地区为重点的国际会议的男女学生比例（%）

资料来源：2012—2018年举行的国际科学海洋科学会议/专题讨论会的与会者名单选编。

此外，根据参加9次国际会议的1 541名学生的资料，确定了其所来自的地区。聚焦某一区域（如太平洋）的会议被排除在本次分析范围之外（补充材料4.3）。该分析显示，来自欧洲和北美的学生占全球参加海洋科学会议的学生总数的69%（图4.25）。

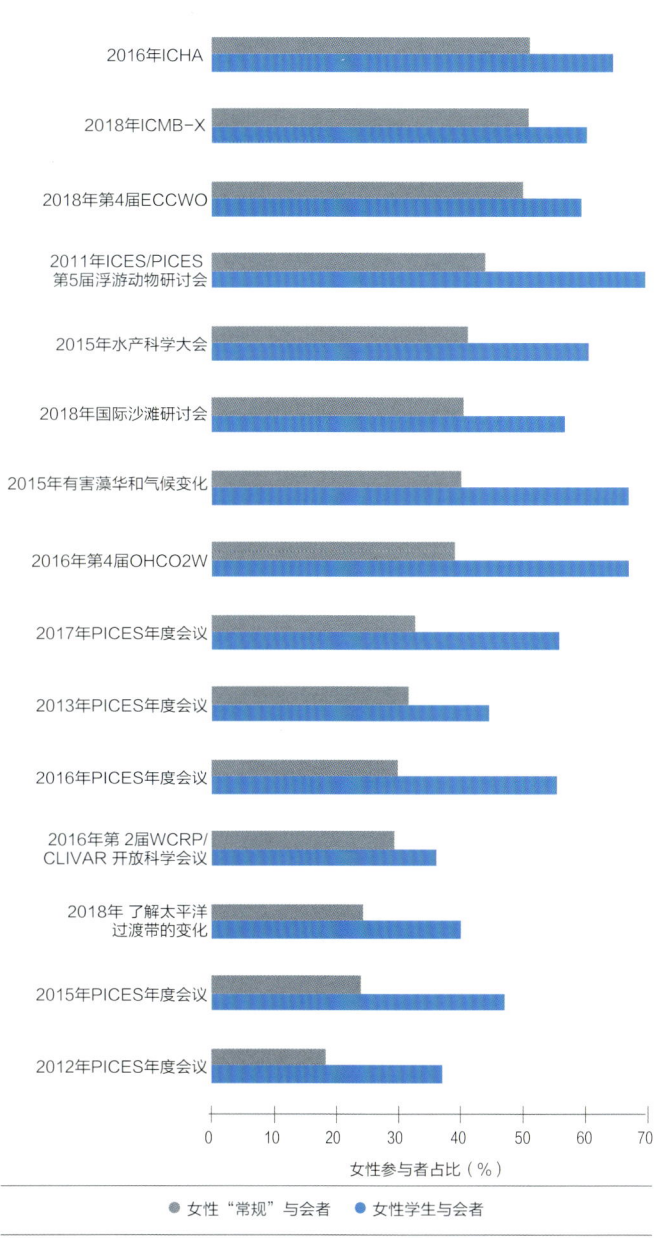

图4.24 根据补充材料4.3收集的数据，参加国际会议的女学生和女"常规"与会者的比例（%）

资料来源：2011—2018年举行的国际科学海洋科学会议/专题讨论会的与会者名单选编。

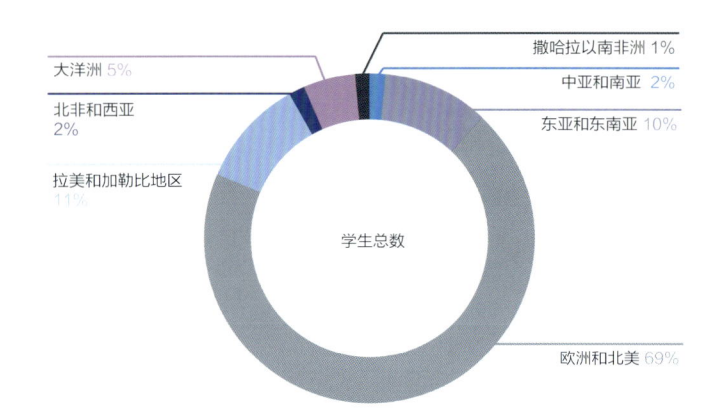

图4.25 每个区域参加国际会议/专题讨论会的学生比例（%），不包括太平洋区域会议

资料来源：2011—2018年举行的国际科学海洋科学会议/专题讨论会的与会者名单选编。

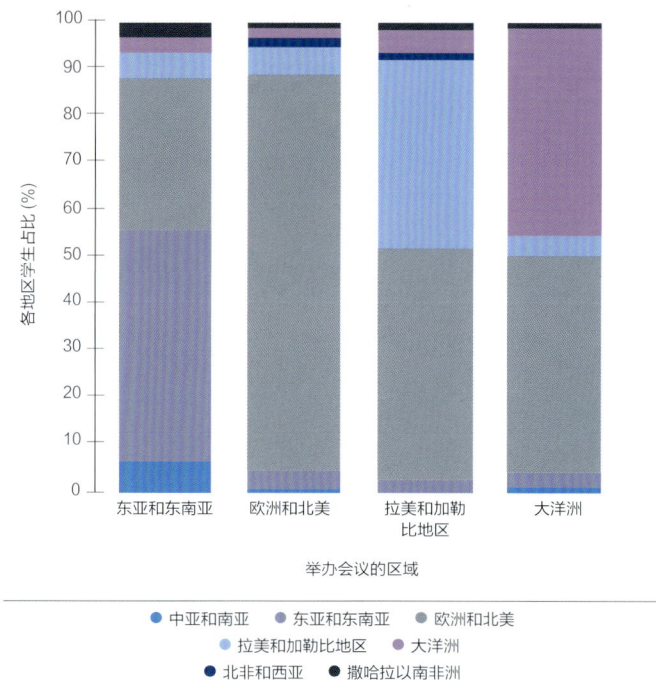

图4.26 根据补充材料4.3收集的数据，每个区域参加国际会议[不包括区域会议（太平洋）]的学生比例（%）与举行会议的区域有关

资料来源：2011—2018年举行的国际科学海洋科学会议/专题讨论会的与会者名单选编。

如果考虑举行会议的地点，学生的参与程度会有所不同。图4.26显示了学生所属地区与会议所在地区之间的关系。这只适用于在东亚和东南亚、欧洲和北美、拉美和加勒比以及大洋洲举行的会议。

显然，学生参加会议的情况会因会议举办的地点而异。来自东亚和东南亚、拉美和加勒比以及大洋洲地区的学生参加其他地区组织的会议时，占参与者总数不到10%。然而，当会议在他们所在地区举行时，他们的代表性会增加，占到学生参与者总数的40%以上。相比之下，来自欧洲和北美的学生的参与似乎受会议地点的影响较小。无论会议在何地举办，他们至少占参与者总数的30%，在欧洲和北美举行的会议中，他们至少占80%的学生参与者总数。

需要进一步分析，以确定在中亚和南亚、北非和西亚以及撒哈拉以南非洲举行的会议是否也出现这些特点。

4.5.3 国际科学支持组织——知识共享和社区建设

以下选取了世界各地国际科学支持组织的范例。简短的范例介绍有助于明确海洋科学能力发展的有益尝试。以下介绍并不全面，还有许多知识共享和社区建设的组织。

4.5.3.1 西印度洋海洋科学协会(WIOMSA)

西印度洋海洋科学协会（WIOMSA）是一个区域性、非营利、非政府组织，于1993年在坦桑尼亚注册。WIOMSA开展的活动包括海洋科学教育、科学和技术发展等领域。该协会支持对非洲东海岸海洋和沿海地区生态系统的研究。10个国家[科摩罗、肯尼亚、马达加斯加、毛里求斯、莫桑比克、留尼汪岛（法国）、塞舌尔、索马里、南非和坦桑尼亚］的科学行动可以从WIOMSA的计划中受益。WIOMSA得到了包括肯尼亚、南非和瑞典等多个国家在内的财政支持。除此之外，2018年，进行捐助的还包括美国国务部、联合国环境规划署（UNEP）和《内罗毕公约》、世界银行、欧洲联盟和印度洋委员会。[1] 其中瑞典政府，美国国际开发署（USAID）和麦克阿瑟基金会为WIOMSA的主要捐助者。[2]

2019年，WIOMSA有两个一般研究计划[3]：MASMA（海洋和沿海科学管理）；海洋研究资助计划（MARG），旨在提高研究能力和对海洋科学的理解。[4] 此后WIOMSA建立了两个支持特定科学的重点研究计划：城市和海岸项目；西印度洋地区国家的海洋酸化监测项目。

海洋科学女性网络（WiMS）和西印度洋青年科学家网络（WIO-ECSN）是2017年在坦桑尼亚达累斯萨拉姆举行的第10届WIOMSA科学研讨会上启动的两项举措。

WiMS的推出是为了解决女性海洋科学家面临的性别平等问题，其使命是为海洋科学领域的女性提供一个平台，分享经验、挑战和解决方案，祝贺她们取得的成就，提高她们在WIO区域内外的知名度[5]——WIO-ECSN通过促进青年科学家之间形成牢固的区域联系，并在国际上代表她们的集体科学利益来促进科学研究水平。[6]

WIO-ECSN由来自西印度洋（WIO）八个国家的科学家组成，即：科摩罗、法国（马约特岛和留尼汪岛）、肯尼亚、马达加斯加、莫桑比克、塞舌尔、南非和坦桑尼亚。该网络的核心目标是通过促进和传达WIO地区海洋科学发展的研究重点，为青年科学家提供发言权。该网络的使命是通过与利益攸关者合作，增强WIO地区青年科学家的能力。

2018年，该网络提名其一些成员参加弗里乔夫·南森（Fridtjof Nansen）博士的几次科学考察船巡航研究任务，任务在联合国粮食及农业组织（FAO）的EAF-Nansen计划内运作。同年，32个网络成员参加了SA Agulhas II号科学考察船第二次国际印度洋探险（IIOE-2）计划下的第二次南非巡航研究。EAF-Nansen方案、IOC-UNESCO和南非环境事务部为成员和学生参加巡航提供了财政支持。WIO青年科学家将这些巡航研究视为能力发展过程中的成功事件，因为其成员从科学设备处理、数据分析和科学发现展示方面的培训中直接受益。有机会与不同海洋学学科的年轻海洋科学家一起工作和交流，为该地区的跨学科研究营造了良好的环境。

4.5.3.2 联合计划倡议"健康和富饶的海洋"（JPI Oceans）

联合计划倡议"健康和富饶的海洋"（JPI Oceans）于2011年启动，是一个向所有欧盟成员国开放的政府间平台。该组织致力于提升国家对海洋和海洋研究与创新投资的影响。在JPI Oceans进行广泛磋商之后，2015年发布了《2015—2020年战略研究与创新议程》（SRIA）[7]。海洋和沿海地区确定了十个战略行动领域：深海资源；技术和传感器发展；科学支持沿海和海洋规划与管理；将海洋、人类健康和福祉联系起来；为良好环境状况进行跨学科研究；观测、建模和预测海洋状况与发展过程；气候变化对海洋物理和生

1　请参阅WIOMSA，2019。
2　请参阅 https://www.wiomsa.org/about-wiomsa/donors（2019年12月9日访问）。
3　请参阅 https://www.wiomsa.org/our-work（2019年12月9日访问）。
4　请参阅WIOMSA，2019。
5　请参阅 https://wims.wiomsa.org。
6　请参阅 https://www.wiomsa.org/wio-ecsn。
7　请参阅JPI Oceans，2015。

物过程的影响；海洋酸化对海洋生态系统的影响；粮食安全和保障、生物技术。该组织还支持科学活动，以解决"科学政策层面"和"人的能力建设"等跨领域问题。

各成员国通过每年缴纳会费提供财政支持，每年的会费纳入JPI Oceans年度预算；会费缴纳比例根据每个国家的GDP而有所不同[1]。在GOSR2020调查问卷中，比利时、保加利亚、加拿大、丹麦、芬兰、法国、德国、爱尔兰、意大利、荷兰、挪威、波兰、葡萄牙、俄罗斯和英国宣布在2013—2017年期间为JPI Oceans提供资金。由国家牵头的一些个人行动或一些签约项目不计入年度会费中。在GOSR2020问卷中，荷兰、挪威、英国和葡萄牙也宣布为它们的海洋科学家提供财政支持。

4.5.3.3 太平洋区域环境规划署秘书处（SPREP）

太平洋区域环境规划署秘书处成立于20世纪70年代[2]，是由南太平洋委员会（SPC，现为太平洋共同体）、南太平洋经济合作局（SPEC）、联合国亚洲及太平洋经济社会委员会（UNESCAP）和联合国环境署（UNEP）联合发起的。它作为联合国环境署区域海洋计划的一部分开展工作。1993年，它作为一个独立的政府间组织成立。在建立南太平洋区域环境方案（SPREP）的协定中，该计划的目标概述如下："促进南太平洋区域的合作，提供援助，以保护和改善环境，确保当代及子孙后代的可持续发展。"[3] 1993年，SPREP代表"南太平洋区域环境方案"，但随着北半球国家成员的加入，它被改称为"秘书处"。目前，

该协定有19个缔约方，包括14个太平洋岛国和5个在该地区有直接利益的大国。[4] SPREP秘书处目前在区域环境和可持续发展问题中扮演关键角色，因为它是《努美阿公约》《瓦伊加尼公约》和《阿皮亚公约》的秘书处，也是太平洋区域组织理事会（CROP）的一部分。

目前，SPREP的活动主要集中在四个领域：（ⅰ）环境监测和治理；（ⅱ）废弃物管理和污染控制；（ⅲ）岛屿和海洋生态系统服务；（ⅳ）气候变化弹性。SPREP支持的项目都在优先事项的范畴内。例如，SPREP支持"新西兰太平洋海洋酸化伙伴关系"（PPOA）是气候变化弹性优先事项的一部分。其他项目，如"基于太平洋生态系统的气候变化适应"（PEBACC）或"生物多样性和保护区管理项目"（BIOPAMA），是岛屿和海洋生态系统服务优先事项的一部分。[5]

4.5.4　两个发展中地区的学术（高等）教育

可以通过在不同资格水平上组织的一系列正式教育活动和专门技术培训来提升海洋科学技术能力。世界各地接受高等教育的机会不平等，不同国家是否有海洋科学的大学课程。第4.5.4.1节和第4.5.4.2节提供了两种区域评估的例子——拉美和加勒比地区以及主要由发展中国家组成的西非。

4.5.4.1　拉美和加勒比地区（LAC）

对于拉美和加勒比地区（LAC），根据23个国家的报告，在2018—2019学年共提供针对学士、硕士和

1　该费用根据过去五个日历年的加权GDP计算出年度预算的比例。加权GDP是将过去五年GDP和人均GDP按50∶50比率计算的百分比（意味着2019财务计划基于2012—2017年期间的GDP数据）（JPI Oceans，2018）。
2　请参阅 https://www.sprep.org/governance。
3　请参阅SPREP，1993。
4　澳大利亚、库克群岛、巴布亚新几内亚、密克罗尼西亚联邦、斐济、法国、基里巴斯、马绍尔群岛、瑙鲁、新西兰、纽埃、帕劳、萨摩亚、所罗门群岛、汤加、图瓦卢、英国、美国、瓦努阿图。
5　请参阅 https://www.sprep.org/projects。

博士学位的577门海洋科学课程。按次区域划分，拉丁美洲（包括该区域的西班牙语和葡萄牙语国家）地区开展的学术课程占比最高（76%），其次是北美（英语国家）（18%）和加勒比地区（英语和法语国家）（6%）。由于美洲是讲西班牙语最多的大陆，因此通常期望大多数课程用西班牙语（318）提供，其次是葡萄牙语（144），英语（111）和法语（4）。结果表明，巴西是该地区领先的国家，其海洋科学毕业生比该地区其他国家都多（图4.27）。

4.5.4.2 西非国家

在IOC-UNESCO "提升西非国家加那利洋流大型海洋生态系统（CCLME）海洋学能力"项目的框架内，由西班牙国际发展合作署支持并由IOC执行，收集了有关2019—2020学年西北非洲沿海国家海洋科学和相关事项的大学课程的信息。本评估涵盖的地区/国家有佛得角、冈比亚、几内亚、几内亚比绍、毛里塔尼亚、摩洛哥、塞内加尔和西班牙（仅限加那利群岛地区）。共确定了在5个国家49门本科生和研究生课程，它们在该区域的分布不均（图4.28），塞内加尔确定了多达20门课程，有些国家则没有。这些课程涵盖海洋科学的不同领域，包括海洋学/海洋科学和海洋-大气-气候关系科学；海岸带科学与管理；海洋资源的管理、估价和开发，重点是渔业和水产养殖；海军军事科学。所有培训均以该国的一种官方语言提供，大多数以法语（38）提供，其次是西班牙语（8），葡萄牙语（2）和英语（1）（图4.28）。

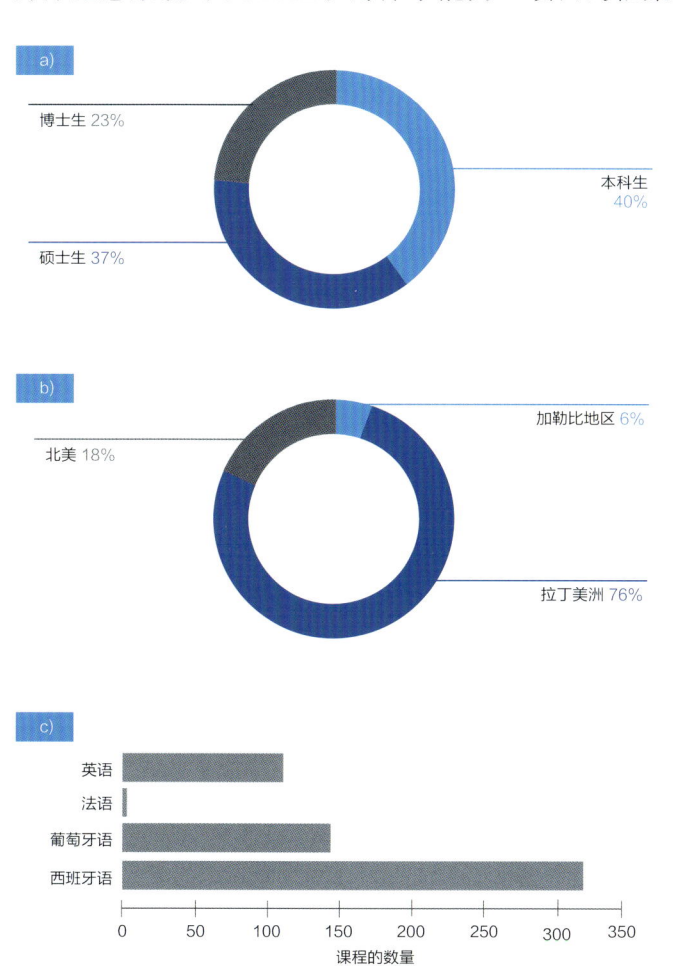

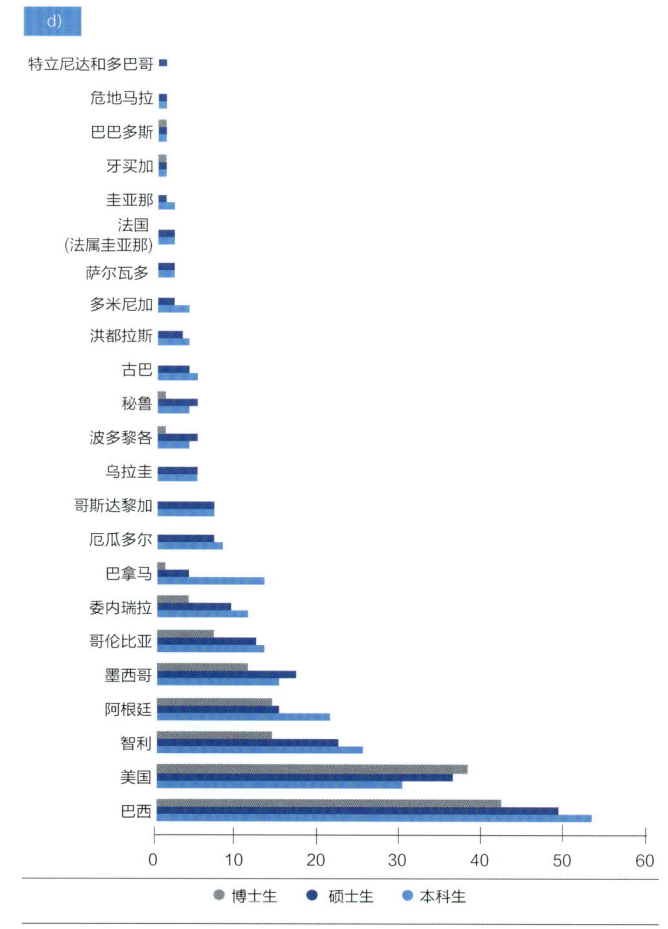

图4.27 拉美和加勒比地区（LAC）以及北美的培训和教育机会：a）按学历；b）按区域；c）按语言；d）按国家和学历
资料来源：IOCARIBE（https://bit.ly/3aFtpZ1.和http://portete.invemar.org.co/chm.）。

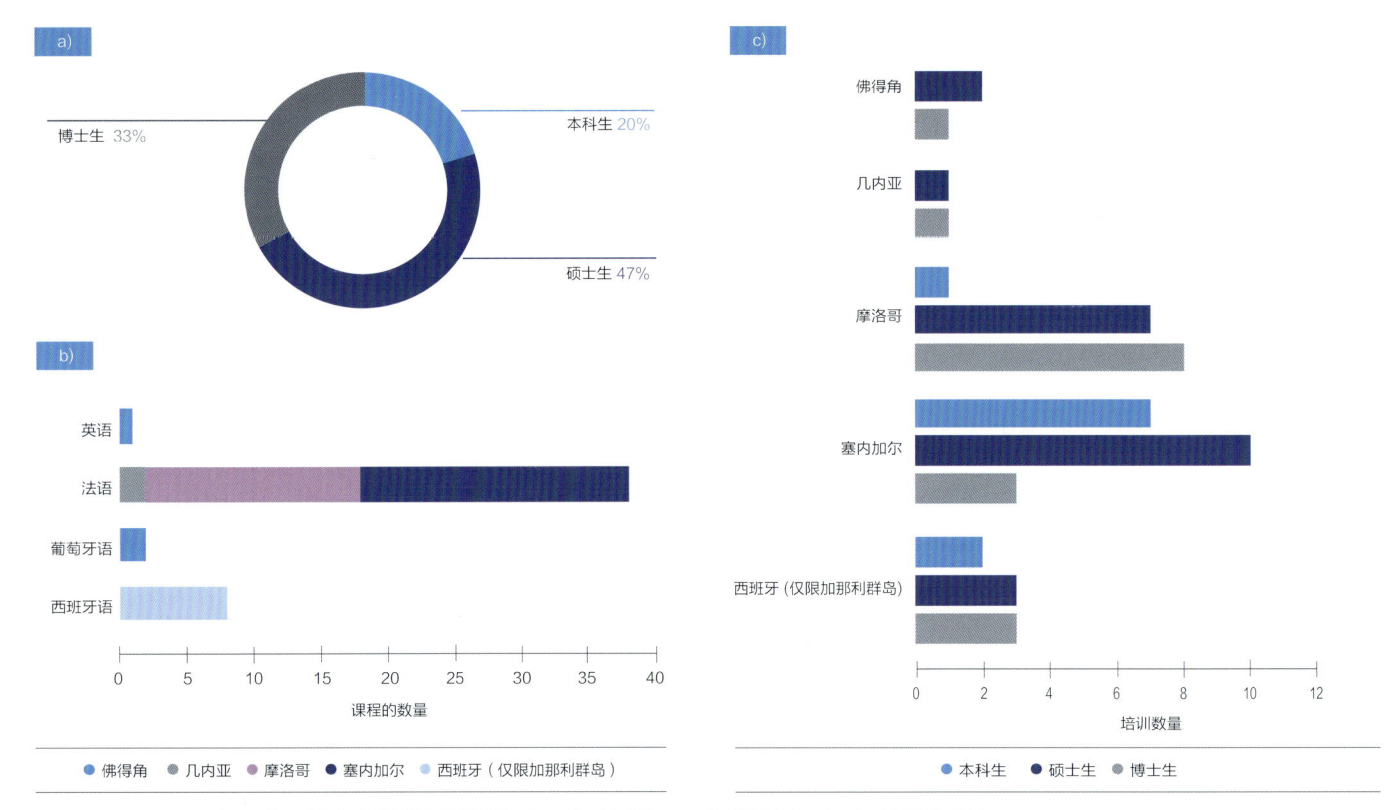

图4.28　CCLME在西非区域确立培训课程的数目：a）按学历；b）按语言；[1] c）按国家/地区

资料来源：未发表的数据IOC-UNESCO，2020。

4.5.5　持续的专业发展——全球海洋教师学院模式

学位的取得并不是教育的终点。科学技术的飞速发展需要专业持续不断的发展。短期（1~2周）培训课程是确保持续专业发展的重要工具，即更新或扩展科技人员的专业技术和知识（IOC-UNESCO，2016）。

IOC的国际海洋数据和信息交换（IODE）计划建立了一个全面的学习管理系统（OceanTeacher）。该系统与课堂教学相结合，自2005年以来已培训了来自134个国家的近3 000名学生，并拥有4 000多名注册用户。OceanTeacher计划由比利时佛兰德政府支持（FUST资助），使所有IOC-UNESCO成员国受益，尤其是发展中地区。在过去15年中，该计划已通过与大学和海洋研究机构有关的区域培训中心（RTC）和专业培训中心（STC）（图4.29）从比利时扩展到世界各地。现在作为全球海洋教师学院（OTGA）运营。

OTGA可以验证发展中区域现有的专业知识，并促进它们在与海洋科学、观测和数据/信息管理相关的专业技术培训和高等教育方面实现自力更生。它还促进使用当地语言和当地专家作为OTGA-RTC的讲师和培训助理，进一步发展OceanTeacher学习管理系统，以涵盖IOC-UNESCO（及关联）的多个计划。由于通过OTGA组织培训活动的框架质量管理到位，IODE项目办公室于2018年4月获得了学习服务提供商的ISO 29990认证。

1　两个培训方案主要以西班牙语提供，包括一些英语讲座。

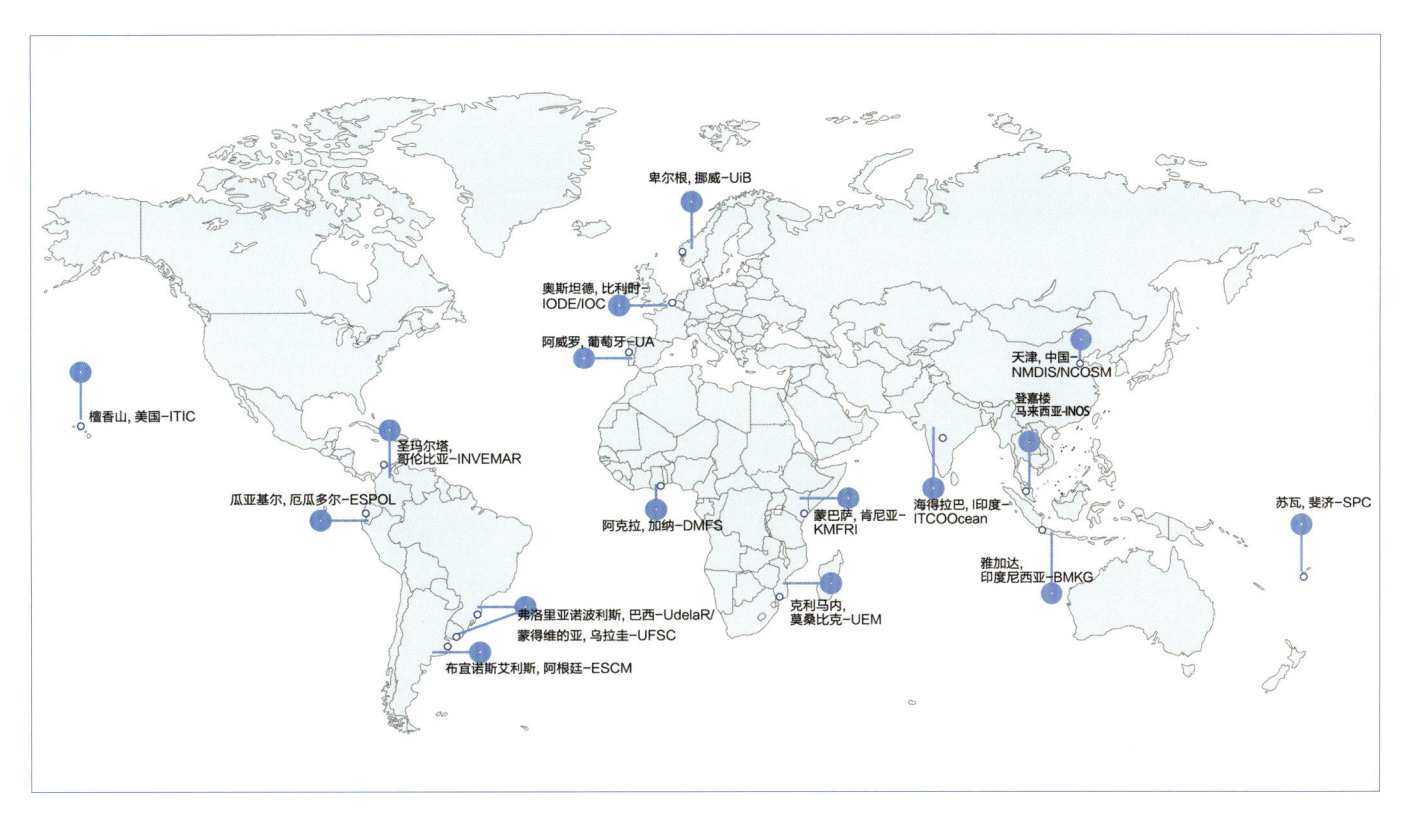

图4.29 OTGA区域培训中心和专业培训中心的位置（2020年11月）
资料来源：IODE。

在2017—2019年期间，不少于20门新的培训课程上传到OceanTeacher电子学习平台（OT e-LP），最多可提供四种语言（英语、法语、葡萄牙语和西班牙语）。2020—2022年新的OTGA商业模式发生了变化，与"海洋十年"保持一致，将侧重于开发按需提供的"打包课程"。课程将采取完全在线、混合学习和/或面对面（教室）方式，具体取决于主题。

很重要的一点是，OTGA-RTC一直在根据每个地区成员国确定的需求设计课程。一个例子是INVEMAR RTC——拉美和加勒比地区（LAC），该活动于2015年被公认为指定的RTC。INVEMAR通过为当地和参与国提供便利的基础设施、后勤支持和共同资助奖学金，为RTC做出贡献，为国际校友增加资金。2015—2019年，来自22个国家的550名科学家参加了RTC-LAC组织的29门课程，涵盖11个不同的主题。由于实施了INVEMAR和UNESCO的性别政策，一半的参与者是女性（图4.30）。毫无疑问，在RTC-LAC举办的课程使该区域各国能够提高其在海洋科学方面的技能和知识。

其他重要的培训中心和倡议有POGO-SCOR、联合国-日本财团、海事组织（IMO）世界海事大学、国际海洋研究所和区域英才中心，如东亚海洋环境管理伙伴关系计划（PEMSEA）。

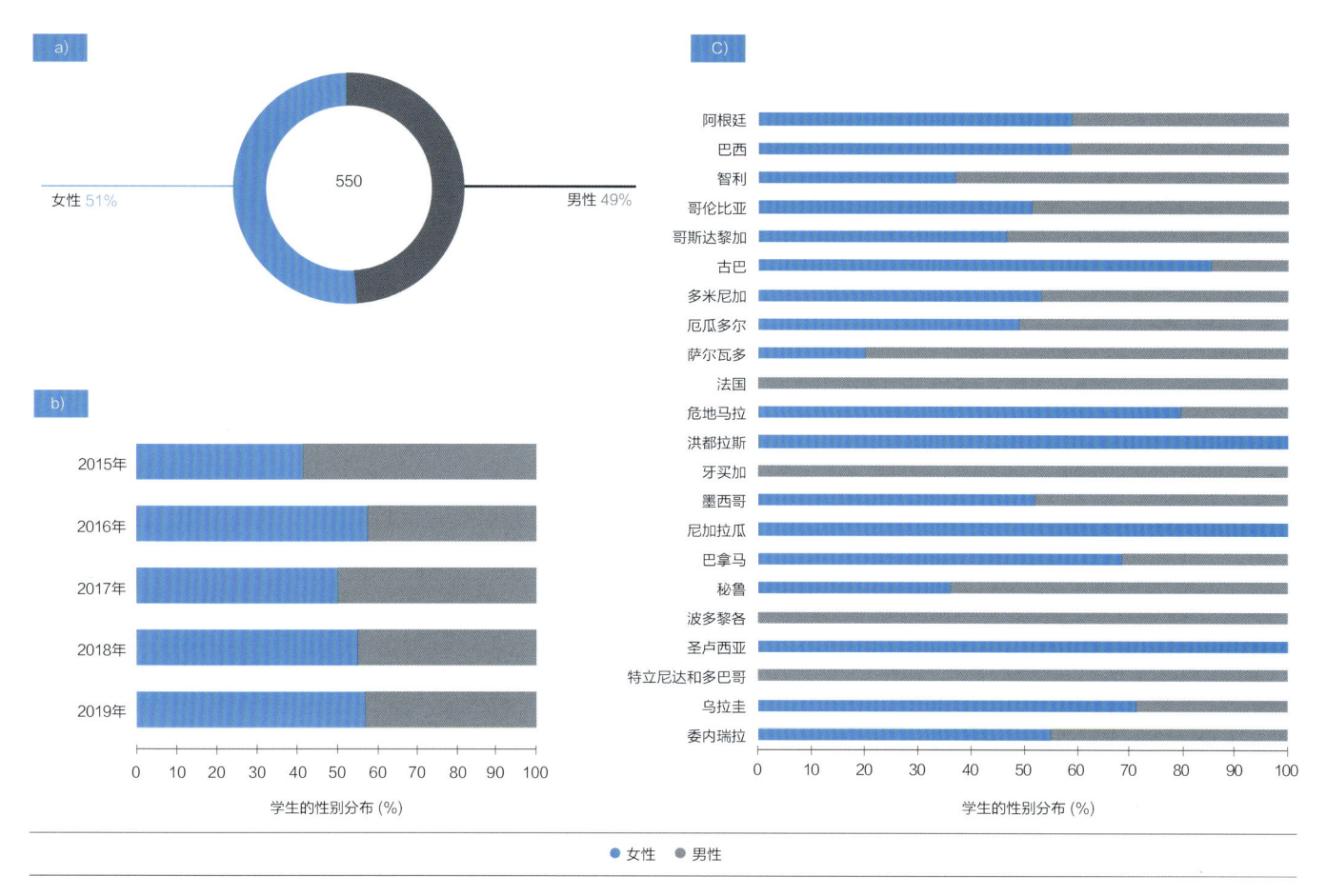

图4.30 学生参加RTC-LAC课程（以西班牙语授课）的性别平衡：a）总数；b）每年；c）每个国家/地区
资料来源：根据INVEMAR提供的数据，网址：https://bit.ly/2Ix38QH。

4.5.6 海洋素养之于海洋关注度和认知——非技术能力发展

将科学概念与全球性的社会问题相联系用以解决海洋问题，已经引起了国际社会的广泛关注。然而，有时科学家对海洋的认识与公众的理解之间存在脱节。虽然科学教学和素养的标准已经确立，但海洋的基础性作用在正式教育中并没有得到应有的重视。此外，由于海洋经济的发展，对实施《2030年可持续发展议程》的承诺（特别是SDG 14及其目标），新法律文书的谈判以及需要为新出现的海洋威胁提供科学合理的解决方案，人们对海洋空间的兴趣更大（Santoro et al., 2016）。因此，众多行动者和利益攸关方需要更好地了解海洋的特点和发展以及海洋科学、观测和数据对海洋管理和研究的重要性。海洋素养是指对人类对海洋的影响和海洋对人类的影响的理解（NMEA，2010）。海洋素养不仅涉及提高对海洋状况的认知，还涉及提供工具和方法，将海洋知识转化为促进海洋可持续发展的行动（Borja et al., 2020）。

海洋素养的提升将很大程度上取决于能否加强科学-社会-政策互动的能力，将更广泛的群体纳入利益攸关者，如社区和企业、大学、研究中心和民间团体，以实现责任共担，应对海洋健康恶化的紧迫威胁。此外，从国家层面和各级教育层面加强海洋知识宣传，是促进国家海洋科学部门能力发展的一个基本要素。国家、区域组织和协会对于在国家和区域层面促进海洋素养的提高至关重要，IOC-UNESCO则致力于确保国际合作、质量标准的适用和有益实践的交流。自2017年以来，IOC-UNESCO开发了几种工具来支持提升海洋素养的活动。特别是，《全民海洋扫盲：工具包》（IOC-UNESCO，2017b），英文、法文、西班牙文、葡萄牙文和意大利文版本以及IOC-UNESCO海洋素养网站。[1]《全民海洋扫盲：工具包》旨在为教育工作者和学习者提供创新的工具、方法和资源，以了解海洋变化过程和功能，提醒他们注意最紧迫的海洋问题，并提供在正规和非正规教育环境中实施的随时可用的活动工具。该手册介绍了基本的海洋素养准则、理解个人和集体行为之间的因果关系所需的信息以及各种威胁海洋健康的活动所产生的影响。它旨在激励公民、科学家、教育工作者和学习者对海洋承担更大的个体责任，通过建立伙伴关系和网络系统，共享思路和经验，制定新的方法和举措来支持提升海洋素养。

IOC-UNESCO海洋素养网站旨在成为优质的教育平台和信息工具、资源、有益经验以及当地或国际成功案例的资源库。希望通过创建协作工作空间和网络促进社区建设，为其他海洋素养从业者进行协调和交流提供参考依据。鼓励社区成员通过海洋素养协作工作空间共享资源，全球海洋素养社区可以通过专题论坛讨论、处理共享文档以及创建数据库，与其他成员直接合作。这一独特的海洋知识论坛能够实现知识共享，并在此过程中加强和扩大每个成员的活动半径。该网站的设计用户体验友好且便于导航，可以基于利益攸关者的背景（学生、教育工作者、科学家、媒体、决策者、私营部门）信息，从海量信息中按资源和主题类型进行搜索。

4.6 新问题及结论意见

各个部门（环境、科学、学术、私营和公共部门）对海洋数据和信息的巨大需求，要求所有国家做出重要承诺，从各个层级建立和维护研究能力和基础设施。新的信息技术、社交媒体和数字革命正在改变海洋科学的研究方法。当下，开源的海洋数据与信息、更紧密的各部门与社会间互动、海洋技术转化（TMT）以及海洋素质提升，都应当被给予前所未有的重视，使得海洋和沿海地区资源开发和服务更加负责和明智。为能力发展和海洋技术转让而做出的创新性南南和南北伙伴关系安排以及对海洋科学数据培训的机会，将会有助于提高海洋认知，帮助打破当前的社会经济和政治壁垒，助力于采取创造性和变革性的方法，形成具有深远意义的解决方案。

本章提供的信息和案例是提供研究能力和基础设施全球概览的第一步。然而，它们只是根据当前各国提交的报告，对于现有能力的粗犷描述。

编制国家海洋科学清单需要多学科协作，也需要各国与从事海洋科学和相关专题研究的机构进行及时协商。这一领域今后的进展在很大程度上取决于国家层面收集、更新和出版必要信息的充分性和有效性以及能否有效系统提供海洋科学技术和人员能力的图谱。参与国际合作机构的数据库共享将进一步促进海洋科学能力的发展。相关行动者将包括地方、国家和国际组织（政府和非政府）、工业界和私营部门以及保险和法律部门。工业界和私营部门，特别是近海活动的主要行动者，通过捕鱼、能源开采、商业、休闲和旅游、沿海工程、疏浚和骨料开采等方式影响全球海洋。许多参与公司雇用了大量科学家、工程师、教育工作者和政策研究专家。

南南合作和南北合作对于促进伙伴关系，提高海洋研究能力和优化研究基础设施，探索、监测和养护珊瑚礁、盐沼、红树林和海草床等战略性海洋和沿海生态系统非常重要。海洋技术转让和创新在开发海洋、海洋资源以及可持续性海洋活动的巨大财富方面发挥着重要作用。

促进海洋科学能力发展（人力资源、机构、海洋实验室、实地观察站、观测平台和持续性海洋观测

---

[1] 请参阅 http://oceanliteracy.unesco.org。

工具）需要在"海洋十年"期间改进和增加财政资源的调动。这对于维护科学基础设施来说是非常必要的——不仅是实验室、船只、仪器和各组织的主要建筑物，而且包括信息传播和数据开放获取的基础设施，数据采集和管理的教育计划，跨学科方法以及利用新技术实现"海洋十年"的六项社会成果的课程培训（六项社会成果，即一个清洁的海洋、一个健康且有复原力的海洋，一个可以预测的海洋，一个安全的海洋，一个可持续获取和富饶的海洋以及一个透明的和可进入的海洋）。[1]

应当指出，海洋科学家未来的专业活动也由海洋学会和专业机构提供，如海洋工程科学与技术研究所，海洋技术学会（MTS）和水下技术学会（SUT）的许可。这些能力发展活动可以获得资格认证，如"特许海洋科学家"及工业、政府实验室、武装部队和研究部门认可的其他认证。如果研究人员希望参加行业资助的研究达到质量控制标准，这些资格是必要的。

能力发展和海洋技术转让（TMT）对于认识国家管辖范围以外生物多样性（BBNJ）、可持续发展目标（SDG）和国家自主贡献（NDC）对《巴黎协定》的关键贡献是相辅相成的。

毫无疑问，妇女在平等条件下参与所有海洋科学研究，对于维持以海洋为基础的生计至关重要。与GOSR2017相比，本章节更加强调女性更多地参与会议和区域培训课程。各国和国际社会必须信守承诺，提高妇女在海洋科学中的参与度，特别是在信息技术、TMT、海洋素养和其他创新性主题领域（如，需要科学考察船的深海科学研究、蓝碳和创新性金融解决办法，如自愿碳市场的蓝色债券或为环境服务付费）。

还必须促进海洋科学青年科学家网络建设，促进青年科学家参与具有决定性影响的优先事项研究，通过与利益攸关方建立伙伴关系提升成员能力。

能力发展必须集中在制定有效的指导方针和适当的全球计划，同时要考虑国家和区域的具体情况、大型海洋生态系统和联合国会员国的管辖权。优先事项应包括：

Ⅰ. 提高人力资源（科学家和技术人员）的学术水平；

Ⅱ. 促进世界各地不同研究生课程之间的合作；

Ⅲ. 增加培训课程和设施以及获得这些课程和设施的机会，包括通过讲习班和研讨会；

Ⅳ. 建立海洋信息中心并掌握获取不同学科（自然、社会经济、政治等）专业数据的方法；

Ⅴ. 提升机构在区域和地方层面开展国家驱动活动的能力，并对定期评估的需求和优先事项做出反应；

Ⅵ. 通过广泛的研究、学科、机构和部门合作，共享知识和专长；

Ⅶ. 发展以不同语言为不同受众传播和交流科学成果的能力，包括提升社会认知。

最后，发展对传统知识的归档整理能力正在成为一个新的重要机会。这将提高地方社区收集数据的效益，提高对决策的科学分析能力，不仅是为了发展公众科学，也是对先驱知识的传承。

总之，研究（人力资源和基础设施）和海洋技术转让（TMT）是海洋科学的核心。建立方便获取数据、信息和进行交流的网络（技术诀窍、经验教训、协议等）和推动研究进展，将是实现"海洋十年"的七项社会成果，特别是第六项："透明和可进入的海洋，所有国家、利益攸关方和公民都可以获得海洋数据和信息技术，并有能力获得他们做出决定所需要的信息。"（Ryabinin et al., 2019）同样，应以创新的方式发展新的人力资源，通过数据科学（数据挖掘和大数据分析）将自然领域和社会经济领域的海洋数据结合起来，以加强跨学科的团队合作和数字化交流，应对新的和正在出现的挑战，特别是人类健康赖以存在的海洋产品和服务（即粮食安全、气候和天气调节、海上运输，替代能源等）。

---

[1] 请参阅 https://en.unesco.org/ocean-decade。

参考文献

BORJA A, SANTORO F, SCOWCROFT G, et al., 2020. Connecting People to Their Oceans: Issues and Options for Effective Ocean Literacy. Lausanne (Switzerland), Frontiers Media SA.

CALISI R M, A WORKING GROUP OF MOTHERS IN SCIENCE, 2018. Opinion: How to tackle the childcare-conference conundrum. Proceedings of the National Academy of Sciences of the United States of America, 115(12): 2845–2849.

HUANG J, GATES A J, SINATRA R, et al., 2020. Historical comparison of gender inequality in scientific careers across countries and disciplines. Proceedings of the National Academy of Sciences of the United States of America, 117(9): 4609–4616.

IOC-UNESCO, 2005. Intergovernmental Oceanographic Commission Criteria and Guidelines on the Transfer of Marine Technology. Paris, UNESCO Publishing. Available at: https://unesdoc.unesco.org/ark:/48223/pf0000139193.locale=en.

IOC-UNESCO, 2016. IOC Capacity Development Strategy, 2015–2021. Paris, UNESCO Publishing. Available at: https://unesdoc.unesco.org/ark:/48223/pf0000244047.

IOC-UNESCO, 2017a. Global Ocean Science Report — The Current Status of Ocean Science around the World. L. Valdés et al. (eds). Paris, UNESCO Publishing. Available at: https://en.unesco.org/gosr.

IOC-UNESCO, 2017b. Ocean Literacy for All: A Toolkit. F. Santoro et al. (eds). Paris, UNESCO Publishing. Available at: https://unesdoc.unesco.org/ark:/48223/pf0000260721.

IOC-UNESCO, 2018. Revised Roadmap for the UN Decade of Ocean Science for Sustainable Development. Paris, UNESCO Publishing. Available at: https://www.oceandecade.org/resource/44/REVISED-ROADMAP-FOR-THE-UN-DECADE--OF-OCEAN-SCIENCE-FOR-SUSTAINABLE-DEVELOPMENT.

IOC-UNESCO, 2019. Summary Report of the First Global Planning Meeting: UN Decade of Ocean Science for Sustainable Development. Gilleleje (Denmark), UNESCO Publishing. Available at: https://www.oceandecade.org/resource/58/Summary-Report-of-the-First-Global-Planning-Meeting-UN-Decade-of-Ocean-Science-for-Sustainable-Development-Copenhagen-13-15-May-2019.

JPI OCEANS, 2015. JPI Oceans Strategic Research and Innovation Agenda. Available at: http://www.jpi-oceans.eu/news-events/news/jpi-oceans-sria-now-available.

JPI OCEANS, 2018. Operational Procedures, Joint Programming Initiative on Healthy and Productive Seas and Oceans AISBL. Available at: http://www.jpi-oceans.eu/library?THES%5b%5d=169497 (Accessed on 5 December, 2019).

MICHALENA E, STRAZA T R A, SINGH P, et al., 2020. Promoting sustainable and inclusive oceans management in Pacific islands through women and science. Marine Pollution Bulletin, 150.

NMEA. 2010. NMEA Special Report #3: The Ocean Literacy Campaign. Ocean Springs (MS), NMEA.

ROARTY H, COOK T, HAZARD L, et al., 2019. The global high frequency radar network. Frontiers in Marine Science, 6(164).

RYABININ V, BARBIÈRE J, HAUGAN P, et al., 2019. The UN Decade of Ocean Science for Sustainable Development. Frontiers in Marine Science, 6(470).

SANTORO F, FRENCH V, LESCRAUWAET A K, et al., 2016. Science-Policy Interfaces in International and European Marine Policy. EU Sea Change Project.

SARDELIS S, DREW J A, 2016. Not 'pulling up the ladder': Women who organize conference symposia provide greater opportunities for women to speak at conservation conferences. PLOS ONE, 11(7).

SPREP, 2019. Agreement Establishing the South Pacific Regional Environment Programme. Art 2. Available at: https://www.sprep.org/attachments/Legal/AgreementEstablishingSPREP_000.pdf (Accessed on 6 December, 2019).

UNESCO, 2015. UNESCO Science Report: Towards 2030. Paris, UNESCO Publishing. Available at: https://unesdoc.unesco.org/ark:/48223/pf0000235406.locale=fr.

UNESCO, 2017. Measuring Gender Equality in Science and Engineering: the SAGA Toolkit. SAGA Working Paper 2. Paris, UNESCO Publishing. Available at: https://unesdoc.unesco.org/ark:/48223/pf0000259766.

WIOMSA, 2019. Annual Report 2018. Available at: https://www.wiomsa.org/wp-content/uploads/2019/10/Wiomsa-AR-FINAL-LR.pdf (Accessed 6 December 2019).

全球海洋科学报告：海洋可持续发展能力调查与展望
Global ocean science report, charting capacity for ocean sustainability

补充材料 4.1 按会议议题划分的2009–2018年国际会议列表，包括男女与会者比例、与会人数和代表国家数

年份	主办国	会议名称	女性与会者	男性与会者	与会人数	国家数
环境科学会议						
2012	英国	压力下的地球	1 212	1 784	2 996	104
海洋科学						
2014	西班牙	第二届国际海洋研究大会	249	311	560	69
2015	西班牙	水产科学大会	1 182	1 286	2 468	61
海洋与气候						
2012	韩国	第二届气候变化对世界海洋的影响国际研讨会（2nd ECCWO）	89	272	361	38
2012	美国	第三届高二氧化碳世界海洋国际研讨会（3rd OHCO2W）	263	275	538	36
2015	巴西	第三届气候变化对世界海洋的影响国际研讨会（3rd ECCWO）	124	142	266	36
2016	澳大利亚	第四届高二氧化碳世界海洋国际研讨会（4th OHCO2W）	163	189	352	35
2016	中国	第二届开放科学大会：引领气候和海洋研究航向（WCRP/CLIVAR）	187	397	584	45
2017	美国	世界气候研究计划/政府间海洋学委员会（WCRP/IOC）海平面会议	134	251	385	42
2018	厄瓜多尔	第四届厄尔尼诺南方涛动国际会议：气候变暖下的厄尔尼诺/南方涛动（ENSO）	63	96	159	26
2018	美国	第四届气候变化对世界海洋的影响国际研讨会（4th ECCWO）	304	290	594	48
海洋生态系统功能和变化过程						
2009	加拿大	第三届全球海洋生态系统动力学开放科学大会（GLOBEC OSM）	88	223	311	34
2010	阿根廷	第三届水母暴发研讨会	46	49	95	27
2011	智利	第五届浮游动物研讨会	150	147	297	35
2013	日本	第四届水母暴发研讨会	42	94	136	29
2014	挪威	国际海洋生物圈整合研究计划（IMBER）——未来海洋大会	183	282	465	44
2016	挪威	第六届浮游动物研讨会	196	176	372	32
2017	英国	第三届磷虾国际研讨会	26	45	71	15
2018	希腊	2018国际沙滩研讨会	32	38	70	20
海洋和人类健康福祉						
2013	法国	全球有害藻华生态学与海洋学计划（GEOHAB）大会	23	28	51	21
2014	新西兰	第16届有害藻华国际大会（ICHA 2014）	186	208	394	35
2015	瑞典	有害藻华与气候变化科学研讨会	26	33	59	23
2015	爱沙尼亚	第五届海洋历史大会	22	28	50	15
2016	巴西	第17届有害藻华国际大会（ICHA 2016）	183	157	340	34
2018	法国	第18届有害藻华国际大会（ICHA 2018）	378	332	710	62
蓝色增长						
2015	希腊	国际海洋开发委员会（ICES）长期渔业管理的目标和限制专题讨论会	20	45	65	18
2015	意大利	第四届国际海洋生物圈整合研究计划研讨会（IMBer IMBIZO）	52	51	103	27
2017	美国	第五届国际海洋生物圈整合研究计划研讨会（IMBer IMBIZO）	48	59	107	26

续表

年份	主办国	会议名称	女性与会者	男性与会者	与会人数	国家数
海洋观测与海洋数据						
2009	意大利	全球海洋观测大会（OceanObs'09）	133	507	640	35
2016	波兰	国际海洋数据和信息系统会议	28	71	99	24
2018	西班牙	国际海洋数据和信息系统会议	65	119	184	33
海洋健康						
2016	澳大利亚	第九届海洋生物入侵国际会议（ICMB-Ⅸ）	79	81	160	19
2018	阿根廷	第十届海洋生物入侵国际会议（ICMB-X）	81	67	148	23
海洋地壳和海洋地质灾害						
2018	加拿大	第八届潜艇质量损耗及其后果国际研讨会	24	59	83	17
海洋技术						
2011	西班牙	全球海洋观测大会（Oceans'11）	70	328	398	30
2012	西班牙	海岸工程国际大会	158	636	794	43
北大西洋						
2012	挪威	国际海洋勘探理事会（ICES）年度科学会议	213	434	647	29
2013	冰岛	国际海洋勘探理事会（ICES）年度科学会议	232	415	647	33
2014	西班牙	国际海洋勘探理事会（ICES）年度科学会议	236	333	569	31
2015	丹麦	国际海洋勘探理事会（ICES）年度科学会议	299	429	728	34
2016	拉脱维亚	国际海洋勘探理事会（ICES）年度科学会议	255	351	606	33
2017	美国	国际海洋勘探理事会（ICES）年度科学会议	214	310	524	31
2018	德国	国际海洋勘探理事会（ICES）年度科学会议	289	306	595	33
地中海						
2016	德国	41届地中海科学委员会（CIESM）大会	238	229	467	37
太平洋						
2012	日本	北太平洋海洋科学组织（PICES）年度会议	95	371	466	22
2013	加拿大	北太平洋海洋科学组织（PICES）年度会议	121	244	365	11
2014	韩国	北太平洋海洋科学组织（PICES）年度会议	103	262	365	19
2015	中国	北太平洋海洋科学组织（PICES）年度会议	141	367	508	13
2016	美国	北太平洋海洋科学组织（PICES）年度会议	181	369	550	16
2017	俄罗斯	北太平洋海洋科学组织（PICES）年度会议	116	214	330	11
2018	韩国	北太平洋海洋科学组织（PICES）年度会议	175	375	550	14
2018	墨西哥	国际专题讨论会：了解太平洋过渡带的变化	39	108	147	14
2018	菲律宾	第四届亚太珊瑚礁研讨会	238	271	509	32
极地						
2017	挪威	2017年斯瓦尔巴科学会议	147	212	359	29
2018	瑞士	2018南极科学委员会（SCAR）/北极科学委员会（IASC）开放科学会议	893	1 190	2 083	43
印度洋						
2015	南非	第九届西印度洋海洋科学协会（WIOMSA）科学研讨会	217	275	492	22
2017	坦桑尼亚	第十届西印度洋海洋科学协会（WIOMSA）科学研讨会	228	301	529	27

全球海洋科学报告：海洋可持续发展能力调查与展望
Global ocean science report, charting capacity for ocean sustainability

补充材料 4.2 按会议议题划分的2009—2018年国际会议列表，包括按性别分列的受邀发言人和组织者的信息，[1] 已确定性别的受邀发言人和参与者的总数。如提供了在全体会议上发言的发言者人数资料，则在会议名称后面的括号内注明。既是召集人又是发言者的标有"*"

年份	主办国	会议名称	女性受邀发言人	男性受邀发言人	受邀发言人数	女性组织者	男性组织者	总组织者
环境科学会议								
2012	英国	压力下的地球	30	41	71	7	10	17
海洋与气候								
2012	美国	第三届高二氧化碳世界海洋国际研讨会（3rd OHCO2W）	4	5	9			
2015	巴西	第三届气候变化对世界海洋的影响国际研讨会（3rd ECCWO）（全体均为会议特邀演讲嘉宾和演讲者）	15	23	38			
2018	美国	第四届气候变化对世界海洋的影响国际研讨会（4th ECCWO）	21	28	49	33	41	74
海洋生态系统功能和变化过程								
2011	智利	第五届浮游动物研讨会	6	14	20			
海洋和人类健康福祉								
2015	瑞典	有害藻华与气候变化科学研讨会	2	7	9	1	3	4
太平洋								
2012	日本	北太平洋海洋科学组织（PICES）年度会议	6	44	50			
2013	加拿大	北太平洋海洋科学组织（PICES）年度会议	9	21	30			
2015	中国	北太平洋海洋科学组织（PICES）年度会议*	8	31	39	11	38	49
2016	美国	北太平洋海洋科学组织（PICES）年度会议*	11	36	47	16	46	62
2017	俄罗斯	北太平洋海洋科学组织（PICES）年度会议*	4	18	22	6	29	35
2018	墨西哥	国际专题讨论会:了解太平洋过渡带的变化*	5	25	30	3	12	15

1　有关组织者的可用信息因会议而异。压力下的地球：委员会成员和会议主席；第四届ECCWO：研讨会召集人，会议/研讨会召集人和研讨会协调员；有害藻华与气候变化科学研讨会：专题讨论会召集人；国际专题讨论会：了解太平洋过渡带的变化，PICES年度会议2015年，2016年，2017年：会议/研讨会的召集人。

第4章 研究能力与基础设施

补充材料 4.3　2011—2018年会议列表，包括按性别分列的学生信息。学生和早期职业科学家被计入同一类别的会议标有"*"

年	主办国	会议名称	女学生人数	男学生人数	学生总人数	"常规"女性参与者人数（不包括学生）	"常规"男性参与者人数（不包括学生）	"常规"参与者人数（不包括学生）
海洋科学								
2015	西班牙	水产科学会议	533	352	885	649	934	1 583
海洋与气候								
2016	澳大利亚	第四届高二氧化碳世界海洋的影响国际研讨会（4th OHCO2W）	62	31	93	101	158	259
2016	中国	第二届开放科学大会：引领气候和海洋研究航向（WCRP/ CLIVAR）*	82	145	227	105	252	357
2018	美国	第四届气候变化对世界海洋的影响国际研讨会（4th ECCWO）	52	36	88	252	254	506
海洋生态系统的功能和过程								
2011	智利	第五届浮游动物研讨会	54	24	78	96	123	219
2018	希腊	2018 国际沙滩研讨会	13	10	23	19	28	47
人类健康和福祉								
2015	瑞典	有害藻华与气候变化科学研讨会	6	3	9	20	30	50
2016	巴西	第17届有害藻华国际大会（ICHA 2016）	50	28	78	133	129	262
2018	阿根廷	第十届海洋生物入侵国际会议(ICMB-X) *	39	26	65	42	41	83
太平洋								
2012	日本	2012 北太平洋海洋科学组织（PICES）年度会议	20	34	54	75	337	412
2013	加拿大	2013 北太平洋海洋科学组织（PICES）年度会议	20	25	45	101	219	320
2015	中国	2015 北太平洋海洋科学组织（PICES）年度会议	39	44	83	102	323	425
2016	美国	2016 北太平洋海洋科学组织（PICES）度会议	37	30	67	144	339	483
2017	俄罗斯	2017 北太平洋海洋科学组织（PICES）年度会议	20	16	36	96	198	294
2018	墨西哥	国际专题讨论会：了解太平洋过渡带的变化	8	12	20	31	96	127

本章的作者非常感谢IOCARIBE秘书处和INVEMAR主席为绘制拉美和加勒比区域图表提供的数据和信息。还要感谢参加IOC项目"加强CCLME西非国家海洋学能力第三阶段"（2018—2020年）的专家，该项目得到了西班牙国际开发合作署的支持，他们提供了与本章中介绍的加那利群岛地区有关的数据。

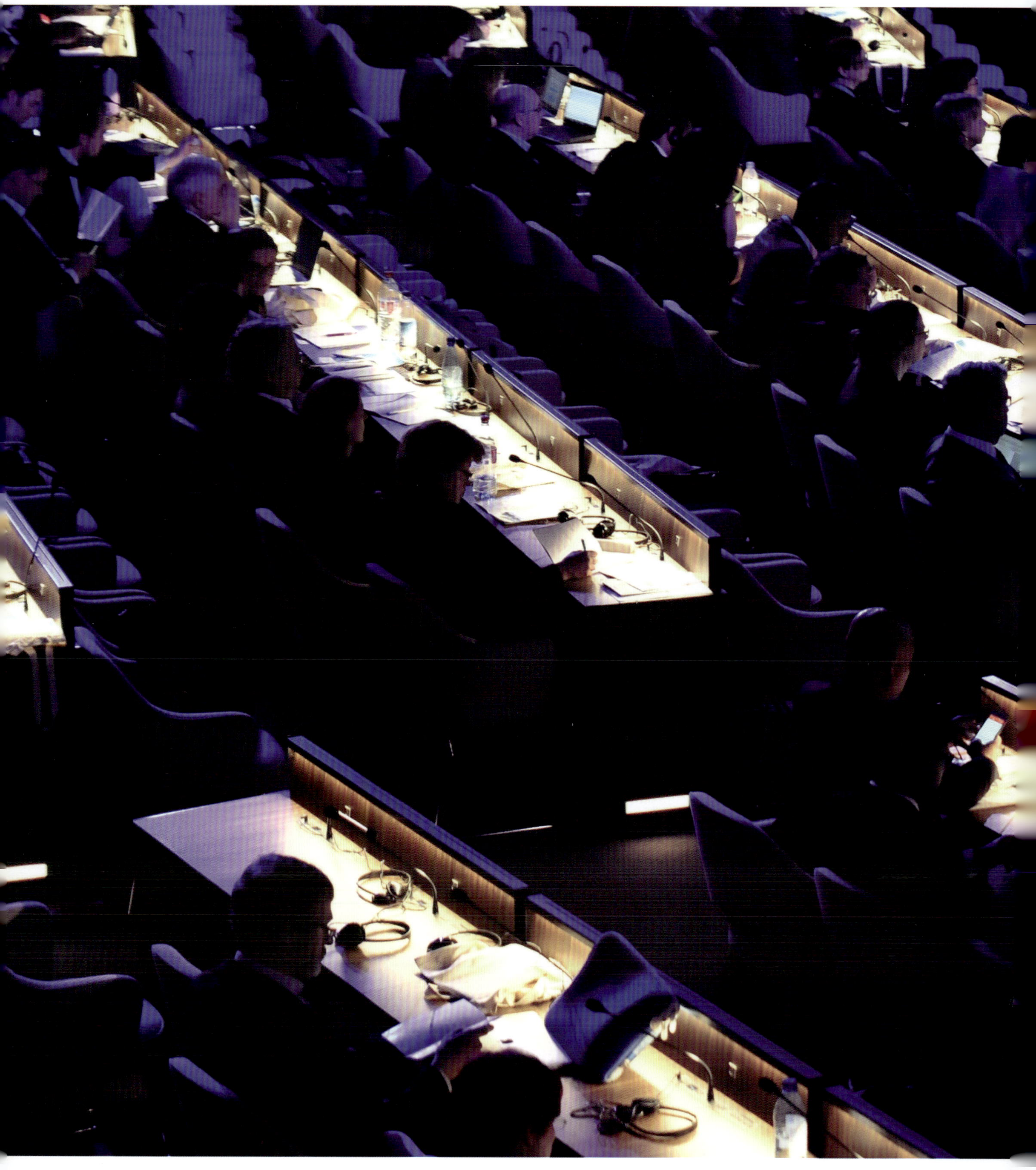

第5章
海洋科学产能和影响分析

第5章 海洋科学产能和影响分析

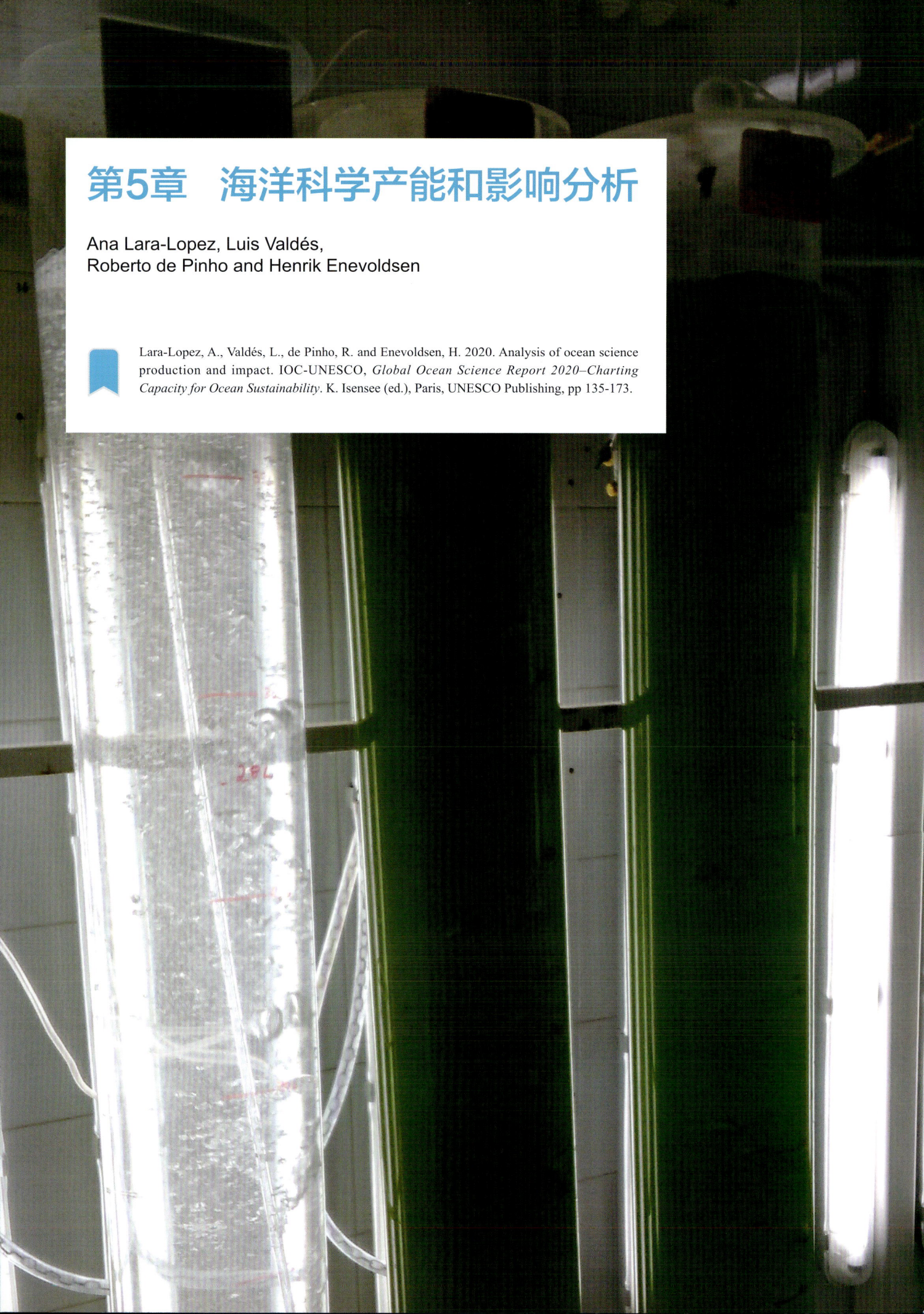

Ana Lara-Lopez, Luis Valdés,
Roberto de Pinho and Henrik Enevoldsen

Lara-Lopez, A., Valdés, L., de Pinho, R. and Enevoldsen, H. 2020. Analysis of ocean science production and impact. IOC-UNESCO, *Global Ocean Science Report 2020–Charting Capacity for Ocean Sustainability*. K. Isensee (ed.), Paris, UNESCO Publishing, pp 135-173.

5.1 通过出版物衡量全球海洋科学

在同行评审的期刊上发表科学文章是海洋科学研究传播的基石，是评价科学研究质量和评估其绩效和研究影响的必要过程。这种评价主要通过两种不同的方法进行：（i）同行评审制度，其研究由在该领域具有专门知识的其他科学家（"同行"）进行评分，通常是定性的；（ii）文献计量分析，为评估科学绩效提供了定量工具（Moed，2009；Van Raan，2003）。文献计量分析使用一系列指标，让我们大致了解科学的生产力、可见性、相对影响、专业化和协作水平。这些指标是运用数学和统计的方法来量化已发表的科学文献（论文、书籍和文件等），并创建计量和指标，进行可靠的比较（Pritchard，1969）。

本章探讨了全球海洋科学产出量（出版物总数）和生产力（衡量每单位投入产出的指标）以及这些在过去18年中的变化。这是通过对已发表的科学文献进行文献计量分析来完成的，类似于上一份报告GOSR2017（IOC-UNESCO，2017），其中使用的方法的详细信息包含在本报告的第2章中。但是，GOSR2020进行了如下一些更改。

- 加拿大的Science-Metrix/Relx[1]公司进行文献计量分析的主要数据来源，由GOSR2017采用汤森路透的Web of Science变更为GOSR2020采用Elsevier 2的Scopus[2]。应该指出的是，尽管数据覆盖范围具有稳定性，足以支撑在各自框架内进行一致性分析，但这些数据没有直接的可比性（Harzing，Alakangas，2016）。此处提供的所有数据均基于新的评估。
- 本分析中包含的时间框架已延长至18年，涵盖2000—2017年。
- 在进行文献计量分析时，对海洋科学和每个子领域的关键字进行了重新校订，避免重复计算出版物。

- 新加入专利分析，使用PATSTAT的数据进行技术计量分析，并将出版物中对专利族的引用作为衡量科学影响的补充标准。包括的时间范围是2000—2018年。

5.1.1 科学出版物总产出量

总体而言，海洋科学同行评审文章的数量在过去18年中有所增加，从2000年的41 614篇出版物增加到2017年的116 253篇，产出量增加了179%。产出量的这种增长反映在含海洋科学内容的期刊数量在增加，如图5.1显示了多年来的持续增长。目前尚不清楚论文数量的增加是否会导致期刊数量的增加，或者是相反。或者可以解释为，发表论文的数量不断增加，导致期刊数量的增加，这反过来又使更多的论文得以发表，从而推动了更多期刊的创建。

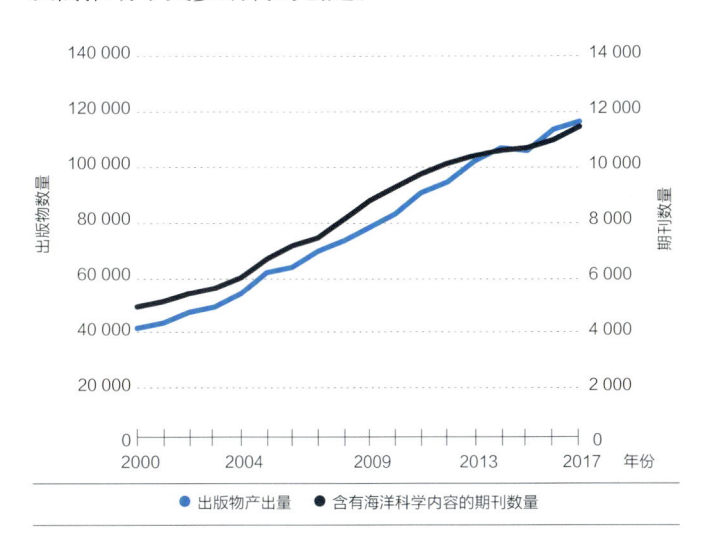

图5.1　2000—2017年间，同行评审海洋科学出版物数量（蓝色）和含有海洋科学内容的期刊数量（黑色）的全球年度趋势

资料来源：基于 Science-Metrix/Relx Canada 公司对 Scopus（Elsevier）数据2000—2017年的文献计量分析。

出版物的年增长率大多在4%～9%之间，但2015年除外，2015年有所下降。下降的主要原因是当年在Scopus索引的会议论文数量下降（表5.1）。这一下降主要是因为Scopus从2015年开始删除了一些出版量很大的期刊，这些期刊在2014年海洋科学数据集中约被收录了2 000多篇会议论文。

---

[1] 请参阅 https://www.science-metrix.com。

[2] 请参阅 https://www.scopus.com。

表 5.1 2000—2017 年 Scopus 索引的海洋科学同行评审出版物数据集中的论文按论文类型分列以及每年的出版物产出增长率

年份	所有论文	文章	会议论文	增长率 (%)
2000	41 614	35 273	5 125	
2001	43 689	37 402	5 038	0.05
2002	47 355	39 217	6 632	0.08
2003	49 475	39 231	8 105	0.04
2004	53 874	41 373	9 605	0.09
2005	61 492	43 965	13 884	0.14
2006	63 649	50 316	10 379	0.04
2007	69 665	54 124	13 008	0.09
2008	73 335	58 311	12 664	0.05
2009	78 020	62 263	13 469	0.06
2010	83 035	64 826	15 556	0.06
2011	90 616	70 031	17 460	0.09
2012	94 881	74 336	16 852	0.05
2013	101 819	81 786	16 971	0.07
2014	107 286	86 429	17 260	0.05
2015	106 220	87 621	14 916	−0.01
2016	113 586	93 826	15 625	0.07
2017	116 253	95 713	15 852	0.02

资料来源：基于 Science-Metrix/Relx Canada 公司对 Scopus（Elsevier）2000—2017 年数据的文献计量分析。

在区域层面，过去 18 年来，不同可持续发展目标地区的出版物产出比例发生了一些变化，[1] 如图 5.2 所示 2000—2005 年和 2012—2017 年期间，最明显的变化是东亚和东南亚地区的产出量增加了 10%，主要得益于中国的推动，其次是日本和韩国（更多信息见 GOSR 数据网站）。[2] 其他产出量也有所增加的区域包括北非和西亚、中亚和南亚以及拉美和加勒比地区。所有这些地区的增长都被欧洲和北美份额下降约 17% 所抵消，虽然该地区的产量继续增长并提供最大比例的出版物，但其增长率已从 2000—2005 年期间的约 6% 下降到 2012—2017 年的 3%（表 5.2）。

---

1 请参阅 https://unstats.un.org/sdgs/indicators/regional-groups。
2 请参阅 https://gosr.ioc-unesco.org。

图 5.2 2000—2005 年和 2012—2017 年两个不同时期可持续发展目标地区全球出版物产出量比例的变化
资料来源：基于 Science-Metrix/Relx Canada 公司对 Scopus（Elsevier）2000—2017 年数据的文献计量分析。

表 5.2 2000—2005 年、2006—2011 年和 2012—2017 年期间各可持续发展目标区域的总产出量、比例和年均增长率

	2000—2005年			2006—2011年			2012—2017年		
	总数	%	增长率	总数	%	增长率	总数	%	增长率
撒哈拉以南非洲	4 778	1.47	0.08	8 362	1.63	0.07	13 233	1.77	0.06
北非和西亚	9 661	2.97	0.10	18 380	3.57	0.09	31 015	4.16	0.07
中亚和南亚	9 044	2.78	0.11	22 073	4.29	0.12	41 458	5.56	0.05
东亚和东南亚	50 304	15.48	0.12	112 069	21.79	0.11	196 386	26.33	0.06
拉美和加勒比地区	16 324	5.02	0.09	31 418	6.11	0.08	49 112	6.59	0.05
大洋洲	17 773	5.47	0.07	28 257	5.49	0.07	40 204	5.39	0.04
欧洲和北美	217 081	66.80	0.06	293 673	57.11	0.04	374 376	50.20	0.03

平均年增长率的计算，根据每个时期（2000—2005 年，2006—2011 年，2012—2017 年）最晚年份和最早年份的数据该时期内的年数 n 得出，n 为 6 年。
资料来源：基于 Science-Metrix/Relx Canada 公司对 Scopus（Elsevier）2000—2017 年数据的文献计量分析。

仅通过出版物产出量并不能完整地反映科学影响情况。在这种情况下，可以用引用次数反映特定科学工作的影响，即通过计算该研究在其他研究中被引用的次数。相对引用平均值（ARC）分数用于衡量海洋科学研究中可被计量的科学影响。该分数通过计算一

个国家论文的平均引用次数除以该国家的海洋科学出版物的平均引用次数，并与同年全球海洋科学出版物总数的平均引用次数相比较得出。

要注意的是，ARC从2000—2005年到最近一个时期的2012—2017年有所增加（图5.3）。最明显的变化是ARC的整体增加，特别是在非洲和南美洲。ARC有显著改善的国家是新加坡、爱尔兰、阿拉伯联合酋长国、卡塔尔、黎巴嫩、格陵兰岛和马达加斯加。这可能反映了与其他国家加强合作以及开展能力发展活动所产生的影响。

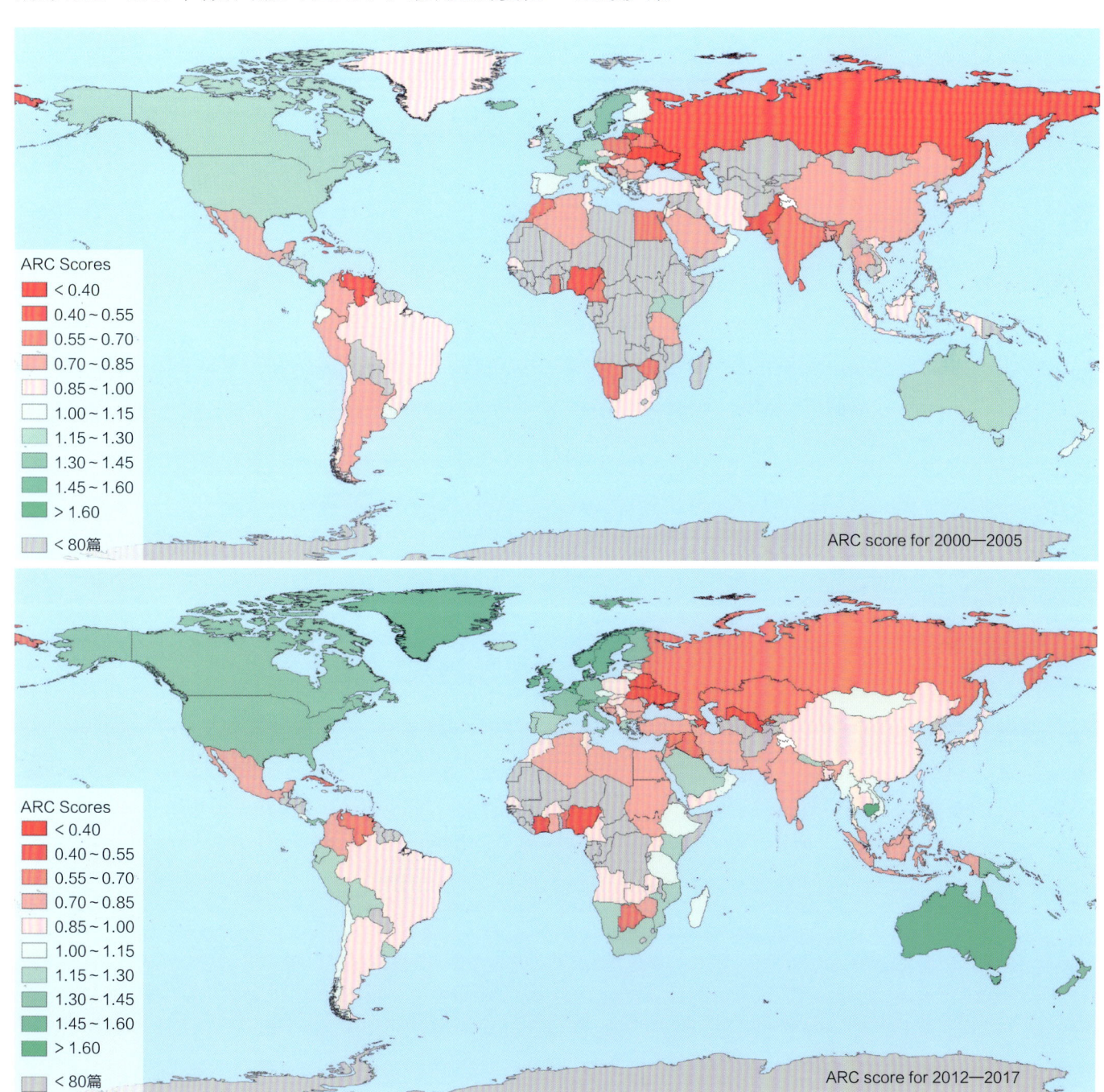

图5.3 该世界地图显示了2000—2005年和2012—2017年两个对比时期按国家/地区划分的相对引用平均值（ARC）

资料来源：基于Science-Metrix/Relx Canada公司对Scopus（Elsevier）2000—2017年数据的文献计量分析。

5.2 科学生产力

生产力用来衡量生产过程中每单位投入（如劳动和资本）的产出（如已发表的文章）情况。生产力是一个有意义的指标，它考虑了最佳使用时间、资源消耗和竞争力，具有效率的含义，可以为评估和确定研发方向提供基础（Reskin，1977；Rørstad，Aksnes，2015）。

但是，如何恰当地衡量生产力并不是一件简单的事情。例如，一个国家参考文献数量的增加可能仅仅是因为在数据集中增加了新期刊，而不是因为实际生产力出现了增长，尽管在数据集中增加一个新期刊可能是由于出现了一个新的科学领域，或期刊与某一特定主题具有更大的相关性。为了获得产出量指标，必须对人口、支出和研究人员数量进行标准化，才能进行比较。鉴于海洋科学的产出量具有多因素性和多维化的特性，需要将人力资源、设备和资金合并到一个指标，故而生产力难以估计。主要限制是数据和数据源的可获取性。关于研发支出（如资金、设备等）的丰富而准确的数据集通常既难以收集又花费高昂，故在实践中不易获得。

当主要目标是比较绩效（这里指研究绩效）时，专家往往倾向于关注技术简单和统计准确的生产力指标（Chew，1988；OECD，2001；Tangen，2005），即基于单因素生产力（部分生产力衡量）的指数，将产出与一种特定类型的投入相关联。

5.2.1 按人口分列的国家一级生产力

就科学产出量而言，过去18年中研究论文的产出量经历了显著增长，无论是在数量（论文数量）还是在质量上（相对影响因子平均值——ARIF），但按国家评估生产力却更加困难。

基于分析的初衷，各国的生产力用特定国家在某一年发表的论文数量与同年该国人口（以百万为单位）的比率（UNESCO，2010）来表示。年度出版物的数据由Science-Metrix/Relx Canada公司记录，年度国家的人口数据来自世界银行。[1] 这种标准化指数反映了每个国家对海洋科学的相对重视程度，并表明一个国家所占的研究份额并不总是取决于其人口规模。

图5.4显示了2017年各国按人口划分的相对科学生产力分布情况（仅2017年发行了300多份出版物的55个国家；这是出于实际考虑而采用的阈值）。选择2017年是为了便于与第4章中提出的值进行比较。该指标54个国家的平均值为26.3，中位数为50。挪威排名第一，在每百万人口超过100篇文章的国家分组中居于领先地位。该组包括四个斯堪的纳维亚国家（挪威、丹麦、瑞典和芬兰），大洋洲地区的澳大利亚和新西兰，北海周边国家（英国、荷兰、比利时），瑞士，葡萄牙，新加坡，爱尔兰，克罗地亚和加拿大。

尽管中国在出版物总数方面排名第二，但在2017年每百万人口的文章数量为18，低于平均水平（26.3），这也证明了在衡量特定国家的科学生产力时，出版物产出量不应该是唯一的考虑因素。为了更好地了解中国、日本和韩国在科学赋权方面的演变，分别计算了这三个国家在2000—2017年期间的年生产力（图5.5）。之所以选择这些国家，是因为它们经历了科学产出格局的巨大变化。从2000年到2009年，日本是最多产的国家。然而，在那之后，生产力却再也没有进一步提高，目前，韩国的产出量在该区域领先，但其在2014年以来，生产力没有出现任何净增长。中国继续落后于日本和韩国，但在整个时期内，每百万居民的文章数量一直保持持续增长的趋势。然而，该趋势斜率不大，中国需要相当长的时间才能与邻国生产力的比率相当。

1　请参阅https://databank.worldbank.org/source/world-developmentindicators。

第5章
海洋科学产能和影响分析

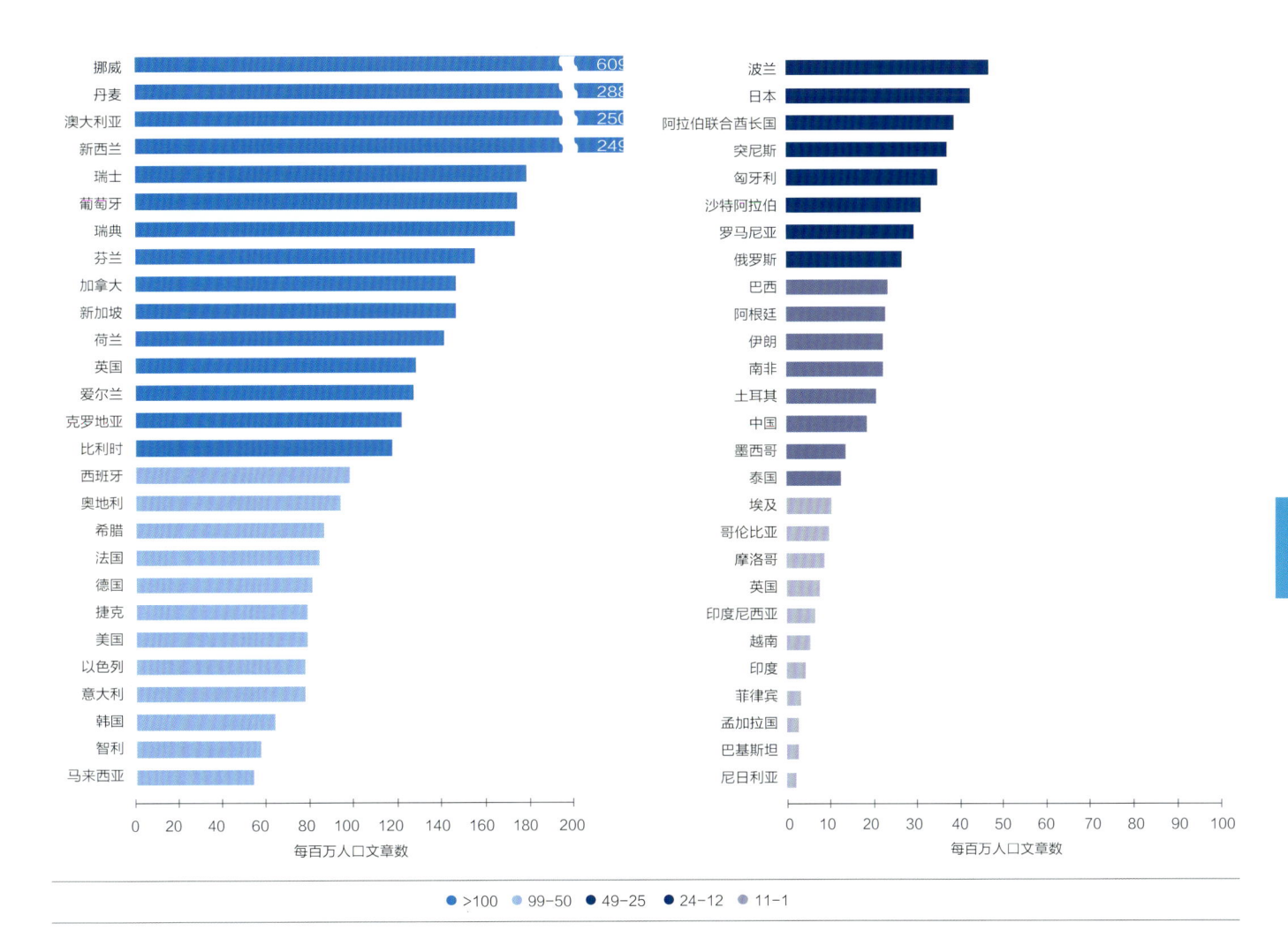

图5.4 2017年，海洋科学领域的相对国家生产力以每百万人口的同行评审出版物衡量。2017年世界平均水平为26.3

资料来源：基于2017年Science-Metrix/Relx Canada 公司对 Scopus（Elsevier）数据和2020年2月获取的世界银行（人口）数据进行文献计量分析。

对比具有相似人口规模的国家的表现也很有趣。为此，选择了9个中等规模国家，人口从3 300万到4 600万不等，比较它们在2000年和2017年的生产力。图5.6显示，分析中所有国家（加拿大除外）在该时期至少将其生产力比率提高了一倍，但有些重要的差异值得讨论。例如，沙特阿拉伯、阿尔及利亚和伊拉克增长了十倍，增幅显著，摩洛哥增长了三倍。

这些现象可以反映这些国家对海洋科学的公众兴趣以及区域组织/委员会在促进各国之间合作方面发挥的作用，如地中海渔业总委员会（GFCM）和地中海科学委员会（CIESM）。同样值得注意的是，在海洋科学领域拥有悠久传统和具有重要商业捕鱼利益的国家（例如加拿大、西班牙、波兰和阿根廷），增长率虽然没有那么高，但仍然很重要。

119

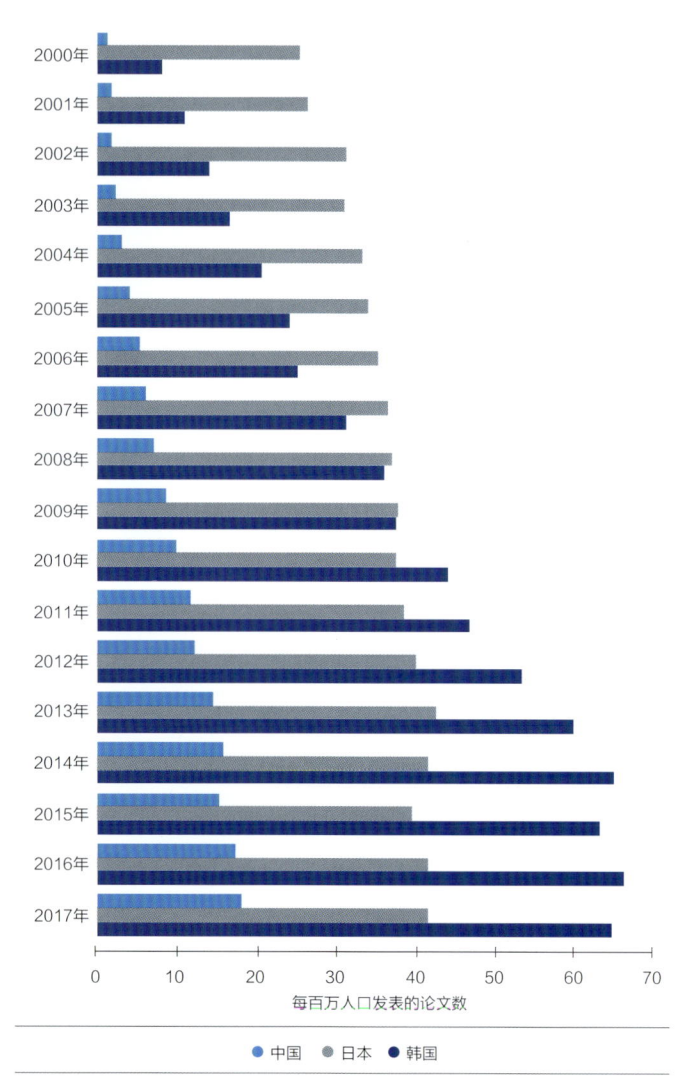

图5.5 中国、日本和韩国海洋生产力，即每百万居民的科学出版物数量

资料来源：基于2017年Science-Metrix/Relx Canada 公司对 Scopus（Elsevier）数据和2020年2月获取的世界银行（人口）数据进行文献计量分析。

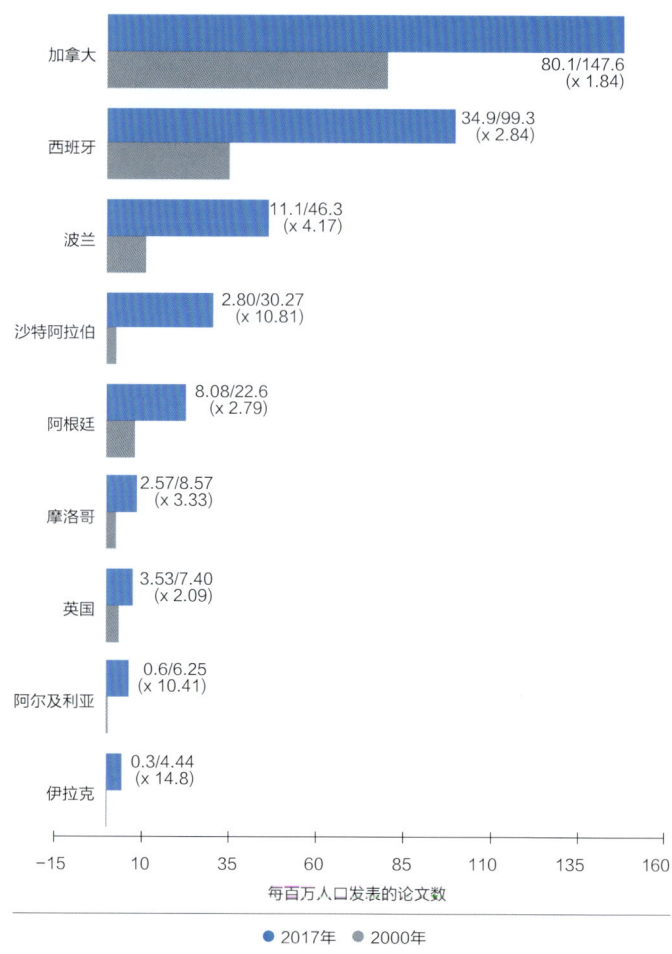

图5.6 2000年和2017年，中等规模国家（3 300万人至4 600万人）每百万人口的科学出版物数量（括号内为增长系数）

资料来源：基于2017年Science-Metrix/Relx Canada 公司对 Scopus（Elsevier）数据和2020年2月获取的世界银行（人口）数据进行文献计量分析。

5.2.2 国家级的海洋科学生产力

科学生产力通常表示为研究人员在给定时间段（如一年）内的出版物数量。这看似是一种相当抽象的度量（因为它忽略了财政支持、研究设施和现代化设备的配备），然而，却是比较和评估科学生产力的一种相对简单的方法。

生产力指标，以给定年份的全职等效员工（FTE）的出版物数量来衡量，故将Science-Metrix/Relx Canada公司报道的研究文章数据与GOSR2017和GOSR2020问卷中获取的活跃在海洋科学领域的研究人员数量的数据相结合。为实现本报告的目的，对科学生产力的分析仅限于那些对其境内从事海洋科学工作的研究人员人数（人数和/或FTE）提供有效答复的国家。

必须指出的是，一些IOC-UNESCO成员国在GOSR2020调查问卷中提供的信息的准确性尚不确定，例如人力资源价值过低或过高。就加拿大和澳大利亚而言，这些国家提供的信息由官方来源数据替代［即加拿大海洋研究大学联合会（CCORU，2013）和澳大利亚国家海洋科学委员会（National Marine Science Committee，2015）］。因此，关于生产力的数据应被理解为估计数，而非准确数。

同样要注意的是，研究人员群体中各个研究人员的生产力并不完全一样（Lotka，1926），而是相对集中于有限个体。

结果表明，各国在海洋科学研究人员数量和科学生产力方面存在巨大差异（表5.3）。对于少数几个国家来说，科学生产力可以忽略不计，例如几内亚每年每位研究人员出版论文0.04篇（文章数量6，FTE数量156）和毛里塔尼亚每年每位研究人员出版论文0.09篇（文章数量6，FTE数量68）。而另一个极端，哥伦比亚每年每位研究人员出版论文16.18篇（453篇文章和28个FTE），智利每年每位研究人员出版论文13.45篇（1 076篇文章和80个FTE）。

表5.3 科学生产力以每位研究人员一年内发表的论文数量计算[1,2]

国家	每位研究人员的年度出版物	国家	每位研究人员的年度出版物
哥伦比亚	16.18	德国（2013年，总人数HC）	2.53
智利	13.45	土耳其	2.29
印度（2013年）	9.01	澳大利亚（2013年）[4]	2.29
波兰	9.01	科威特（总人数HC）	2.07
阿曼	7.67	伊朗	2.01
英国	6.62	挪威	2.01
厄瓜多尔	6.51	萨尔瓦多	2.00
韩国	6.18	法国（总人数HC）	1.72
芬兰	5.90	摩洛哥	1.53
荷兰（全体海洋科学人员）	5.12	瑞典	1.47
巴西（2013年，总人数HC）	5.05	肯尼亚	1.25
克罗地亚（2013年）	4.33	比利时（总人数HC）[5]	1.15
美国（2013年，总人数HC）	4.03	爱尔兰	1.10
加拿大（2013年）[3]	3.87	葡萄牙（2016年）	1.07
保加利亚	3.86	马达加斯加	0.98
丹麦	3.66	南非	0.71
秘鲁	3.58	莫桑比克	0.66
毛里求斯	3.55	贝宁（2013年）	0.57
意大利	3.44	安哥拉（2013年，总人数HC）	0.42
日本（总人数HC）	3.31	多米尼加（2013年，总人数HC）	0.21
西班牙	3.10	毛里塔尼亚	0.09
刚果民主共和国	2.83	几内亚	0.04

1. 2017年或有数据可查的最近年份（括号内）。
2. 该表按国家生产力降序排列，仅包括那些提供从事海洋科学的研究人员人数数据的国家——FTE或HC（括号内）。
3. 研究人员的数量估计来自加拿大的海洋科学：迎接挑战，抓住机遇（CCORU，2013）。
4. 研究人员人数估计来自2015—2025年国家海洋科学计划：推动澳大利亚蓝色经济的发展（National Marine Science Committee，2015）。
5. 报告的研究人员数量与2018年报告数量相对应。

资料来源：基于Science-Metrix/Relx Canada 公司对 Scopus（Elsevier）2000—2017年数据的文献计量分析；GOSR2017 和 GOSR2020 问卷。

生产力方面存在的差异，可能是由于对活跃在海洋科学领域的研究人员数量的低估或高估导致，但大多数国家的生产力在每年每位研究人员出版论文1~2.99篇的范围内（图5.7）。生产力值在1~2.99之间的国家分组中，没有明显的模式。同样，生产力值在3~4.99之间的国家分组中也没有统一的模式。在所分析的44个国家中，这两种分组的国家共占25个（57%）。

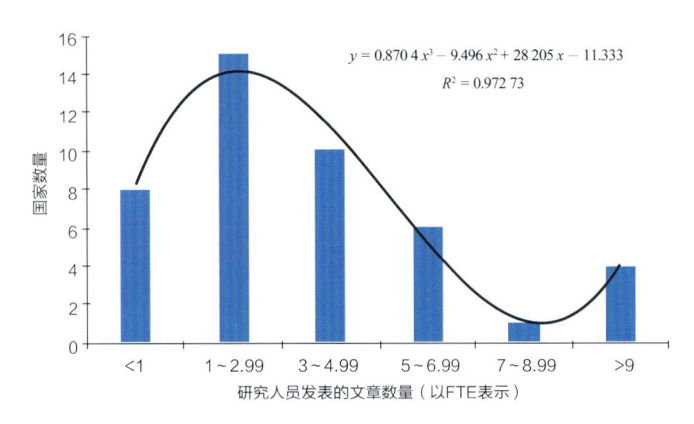

图5.7 显示为按生产力绩效和回归函数分类的国家数量分布图
资料来源：基于Science-Metrix/Relx Canada 公司对 Scopus（Elsevier）2000—2017年数据的文献计量分析。

一个有趣的分析角度是海洋科学与其他学科的竞争力比较；然而，目前数据不足以支撑在全球或区域范围内进行这种分析。尽管如此，我们这里使用了挪威对几个科学学科进行文献计量学研究的数据（Aksnes，2012；Rørstad，Aksnes，2015），研究人员发表的文章数量和年份的值非常相似（图5.8）。例如，人文学科（2.02），社会科学（1.51），数学（1.90）和海洋科学（2.01）都在1.51~2.02的范围内，这种同质性非常显著。

从这一分析中可以得出的另一个有趣的观点是，海洋科学群体数量与其生产力高度相关。例如，如果将Asknes计算的挪威的海洋科学生产力（2.01）作为有效数据，接近图5.7中回归函数计算出的峰值（2.09），那么2017年全球海洋科学研究人员的数量应

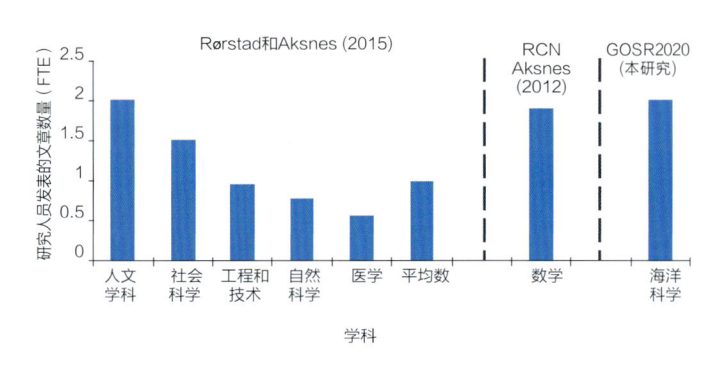

图5.8 挪威不同学科科学生产力绩效
资料来源：基于Aksnes（2012）；Rørstad和Aksnes（2015）的数据；GOSR2020问卷；图5.7 中的回归线。

该接近58 000 FTE，如果将参与海洋研究的人力资源总量（技术人员、船员、其他支持人员）考虑在内，这一数量还将翻倍。

5.3 通过专利对海洋科学进行技术计量学研究

如果考虑到追溯知识的难度，评估必须依靠出版物作为记录知识生产和传播的载体。同样，研究人员和政策制定者利用专利的申请和授予来追溯技术发展及其在不同国家和技术领域传播的趋势和特点。专利数据库仍然是极其丰富和有用的数据来源，可以纵览各种用途的技术发展情况（见第2章，de Rassenfosse et al., 2013），尽管它们在充分记录方面也存在限制和缺点（OECD，2009），例如精度错误或技术计量分析不适合评估单个项目和专业人员（Hicks et al., 2015）。专利数量的简单累积不能直接衡量正在进行的研究或开发的价值。

这里提供的数据和指标是通过从五个主要专利局（USPTO，EPO，KIPO，JPO，CNIPA）中选择一个与海洋科学相关的专利族的子集，对海洋科学相关技术进行了深入研究（见第2章）。与海洋科学相关的专利族通过搜索一组关键字来选择，其过程类似于选择

海洋科学出版物的过程。由于专利可能会引用非专利文献，在进行分析时还检查了引用海洋科学论文时论文的形式。通过分析它们之间的联系，观察知识从科学到技术的流动以及它们在全球如何分布。

2000—2017年期间，与海洋科学相关的专利申请数量增长惊人，如图5.9所示。这主要得益于在CNIPA申请的专利数量的增长，其年均增长率为25%。必须强调的是，近年来数量减少是由于专利注册过程的延迟效应，而不一定是由于专利活动减少。在该时期的前5年结束时，CNIPA所有部门的注册申请不到15%，在该时期最后5年中跃升至近70%。

以绝对值分析增长情况（图5.9）的同时也以相对值进行了分析。图5.10显示了与海洋科学相关的专利族是从何时开始约占到五大专利局申请总量的0.8%，近年来上升到1.4%左右，几乎翻了一倍。

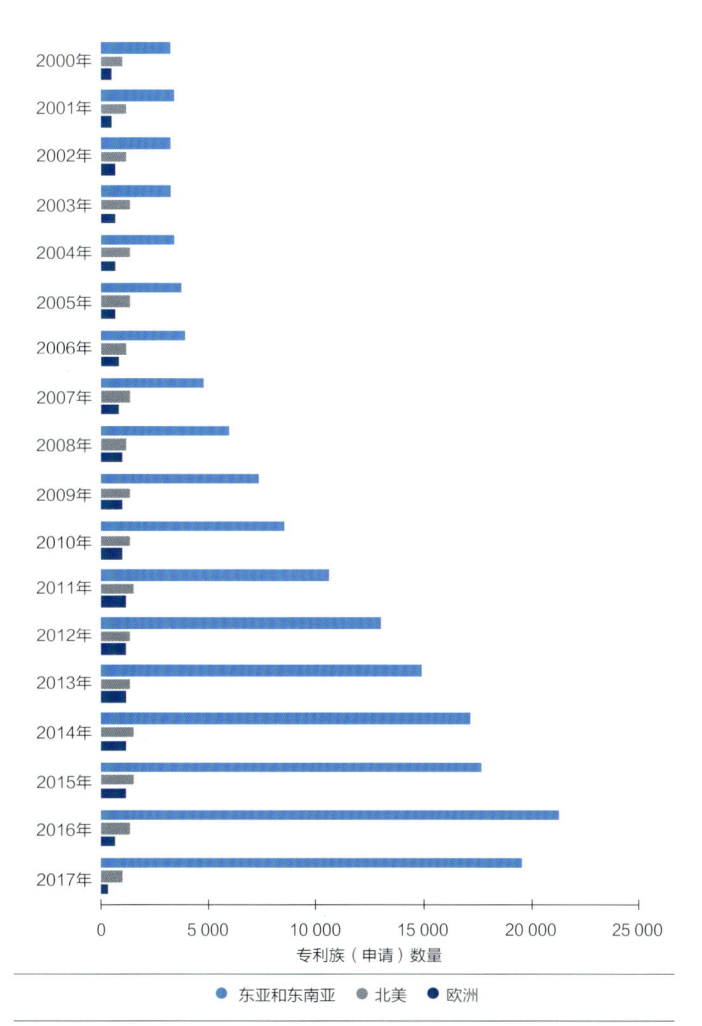

图5.9 2000—2017年三大区域海洋科学的专利族（申请）数量
资料来源：基于Science-Metrix/Relx Canada公司对美国专利商标局（USPTO）、欧洲专利局（EPO）、韩国特许厅（KIPO）、日本特许厅（JPO）和中国国家知识产权局（CNIPA）提供的2000—2017年数据的技术计量分析。

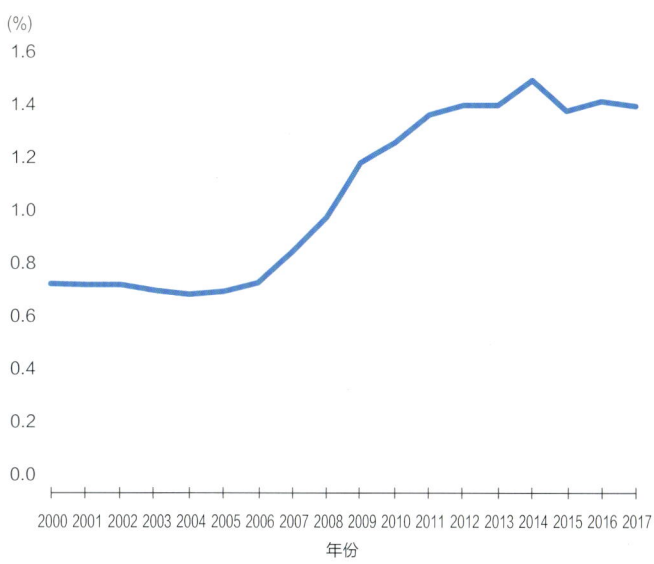

图5.10 与海洋科学相关的专利族（申请）随时间变化占专利族（申请）总数的百分比
资料来源：基于Science-Metrix/Relx Canada公司对美国专利商标局（USPTO）、欧洲专利局（EPO）、韩国特许厅（KIPO）、日本特许厅（JPO）和中国国家知识产权局（CNIPA）提供的2000—2017年数据的技术计量分析。

按区域分列的总数显示，东亚和东南亚最为活跃［图5.11（a）］，占该时期申请数量的80%以上。其份额从前5年的64%上升到最后5年的近90%。在整个时期，北美占总数的11%，欧洲占7%。其余地区约占专利申请的1%［图5.11（b）］。

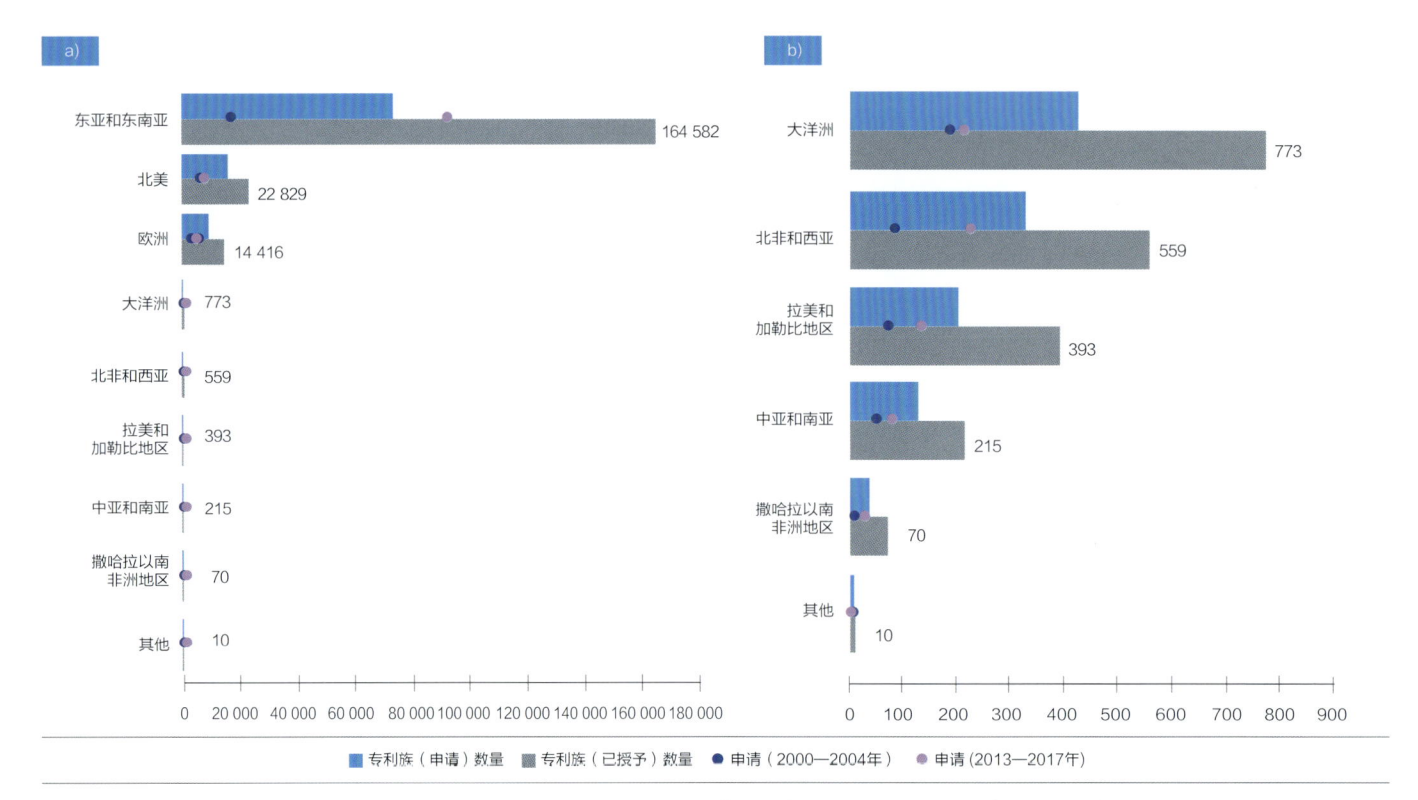

图5.11 2000—2017年间按世界不同区域分列的海洋科学专利族（申请）和专利族（已授予）数量：a）所有区域；b）将数量尺度调整后，占专利族（申请）总数不足1%的区域

资料来源：基于Science-Metrix/Relx Canada公司对美国专利商标局（USPTO）、欧洲专利局（EPO）、韩国特许厅（KIPO）、日本特许厅（JPO）和中国国家知识产权局（CNIPA）提供的2000—2017年数据的技术计量分析。

私营部门是最活跃的，其次是个人申请者（见图5.12）。2000—2016年，学术界增速最高，增长率（GR）为7.4，是政府（3.2）和私营部门（2.6）的两倍多。图5.13中所示的GR是使用2000—2007年和2009—2016年的子周期计算的。

对于各个部门来说，表5.4为海洋科学相关的专利族的专业化指数（SI），可以衡量一个国家与海洋科学相关的专利族（不考虑授权状态和专利局）的产出份额相较于全球海洋科学相关专利占所有专利中份额的情况，全球SI为1.00。例如，英国私营部门的数值为2.03，这意味着2000—2018年期间英国公司拥有的海洋科学相关专利的比例是全球私营部门的两倍多。与全球其他技术领域和发展模式相比，英国公司似乎在海洋科学相关的技术开发方面具有较强的专业性和活跃度。同样，韩国政府部门的SI为2.15，这表明政府部门

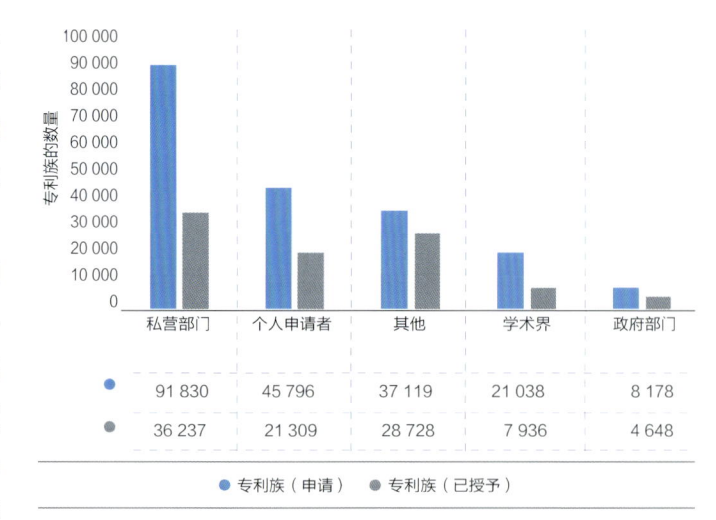

图5.12 2000—2017年按申请人部门分列的海洋科学专利族（申请）和专利族（已授予）数量

资料来源：基于Science-Metrix/Relx Canada公司对美国专利商标局（USPTO）、欧洲专利局（EPO）、韩国特许厅（KIPO）、日本特许厅（JPO）和中国国家知识产权局（CNIPA）提供的2000—2017年数据的技术计量分析。

第5章
海洋科学产能和影响分析

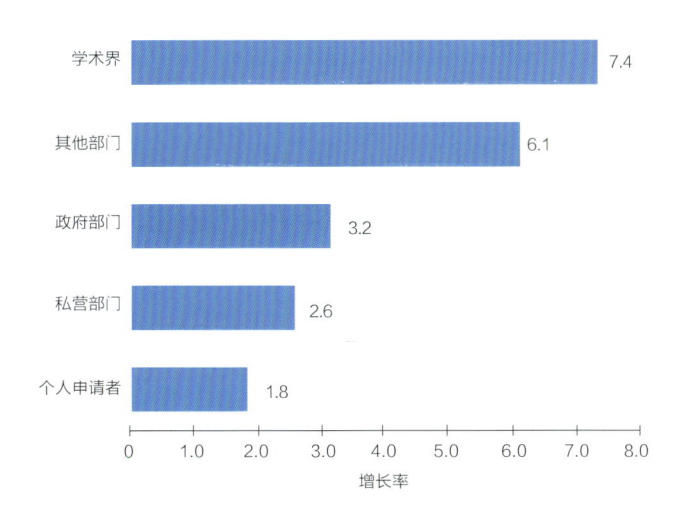

图5.13 按申请人部门划分的增长比率（专利族数量，不考虑海洋科学专利的授予状态和专利局）（2000—2007年，2009—2016年）

部门	增长率
学术界	7.4
其他部门	6.1
政府部门	3.2
私营部门	2.6
个人申请者	1.8

资料来源：基于Science-Metrix/Relx Canada公司对美国专利商标局（USPTO）、欧洲专利局（EPO）、韩国特许厅（KIPO）、日本特许厅（JPO）和中国国家知识产权局（CNIPA）提供的2000—2016年数据的技术计量分析。

对海洋科学相关的技术发展较为关注，并得到了公共政策和机构的支持。

当然，必须强调的是，专业化指数高并不等于专利申请绝对数量高。例如，新西兰在与海洋科学相关的技术方面高度专业化，可以表现在其SI较高，共有160项与海洋科学相关的专利族申请，而德国与世界平均水平相比，SI较低，但其发明人贡献了2 600多项与海洋科学相关的专利族申请（按小数计数，和其他地方一样）。

在与海洋科学相关的专利中表现最为专业的，属私营部门和个人最为突出，挪威的表现最为出色的几乎完全来自这两个部分。而韩国SI最高的是政府部门，与此形成鲜明对比的是，巴西的政府部门没有专利族记录（表5.4）。这表明了国家之间的重要差异以及不同公共研究机构的作用。

在区域一级，小岛屿发展中国家（SIDS）的SI高于世界平均水平。这表明其国家创新系统的关注点在于气候变化导致海平面上升所带来的威胁。因此，

表5.4 海洋科学最活跃的25个国家（2000—2018年）跨行业的专业化指数（SI）[1]

国家	总计	学术界	政府	私营	个人
挪威	15.82	0.53	0.03	21.31	21.55
新西兰	2.41	0.02	0.39	2.18	4.86
巴西	2.14	0.31	n.a.	2.28	3.31
韩国	1.81	0.85	2.15	1.90	1.78
澳大利亚	1.64	0.17	0.09	1.46	n.a.
英国	1.59	0.10	0.00	2.03	2.49
丹麦	1.58	0.14	0.01	1.60	1.89
西班牙	1.52	0.32	0.17	1.34	2.80
俄罗斯	1.34	0.05	0.96	0.40	3.11
荷兰	1.32	0.10	0.01	1.69	1.60
新加坡	1.28	0.88	0.03	1.31	1.81
意大利	1.18	0.12	0.01	1.37	1.85
中国	1.17	2.13	1.55	1.03	0.84
芬兰	1.14	0.03	n.a.	1.50	1.24
法国	1.10	0.08	0.99	0.97	1.53
瑞典	1.06	0.02	n.a.	1.26	1.71
世界	1.00	1.00	1.00	1.00	1.00
加拿大	0.92	0.14	0.18	0.69	2.18
美国	0.86	0.13	0.54	0.65	1.88
比利时	0.51	0.18	n.a.	0.56	0.68
日本	0.50	0.06	0.20	0.73	0.37
德国	0.48	0.04	0.00	0.62	0.65
澳大利亚	0.44	0.08	0.03	0.35	1.02
以色列	0.44	0.00	0.04	0.35	0.95
瑞士	0.41	0.06	0.00	0.41	0.73
印度	0.33	0.06	1.39	0.20	0.59

图例：n.a；0~0.5；>0.5~1；>1~1.5；1.5~2；2~2.5；2.5~3；3~5；>5

1. SI表示海洋科学相关产出在一国产出中所占份额与全球一级海洋科学相关产出所占份额之间的比率。它对每个部门及其总和（全部）进行计算。专利族在计算时，不考虑授权状态和专利局，时间周期为2000—2018年。

资料来源：基于Science-Metrix/Relx Canada公司对美国专利商标局（USPTO）、欧洲专利局（EPO）、韩国特许厅（KIPO）、日本特许厅（JPO）和中国国家知识产权局（CNIPA）提供的2000—2018年数据的技术计量分析。

在所研究期间，它们在海洋科学的"海洋和气候"和"蓝色增长"两个子领域的SI已有上升（表5.7，表5.8和表5.9）。内陆欠发达国家（LLDC）与世界平均水平1.02持平。专业化程度最高的区域是拉丁美洲和加勒比地区以及大洋洲（图5.14）。

与太空探索一样，海洋科学与相关技术之间是互惠关系。作为环境变化的前沿，海洋面临许多挑战，需要推动技术发展和知识进步，而这反过来又会进一步支持技术的发展。本文的分析将海洋科学相关专利的引用与海洋科学文献进行了比较，并试图描述全球海洋科学技术知识流动的特征。

表5.5显示了每个发明人所在区域或子区域（行），按来源区域（列）分列的海洋科学文献引用的百分比。例如，在"拉美和加勒比地区"行和"欧洲"列中找到的值是在拉丁美洲和加勒比地区专利族中发现的引用欧洲作者的科学文章的百分比。这可以理解为科学知识从欧洲流向拉丁美洲和加勒比地区促进当地技术发展的证据。

表5.5中突出了对角线，用于显示支持专利申请的"本地来源"的文章的百分比。它将海洋科学中的科学技术联系表征为全球性的努力，北美、欧洲以及东亚和东南亚的比例最高（约50%）。这些地区占科学文献引用总量的近90%，但这些地区的发明者大约有50%的可能性会引用他们所在地区之外区域的文献。在众多区域中，欧洲似乎是引用其他地区文献时的首选。北非和西亚、中亚和南亚、拉丁美洲和加勒比地区以及大洋洲大约有20%的概率引用自己区域的文献，大洋洲的发明者引用当地文献的概率为11%。中亚、南亚和大洋洲的发明人从东亚和东南亚的文章中引用量超过1/5，这可能是由于区域之间的联系网络造成的。

补充分析着眼于一个区域海洋科学知识的转移及其在全球的传播情况（表5.6）。大洋洲的海洋科学文献几乎一半的引用来自北美的专利，约1/4来自欧洲，只有6%的引用来自本地区。拉丁美洲和加勒比地区也有类似的情况，尽管不那么极端，45%的文章被北美的专利引用，18%来自东亚和东南亚，17%来自该地区本身。北美、欧洲以及东亚和东南亚的发明人占所有海洋科学文献引用量的90%以上（见表5.6中的"全球"一栏）。由于提供分析数据的所有专利局都位于这些地区，因此内部偏好可能会导致数据偏高。

图5.15显示，"机械工程"是海洋科学相关专利中最常见的技术领域，占专利族份额将近50%。"化学"紧随其后，申请数量大约占1/4。其他相关行业是"电气工程"和"仪器"，申请数量各自约占9%。所有其他领域的总和略高于9%。WIPO技术领域申请的专利族的计数为所有领域中所占的比例（百分比计数）。

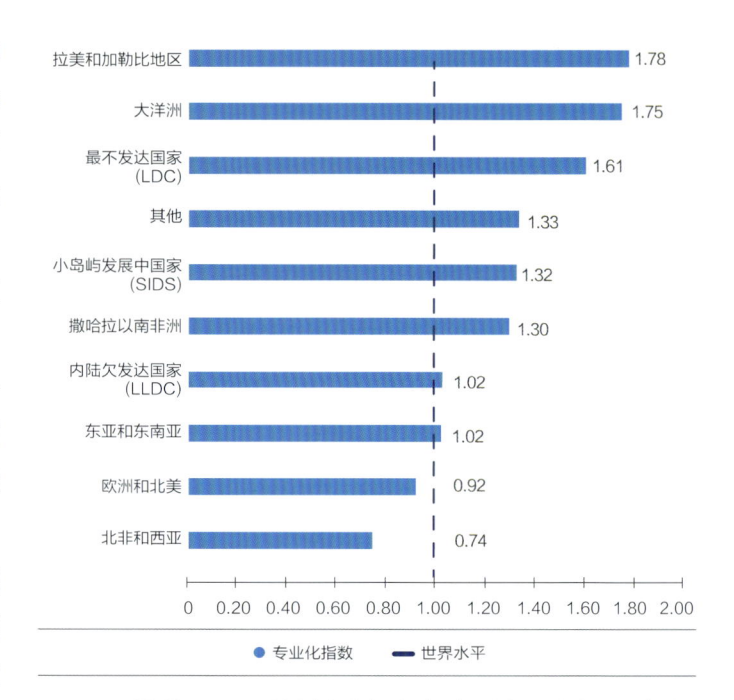

图5.14 按世界不同区域划分的海洋科学相关专利的专业化指数
资料来源：基于Science-Metrix/Relx Canada公司对美国专利商标局（USPTO）、欧洲专利局（EPO）、韩国特许厅（KIPO）、日本特许厅（JPO）和中国国家知识产权局（CNIPA）提供的2000—2018年数据的技术计量分析。

第5章
海洋科学产能和影响分析

表5.5 科学文章的来源地区占一个地区发明人引用量的百分比（2000—2018年），基于引用次数（%）

发明人区域/子区域	撒哈拉以南非洲	北非和西亚	中亚和南亚	东亚和东南亚	拉美和加勒比地区	大洋洲	北美	欧洲	LDC	LLDC	SIDS	其他
撒哈拉以南非洲	0	2	0	0	0	0	93	5	0	0	0	0
北非和西亚	0	19	3	18	1	5	17	36	0	0	0	0
中亚和南亚	1	4	20	22	4	6	18	25	0	0	2	0
东亚和东南亚	0	2	2	48	2	3	16	25	0	0	1	0
拉美和加勒比地区	0	1	7	18	17	0	18	38	0	0	0	1
大洋洲	0	6	1	21	1	11	21	38	0	0	0	0
北美	0	3	1	11	2	2	52	26	0	0	2	2
欧洲	0	3	1	11	1	3	27	51	0	0	1	3
最不发达国家（LDC）	0	11	0	0	0	0	32	57	0	0	0	0
内陆欠发达国家（LLDC）	0	25	0	0	0	0	25	50	0	0	0	0
小岛屿发展中国家（SIDS）	0	1	0	15	3	4	27	46	0	0	5	3
其他	0	0	0	19	0	0	56	24	0	0	0	0

图例：0.00 | >0~5 | 5~10 | 11~15 | 16~20 | 21~30 | 31~40 | 41~50 | >50

资料来源：基于Science-Metrix/Relx Canada公司对美国专利商标局（USPTO）、欧洲专利局（EPO）、韩国特许厅（KIPO）、日本特许厅（JPO）和中国国家知识产权局（CNIPA）提供的2000—2018年数据的技术计量分析。

表5.6 发明人来源地占一个地区科学文章引用次数的百分比（2000—2018年），基于引用次数（%）

发明人子区域	全球	撒哈拉以南非洲	北非和西亚	中亚和南亚	东亚和东南亚	拉美和加勒比地区	大洋洲	北美	欧洲	LDC	LLDC	SIDS	其他
撒哈拉以南非洲	0	0	0	0	0	0	0	0	0	0	0	0	0
北非和西亚	3	0	16	5	3	2	5	1	3	0	0	1	0
中亚和南亚	1	5	2	15	2	3	3	1	1	6	0	2	0
东亚和东南亚	15	12	7	20	42	18	15	6	12	31	24	16	2
拉美和加勒比地区	2	1	1	7	2	17	1	2	0	0	0	1
大洋洲	1	3	3	1	2	1	6	1	2	6	0	0	0
北美	55	65	51	42	36	45	47	75	44	40	46	66	63
欧洲	23	14	21	10	14	15	24	16	36	17	29	15	33
最不发达国家（LDC）	0	0	0	0	0	0	0	0	0	0	0	0	0
内陆欠发达国家（LLDC）	0	0	0	0	0	0	0	0	0	0	0	0	0
小岛屿发展中国家（SIDS）	1	0	0	0	1	1	1	1	1	0	0	3	1
其他	0	0	0	0	0	0	0	0	0	0	0	0	0

图例：0.00 | >0~5 | 5~10 | 11~15 | 16~20 | 21~30 | 31~40 | 41~50 | >50

资料来源：基于Science-Metrix/Relx Canada公司对美国专利商标局（USPTO）、欧洲专利局（EPO）、韩国特许厅（KIPO）、日本特许厅（JPO）和中国国家知识产权局（CNIPA）提供的2000—2018年数据的技术计量分析。

在审查最常见的WIPO技术领域（细分部门）时，"运输""其他特殊机器""土木工程""发动机、泵、涡轮机"和"测量"是最常用的五个词，其中三个属于"机械工程"领域。其次两个最常见的词是"环境技术"和"食品化学"。后者可以说与海洋科学的应用有关，而不是与特定技术有关。图5.16显示了按WIPO特定技术领域的专利族（申请）数量计算大小的词汇云。

使用合作专利分类体系（CPC）可以对与海洋科学专利族相关的技术领域有更精细的分类（图5.17）。通过计算不同类别和子类别中申请的专利族的百分比，最常见的类别是"减缓或适应气候变化的技术或应用"。这无疑是一个可喜的分析结果，表明海洋科学潜在的和当前的努力方向都是朝着可持续发展目标13迈进："采取紧急行动应对气候变化及其影响。"该分类属于CPC的一个部分，用于对新技术发展进行常规性标记，并可以对国际专利分类中的跨领域分类进行标记。超过13%的已受理的申请专利族按百分比计数法归于此分类方法，可以推测以此种分类方法标记的专利族的比例其实还要更高。

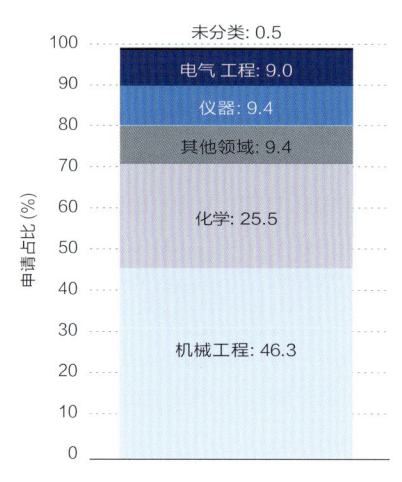

图5.15 世界知识产权组织（WIPO）技术部门划分的与海洋科学相关的专利族（申请）领域的份额（2000—2017年）

资料来源：基于Science-Metrix/Relx Canada公司对美国专利商标局（USPTO）、欧洲专利局（EPO）、韩国特许厅（KIPO）、日本特许厅（JPO）和中国国家知识产权局（CNIPA）提供的2000—2017年数据的技术计量分析。

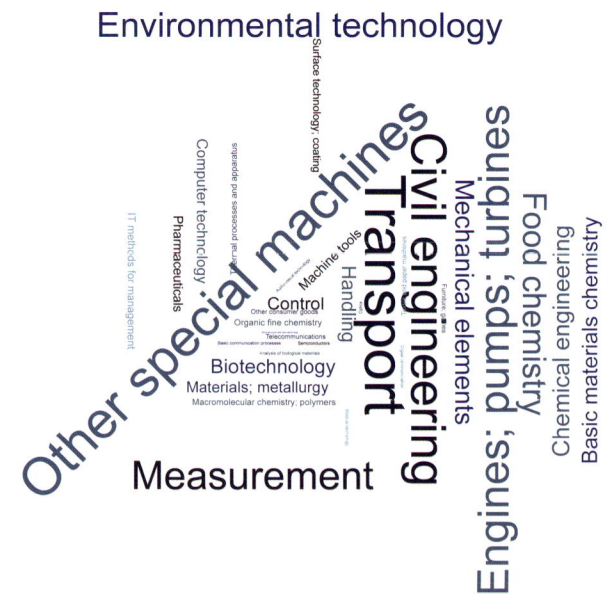

图5.16 按WIPO技术领域专利族（申请）数量决定大小的词汇云（2000—2018年）

资料来源：基于Science-Metrix/Relx Canada公司对美国专利商标局（USPTO）、欧洲专利局（EPO）、韩国特许厅（KIPO）、日本特许厅（JPO）和中国国家知识产权局（CNIPA）提供的2000—2018年数据的技术计量分析。

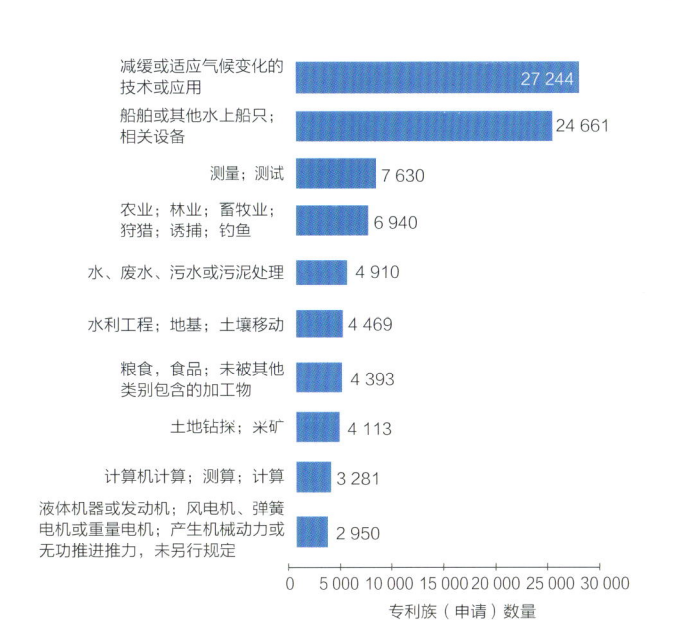

图5.17 使用百分比计数的海洋科学专利族（申请）总数中十大最常见的CPC技术领域类别

资料来源：基于Science-Metrix/Relx Canada公司对美国专利商标局（USPTO）、欧洲专利局（EPO）、韩国特许厅（KIPO）、日本特许厅（JPO）和中国国家知识产权局（CNIPA）提供的2000—2018年数据的技术计量分析。

不同出版物和专利在跨学科、跨行业的实践中的应用，导致科学和技术之间的关系将有所改变。在CPC子类"物理//测量；测试 // 地球物理学；重力测量；检测质量或物体"平均而言，每两项专利就有一次海洋科学文献引用，子类"执行操作；运输//船舶或其他水上船只；相关设备 // 船舶的下水、拖运或干船坞；水上救生；用于在水下居住或工作的设备；用于打捞或搜索水下物体的手段"每100项专利仅有一次海洋科学文献引用。其他高度依赖海洋科学文献的子类是"人类必需品//粮食或食品；未被其他类别包含的加工物//饲料"和"物理//测量；测试//气象学"，两种类别都是每三项专利有一个以上的引用。

5.4 研究概况

5.4.1 按海洋科学类型划分的国家和地区海洋科学专业化模式

为了能够比较国家或地区研究概况的学科优势和劣势，海洋科学被分为八个不同的类别。这些类别是：

- 蓝色增长；
- 海洋生态系统功能和变化过程；
- 海洋与气候；
- 海洋地壳和海洋地质灾害；
- 海洋健康；
- 海洋观测与海洋数据；
- 海洋技术；
- 海洋和人类健康福祉。

有关详细信息，请参阅第2章。这里提供的信息包括2000—2017年的文献计量数据。

SI可以用来作为区域之间以及海洋科学领域前十大出版国之间比较的指标。该指数概述了一个国家或地区的研究重点或专业化。SI表示给定实体（如机构、国家或地区）在给定研究领域（如海洋科学的一类）的研究强度，相对于同一研究领域的参考实体（如世界或数据库测量的整体产出）的强度。海洋科学每个类型的专业化指数都被标准化为世界专业化指数（World=1）。这意味着，当一个机构专注于某个领域时，它会以牺牲其他研究领域为代价，更加重视该领域。例如，如果SI>1，可以得出结论，该实体在该给定领域的研究比世界平均水平更专业（相对于海洋科学）。

应用可持续发展目标区域分类，使用蛛网图比较相对区域的专业化。图5.18 中的结果涵盖了整个 18 年期间的情况。就不同地区科学学科的相对专业化而言，欧洲和北美地区的模式更接近1，这意味着该地区的国家对所有海洋科学类别给予的重视程度相似。相似表现在图5.14所示的专利专业化指数中也有所体现。

唯一的例外是"海洋技术"，与世界相比该地区略微缺乏专业化。除东亚和东南亚区域外，所有区域都出现了类似的模式，东亚和东南亚在这一类别中显示出更高的专业化程度。对于拉美和加勒比地区，可以观察到"海洋生态系统功能和变化过程""蓝色增长"和"海洋健康"更具高专业化，而撒哈拉以南地区在"海洋和人类健康福祉"方面表现出高的专业化水平。

为了验证SI的区域趋势是否由每个区域内发表海洋科学论文数量最多的前五个国家推动，绘制了这些国家的SI（图5.19）。对于北非和西亚，可以观察到埃及和突尼斯的"海洋健康"和"海洋和人类健康福祉"类别中的SI更强，而突尼斯的"海洋生态系统功能和变化过程"中的SI也很高。在东亚和东南亚（泰国和马来西亚）、中亚和南亚（孟加拉国和斯里兰卡）以及撒哈拉以南非洲（加纳、尼日利亚和坦桑尼亚）的国家，"海洋和人类健康福祉"类别的SI也很高，这表明"海洋和人类健康福祉"是这三个区域的优先事项。值得注意的是，斯里兰卡在"海洋地壳和海洋地质灾害"类别的SI很高，与上述所有其他国家不同。

另一方面，拉丁美洲和加勒比地区在"海洋健康""海洋生态系统功能和变化过程"和"蓝色增长"类别中显示出较高的SI，而在"海洋技术"中则显示出较低的SI（图5.19）。"海洋技术"类别中的低SI在大多数国家和地区中都存在，除了东亚和东南亚，东亚和东南亚的高SI主要是由中国、马来西亚和韩国推动的。

欧洲和北美在各个类别中表现出更平衡的SI，其优先级略有不同。例如，与该区域其他四个国家相比，加拿大更加重视"海洋生态系统功能和变化过程"和"海洋健康"类别（图5.19）。

从这些分析中，有证据表明，区域层面的SI是由前五大出版国推动的，这一结果符合预期，因为它们占其所在区域产出量的75%以上。

随着时间的推移，这些区域优先事项发生了微小

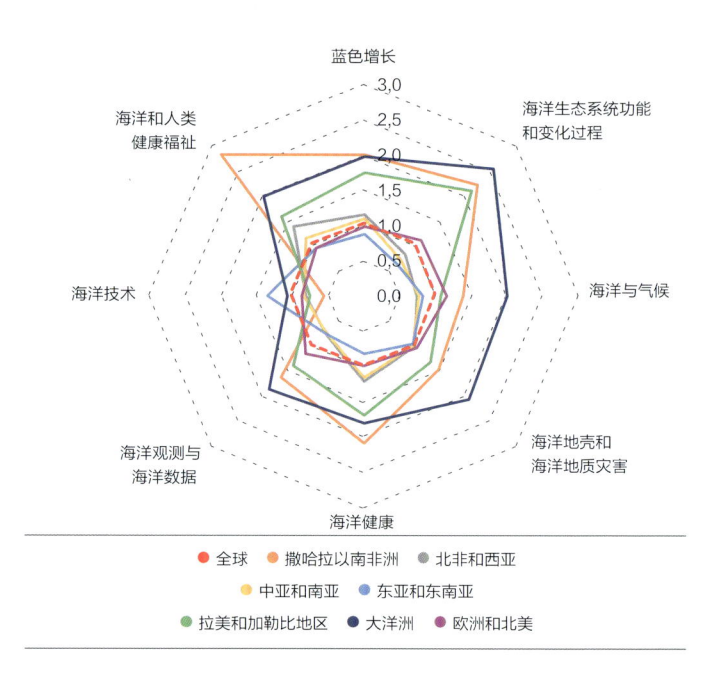

图5.18 可持续发展目标地区在不同海洋科学类别中的优势。蛛网图显示了2000—2017年期间与全球（红虚线）相比的专业化指数（SI）

资料来源：基于Science-Metrix/Relx Canada公司对Scopus（Elsevier）2000—2017年数据的文献计量分析。

的变化。一个值得注意的变化是，大洋洲总体上越来越重视"海洋与气候"，特别是在小岛屿发展中国家，从2000—2005年到2012—2017年几乎翻了一番（表5.7至表5.9）。同样令人感兴趣的是，除东亚和东南亚区域外，所有区域都不太重视"海洋技术"类别，东亚和东南亚区域的SI始终高于世界平均水平，并随着时间的推移在提高。东亚和东南亚区域"海洋健康"类别的SI有所增加；然而，仍然低于世界平均水平。

不同区域出版物产出的专业化概况说明了各区域之间的多样性，并可能会折射出不同国家不同的研究优先事项和需求。同样，当通过18年的时间尺度观察这种多样性时，可以在区域优先事项中观察到微妙但重要的变化。所面临的挑战是如何利用这些信息进行知识和技术转让，以帮助各区域建立发展其他类别的能力。

第5章
海洋科学产能和影响分析

表5.7 2000—2005年期间各个区域和子区域海洋科学八个类别的专业化指数

地区	蓝色增长	海洋生态系统功能和变化过程	海洋与气候	海洋地壳和海洋地质灾害	海洋健康	海洋观测与海洋数据	海洋技术	海洋和人类健康福祉
撒哈拉以南非洲	2.52	2.64	1.43	1.79	2.23	1.83	0.57	3.54
北非和西亚	1.13	0.76	0.69	1.07	1.20	0.60	0.87	1.54
北非	1.54	1.04	0.82	1.62	1.78	0.82	1.33	2.49
西亚	1.04	0.70	0.66	0.94	1.08	0.56	0.77	1.33
中亚和南亚	1.11	0.84	0.85	1.25	1.46	0.78	0.98	1.17
中亚	0.90	0.71	0.91	1.15	1.19	0.86	0.52	1.14
南亚	1.11	0.84	0.85	1.25	1.46	0.78	0.99	1.17
东亚和东南亚	0.82	0.55	0.72	0.77	0.64	0.64	1.18	0.85
东亚	0.77	0.53	0.74	0.76	0.60	0.63	1.18	0.80
东南亚	1.83	0.93	0.54	1.01	1.34	0.84	1.20	2.04
拉美和加勒比地区	1.75	1.95	1.01	1.40	1.58	1.45	0.97	1.68
加勒比地区	1.94	1.57	0.98	1.33	1.80	1.53	0.85	2.10
中美洲	2.40	2.41	0.95	1.82	1.85	1.71	0.99	1.80
南美洲	1.56	1.85	1.02	1.28	1.49	1.37	0.98	1.64
大洋洲	2.23	2.57	1.71	2.23	1.78	1.68	1.12	2.24
澳大利亚和新西兰	2.17	2.51	1.67	2.20	1.76	1.63	1.12	2.18
大洋洲（除澳大利亚和新西兰外）	10.48	11.31	6.42	8.37	5.72	8.39	1.59	10.84
美拉尼西亚	9.77	9.21	7.62	8.34	4.44	8.66	1.19	9.39
密克罗尼西亚	5.44	16.86	4.20	6.82	6.89	5.49	2.22	7.77
波利尼西亚	20.68	16.10	4.10	9.36	11.52	13.00	3.09	19.47
欧洲和北美	0.98	1.07	1.12	1.05	1.03	1.11	0.94	0.95
北美	1.04	1.11	1.31	1.04	1.08	1.31	1.08	0.98
欧洲	0.93	1.06	1.03	1.11	0.99	0.98	0.82	0.93
东欧	0.45	0.76	0.80	0.94	0.74	0.66	0.60	0.47
北欧	1.39	1.37	1.32	1.39	1.18	1.32	1.14	1.15
南欧	1.15	1.18	0.88	1.09	1.32	1.12	0.86	1.24
西欧	0.70	1.00	1.13	1.10	0.84	0.92	0.65	0.82
最不发达国家（LDC）	2.94	2.40	1.85	2.17	2.16	1.85	0.60	5.11
内陆欠发达国家（LLDC）	1.09	1.02	0.99	1.25	1.15	0.99	0.40	2.05
小岛屿发展中国家（SIDS）	1.28	0.99	0.57	0.87	1.15	1.00	1.16	1.59

资料来源：基于Science-Metrix/Relx Canada公司对Scopus（Elsevier）2000—2017年数据的文献计量分析。

全球海洋科学报告：海洋可持续发展能力调查与展望
Global ocean science report, charting capacity for ocean sustainability

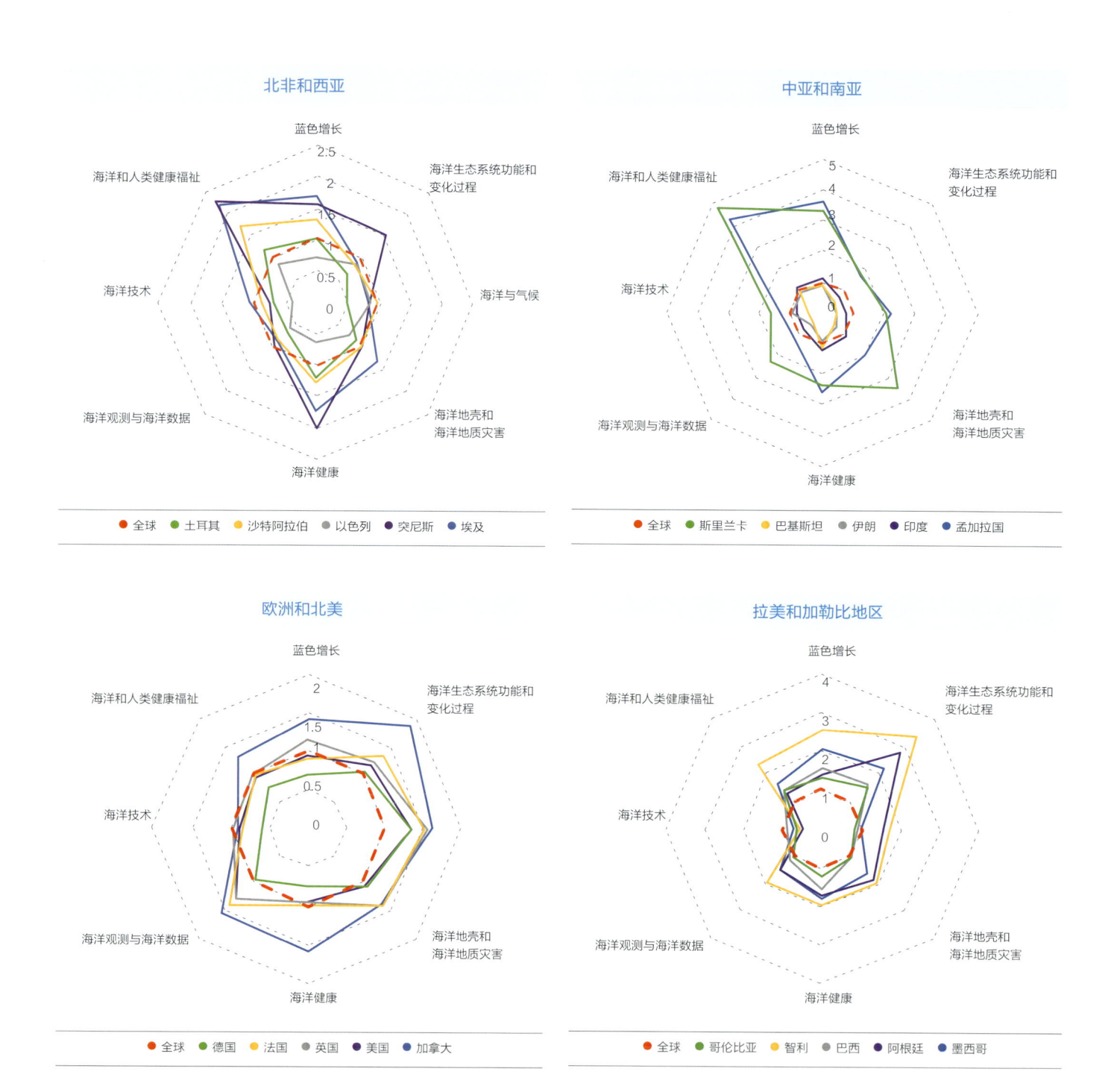

图5.19 可持续发展目标地区不同海洋科学类别的优势。蛛网图显示了 2000—2017 年期间与全球（红虚线）相比的专业化指数（SI）

资料来源：基于Science-Metrix/Relx Canada公司对Scopus（Elsevier）2000—2017年数据的文献计量分析。

132

第5章
海洋科学产能和影响分析

撒哈拉以南非洲

● 全球 ● 坦桑尼亚 ● 南非 ● 尼日利亚 ● 肯尼亚 ● 加纳

大洋洲

● 全球 ● 大洋洲（除新西兰和澳大利亚外） ● 新西兰 ● 澳大利亚

东亚和东南亚

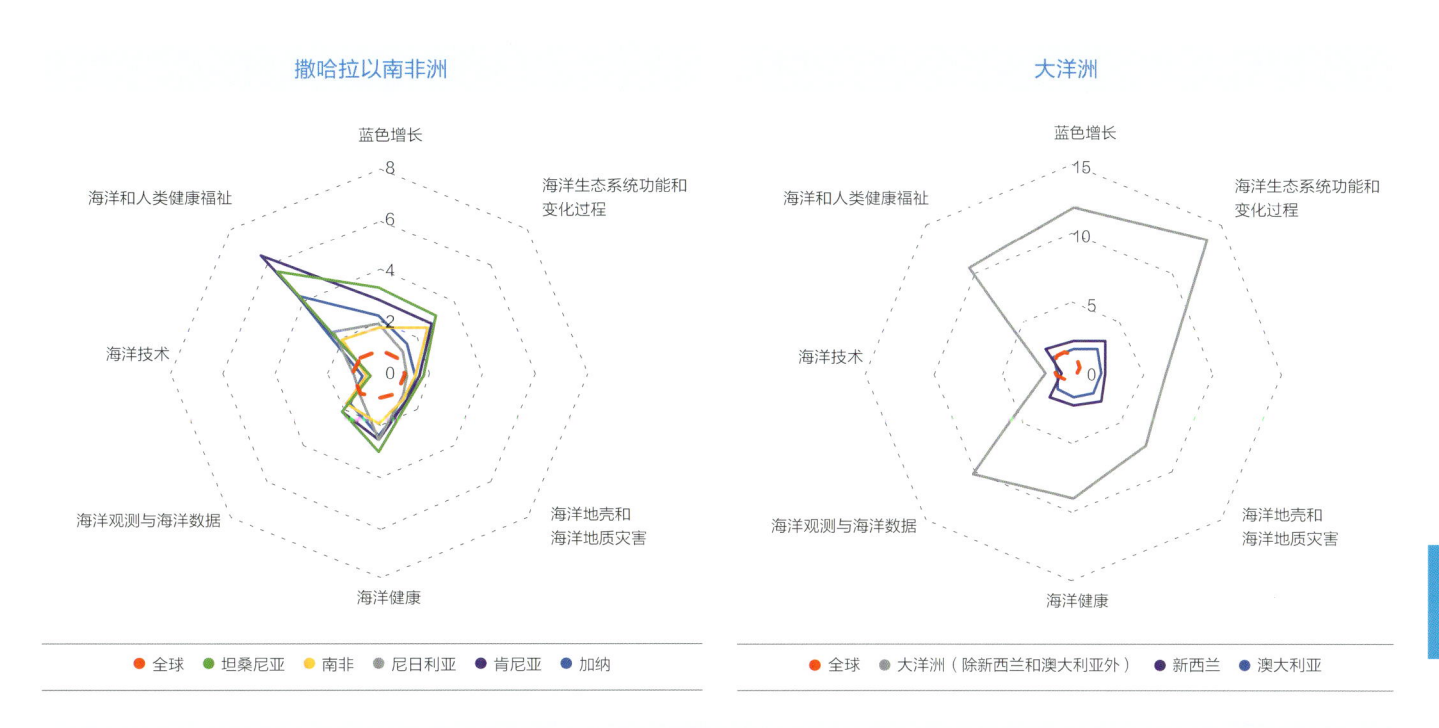

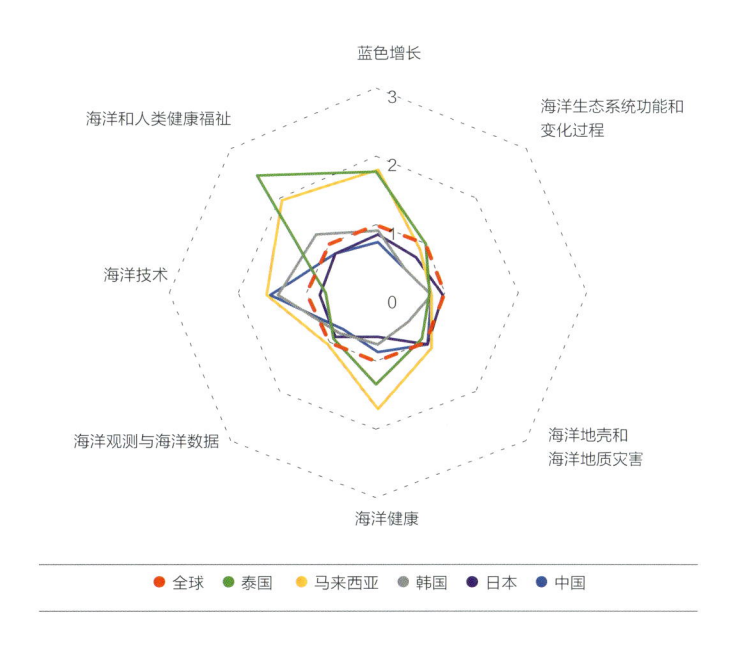

● 全球 ● 泰国 ● 马来西亚 ● 韩国 ● 日本 ● 中国

图5.19 可持续发展目标地区不同海洋科学类别的优势。蛛网图显示了 2000—2017 年期间与全球（红虚线）相比的专业化指数（SI）（续图）

133

全球海洋科学报告：海洋可持续发展能力调查与展望
Global ocean science report, charting capacity for ocean sustainability

表5.8 2006—2011年期间各个区域和子区域海洋科学八个类别的专业化指数

地区	蓝色增长	海洋生态系统功能和变化过程	海洋与气候	海洋地壳和海洋地质灾害	海洋健康	海洋观测与海洋数据	海洋技术	海洋和人类健康福祉
撒哈拉以南非洲	2.14	2.46	1.36	1.54	2.28	1.66	0.53	3.00
北非和西亚	1.17	0.83	0.73	0.99	1.29	0.78	0.77	1.46
北非	1.44	1.12	0.82	1.26	1.72	0.86	0.92	1.93
西亚	1.11	0.76	0.70	0.92	1.17	0.76	0.73	1.34
中亚和南亚	1.12	0.79	0.79	1.07	1.27	0.76	0.86	1.20
中亚	1.05	0.61	0.85	1.27	1.02	0.62	0.53	0.91
南亚	1.12	0.79	0.79	1.07	1.28	0.76	0.86	1.21
东亚和东南亚	0.80	0.58	0.76	0.89	0.78	0.72	1.32	0.85
东亚	0.75	0.56	0.76	0.87	0.74	0.71	1.32	0.79
东南亚	1.66	0.95	0.78	1.21	1.36	1.00	1.27	1.84
拉美和加勒比地区	1.77	2.13	1.03	1.32	1.67	1.37	0.75	1.51
加勒比地区	1.86	2.15	1.32	1.43	1.62	1.69	0.73	1.91
中美洲	2.28	2.34	0.98	1.71	1.97	1.51	0.78	1.61
南美洲	1.66	2.10	1.03	1.23	1.61	1.32	0.74	1.47
大洋洲	2.05	2.58	2.03	2.22	1.79	1.94	1.12	1.97
澳大利亚和新西兰	1.98	2.51	2.00	2.18	1.75	1.87	1.11	1.92
大洋洲（除澳大利亚和新西兰外）	12.24	14.12	7.33	8.20	9.56	11.38	2.03	10.04
美拉尼西亚	12.11	13.81	8.39	7.66	9.67	11.49	2.33	11.48
密克罗尼西亚	10.78	13.89	5.72	7.77	11.31	10.54	1.15	8.86
波利尼西亚	15.61	18.85	6.17	11.51	9.76	15.53	0.99	14.00
欧洲和北美	1.00	1.13	1.18	1.06	1.00	1.14	0.89	0.98
北美	1.02	1.21	1.37	1.08	1.03	1.33	0.93	0.99
欧洲	1.00	1.12	1.14	1.12	0.99	1.06	0.86	0.98
东欧	0.61	0.84	0.83	1.00	0.81	0.67	0.67	0.59
北欧	1.38	1.42	1.53	1.39	1.11	1.39	1.11	1.19
南欧	1.25	1.26	1.07	1.17	1.37	1.24	0.88	1.30
西欧	0.79	1.10	1.26	1.11	0.83	1.03	0.69	0.82
最不发达国家（LDC）	2.60	2.08	1.64	1.85	2.16	1.63	0.61	3.97
内陆欠发达国家（LLDC）	1.33	1.17	1.07	1.34	1.28	1.03	0.45	1.76
小岛屿发展中国家（SIDS）	1.36	1.25	0.85	1.00	1.10	1.18	1.20	1.40

资料来源：基于Science-Metrix/Relx Canada公司对Scopus（Elsevier）2000—2017年数据的文献计量分析。

表5.9 2012—2017年期间各个区域和子区域海洋科学八个类别的专业化指数

地区	蓝色增长	海洋生态系统功能和变化过程	海洋与气候	海洋地壳和海洋地质灾害	海洋健康	海洋观测与海洋数据	海洋技术	海洋和人类健康福祉
撒哈拉以南非洲	1.74	2.00	1.34	1.34	1.87	1.56	0.54	2.43
北非和西亚	1.09	0.82	0.75	0.98	1.16	0.77	0.79	1.28
北非	1.36	0.98	0.81	1.16	1.54	0.81	0.88	1.73
西亚	1.00	0.76	0.73	0.93	1.03	0.76	0.76	1.14
中亚和南亚	0.99	0.65	0.69	0.87	1.02	0.69	0.77	1.02
中亚	0.77	0.46	0.80	1.00	0.79	0.84	0.55	0.50
南亚	1.00	0.66	0.69	0.87	1.02	0.69	0.77	1.02
东亚和东南亚	0.92	0.69	0.86	1.04	0.89	0.81	1.36	0.96
东亚	0.84	0.67	0.85	1.03	0.85	0.79	1.35	0.88
东南亚	1.70	1.01	0.95	1.18	1.35	1.02	1.45	1.86
拉美和加勒比地区	1.69	2.16	1.11	1.27	1.71	1.37	0.67	1.58
加勒比地区	1.99	2.28	1.52	1.55	2.08	2.46	0.58	2.36
中美洲	1.94	2.51	1.13	1.50	1.84	1.58	0.62	1.85
南美洲	1.64	2.10	1.09	1.21	1.67	1.29	0.69	1.50
大洋洲	1.85	2.50	2.06	1.93	1.78	1.90	1.00	1.87
澳大利亚和新西兰	1.80	2.43	2.04	1.90	1.74	1.85	0.99	1.83
大洋洲(除澳大利亚和新西兰外)	11.94	14.35	6.58	6.74	9.85	10.45	2.22	10.91
美拉尼西亚	11.59	12.07	6.19	5.42	8.61	9.37	2.45	10.31
密克罗尼西亚	11.41	19.14	10.44	8.63	11.96	11.22	1.34	9.48
波利尼西亚	15.79	23.84	6.45	11.02	15.57	15.61	1.71	15.11
欧洲和北美	0.99	1.14	1.21	1.06	1.00	1.17	0.88	0.97
北美	0.96	1.26	1.44	1.09	1.03	1.33	0.81	1.00
欧洲	1.02	1.13	1.18	1.10	0.99	1.13	0.92	0.98
东欧	0.59	0.82	0.76	0.93	0.81	0.75	0.69	0.64
北欧	1.43	1.46	1.68	1.39	1.11	1.49	1.19	1.18
南欧	1.30	1.28	1.13	1.14	1.35	1.31	1.01	1.29
西欧	0.82	1.18	1.36	1.14	0.87	1.15	0.74	0.88
最不发达国家（LDC）	2.23	1.64	1.71	1.66	1.74	1.36	0.70	3.19
内陆欠发达国家（LLDC）	1.02	0.91	1.04	1.12	1.01	0.89	0.46	1.46
小岛屿发展中国家（SIDS）	1.62	1.49	1.05	1.12	1.38	1.44	1.30	1.63

资料来源：基于Science-Metrix/Relx Canada公司对Scopus（Elsevier）2000—2017年数据的文献计量分析。

5.4.2 各国在按照类型划分的海洋科学中的位置分析

与GOSR2017类似，采用位置分析方式对不同国家的综合实力进行可视化分析（图5.20）。该分析结合了三种独立的指标：经同行评审的海洋科学出版物的数量，专业化指数（SI）和相对引用平均值（ARC）。该分析可以用于解释和比较各国在海洋科学各个类别中的优势和劣势以及随时间推移而发生的变化。在这些图形中，横纵轴表示世界平均水平，与这些轴的距离反映了相对于世界平均水平的优势或劣势程度。右上角是第一象限，代表高专业化和高影响力，象限数按逆时针方向递进。因此，第二象限和第三象限中的气泡的专业性低于世界平均水平，而第三象限和第四象限中的气泡的ARC分值低于ARC。海洋科学领域排名前40位的出版国家进行三个不同时期的分析：2000—2005年，2006—2011年和2012—2017年。

首先，该分析显示了随时间推移的轴线趋势，与2000—2005年相比，2012—2017年期间的分布不那么分散，并且大多数国家的ARC出现增加。一些最显著的变化表现在中国、日本和韩国，SI从低于世界平均水平转为接近世界平均水平。同样明显的是，智利、南非、捷克和意大利的ARC从低于或处于世界平均水平提高到高于世界平均水平。俄罗斯和波兰的ARC也有明显改善，它们正在接近世界平均水平（有关更多详细信息，请参见图5.3）。

虽然本分析中选出的代表国家中，大多数国家的出版物产出量保持稳定，但从2000—2005年到2012—2017年，中国的产出量增加了一个数量级。然而，中国的ARC尽管有一些改善，但仍然低于平均水平。可以说，中国的低ARC可能与语言有关，所有ARC低于世界平均水平的国家都是非英语母语国家。它们的许多研究人员以母语在国内期刊上发表文章，这可能会对他们的影响力产生影响。事实上，在区域性期刊中增加英文翻译有助于提高其影响力，增强与其他国家研究人员的合作（见框5.1）。

框5.1 海洋和沿海研究公报（Bulletin for Marine and Coastal Research）如何增加其影响力

在2018年Scimago期刊排名（SJR）发布的名单中，哥伦比亚在"环境科学"领域的"水科学与技术"类别中排名世界第52位，在拉丁美洲和加勒比地区排名第5位。拉丁美洲此类别只有八种期刊。然而，在哥伦比亚，《海洋和沿海研究公报》是唯一出现在名单中的期刊，位于该类别的学科分区中的Q3和Q4区。

在其他类别中，如"行星科学"领域的"地球海洋学"和"农业和生物科学"领域的"水生科学"，该期刊分别排在第7位和第11位。

在52年的出版时间里，《海洋和沿海研究公报》已成为哥伦比亚唯一一份专注于海洋科学的国际索引科学期刊。它已经发表了670篇原创，其中548篇是研究文章，122篇是科学笔记。同样，该期刊被不同的国家和国际数据库索引，如Biosis Preview，DOAJ，Google Scholar，ISI Web of Knowledge，Latindex，Periodica，Publindex，Scielo-Columbia，Scopus和Zoologycal Record。此外，该期刊还通过地方、国家和国际各级的交换或捐赠系统分发。

2017年，《海洋和沿海研究公报》在几个方面经历了转型：它作为完全双语的出版物（西班牙语和英语）重新推出；更改格式（大小，文本和图像的布局）；它使作者和科学界及编辑委员会的成员可以看到开放研究者与贡献者身份识别码（ORCID）；并分配数字标识符（DOI）。所有这些变化以及编辑过程向开放期刊系统的迁移，使得其在Scimago期刊排名（SJR）提前到Q1，且最终提高了国际知名度。

做出这些变化后，与上一年度相比，引用指数提高了18%，大约有600次被引用。此外，来自哥伦比亚、厄瓜多尔、墨西哥和委内瑞拉提交的用于发表的新的科学工作成果增加了28%，表明有40%的文章来自国外投稿。

资料来源：Scimago期刊排名（SJR）[2018]。https://www.scimagojr.com。

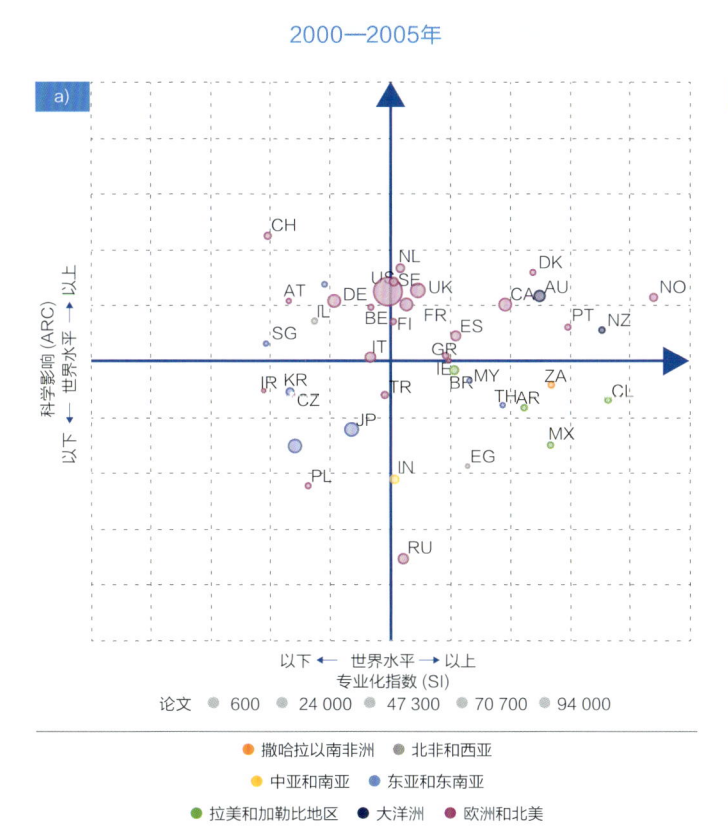

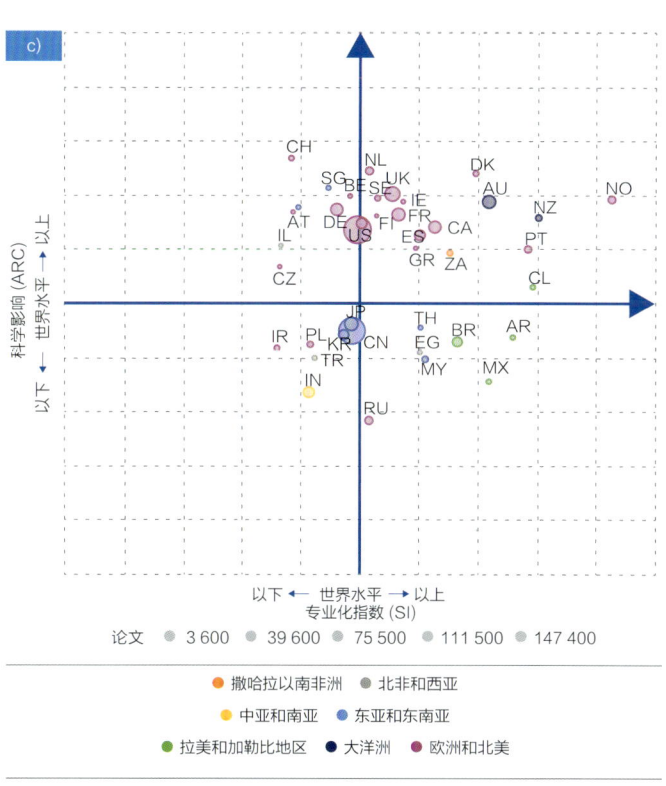

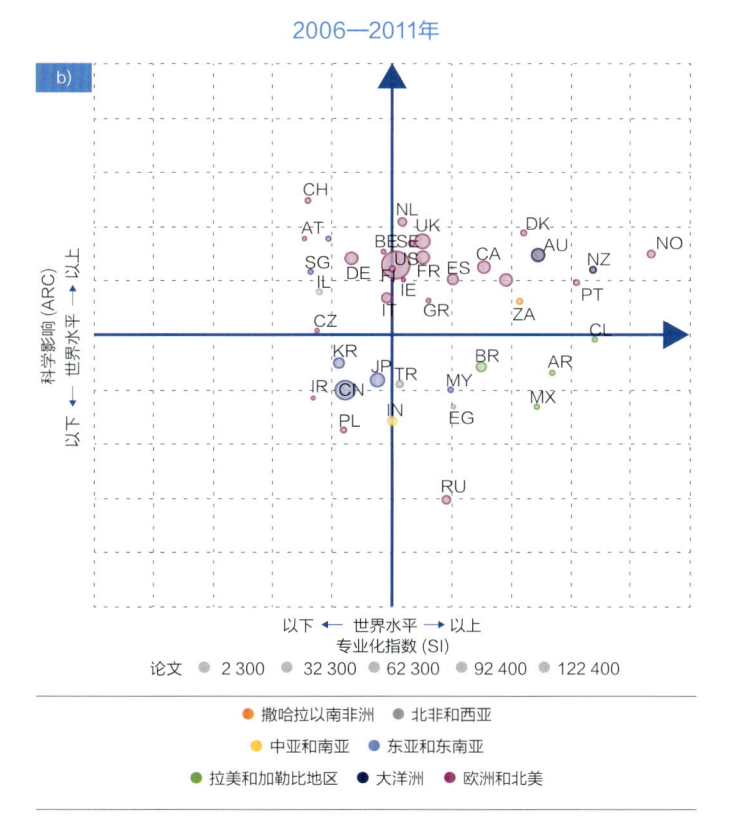

第5章
海洋科学产能和影响分析

图5.20 对各时期海洋科学产出比较组39个国家的位置分析：a）2000—2005年；b）2006—2011年；c）2012—2017年。气泡的大小与该国在研究期间该国的出版物数量成正比。缩写：阿根廷（AR），奥地利（AT），澳大利亚（AU），比利时（BE），巴西（BR），加拿大（CA），瑞士（CH），智利（CL），中国（CN），捷克（CZ），丹麦（DK），埃及（EG），西班牙（ES），芬兰（FI），法国（FR），德国（DE），希腊（GR），印度（IN），伊朗（IR），爱尔兰（IE），以色列（IL），意大利（IT），日本（JP），韩国（KR），墨西哥（MX），马来西亚（MY），荷兰（NL），挪威（NO），新西兰（NZ），波兰（PL），葡萄牙（PT），俄罗斯（RU），新加坡（SG），瑞典（SE），泰国（TH），土耳其（TR），英国（UK），美国（US），南非（ZA）

资料来源：基于Science-Metrix/Relx Canada公司对Scopus（Elsevier）2000—2017年数据的文献计量分析。

图5.21的位置分析显示了各国对海洋科学不同类别的整体贡献度。结果与GOSR2017（IOC-UNESCO，2017）中显示的结果非常相似，即便本报告纳入了18年的数据，而GOSR2017报告覆盖的数据周期为5年。对于"海洋生态系统功能和变化过程"类别［图5.21（a）］，该图显示第一象限由欧洲和北美以及澳大利亚、新西兰和南非的国家占据，表明这些国家将该领域作为优先事项。第四象限代表高专业化但低ARC，主要由拉丁美洲国家（阿根廷、巴西、智利和墨西哥）占据，这些国家在专业化方面表现良好，但引用率低。大多数亚洲和阿拉伯国家出现在第三象限。

在"海洋与气候"类别中［图5.21（d）］，大多数国家分布在第一象限和第三象限之间。结果表明，第一象限再次被欧洲和北美国家、南非、澳大利亚和新西兰占据。需要注意的一点是，智利具有高专业化和高ARC，与其他类别相比，美国在该类别的SI也更高。相较于拉丁美洲的其他国家，阿根廷以较高的SI占据第四象限，墨西哥接近世界平均水平，巴西略低。第三象限再次被亚洲和阿拉伯国家占据，但相比于"海洋生态系统功能和变化过程"类别，在该类别分布较少，更接近世界平均水平。

关于"海洋健康"类别［图5.21（b）］，大多数国家都属于第一象限和第四象限，这表明各国对这一类别的兴趣更大。亚洲和阿拉伯国家也对这一专题表现出浓厚的兴趣，与前两类相比，其专业化程度更高，出版物产出量甚至更大，气泡更大。有趣的是发达国家的SI较低，如美国、英国和德国。

对"海洋和人类健康福祉"的位置分析［图5.21（e）］显示了一个有趣的右侧分布现象，大多数国家的SI高于或非常接近世界平均水平，俄罗斯是唯一的例外。在分布表现中值得注意的是阿根廷、印度尼西亚和马来西亚等国家的良好表现，这些国家的ARC等于世界平均水平，而智利和沙特阿拉伯则高于世界平均水平。

与GOSR2017报告类似，"蓝色增长"的第一象限和第二象限［图5.21（c）］分布的是中小型气泡，美国的产出量最大——18年的时间约产出76 000篇论文。

与其他象限相比，"海洋地壳和海洋地质灾害"的第一象限［图5.21（f）］分布的是大气泡，中国和日本显示出与世界平均水平相近的SI和ARC，这与上述其他类别相比有很大变化。对于大多数国家来说，产量较大，SI和ARC较高，表明对这一类别的高度关注，印度尼西亚、挪威和新西兰的SI最高。许多国家在该类别表现出强烈兴趣并不奇怪，因为这一类别涉及深海采矿、钻探和极端事件。

"海洋技术"类别［图5.21（g）］的国家分布与所有其他国家不同，大多数国家属于第二象限和第三象限，SI高于世界平均水平的国家产出量较小，中国是唯一的例外。韩国是另一个分布独特的国家，SI很高，也是该国唯一一个ARC高于平均水平的类别。

"海洋观测与海洋数据"［图5.21（h）］是开展所有其他海洋科学类别所必需的基础。分布相当分散，第一象限主要由欧洲和北美国家以及澳大利亚、新西兰、南非以及印度尼西亚占据。与大多数类别类似，第三象限由亚洲和阿拉伯国家占据。

该分析显示了各国如何专注于特定类别的研究以及它们的优先事项。有些国家模式保持了连贯性，例如挪威稳居第一象限，所有类别的SI和ARC的值都很高。另一个具有连贯性和高产出量的国家是美国，它的ARC值高，但SI接近世界平均值。中国发生了显著的变化，其产出量增加了约一个数量级，并改善了其ARC值，SI从较低水平提高到世界平均水平（图5.20）。通过分析，所有国家都表现出ARC随时间推移而发生改善，虽然占据第三象限和第四象限的许多国家都是非英语国家，但区域性或各国期刊将英语翻译纳入有助于提高其研究的影响力（见框5.1）。

第5章
海洋科学产能和影响分析

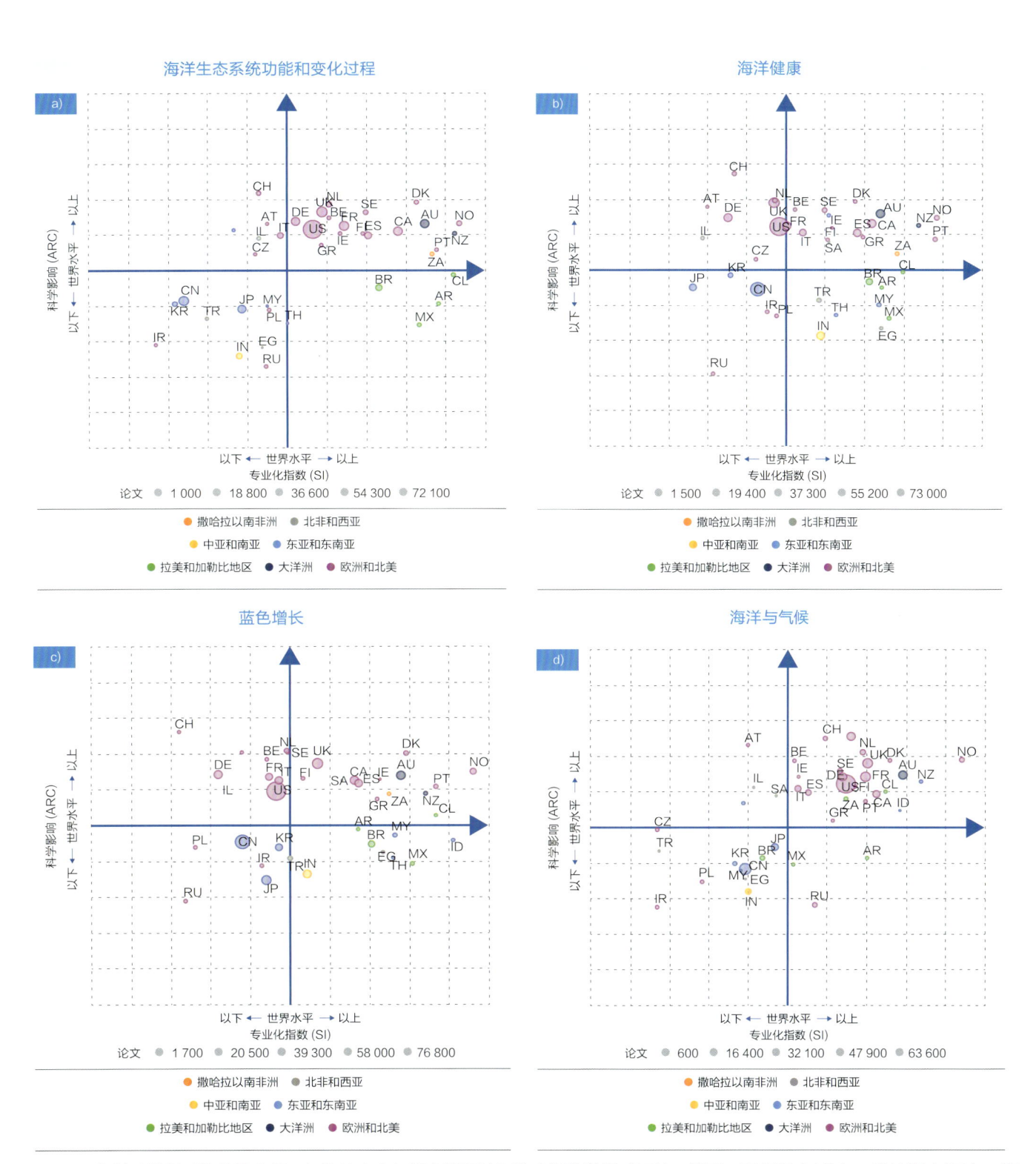

图5.21 海洋科学类别的位置分析。气泡的大小与研究期间该国的出版物数量成正比。缩写：阿根廷（AR），奥地利（AT），澳大利亚（AU），比利时（BE），巴西（BR），加拿大（CA），瑞士（CH），智利（CL），中国（CN），捷克（CZ），德国（DE），丹麦（DK），埃及（EG），西班牙（ES），芬兰（FI），法国（FR），希腊（GR），爱尔兰（IE），以色列（IL），印度（IN），伊朗（IR），意大利（IT），日本（JP），韩国（KR），墨西哥（MX），马来西亚（MY），荷兰（NL），新西兰（NZ），挪威（NO），波兰（PL），葡萄牙（PT），俄罗斯（RU），新加坡（SG），瑞典（SE），泰国（TH），土耳其（TR），英国（UK），美国（US），南非（ZA）

资料来源：基于Science-Metrix/Relx Canada公司对Scopus（Elsevier）2000—2017年数据的文献计量分析。

全球海洋科学报告：海洋可持续发展能力调查与展望
Global ocean science report, charting capacity for ocean sustainability

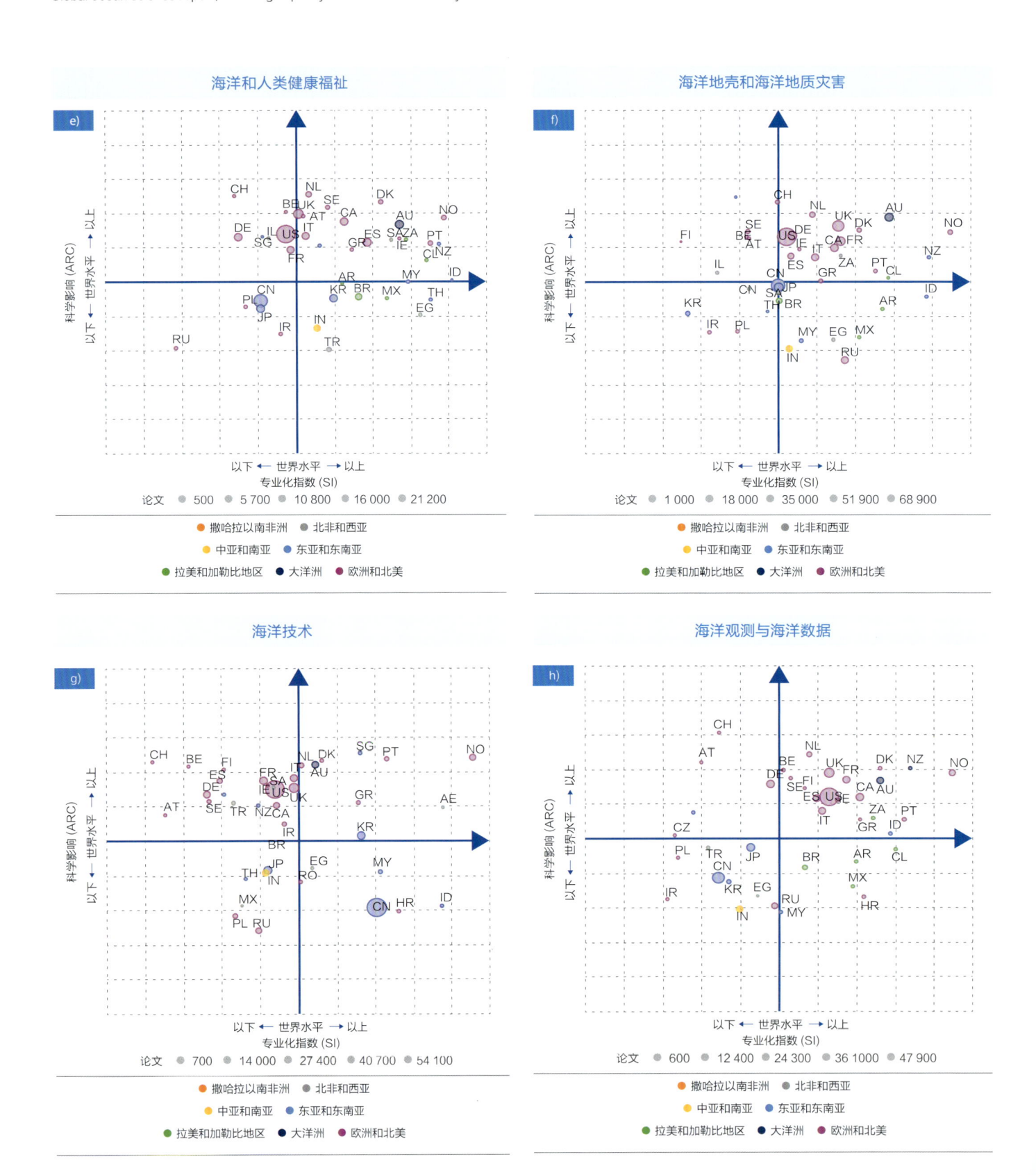

图5.21 海洋科学类别的位置分析。气泡的大小与研究期间该国的出版物数量成正比（续图）

140

5.5 协作模式和能力发展

科学合作可以通过知识、专业技术和技能的共享来提高合作方的生产力，从而为参与的研究人员带来诸多优势。协作还使具有不同但互补技能的人聚集起来以团队的形式开展工作，分散工作量，通过共享设备和资源降低成本，提高研究成效（Pirlet et al., 2018; Franceschet, Costantini, 2010）。

几十年前，单个研究者自行研究的情况很常见，与之前相比，目前的科学环境是研究者由于需要创造知识或其他联合利益而增进合作（Bozeman et al., 2015; Claxton, 2005）。事实上，研究合作现在是机构、基金组织和政策制定者共同的要求。

国际研究合作在不断增多且将持续，正如Wagner和Leydesdorff（2005）引用的研究所示。当然，当前大多数尖端科学都是由大型的、资金充足的国际合作团队开发的（Larivière et al., 2015）。20世纪80年代末和90年代初的人类基因组计划以及——更接近海洋科学的——海洋生物普查和国际全球海洋生态系统动力学（GLOBEC）计划都是大型国际合作的良好范例。前者涉及来自许多国家的研究群体，对人类基因组的不同部分进行测序，进而形成完整的人类基因图谱。1989年，人类基因组组织（HUGO）由全球一流的科学家组建，在国际协调方面做出了巨大努力，最终在2003年绘制了整个人类基因组图谱，这一成就只有通过国际合作才能实现。海洋生物普查是一个为期10年的国际项目，评估海洋生物的多样性、分布和丰度。该计划涉及2 700名科学家，横跨80多个国家，历经540次探险，花费总计6.5亿美元。该项目于2010年完成，提供了有史以来最全面的已知海洋生物清单，已成为未来研究的基础。GLOBEC是一个为期10年的国际计划，产生了3 500多种出版物，其中包括来自30多个国家的若干国家计划和科学家，本章末尾将作为国际合作的一个案例加以讨论。

然而，国际合作并不局限于这些大型科学项目，许多研究人员选择合作是因为在现行的科学评估体系下，对影响力高的研究回报非常丰厚（Wagner, Leydesdorff, 2005）。与国内合作相比，国际合作更容易打开知名度，高产的科学家可以选择与谁合作，但最重要的是，它还有助于欠发达国家的能力发展和海洋技术转让（Jappe, 2007; Wagner, Leydesdorff, 2005）。能力发展和技术转让是IOC-UNESCO能力发展战略和联合国"海洋十年"的核心组成部分，旨在提供平等和公平获取海洋技术的机会。

科学可以为更好理解生态系统的功能和明确其可持续发展与管理相关选择做出巨大贡献。海洋科学探索了解复杂、多尺度的社会经济和生物-地球-化学系统及服务，需要多学科和协作研究（IOC-UNESCO, 2017）。这就要求将遥远社区分散的知识结合起来，共享研究能力（如设施、观测网络、技术转让以及数据和信息交换），以取得真正的进展。

科学和研究的普遍性，变化的速度及其在高度互联的世界中的扩张，得益于新型创新技术的发展，提供了内部以及与其他国家在大型项目和参与大型研究基础设施时的合作机会（Schmalzbauer, Visbeck, 2016）。如今，科学家之间的合作与协作已成为常规，衡量这一点的一种方法是检查科学论文的合著情况。

长期以来，国际合作一直被视为公共研究的一个重要方面，特别是在基础研究方面。在这项分析的背景下，统计了文献数据库中索引的所有国际科学出版物，至少有两名来自两个以上不同国家的机构/组织的合著者参与。然后将数据转换为共同出版的百分比（即国际合作出版率，ICR）。为了简化分析，该研究仅限于前100个大多数出版国家（占已发表科学文献总数的95%以上）。各国ICR的数据由Science-Metrix/Relx Canada公司提供。

在2012—2017年期间，海洋科学家发表的论文中有61%至少有一位来自外国的合著者，而2006—2011年期间约为56%，2000—2005年为52%。这些变化如图5.22所示，它清楚地显示了2000—2005年和2012—2017年期间国际共同出版率的增加（向右移动）。其他学科和国家的情况与在海洋科学领域中观察到的数据接近。例如，在天文学方面，2005年美国所有论文中有58%有外国合著者，2014年加拿大一半的科学论文由外国合作伙伴共同撰写（UNESCO，2015），这表明来自不同国家的科学家之间的合作是非常有价值且积极的发展趋势。

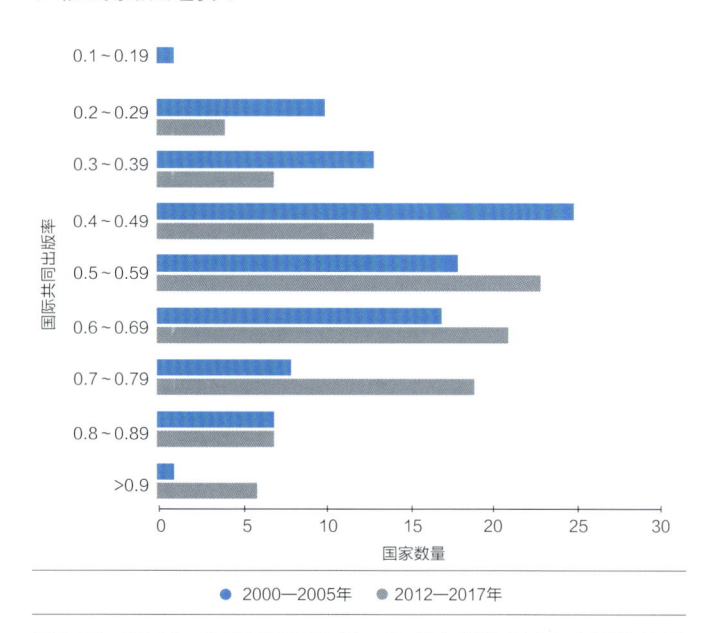

图5.22 2000—2005年和2012—2017年期间100个出版数量最多的国家的国际共同出版率的变化

资料来源：基于Science-Metrix/Relx Canada公司对Scopus（Elsevier）2000—2017年数据的文献计量分析。

当然，这因国家而异，如图5.23所示。例如，在本次分析的100个国家中，有24个国家的ICR值低于50%。虽然没有明确的模式来解释这些合作出版率，但可以观察到，阿根廷、巴西、中国、印度、俄罗斯和美国等大国以及印度尼西亚、伊朗、日本、墨西哥和土耳其等人口众多的国家都属于这一群体。这可能是因为它们足够大和/或有足够的研究设施和网络来维护/促进科学家的交流，并在自己领土内的科学团体之间建立合作。在其他全球文献计量分析中也观察到类似的结果（UNESCO，2010，2015；Royal Society，2011）。

相比之下，有24个国家与外国科学家合作发表了超过75%的研究文章。同样，没有明确的模式可以解释为什么这些国家达到如此高水平的合作，可以观察到一些小国，如比利时、哥斯达黎加、厄瓜多尔、摩纳哥和巴拿马，一些岛国，如百慕大、斐济、格陵兰、冰岛、马达加斯加和新喀里多尼亚以及内陆国家，如奥地利、卢森堡、尼泊尔和瑞士呈现这种特征。显然，对于其中许多国家来说，合作的需求源于海洋科学设施的有限（Pirlet et al., 2018），或者说合作之所以可能会吸引科学家，是因为它们在环境科学方面提供了良好的研究机会，例如生物多样性和气候变化，如厄瓜多尔（加拉帕戈斯群岛）、格陵兰岛、马达加斯加和厄瓜多尔。

无论国际研究合作背后的动机如何，在高影响力期刊上引用国际合作论文，促进论文获得更高的引用率，能够产生更具影响力的成果（Franceschet，Costantini，2010；Iribarren-Maestro et al., 2009）。相对影响因素平均值（ARIF）与ICR之间的正相关关系如图5.24所示。这一趋势支持了这样一种观点，即国际合著研究通过引用率的增加而获得回馈，这是以前在海洋科学（IOC-UNESCO，2017）以及其他学科中就观察到的模式（Herbertz, 1995; Bornmann et al., 2012; Jarić et al., 2012）

然而，这种相关性只有对于产出量高的国家来说才显著，对于产出量非常小的国家而言，即使其ICR很高（见GOSR数据网站），这种相关性也不具备。这是符合逻辑的，因为影响因子不仅取决于国际合作水平，还取决于某一国家的产出水平。

换句话说，如果出版物数量很少，无论国际合著情况如何，都不可能产生很大的影响。尽管如此，该研究的显著性确实随着国际合著的增加而增加，并且已经证明这不仅仅是因为自我引用（Larivière et al., 2015）。

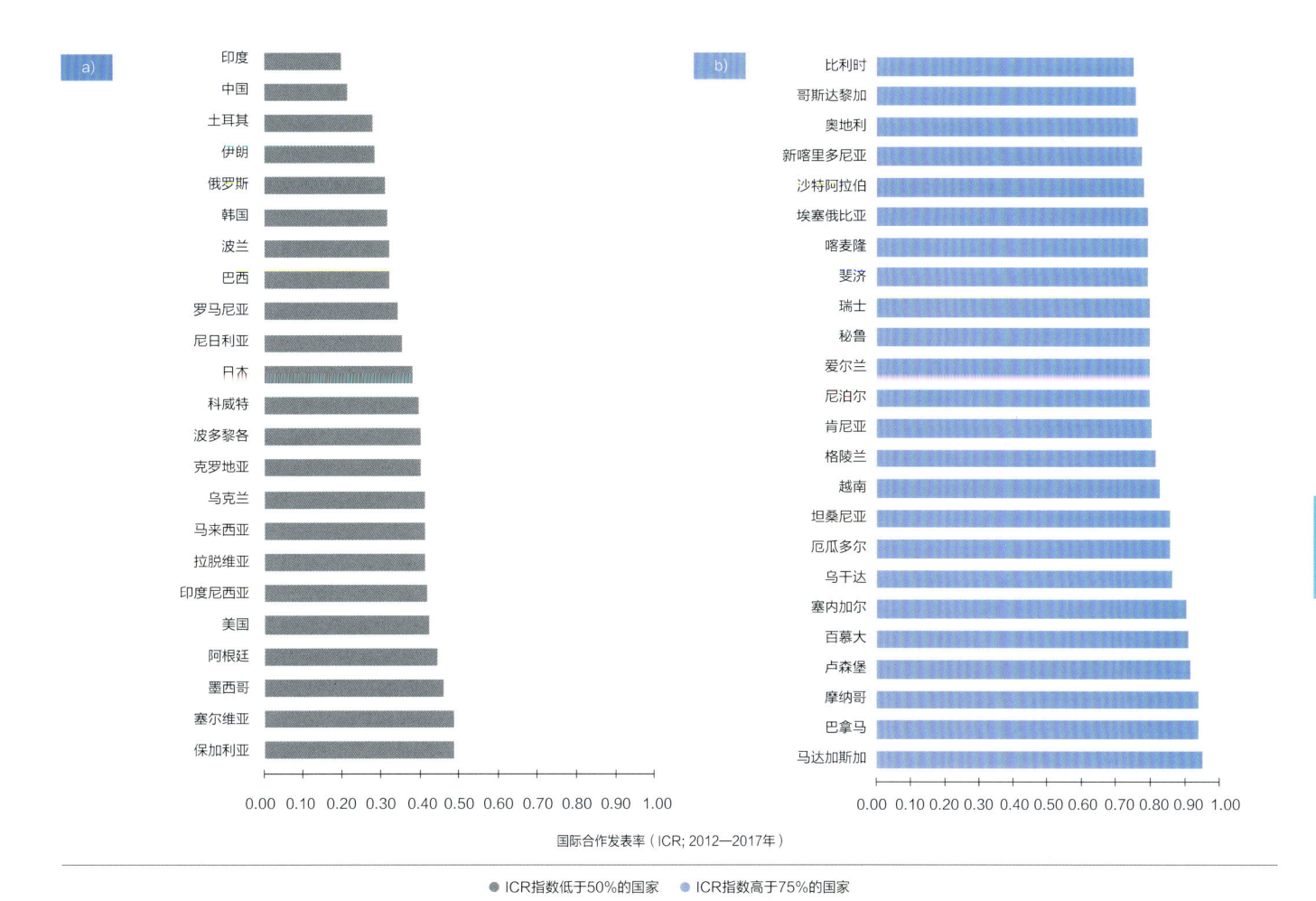

图5.23 根据ICR水平对国家进行分类：a）低于50%；b）高于75%

资料来源：基于Science-Metrix/Relx Canada公司对Scopus（Elsevier）2012—2017年数据的文献计量分析。

5.5.1 研究领域

为了进一步探索国际合作联系，网络分析可用于了解哪些国家在充当海洋科学的引擎。该分析使我们能够直观地了解国家之间的协作强度以及它们首选的合作网络。

在图5.25所示的网络分析中，节点的大小与每个实体（海洋科学领域100个出版量最多的国家和机构）出版物数量成正比，而边缘的宽度和其联系的两个节点代表的国家或机构共同出版物的数量成正比。网络的空间安排是合作者数量和合作强度的函数。在几个时间段内进行了相同的分析，以了解自2000年以来这些

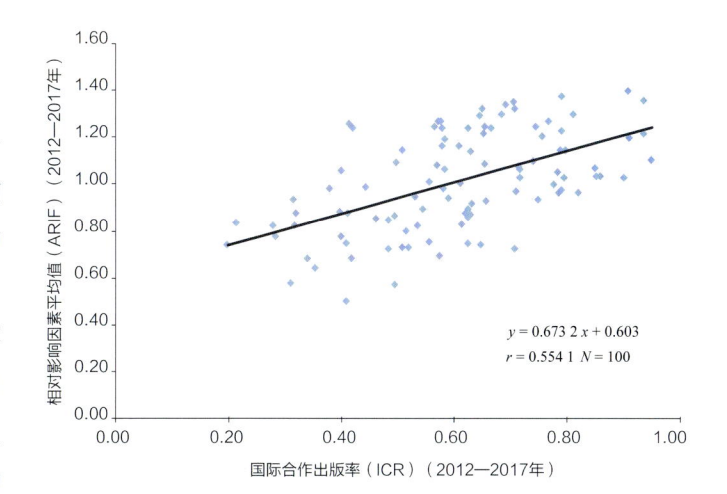

图5.24 海洋科学界和海洋从业者的ARIF和ICR的比较

资料来源：基于Science-Metrix/Relx Canada公司对Scopus（Elsevier）2012—2017年数据的文献计量分析。

网络的演变。

图5.25表明，亚太地区、欧洲的工业化国家以及美国是海洋科学研究的引擎，其产出量最高，联系最强，网络也最大，美国占主导地位。显然，随着时间的推移，网络正在扩大，国家之间的联系正在增长和变化。例如，在2000—2012年期间，加拿大和美国的合作数量最多，在12年内约10 000项合作，而最近，从2012年到2017年，美国与中国的合作最多，在短短6年内就超过了11 000项。英国是另一个拥有大量出版物和强大合作能力的国家，但与其合作的大部分是其他欧洲国家、澳大利亚和美国。有趣的是，专利发明者的引用中也发现了类似的模式（表5.6），其中欧洲和北美被引用得最多，其次是亚洲。

随着时间的推移，一个有趣的变化是合作在增加，各国趋向中心的联系更加紧密。Newman（2001）也观察到了这种变化，随着时间的推移，参与者之间建立了更多的联系，而新的参与者也在不断加入。这一分析清楚地说明了如何在新的国家之间建立起新的联系。

美国是网络最广泛的国家，它超越了欧洲和英语国家，与位于网络外围的国家相连。非常重要的一点需要注意，这些分析仅包括英语同行评审的文献，它可能掩盖了非英语国家之间的合作，它们之间的合作可能很密切，但不会在这里反映出来（参见Leydesdorff et al., 2013）。

在机构合作方面，最牢固的联系都被锁定在本国境内，其次才是与外部机构的联系，可以从各国的分析中看出彼此之间的联系（图5.26）。来自澳大利亚、欧洲和北美的机构彼此之间保持了多年牢固的联系合作。值得注意的是，随着时间的推移，日本和美国的机构之间以及中国的机构与世界其他地区之间的联系得到了加强。法国国家科学研究中心（CNRS）是迄今为止产出量最大的组织，而美国国家海洋与大气管理局（NOAA）的产量出现了下降，中国科学院产出量增加。值得注意的是，中国的国家海洋局（SOA）在2018年之前主管中国的海洋科学，2018年之后，由自

第5章
海洋科学产能和影响分析

2000—2005年

a)

2006—2011年

b)

● 撒哈拉以南非洲　● 北非和西亚
● 中亚和南亚　　　● 东亚和东南亚
● 拉美和加勒比地区　● 大洋洲　● 欧洲和北美

● 撒哈拉以南非洲　● 北非和西亚
● 中亚和南亚　　　● 东亚和东南亚
● 拉美和加勒比地区　● 大洋洲　● 欧洲和北美

2012—2017年

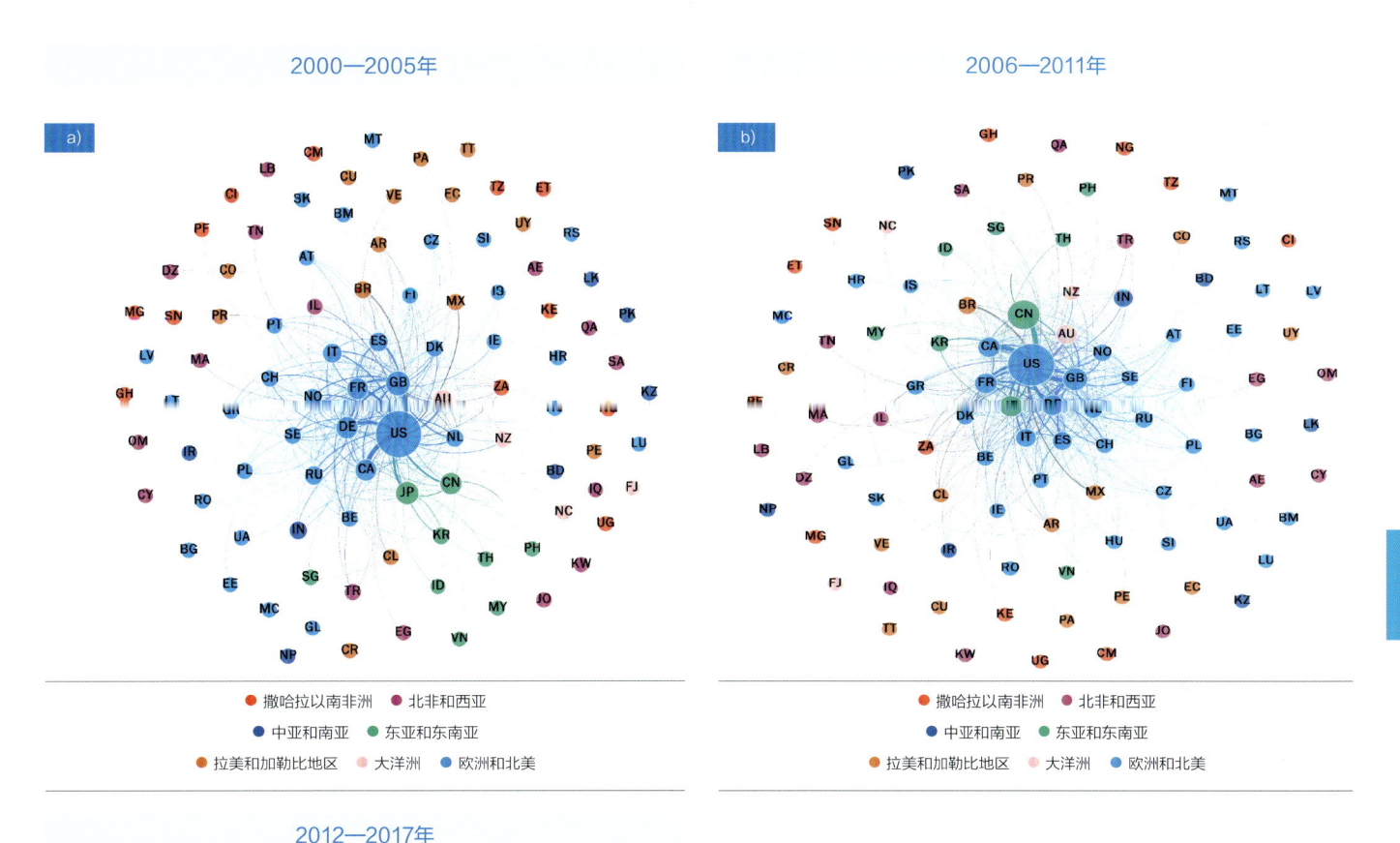

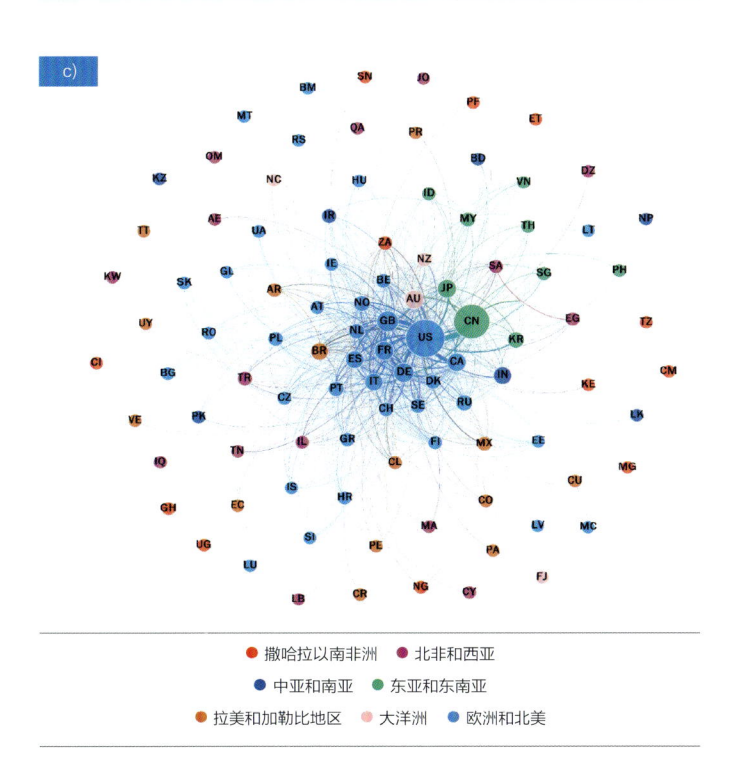

c)

● 撒哈拉以南非洲　● 北非和西亚
● 中亚和南亚　　　● 东亚和东南亚
● 拉美和加勒比地区　● 大洋洲　● 欧洲和北美

图5.25　海洋科学领域出版物最多的国家的国际合作的网络分析，展示了三个时期：a）2000—2005年；b）2006—2011年；c）2012—2017年。节点的大小与海洋科学出版物的数量成正比，线条的粗细与合作（合著论文）的数量成正比。用算法对节点进行排列，其中链接的节点相互吸引，而未链接的节点则相互排斥。缩写：阿根廷（AR），澳大利亚（AU），奥地利（AT），比利时（BE），巴西（BR），加拿大（CA），智利（CL），中国（CN），捷克（CZ），丹麦（DK），埃及（EG），芬兰（FI），法国（FR），德国（DE），希腊（GR），印度（IN），伊朗（IR），爱尔兰（IE），以色列（IL），意大利（IT），日本（JP），马来西亚（MY），墨西哥（MX），荷兰（NL），新西兰（NZ），挪威（NO），波兰（PL），葡萄牙（PT），韩国（KR），俄罗斯（RU），新加坡（SG），南非（ZA），西班牙（ES），瑞典（SE），瑞士（CH），泰国（TH），土耳其（TR），英国（GB），美国（USA）

资料来源：基于Science-Metrix/Relx Canada公司对Scopus（Elsevier）2000—2017年数据的文献计量分析。

145

然资源部（MNR）主管。

网络分析显示了一小部分国家之间的区域偏好或更强的研究联系。然而，对于大型研究项目的跨国合作，其中复杂的知识生产需要正式的管理结构和资源调配，这些结构和资源无法由单个机构或国家满足，而大型研究项目一直是海洋科学研究的重要组成部分，海洋科学需要高度专业化和昂贵的研究基础设施（Langford，Langford，2000）。

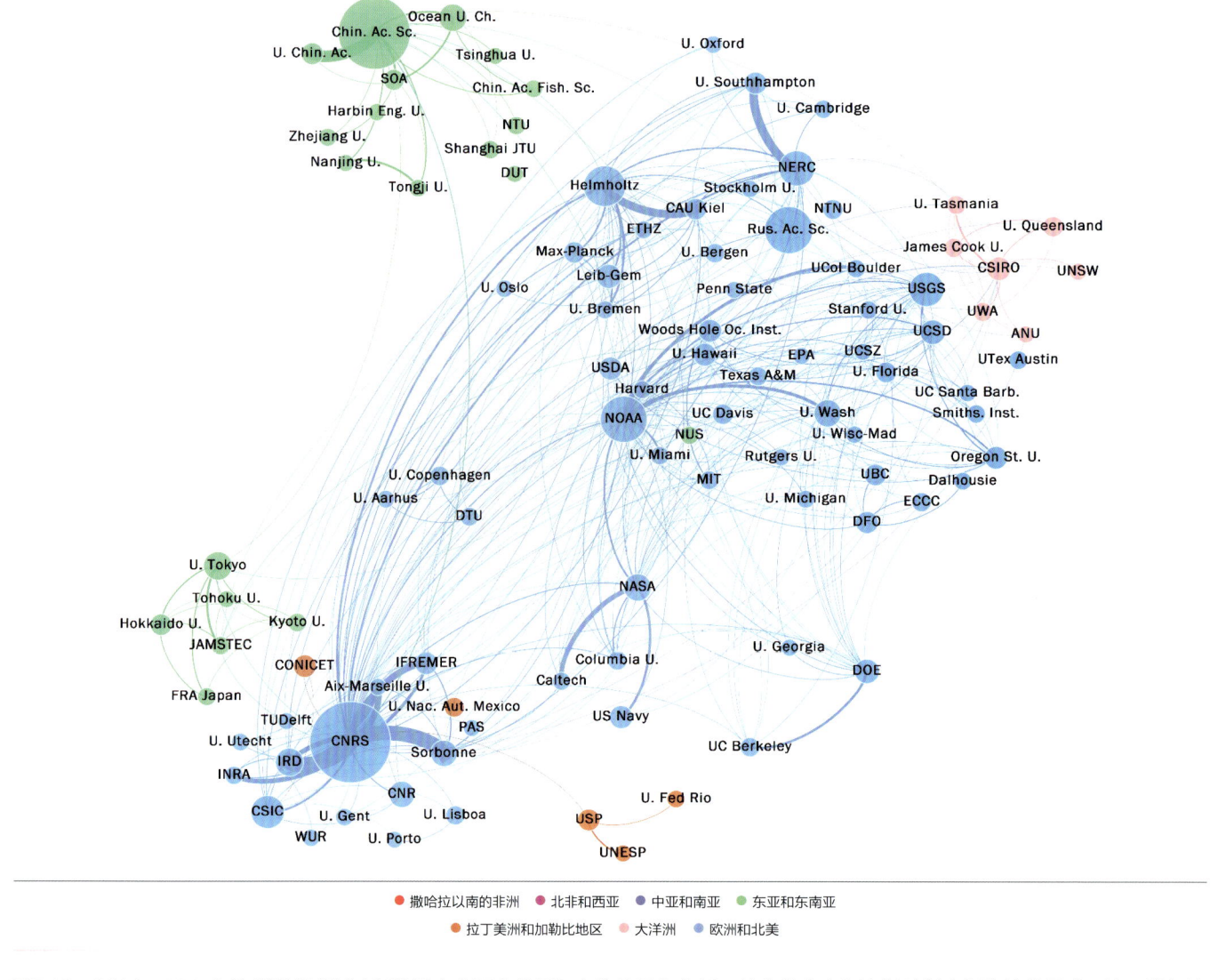

图5.26　2000—2017年海洋科学领域出版物最多的国家的国际合作的网络分析。节点的大小与海洋科学出版物的数量成正比，线条的粗细与合作（合著论文）的数量成正比。用算法对节点进行排列，其中链接的节点相互吸引，而未链接的节点则相互排斥

资料来源：基于Science-Metrix/Relx Canada公司对Scopus（Elsevier）2000—2017年数据的文献计量分析。

5.6 促进优秀科学和基于科学的管理中合作的作用

科学和研究的普遍性以及新的创新技术的发展促进变化速度的加快和扩展，需要与其他机构、财团伙伴或国家加强在大型项目或大型研究基础设施等方面合作的机会。

如本章所述，合作与传播和出版的科学所产生的影响息息相关。因此，科学对服务社会和可持续发展至关重要；政府、私营部门、政府和非政府组织尽可能提供有利的环境和框架，以促进国家、部门、机构和学科之间的科学合作。科学具有塑造人类未来的巨大力量，纯粹从单个国家角度设计科学政策，特别是解决影响整个地球的问题，例如全球海洋公域的可持续管理，已经不合时宜。外交的科学考量具有重大意义（IOC-UNESCO，2017）。这在国家、区域和国际各级确立了明晰的义务和责任，以提供有利的框架和倡议。IOC-UNESCO与其他政府间组织和国际组织一样，在科学外交方面有着悠久的传统，其努力的方向是建立国际网络；吸引来自发达国家和发展中国家的科学家构建海洋的综合视图；加强跨学科性，开展延伸到海洋科学新领域的活动；促进多方参与可持续性和政策进程，推动国家研究计划，建立新的全球数据库，这些数据库仍然是了解海洋系统进程和功能的关键。

诸多范例表明，全球范围内有组织的科学合作和研究举措促进了海洋科学的进步。其中包括世界气候研究计划（WCRP）、全球海洋观测系统（GOOS）、国际海洋碳协调项目（IOCCP）、政府间有害藻华问题小组（IPHAB）和政府间气候变化专门委员会（IPCC）以及其他长期项目和计划。这些进程和活动已经运作多年，并与许多研究和观测计划相联系，这些方案继续促进并提供气候和海洋研究的协同合作。

除了全球研究目标之外，合作网络的一个关键方面是将传统上无法合作的学科（例如大气和海洋化学与生物学、生态学和生物地球化学）进行整合，从而改进对地球系统的综合认识，包括过去的和潜在的未来变化。

IOC-UNESCO还与其他组织合作，发起或参与了对了解海洋过程和生态系统具有变革性意义的全球研究计划，如全球海洋通量联合研究（JGOFS）、海洋生物普查（CoML，第7章）、全球海洋生态系统动态研究计划（GLOBEC，见框5.2）等。所有这些，连同国际地圈-生物圈计划（IGBP）下的其他计划和项目，在IGBP于21世纪前十年到达时间期限时结束。

对于一些科学问题，制定国际性、大规模、目标宏伟的计划已成为先决条件，因为：（ⅰ）需要国际合作和先进的研究设施来解决重大而复杂的问题；（ⅱ）将不管身处何地的研究人员与其他研究人员和大型基础设施联结起来，有助于科学进步；（ⅲ）大科学鼓励创新以及现有的和新的关键技术的发展。大型科学计划已经表明，与其他有限的地方性倡议相比，它们可以在国家和区域一级的高被引论文、多作者论文和分拆项目方面有更快的影响（更详细的信息见框5.2）。

联合国已就应对社会和科学挑战的各种议程达成一致（例如联合国《2030年可持续发展议程》《巴黎协定》和"海洋十年"）。从2015年开始，《2030年可持续发展议程》及其可持续发展目标为几乎所有与可持续未来有些许相关性的倡议设定了框架和起点——这本身就是一个根本性的范式转变。科学有助于提高对可持续发展目标的理解和确定实施这些目标的相关方案。科学界发展在前瞻性的合作研究方面有巨大的参与空间，这些研究有可能支持新的相互关联的发展方向，特别是与可持续发展目标高度相互关联的领域。

"海洋十年"是社会实现可持续发展目标14"水下生态"（和其他可持续发展目标）的一项重大举措，它将支持扭转海洋健康水平下降的循环，并将全世界的海洋利益攸关方团结在一个共同框架之下，确

框5.2 GLOBEC

GLOBEC通过国际协调的研究项目在海洋科学方面取得了巨大进展。这种研究方法，即所谓的"大科学"（OECD，1994；Tindemans，1997），大约在40年前开始，为网络、分布式设施、跨学科研究以及知识和技术的转让开辟了新的机会。

全球海洋生态系统动态项目（GLOBEC）是在IOC-UNESCO、海洋科学研究委员会（SCOR）和国际地圈-生物圈计划（IGBP）的支持下创建的，目的是了解最广泛意义上的全球变化将如何影响构成海洋生态系统主要组成部分的海洋种群的丰度、多样性和生产力。虽然其根源可追溯到1992年，但它于1999年作为十年国际计划正式启动，并于2009年12月31日结束。

GLOBEC通过建立一个超越国界和政府组织的科学家网络，在不同层次（科学、知识和材料）调动新的资源，并通过促进研究人员和组织之间的合作产生协同作用，促进自身能力的发展。GLOBEC的成果以不同的方式传播：网站、新闻、会议和专题讨论会以及科学论文。在这十年中，GLOBEC的成就很多（Perry，Barange，2009），包括1994—2009年期间发行的3 500多项出版物（图5.27）。

撰写的（图5.28），每篇文章的平均合著者数量为4.05（图5.27）。这些结果表明，GLOBEC是一个成功的项目，通过促进研究人员和组织之间的合作产生协同作用。

无论个人是否愿意在国家或国际层面与其他科学家合作，都必须承认政府间组织发挥的重要作用，它们通过提供包括财政支持在内的持续的科学政策框架（如通过国际项目）鼓励国际合作。互联网已成为合作的推动者；世界上的科学家的数量不断增加，他们的流动性也越来越强。这些新兴的合作和交流反映在科学文献的创作和共同合作中。但总的来说，科学家希望提高其工作成效的愿望，是支持全球研究计划的有利环境，在此基础上，再建立、激励并巩固起成功的科研群体。总而言之，可以看出全球计划，如全球海洋生态系统动态研究计划（GLOBEC），对海洋科学具有战略意义，对其促进和支持应成为IOC-UNESCO以及其他联合国和政府间机构的优先事项。

图5.27 GLOBEC发行的同行评审论文和平均每篇论文的合著者数量

资料来源：改编自GLOC S4D研讨会工作文件，巴黎，2010年。

为了研究GLOBEC同行评审科学出版物中合著者数量的动态，选择了两个间隔为十年的时间段（1996—1999年和2006—2008年）以及相似数量的出版物（分别为543和606），并使用桑基（Sankey）分析进行比较。图5.28中绘制的桑基图显示，在GLOBEC时间线开始时，只有1/3的科学出版物是由四位或更多科学家撰写的；每篇文章的平均合著者数量为3.31（图5.27）。相反，在GLOBEC结束时，随着该项目在多学科性方面的发展以及网络的建立，合著者的数量也有所增加——超过一半的科学论文是由四位或更多科学家共同

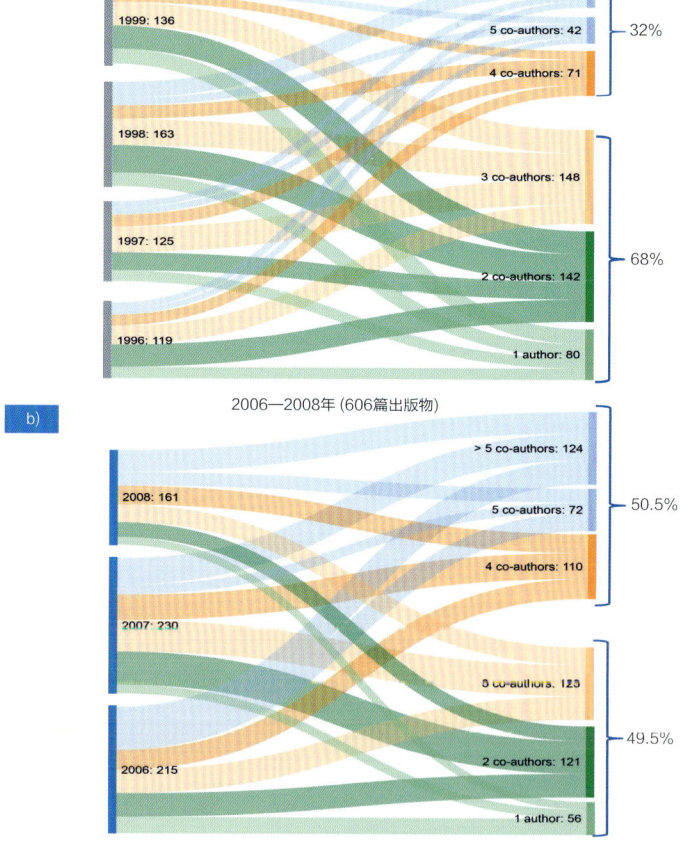

图5.28 桑基图显示了1996—1999年期间（543篇文章）和2006—2008年期间（606篇文章）GLOBEC同行评审出版物合著情况的变化

资料来源：改编自GLOC S4D研讨会工作文件，巴黎，2010年。

保海洋科学能够充分支持各国为建立人海可持续关系创造必要条件。

《"海洋十年"实施计划》[1]中"十年挑战"目标及其科学行动旨在提供一个框架，在这个框架内，可以开展并交付有针对性的科学和知识创造工作。这些挑战与其他计划（治理、通信、商业、能力发展等）一起，构成了《"海洋十年"实施计划》的基本组成部分之一。该计划提出了一系列可在全球部署的战略目标，并辅之以若干行动，根据这些行动，所有利益攸关方均可制定一揽子方案、项目和活动，为实现"海洋十年"的社会成果做出贡献。

海洋科学的实施、传播和使用方式将需要新的模式，这在一定程度上为"海洋十年"提供了合理性。它的成功将取决于资助者和现有研究团体能够开发核心项目的程度。在这方面，一个例子是大型研究计划Seabed2030，该计划旨在到2030年绘制100%的海底地图。由欧盟委员会与日本财团资助的大洋地势图项目——GEBCO，是大规模努力的一个例子，通过全球协调努力使数据和科学交付成为可能。

总之，应通过一种新型计划来处理广泛的科学和社会问题以及挑战，鼓励并参与跨学科、机构和部门的行动与合作。大科学现在已成为许多问题的必要前提，联合国在促进国际合作方面的作用也变得越来越重要。提供大科学需要的广泛而多样的合作形式——多学科、跨学科和跨部门合作以及基础研究、应用研究和实践导向研究之间的合作。

现在需要强调科学知识的重要性，通过连贯性的程序设计，维护最高的诚信标准。基于长期核心计划，在研究人员、学科和机构之间实现这种多学科和跨学科合作的能力，是联合国机构和其他参与科学政策和外交的实体面临的一项重大挑战。只有如此，我们才能在未来拥有我们想要的海洋。

---

[1] 请参阅联合国海洋科学促进可持续发展十年实施计划 https://oceanexpert.org/document/27347。

参考文献

AKSNES D W, 2012. Evaluation of Mathematics — Publication and Citation Analysis. Oslo, The Research Council of Norway.

BORNMANN L, SCHIER H, MARX W, et al., 2012. What factors determine citation counts of publications in chemistry besides their quality? Journal of Informetrics, 6(1): 11–18.

BOZEMAN B, GAUGHAN M, YOUTIE J, et al., 2015. Research collaboration experiences, good and bad: Dispatches from the front lines. Science and Public Policy, 43(2): 226–244.

CANADIAN CONSORTIUM OF OCEAN RESEARCH UNIVERSITIES (CCORU), 2013. Ocean Science in Canada: Meeting the Challenge, Seizing the Opportunity. Ottawa, Council of Canadian Academies. Available at: https://cca-reports.ca/reports/ocean-science-in-canada-meeting-the-challenge-seizing-the-opportunity/.

CHEW W B, 1988. No-nonsense guide to measuring productivity. Harvard Business Review, 66(1):110–118.

CLAXTON L D, 2005. Scientific authorship: Part 2. History, recurring issues, practices, and guidelines. Mutation Research/Reviews in Mutation Research, 589(1): 31–45.

DE RASSENFOSSE G, DERNIS H, GUELLEC D, et al., 2013. The worldwide count of priority patents: A new indicator of inventive activity. Research Policy, 42(3): 720–737.

FRANCESCHET M, COSTANTINI A, 2010. The effect of scholar collaboration on impact and quality of academic papers. Journal of Informetrics, 4(4): 540–553.

HARZING A, ALAKANGAS S, 2016. Google Scholar, Scopus and the Web of Science: A longitudinal and cross-disciplinary comparison. Scientometrics, 106: 787–804.

HERBERTZ H, 1995. Does it pay to cooperate? A bibliometric case study in molecular biology. Scientometrics, 33: 117–122.

HICKS D, WOUTERS P, WALTMAN L, et al., 2015. Bibliometrics: The Leiden Manifesto for research metrics. Nature, 520(7548): 429–431.

IOC-UNESCO, 2017. Global Ocean Science Report — The Current Status of Ocean Science around the World. L. Valdés et al. (eds), Paris, UNESCO Publishing. Available at: https://

en.unesco.org/gosr.

IRIBARREN-MAESTRO I, LASCURAIN-SÁNCHEZ M L, SANZ-CASADO E, 2009. Are multi-authorship and visibility related? Study of ten research areas at Carlos III University of Madrid. Scientometrics, 79: 191–200.

JAPPE A, 2007. Explaining international collaboration in global environmental change research. Scientometrics, 71: 367–390.

JARIĆ I, CVIJANOVIĆ G, KNEŽEVIĆ-JARIĆ J, et al., 2012. Trends in fisheries science from 2000 to 2009: A bibliometric study. Reviews in Fisheries Science, 20(2): 70–79.

LANGFORD C H, LANGFORD M W, 2000. The evolution of rules for access to megascience research environments viewed from Canadian experience. Research Policy, 29(2): 169–179.

LARIVIÈRE V, GINGRAS Y, SUGIMOTO C R, et al., 2015. Team size matters: Collaboration and scientific impact since 1900. Journal of the Association for Information Science and Technology, 66(7): 1323–1332.

LEYDESDORFF L, WAGNER C, PARK H, et al., 2013. International collaboration in science: The global map and the network. El Profesional de la Informacion, 22:(1).

LOTKA A J, 1926. The frequency distribution of scientific productivity. Journal of the Washington Academy of Sciences, 16(12): 317–323.

MOED H F, 2009. New developments in the use of citation analysis in research evaluation. Archivum Immunologiae et Therapiae Experimentalis, 57(1): 13.

NATIONAL MARINE SCIENCE COMMITTEE, 2015. National Marine Science Plan 2015–2025: Driving the Development of Australia's Blue Economy. Canberra, Government of Australia.

NEWMAN M E J, 2001. The structure of scientific collaboration networks. Proceedings of the National Academy of Sciences, 98(2): 404–409.

OECD, 1994. Oceanography Megascience: The OECD Forum. Paris, OECD.

OECD, 2001. Measuring Productivity — OECD Manual: Measurement of Aggregate and Industry-level Productivity Growth. Paris, OECD. Available at: http://www.oecd.org/sdd/productivity-stats/2352458.pdf.

OECD, 2009. OECD Patent Statistics Manual. Paris, OECD. Available at: https://www.oecd.org/sti/inno/oecdpatentstatisticsmanual.htm.

PERRY I, BARANGE M, 2009. Global Ocean Ecosystem Dynamics (GLOBEC): Ten years of research. Global Change NewsLetter, 73: 9–11.

PIRLET H, MEES J, DAUWE S, et al., 2018. Indicator Report Marine Research and Innovation 2018. Ostend (Belgium), Flanders Marine Institute (VLIZ).

PRITCHARD A, 1969. Statistical bibliography or bibliometrics. Journal of documentation, 25(4): 348–349.

RESKIN B F, 1977. Scientific productivity and reward structure of science. American Sociological Review, 42(3): 491–504.

RØRSTAD K, AKSNES D W, 2015. Publication rate expressed by age, gender and academic position — A large-scale analysis of Norwegian academic staff. Journal of Informetrics, 9(2): 317–333.

ROYAL SOCIETY, 2011. Knowledge, Networks and Nations: Global Scientific Collaboration in the 21st Century. Policy document 3/11. London, the Royal Society. Available at: https://royalsociety.org/-/media/Royal_Society_Content/policy/publications/2011/4294976134.pdf.

SCHMALZBAUER B, VISBECK M, 2016. The Contribution of Science in Implementing the Sustainable Development Goals. Stuttgart/Kehl (Germany), German Committee Future Earth.

TANGEN S, 2005. Demystifying productivity and performance. International Journal of Productivity and Performance Management, 54(1): 34–46.

TINDEMANS P A J, 1997. The global aspects of megascience. Elsevier Oceanography Series, 62: 11–15.

UNESCO, 2010. UNESCO Science Report 2010: The Current Status of Science around the World. Paris, UNESCO Publishing. Available at: https://unesdoc.unesco.org/ark:/48223/pf0000189958.locale=en.

UNESCO, 2015. UNESCO Science Report 2015: Towards 2030. Paris, UNESCO Publishing. Available at: https://en.unesco.

org/unescosciencereport.

VAN RAAN A F, 2003. The use of bibliometric analysis in research performance assessment and monitoring of interdisciplinary scientific developments. Technikfolgenabschätzung — Theorie und Praxis, 12(1): 20–29.

WAGNER C S, LEYDESDORFF L, 2005. Network structure, self-organization, and the growth of international collaboration in science. Research Policy, 34(10): 1608–1618.

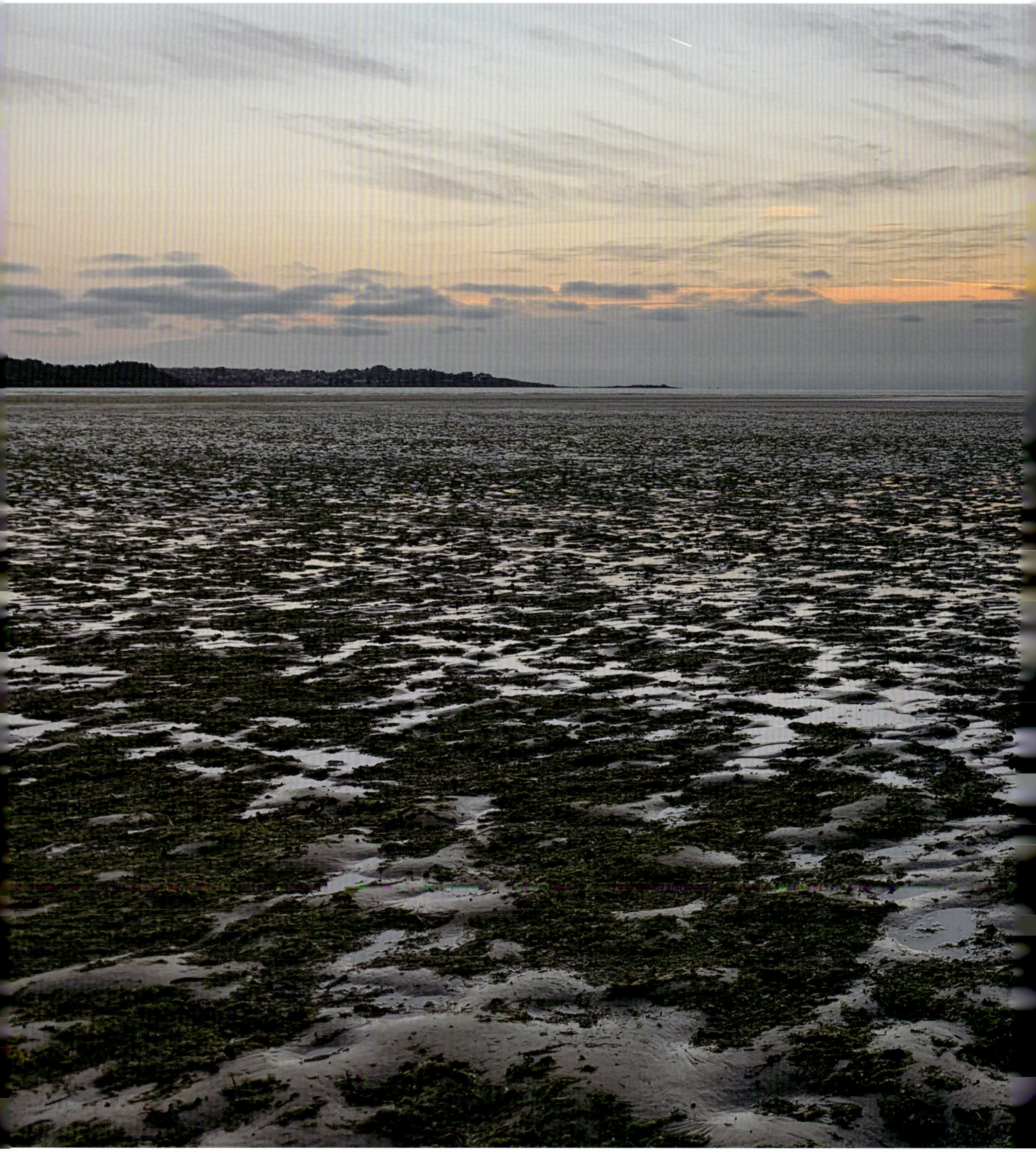

第6章
海洋科学促进可持续发展

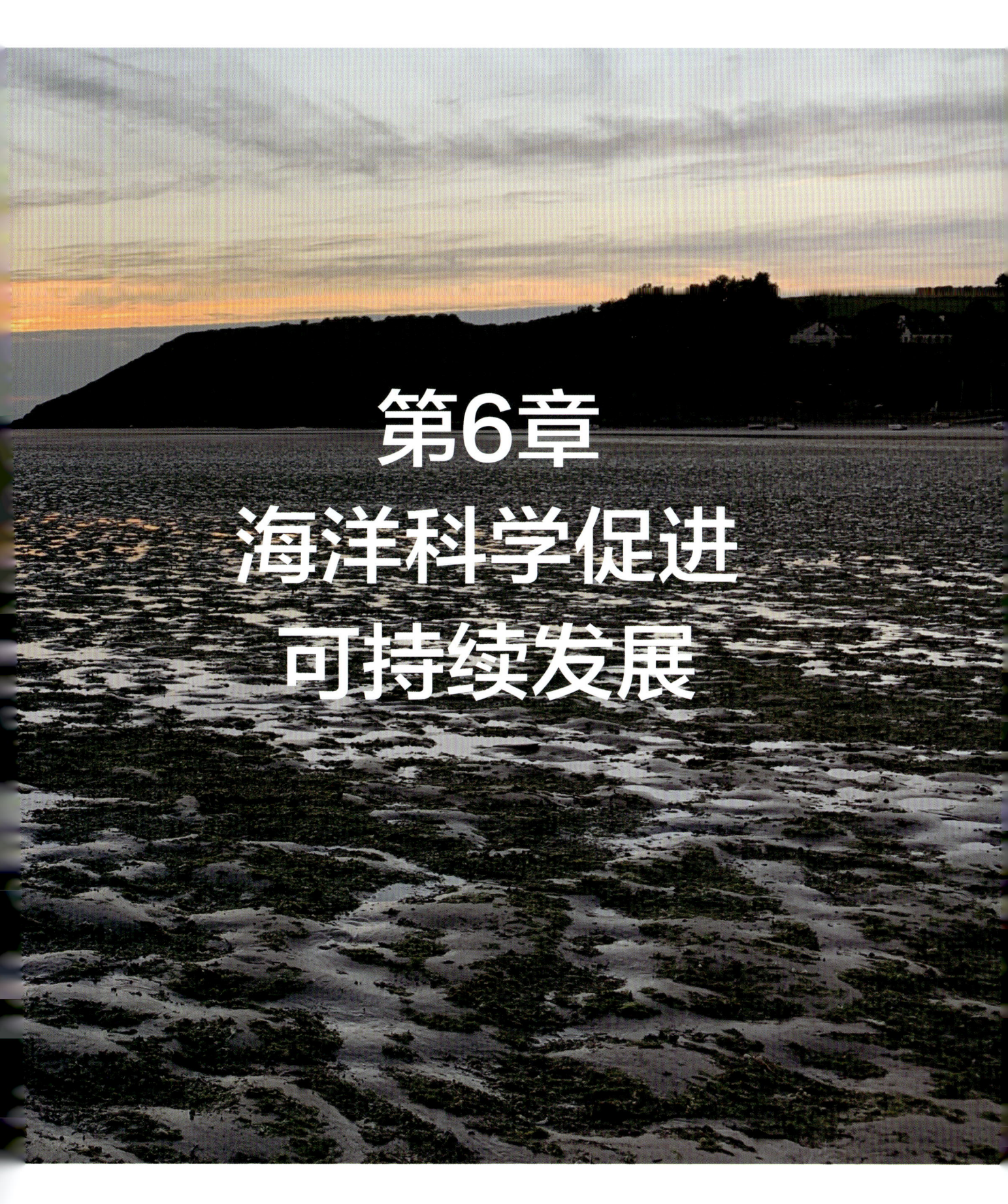

第6章 海洋科学促进可持续发展

Susan Roberts, Jacqueline Uku, Kirsten Isensee, Itahisa Déniz-González, Karina von Schuckmann, Elva Escobar Briones, Salvatore Aricò

Roberts, S., Uku, J., Isensee, K., Déniz-González, I., von Schuckmann, K., Escobar Briones, E., and Aricò, S. 2020. Ocean science for sustainable development. IOC-UNESCO, *Global Ocean Science Report 2020–Charting Capacity for Ocean Sustainability*. K. Isensee (ed.), Paris, UNESCO Publishing, pp 175-195.

6.1 前言

为实现可持续发展，国际社会与联合国《2030年可持续发展议程》保持一致，可持续发展目标（SDGs）中概述了人类和地球现在和未来和平与繁荣的共同蓝图。这17项目标确定了所有国家所要实现的共同的社会、经济和环境愿望。可持续发展目标促进人类迈向一个没有贫困和饥饿的未来的旅程，一个适应气候变化的影响和人类对自然资源日益增长的需求的未来的旅程。可持续发展目标呼吁各国政府、机构和公众在可衡量的目标、具体目标和指标上达成一致，单独和集体地采取行动，使世界能够实现共同和繁荣的未来。这一雄心壮志也反映在即将到来的"海洋十年"的愿景中——"我们所需要的科学，我们所希望的海洋"——以及其使命"可持续发展的变革性海洋科学解决方案，将人与海洋联系起来"。海洋科学本质上是多学科的，它包括自然和社会科学学科、地方和本土知识以及进行研究所需的技术和基础设施。海洋科学研究的灵感来自海洋科学在社会利益方面的应用，其中包括在缺乏科学能力的地区进行知识转移和应用以及科学政策和科学创新。海洋科学激发了对自然界的探索和欣赏，阐明了海洋在地球系统中的核心作用，涵盖了陆海、海洋-大气和海洋-冰冻圈界面。

可持续发展目标14特别呼吁保护和可持续利用海洋和沿海地区："保护和可持续利用海洋和海洋资源以促进可持续发展"。将这一目标纳入《2030年议程》表明了对海洋在人类福祉中的关键作用的认识。海洋是全球最大的生物群落，为支持人类营养、健康和与自然界的精神联系提供了重要资源。因此，通过努力实现可持续发展目标14，各国也将以深刻的方式为所有其他可持续发展目标做出贡献。

可持续发展目标14包括10个具体目标，虽然海洋科学对于实现所有这些目标都是不可或缺的，但可持续发展目标具体目标14.a提到了海洋科学，特别是海洋技术转让。这一目标鼓励国际社会"增加科学知识，发展研究能力和转让海洋技术，同时考虑到政府间海洋学委员会《海洋技术转让的标准和准则》，以改善海洋健康，加强海洋生物多样性对发展中国家，特别是SIDS和LDCs'的贡献"[1]。可持续发展目标具体目标14.a涉及所有其他具体目标。作为一项扶持性目标，它有助于实现可持续发展目标14和许多其他可持续发展目标的总体目标。然而，各国的决心和行动取决于具体需求，这些需求因地区而异（见第6.2节）。

本章将分析海洋科学如何为实现可持续发展目标14和应对为完成"海洋十年"的具体成果面临的挑战做出贡献。[2] 本章各节重点介绍各国在衡量可持续发展目标14进展情况方面所做的努力，特别是其具体目标和指标、海洋科学对实现可持续发展目标14的贡献以及海洋科学为实现其他可持续发展目标提供的支持。从这些行动和活动中吸取的经验教训可以帮助各国、各组织和企业部门改进目前的战略，并制定新的变革性战略。

我们认识到，实现可持续发展目标14的过程，将有助于实现所有其他可持续发展目标（ICSU，2017）。然而，以下各节将仅提及基于"海洋十年"焦点以及IOC-UNESCO总体优先事项的选定内容，如可持续发展目标5主要是解决性别平等以及为妇女和女童赋权，可持续发展目标13侧重于气候。此外，第4章关于能力发展，第5章关于海洋科学产出，成功的海洋科学有赖于伙伴关系的建立，同时海洋科学也有利于在不同利益攸关方之间和各国之间建立新的合作。每个行动者都像拼图中的一块，正如可持续发展目标17所强调的那样，该目标促进和平与包容的社会以及可持续发展的全球伙伴关系，只有合作才能使多个利益攸关方在追求共同的海洋可持续发展议程中达成共识。

---

[1] SIDS小岛屿发展中国家；LDCs'——最不发达国家。
[2] 见《联合国海洋科学促进可持续发展十年实施计划》https://oceanexpert.org/document/27347。

6.2 实现可持续发展目标14的国家战略和机制

对GOSR2020问卷的答复表明，全球37个国家中有70%以上制定了实现《2030年可持续发展议程》目标的战略和路线图。然而，只有21%的国家报告，它们有一个专注于海洋和可持续发展目标14的具体战略（图6.1）。

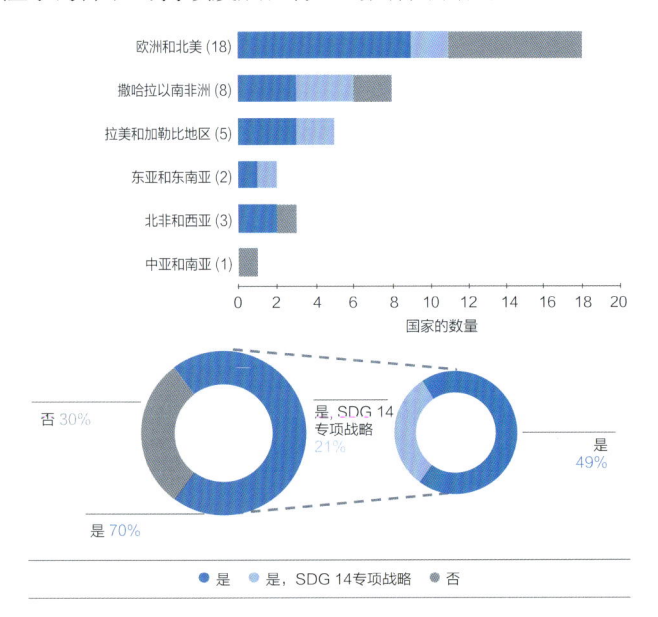

图6.1 按可持续发展目标区域集团报告已制定全球实现《2030年可持续发展议程》和/或可持续发展目标14的国家的分布情况

资料来源：数据基于GOSR2020调查问卷。

在撒哈拉以南的非洲地区，有6个国家制定了总体可持续发展目标战略，3个国家制定了专门针对可持续发展目标14的战略。对可持续发展目标14的关注可归因于该地区（包括南非、肯尼亚和莫桑比克等国）关于蓝色经济的新对话。2018年11月在内罗毕举行的可持续蓝色经济会议以及2050年非洲综合海洋战略充分表明人们对于海洋可持续管理对国民经济发挥的作用在认识上有了很大提高。[1] 来自184个国家的代表参加了此次活动，会议共做出了191项承诺，涉及塑料和废物管理、海洋和水资源保护、伙伴关系、基础设施、政策和监管措施、私营部门支持、生物多样性和气候变化、技术援助和能力建设以及渔业发展。在这些承

---

[1] 请参阅 https://au.int/en/documents-38。

[2] 请参阅 https://geohive.ie/catalogue.html。

诺中，有8个国家和3个组织做出了价值超过1 720亿美元的货币承诺。这些倡议在2019年5月得以持续，莫桑比克主办了"增长蓝色"会议，讨论对关键海洋部门的投资。此外，南非还投资了一个名为"Phakisa行动"的项目。该项目的重点是释放南非海洋的潜力，为国民生产总值（GDP）做出贡献。此外，几内亚等国有针对海洋的方案，特别是海洋科学方案，并在大学层面开展相关的能力发展活动。

爱尔兰公布了指导可持续发展目标干预措施的战略，如《可持续发展目标国家实施计划》《利用我们的海洋财富》《2017—2021年国家生物多样性行动计划》《智慧食品2025》、Geohive国家数据目录、[2]《国家气候适应战略（2018）》已经确定。爱尔兰《可持续发展目标国家实施计划》就实现不同目标和指标的干预措施以及政府计划调整其发展援助以支持全球其他国家等方面提供了指导。通过对这些战略的不断审查和报告，使爱尔兰能够跟踪其在实现联合国《2030年可持续发展议程》方面的进展。

可持续发展目标14国家联络点的存在是报告不同具体目标成果的重要指标。在全球范围内，超过60%的GOSR2020问卷答复国表示，为可持续发展目标14指定了一个联络点（图6.2）。

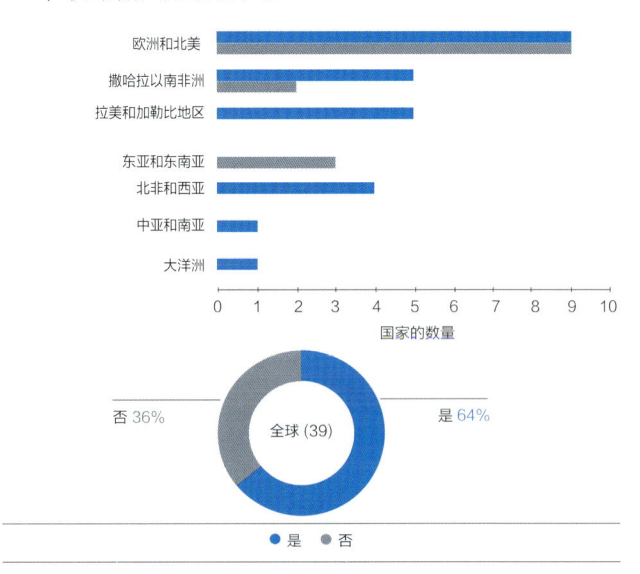

图6.2 按可持续发展目标区域集团报告已（或未）在全球层面指定国家可持续发展目标14联络点的国家分布情况

资料来源：数据基于GOSR2020调查问卷。

联络点所属机构，至于它们是否与各部委或其他国家组织有联系，因国家而异。一些联络点隶属于该国外交部，另一些隶属于贸易部、环境部或渔业部。伊朗的联络点是伊朗国家海洋学委员会，而加拿大有一个专门的可持续发展目标部门，该部门成立于2018年，旨在确保联邦部门、机构和加拿大利益攸关者有效协调《2030年可持续发展议程》活动。这种独特的安排使加拿大能够跟踪可持续发展目标的进展情况，特别是可持续发展目标14的进展情况。

在可持续发展目标14具体目标和指标的报告机制方面，25个国家确认它们已经建立了报告机制（图6.3）。

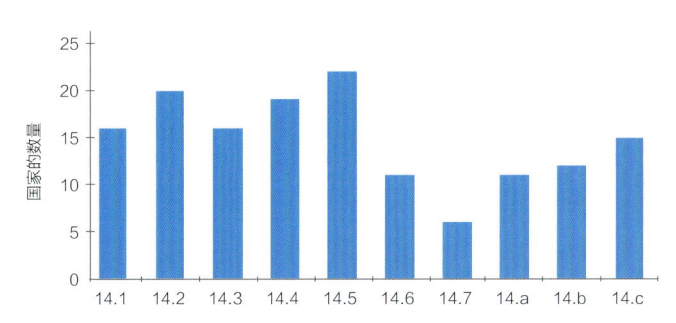

图6.3 为不同的可持续发展目标14具体目标和相关指标建立了国家报告机制的国家数量（共25个）
资料来源：数据基于GOSR2020调查问卷。

据统计，大多数国家报告了可持续发展目标的具体目标14.5，即："到2020年，根据国内和国际法，并基于现有的最佳科学资料，保护至少10%的沿海和海洋区域。" 其次是可持续发展目标的具体目标14.2："到2020年，通过加强抵御灾害能力等方式，可持续管理和保护海洋及沿海生态系统，以免产生重大负面影响，包括增强其韧性，并采取行动帮助它们恢复原状，使海洋保持健康，物产丰富。"问卷回复还表明，许多国家通过支持可持续发展目标的具体目标14.4，集中精力规范渔业，具体目标14.4为："到2020年，有效规范捕捞活动，终止过度捕捞、非法、不报告和无管制的捕捞活动以及破坏性捕捞做法，执行科学的管理计划，以便在尽可能短的时间内使鱼群量至少恢复到其生态特征允许的能产生最高可持续产量的水平。"

对可持续发展目标报告的答复反映在对GOSR2020关于海洋和沿海生态系统服务重要性的调查问卷的答复中。与海洋服务有关的三个重要优先领域是食物供应、娱乐和旅游以及海岸保护（图6.4）。

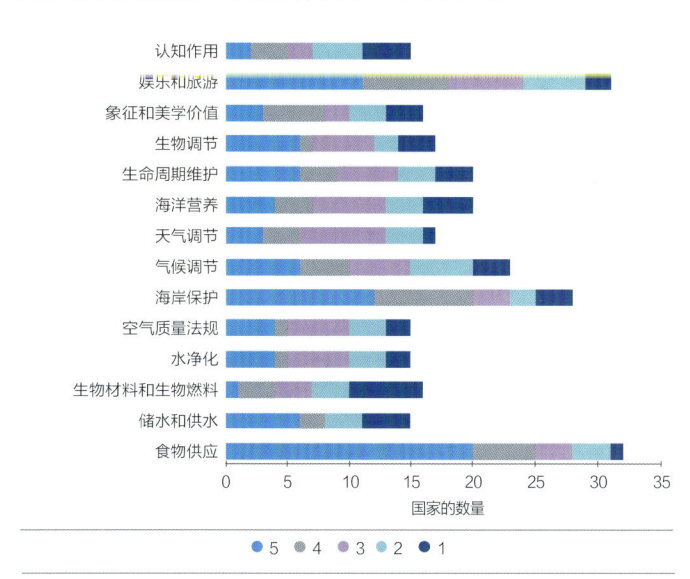

图6.4 不同海洋服务对各国的重要性（5代表高重要性 — 1代表低重要性）
资料来源：数据基于GOSR2020调查问卷。

6.3 海洋科学对实现可持续发展目标14具体目标的贡献

以下各节更深入地回顾了海洋科学如何促进并可能帮助实现可持续发展目标14的具体目标，并通过可持续发展目标14的指标衡量进展（表6.1）。GOSR2020调查问卷中的数据还提供了对具体可持续发展目标的国家报告的分析。

全球海洋科学报告：海洋可持续发展能力调查与展望
Global ocean science report, charting capacity for ocean sustainability

表6.1 截至2020年7月可持续发展目标14的具体目标、指标、指标等级分类清单[1]以及可持续发展目标14指标托管机构和伙伴机构

可持续发展目标14具体目标	可持续发展目标14指标	可持续发展目标指标等级分类清单[1]（2020）	可持续发展目标14指标托管机构和伙伴机构
14.1 到2025年，预防和大幅减少各类海洋污染，特别是陆上活动造成的污染，包括海洋废弃物污染和营养盐污染	14.1.1 （a）沿海富营养化指数；（b）塑料碎片密度	等级Ⅱ	UNEP-IOC-UNESCO, IMO, FAO
14.2 到2020年，通过加强抵御灾害能力等方式，可持续管理和保护海洋及沿海生态系统，以免产生重大负面影响，包括增强其韧性，并采取行动帮助它们恢复原状，使海洋保持健康，物产丰富	14.2.1 采用基于生态系统的办法管理海洋区域的国家数目	等级Ⅱ	UNEP-IOC-UNESCO, FAO
14.3 通过在各层级加强科学合作等方式，减少和应对海洋酸化的影响	14.3.1 在约定的一套代表性采样站测量的平均海洋酸度（pH值）	等级Ⅱ	UNEP-IOC-UNESCO
14.4 到2020年，有效规范捕捞活动，终止过度捕捞、非法、不报告和无管制的捕捞活动以及破坏性捕捞做法，执行科学的管理计划，以便在尽可能短的时间内使鱼群量至少恢复到其生态特征允许的能产生最高可持续产量的水平	14.4.1 生物可持续水平内的鱼类种群比例	等级Ⅰ	FAO
14.5 到2020年，根据国内和国际法，并基于现有的最佳科学资料，保护至少10%的沿海和海洋区域	14.5.1 保护区与海洋区域的关系	等级Ⅰ	UNEP-WCMC, UNEP, IUCN-Ramsar
14.6 到2020年，禁止某些助长过剩产能和过度捕捞的渔业补贴，取消助长非法、不报告和无管制捕捞活动的补贴，避免出台新的这类补贴，同时承认给予发展中国家和最不发达国家合理、有效的特殊和差别待遇应是世界贸易组织渔业补贴谈判的一个不可或缺的组成部分	14.6.1 旨在打击非法、不报告和无管制的捕捞活动的国际文书的执行情况	等级Ⅰ	FAO
14.7 到2030年，增加小岛屿发展中国家和最不发达国家通过可持续利用海洋资源获得的经济收益，包括可持续地管理渔业、水产养殖业和旅游业	14.7.1 小岛屿发展中国家、最不发达国家和所有国家的可持续渔业占国内生产总值的比例	等级Ⅰ	FAO, UNEP-WCMC
14.a 根据政府间海洋学委员会《海洋技术转让的标准和准则》，增加科学知识，培养研究能力和转让海洋技术，以便改善海洋的健康，增加海洋生物多样性对发展中国家，特别是小岛屿发展中国家和最不发达国家发展的贡献	14.a.1 分配给海洋技术领域研究的总研究预算比例	等级Ⅱ	IOC-UNESCO-UNEP
14.b 向小规模个体渔民提供获取海洋资源和市场准入机会	14.b.1 各国在通过和实施承认和保护小规模渔业准入权的法律/监管/政策/体制框架方面取得的进展	等级Ⅰ	FAO
14.c 按照《我们希望的未来》第158段所述，根据《联合国海洋法公约》所规定的保护和可持续利用海洋及其资源的国际法律框架，加强海洋和海洋资源的保护和可持续利用	14.c.1 通过法律、政策和体制框架批准、接受和执行《联合国海洋法公约》所反映的国际法的与海洋有关的文书以养护和可持续利用海洋及其资源的国家数目	等级Ⅱ	UN-DOALOS, FAO, UNEP, ILO, other UN-Oceans agencies

1 等级分类标准/定义：第Ⅰ级：指标概念明确，具有国际公认的方法和标准，并且各国定期为指标相关的每个区域至少50%的国家和人口提供数据。第Ⅱ级：指标概念明确，具有国际公认的方法和标准，但各国并不定期编制数据。第Ⅲ级：该指标尚无国际公认的方法或标准，但正在（或将要）制定或测试方法/标准。
资料来源：联合国统计委员会。

> 可持续发展目标14.1：到2025年，预防和大幅减少各种海洋污染，特别是陆上活动造成的污染，包括海洋废弃物污染和营养物污染

在对GOSR2020调查问卷中相关问题做出答复的39个国家中，欧洲、北美和撒哈拉以南的非洲地区拥有报告机制来衡量可持续发展目标具体目标14.1的进展情况的国家数量最多（图6.5）。如在该方面行动有限，可能导致在处理海洋污染方面缺乏治理以及在政策层面缺少干预，而海洋污染治理对于保持海洋的活力和健康至关重要。

在科学界之外，污染物会对海洋造成影响是最近才被认识到的，鉴于海洋盆地可以储存大量的水，"稀释是污染的解决方案"的假设尤其适用于海洋。然而，在20世纪70年代，科学家们已经开始记录全球沿海水域养分过度富集的影响，这是人工肥料使用量急剧增加的结果（Boesch, 2002）。

据观察，过量的养分，特别是氮，会引发河口和沿海水域藻类的大量繁殖，导致有些区域溶解氧的能力降低，海草床和其他宝贵的沿海生境减少（National Research Council，2000）。得益于海洋科学的发展，发现了造成沿海地区污染的其他污染物，如重金属，多氯联苯（PCB）和石油化合物等（National Research Council，1989）。

在为解决沿海水域污染问题做出努力的过程中，很快发现了这一问题的复杂性，不仅在查明污染的来源和结果方面，而且在了解对生态系统的影响方面，包括拟议解决办法的一些负面影响（例如，重新移动沉积物中的污染物，导致鱼类的毒性暴露增加）。为了系统地解决这种复杂性问题，科学家们改进了用于人类毒理学风险评估的程序，制定生态风险评估方法，其结果可以应用于基于风险的决策，以制定政策和法规（Norton et al., 1992）。

在可持续性方面，污染的影响通过许多途径影响社会，包括人类健康（如毒素、海产品供应减少）、渔业生产力下降、娱乐机会减少、旅游业收入损失以及生物多样性减少带来的（生态和经济）损失（Millennium Ecosystem Assessment，2005）。为了量化，需要对"提供的服务"进行分析，以将生态系统特征与其对社会的有用性联系起来。记录这些生产功能需要研究和科学监测，以确保在决策中充分考虑生态系统的价值。

可持续发展目标14.1和相关指标侧重于营养物污染和塑料碎片。对营养物污染以及如何治理的调查是在过去50年中进行的大量研究的基础上开展的，这些研究记录了营养物污染的影响并确定其来源。然而，对海洋环境营养输入的区域管理仍然是一项斗争，需要编制营养预算，以评估各种来源的输入，并确定可能对这一问题产生重大影响的干预措施。此外，海洋科学有助于开发解决方案，以减少沿海水域的过度富集，这些解决方案具有成本效益和可实施性。例如，沿海湿地被认为是营养过剩的主要汇。使用基于科学的方法恢复已丧失的沿海湿地可以帮助治理营养过剩，同时提供其他生态系统服务，如鱼类栖息地（Alexander et al., 2016）。此外，在过去十年中，海洋中塑料的积累引起了科学界和公众的关注。

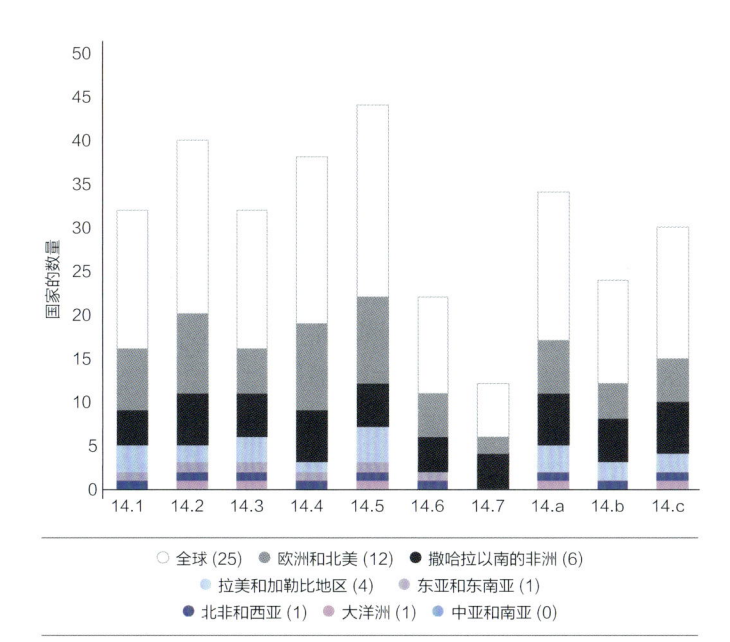

图6.5 按可持续发展目标区域集团划分，针对不同的可持续发展目标14的具体目标，拥有报告机制的国家数量
资料来源：数据基于GOSR2020调查问卷。

全球海洋科学报告：海洋可持续发展能力调查与展望
Global ocean science report, charting capacity for ocean sustainability

从2014年第一届"我们的海洋"会议开始，塑料污染一直是海洋污染重点关注领域，也是由G20各国国家科学院组成的Science20（S20）声明中强调的主题。[1] 就"海洋十年"而言，这既是十年挑战1："了解和绘制陆地和海洋污染物的来源及其对人类健康和海洋生态系统的潜在影响，并制定减轻或消除这些影响[2]的解决方案"，也是社会成果的一部分"一个清洁的海洋，污染得以识别，减少或消除"。然而，对海洋中塑料的研究可以追溯到20世纪70年代对马尾藻海的研究（Carpenter，Smith，1972）以及创造"大太平洋垃圾带"一词来描述北太平洋亚热带环流中塑料的积累（Moore et al., 2001）。从那时起，有许多出版物描述和记录了微塑料的存在（Thompson et al., 2004），并第一次长期（25年的时间序列）记录地表水中的塑料含量（Law et al., 2010）。2015年，一篇综合论文估计了192个独立国家对2010年产生的塑料废物的诸多管理不善之举（Jambeck et al., 2015）。他们的研究结果表明，尽管许多发达国家的废物管理不善的比例相对较低（2%），但其每日人均塑料废物产生量较高（在废物管理、回收或焚烧之前）导致了相当大数量的塑料浪费。鉴于这些调查结果，仍然需要加强各国的报告机制，以便能够就废物管理采取全球集体行动。

> 可持续发展目标具体目标14.2：到2020年，通过加强抵御灾害能力等方式，可持续管理和保护海洋及沿海生态系统，以免产生重大负面影响，包括增强其韧性，并采取行动帮助它们恢复原状，使海洋保持健康，物产丰富

在全球范围内，对GOSR2020调查表做出答复的国家显示，它们有开展具体活动促进海洋资源的可持续利用和/或制定了蓝色/海洋经济战略（图6.6）。这表明

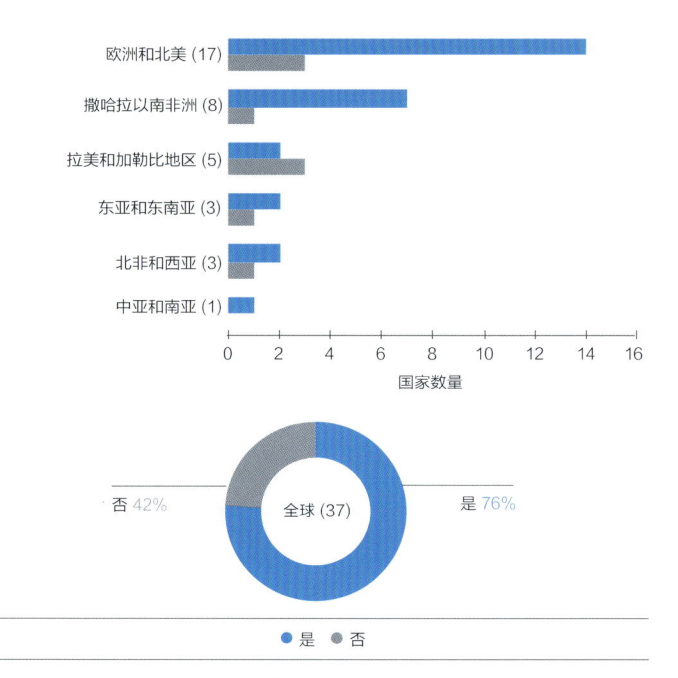

图6.6 报告在可持续利用海洋资源方面开展具体活动和/或按可持续发展目标区域集团在全球一级制定蓝色/海洋经济战略的国家分布情况
资料来源：数据基于GOSR2020调查问卷。

了全球已经意识到，并正在努力关注海洋发展战略中的可持续性问题。根据图6.6的调查结果，欧洲、北美和撒哈拉以南的非洲的几个国家报告了评估可持续发展目标具体目标14.2实现情况的机制（图6.5）。

这些战略（图6.6）涵盖的范围从意大利的生物经济战略和摩洛哥的蓝带倡议到南非的Phakisa行动。海洋和沿海生态系统的可持续管理也体现在海洋空间规划过程中。海洋空间规划在若干国家进展顺利，目前在世界较不发达区域也正在开展。海洋空间规划（MSP）提出了一种制定战略的方法，通过对区域各种用途的空间和时间分配，平衡海洋的保护和可持续利用，同时确保它们保留其生态系统服务的功能。[3]

海洋空间规划（MSP）的一个方面是建立海洋保护区（MPA），以确保海洋物种和生境的养护。此外，还有各种用于特定应用的封闭区域，例如地方管理的海洋区域（LMMA）。

---

1 请参阅http://www.scj.go.jp/ja/info/kohyo/pdf/kohyo-24-s20jp2019-1.pdf。
2 请参阅联合国《海洋科学促进可持续发展十年实施计划》2.0版，见http://oceanexpert.org/。
3 请参阅http://msp.ioc-unesco.org。

160

一些国家制定了可持续利用海洋空间的政策，旨在支持水产养殖。例如，加拿大有渔业和水产养殖清洁技术采用计划，该计划旨在从2017年到2021年的4年内投资2 000万加元，以帮助加拿大渔业和水产养殖业改善其环境绩效。

为了确保水产养殖产品的安全和海洋环境的健康，20世纪60年代中期启动了贻贝观察计划。在这些计划中，贻贝被用来监测污染物和有毒藻类的水平，以确保它们保持在可接受的范围内。然而，多年来，海洋科学在海洋中发现了新的污染物，例如新一代农药、药用活性化合物、抗生素和新病原体，这些污染物可能对人类健康产生不利影响（Rodriguez et al., 2007）。

科学评估表明，健康的珊瑚礁生态系统有能力耗散高达97%的到达海岸线的波浪能（Meriwether et al., 2018），它们有助于海滩沙滩的形成（Shaghude et al., 2013）。它们的功能受到海洋变暖、海洋酸化、疏浚和污染等人为因素的威胁，全世界都在共同努力恢复退化的珊瑚礁地区。海草床位于热带地区，位于红树林和珊瑚之间，在沉积物保留、波浪能消散和碳储存方面具有重要意义。然而，海草床恢复工作仍处于起步阶段，世界不同地区的许多试验表明，基于生态系统的特定压力源类型的不同，修复的成功程度参差不齐（Meriwether et al., 2018）。

2019年，认识到全世界需要关注生态系统退化，联合国大会（UNGA）宣布2021—2030年为"生态系统恢复十年"。这是促进生态系统保护和恢复的呼吁。联合国环境规划署（UNEP）和联合国粮食及农业组织（FAO）的任务是在本十年内领导行动的实施。"生态系统恢复十年"的愿景是将科学支持的、前面提到的恢复工作扩大到覆盖数百万公顷的大片地区。

所有适应和减缓的模式都需要同时采取体制、个人、社会文化、工程、行为和/或基于生态系统的措施。跨空间和社会尺度的不同适应方案的有效性和绩效受到其社会接受度、政治可行性、成本效益、共同利益和利弊权衡的影响（Jones et al., 2012；Adger et al., 2013；Eriksen et al., 2015）。此外，海洋生态系统的管理可以是一种可行的低技术含量，具有成本效益的适应战略，它将产生从地方到全球规模的多种协同效益，改善未来的环境和人类的前景（Roberts et al., 2017）。

可持续发展目标具体目标14.3：通过在各层级加强科学合作等方式，减少和应对海洋酸化的影响

图6.5显示了为解决可持续发展目标具体目标14.3关于海洋酸化已建立报告机制的国家数量。迄今为止，总共只有16个国家建立了报告机制，其中5个国家位于欧洲和北美地区，5个国家位于撒哈拉以南地区。

自20世纪80年代以来，海洋吸收人为二氧化碳排放总量的20%～30%。从80年代末开始，开阔海洋表面pH值每十年下降0.017～0.027 pH单位值——这一过程称为海洋酸化（IPCC，2019）。海洋酸化造成海洋生物环境中的pH值较低以及碳酸根离子较低，使海洋生态系统面临风险（Orr et al., 2005；Gehlen et al., 2011；Kroeker et al., 2010）。海洋酸化影响沿海生态系统的宜居区和生物多样性以及生态系统的功能和服务（IPCC，2019）。与海洋变暖和脱氧一样，海洋酸化可导致生态系统群落发生巨大变化，生物多样性降低，种群灭绝，珊瑚白化和传染病，生物行为改变（包括繁殖）以及栖息地重新分配等（如Gattuso et al., 2015；Molinos et al., 2016；Ramírez et al., 2017）。海洋热浪，加上极端的脱氧和酸化，可能会在海洋生物多样性和生态系统功能方面引起意想不到的快速和戏剧性变化（Frölicher et al., 2018；Smale et al., 2019）。

对于沿海地区，海洋酸化的模式往往因淡水输入、沿海上升流、生物活动和温度变化等自然过程而复杂化。这些因素使得在富有活力和生产力的沿海地区预测和管理对海洋酸化的反应变得更加困难。

近年来，国际社会为支持和实施全球海洋酸化观测系统做出了一系列努力。监测表层海洋pH值已成为许多国际科学倡议的重点，例如全球海洋酸化观测网（GOAON）（Newton et al., 2013）。为了探测海洋酸化，观测必须以足够描述碳酸盐化学变化和趋势的频率进行。只有这样才能帮助提供关于面临海洋酸化及海洋酸化对海洋系统影响的关键信息。还必须提高全世界的海洋科学能力，使海洋酸化观测数据具有足够的质量，并辅之以全面的元数据信息，以便能够在区域和全球一级与其他地点的数据相结合。[1] IOC-UNESCO是负责可持续发展目标指标14.3.1的联合国组织，该指标衡量可持续发展目标具体目标14.3的进展情况。

然而，为了制定适当的海洋酸化应对措施并减轻海洋酸化的影响，必须考虑多个参数，包括海洋酸化的程度和速度、气候变化、风险态度以及个人和机构的社会偏好（Adger et al., 2009；Brügger et al., 2015），同时要获得财政支持，提高技术和人员的能力（Berrang-Ford et al., 2014；Eisenack et al., 2014）。

可持续发展目标具体目标14.4：到2020年，有效规范捕捞活动，终止过度捕捞、非法、不报告和无管制的捕捞活动以及破坏性捕捞做法，执行科学的管理计划，以便在尽可能短的时间内使鱼群量至少恢复到其生态特征允许的能产生最高可持续产量的水平

欧洲和美洲的十个国家以及撒哈拉以南非洲地区的六个国家表示，它们已经建立了可持续发展目标14.4的报告机制（图6.5），表明这些国家认识到需要制定和实施可持续的渔业管理办法。

在海洋提供的众多服务中，渔业和水产养殖业因其对粮食安全、生计和收入的贡献稳步增加而受到关注（FAO，2020）。虽然渔业和水产养殖历来仅限于沿海地区，但技术的发展使这些活动有可能从近海向更深水域延伸（Mengerink et al., 2014），包括国际水域，那里几乎没有监管和执法来确保可持续性开发。

在领海扩张和根据1982年《联合国海洋法公约》宣布200海里专属经济区（EEZ）之后，许多沿海国家试图扩大其捕鱼船队，以利用其新的领海和其中的资源。为了促使新兴产业与成熟的商业渔业竞争，政府提供了补贴，以帮助在本国建立起新兴行业。随着产业扩张和能力提高，一些地区的沿海渔业产量因过度捕捞而开始下降，这刺激了那些有远航能力的渔船向深海移动。许多国家的应对措施是加强管制，以更好地管理其资源，使渔获量与现有资源相匹配。然而，由于渔业存量减少，一些补贴持续存在，为渔业扩展到国际水域提供了资金，甚至有些国家会在缺乏近海捕鱼能力或领海巡逻能力的其他沿海国家的领海中进行渔业捕捞（Sakai et al., 2019），从而导致非法、不报告和无管制（IUU）渔业。

打击非法、不报告和无管制的捕捞活动已成为国际优先事项。2009年，FAO通过了《关于预防、制止和消除非法、不报告、无管制捕捞的港口国措施协定》（PSMA）。该协定于2016年生效（FAO，2020）。目前，PSMA协议有66个缔约方。通过采取针对外国船只进入港口的措施，实施PSMA将有助于确保发现非法、不报告和无管制的捕捞活动。它涵盖的措施有进一步调查可疑活动，尤为重要的是，报告和通知这些行动的效力在消除监测到的IUU渔业活动方面取得的进展。

然而，估计IUU渔业规模是一个复杂的问题，取决于许多因素，例如渔业类型和信息的获取，估计需要具有可比性（FAO，2020）。为了恰当说明在实现制止IUU渔业活动的目标方面取得的进展，需要有新的创新办法收集相关信息。这可能包括开发创新技术以改进卫星图像和跟踪情况，进行图像分析以进行船只识别和定位，电子监控以及通过可以确定海产品种类和来源的测试来提高可追溯性。这个案例说明海洋科学

---

[1] 请参阅 https://oa.iode.org。

在本质上仍然是管理和执法的核心。

打击跨国有组织犯罪全球倡议联合"波塞冬——水产资源管理有限公司"推出了一个跟踪IUU渔业活动的指数。该指数体系包含40个指标，每个指标都与"责任"和"类型"相关。沿海责任涉及一个国家对其专属经济区（EEZ）的管理。"船旗"责任是各国为管理悬挂其国旗的船只而应采取的措施。"港口"责任涉及控制港口的渔业活动。"一般"指标是那些不特定于沿海、船旗国或港口国责任的指标。指标类型涉及一国为减少IUU渔业活动而采取的针对脆弱性（暴露于IUU渔业活动的风险）和流行程度（已知或怀疑IUU渔业活动及应对措施）的行动。指标数据来自二手来源和专家意见，通常以海洋观测和海洋科学为基础。[1]

对许多欠发达国家来说，人工渔业为沿海社区提供了重要的收入来源，也是蛋白质的基本来源。此外，渔业深植于文化和传统中，商业活动代代相传，就像农业通过陆地上的家庭代代传承一样。

负责相应的可持续发展目标指标14.4.1（生物可持续水平内的鱼类种群比例）的联合国组织是FAO。该指标以FAO对主要渔区的评估为基础，需要针对国家一级的评估进行调整。对跨越专属经济区和公海的种群的评估有赖于通过渔业的不同方法收集的数据，从人工规模到工业规模，这对一些发展中国家来说可能很困难，因为收集这些数据的工作是技术密集型的，且成本高昂。根据对水样中环境DNA的分析，正在开发新的遗传学方法，这些方法有望为监测鱼类的多样性和潜在的鱼类丰度提供一种敏感的且负担得起的方法，供资源管理人员使用（Kelly et al., 2017; Liu et al., 2019）。使用无人驾驶船只对鱼类丰度进行声学调查的新技术也在开发中，该技术有望扩大数据收集能力，而无需对船舶进行投资。[2] 同样，这种新方法和技术都是基于海洋科学的探索发现。

区域合作对于确保按照可持续发展目标指标14.4.1的估算和报告方法、标准和操作程序指南，以统一的方式收集数据非常重要（FAO，2018））。

然而，最新的结果表明，根据可持续发展目标具体目标14.4的进展情况，2020年难以完成目标（FAO，2019）。

可持续发展目标具体目标14.5：到2020年，根据国内和国际法，并基于现有的最佳科学资料，保护至少10%的沿海和海洋区域

GOSR2020调查问卷显示，全球IOC-UNESCO成员国优先考虑并重视粮食供应、沿海保护、休闲娱乐和旅游业，这些服务对于成员国人口最为重要（图6.4）。而这些服务的基础是健康和清洁的沿海和海洋环境，可持续发展目标具体目标14.5旨在加强对沿海和海洋环境的保护，以确保继续提供海洋服务。进一步的分析表明，欧洲和北美在可持续发展目标具体目标14.5的报告机制方面处于领先地位，其次是撒哈拉以南的非洲（图6.5）。

2018年1月，3.6%的海洋，包括国家管辖范围以外的区域，被列为海洋保护区（MPA），其中只有2%受到全面保护（禁止包括捕鱼在内的所有人类活动）。各国有意向再保护1.6%，各国和保护机构已承诺再保护2.1%（Sala，2018）。对完全受保护的海洋保护区（MPA）的科学评估表明，鱼类生物量和物种丰富度有所增加，表明充分保护对维持海洋服务（如粮食供应、沿海保护和娱乐/旅游）的价值。要想有效设计、实施和监测海洋保护区的生态状况需要科学地了解目标保护区的生境和生物资源状况。适应性管理，其中管理措施旨在解决科学上的不确定性，可用于为受保护的地区制定更有效的方法。为了实现可持续发展目标具体目标14.5，应监测未来的行动，以记录保护水

---

[1] 请参阅 http://iuufishingindex.net/methodology.pdf。
[2] 请参阅 https://www.fisheries.noaa.gov/feature-story/autonomous-vehicles帮助科学家估计鱼类丰度，同时保护人类。

平，并提供跟踪进展所需的数据。

保护工作面临的挑战包括：沿海开发对空间的竞争性需求，缺乏科学专业知识以及执行阶段之后的资金需求，用以研究管理行动的影响并在必要时进行调整。增加海洋区域保护面积和有效性必须包括一系列保护行动，例如制定分区计划和生物多样性补偿[1]，这些都是全球海洋空间规划（MSP）进程的一部分（Meriwether et al., 2018）。一种可能性是利用海洋空间规划（MSP）建立海洋保护区（MPA）网络，在脆弱的海洋保护区周围建立缓冲区，并建立蓝色走廊，以支持同一物种的不同种群和生命阶段之间的交流。这也将有助于实现可持续发展目标的具体目标14.2（Rees et al., 2018）。

可持续发展目标具体目标14.6：到2020年，禁止某些助长过剩产能和过度捕捞的渔业补贴，取消助长非法、不报告和无管制捕捞活动的补贴，避免出台新的这类补贴，同时承认给予发展中国家和最不发达国家合理、有效的特殊和差别待遇应是世界贸易组织渔业补贴谈判的一个不可或缺的组成部分

可持续发展目标具体目标14.6所针对的政策问题乍一看对海洋科学的直接影响较小。然而，由于补贴和IUU渔业活动导致海洋资源的枯竭，因此有必要应用海洋科学来记录种群状况，用于制定管理和治理制度。FAO最新估计，全球多达20%的渔获量来自IUU渔业活动，[2] 这表明IUU渔业活动的规模越来越影响海洋渔业的可持续性发展。

如果补贴支持的是不可持续的渔业能力，那就会损害渔业的发展（Sumaila et al., 2019）。然而，一些补贴被认为是有益的。这些有益的补贴包括引导对自然资本进行资产投资的计划，通过养护促进鱼类种群增长的计划以及通过控制和监测措施对渔获量进行监测，以实现最大的长期可持续净收益的计划。

Sumaila等（2010年）强调，提高补贴报告的透明度和问责制迫在眉睫。提高该行业账户的透明度将有助于量化补贴需求。加强补贴对部门影响的监测，有利于确定哪些补贴效益最大。

自2001年以来，世界贸易组织（WTO）一直在谈判渔业补贴规则，目标是禁止助长产能过剩和过度捕捞的补贴。预计2020年部长级会议将通过一项相关协议。[3]

根据GOSR2020问卷的结果，只有11个国家确认了解决可持续发展目标具体目标14.6的报告机制——欧洲和北美有5个国家，撒哈拉以南非洲有4个国家，东亚和东南亚以及北非和西亚均为1个国家，因此无法衡量实现该目标的进展情况。未来渔业的可持续管理只能通过加强努力和政策意愿来实现（图6.5）。

可持续发展目标具体目标14.7：到2030年，增加小岛屿发展中国家和最不发达国家通过可持续利用海洋资源获得的经济收益，包括可持续地管理渔业、水产养殖业和旅游业

负责可持续发展目标指标14.7.1的联合国组织是FAO。虽然该目标促进海洋资源的可持续利用，"包括渔业、水产养殖业和旅游业"，但IAEG-SDGs[4]确定的指标仅侧重于渔业对海洋资源的可持续利用。因此，FAO提出可持续渔业占国内生产总值百分比的衡量方法。[5] 在GOSR2020调查问卷中回答相关问题的39

1　生物多样性补偿是可衡量的保护成果，旨在补偿项目的不利和不可避免的影响以及已经实施的预防和缓解措施。见 http://www.fao.org/port-state-measures/en。
2　请参阅http://www.fao.org/port-state-measures/en。
3　请参阅https://www.wto.org/english/tratop_e/rulesneg_e/fish_e/fish_e.htm。
4　可持续发展指标机构间专家组。
5　请参阅 https://unstats.un.org/sdgs/metadata。

个国家中，只有6个国家建立了与可持续发展目标具体目标14.7相关的报告机制——撒哈拉以南非洲为4个国家，欧洲和北美为2个国家——这突出表明，当前评估实现该目标进展情况的数据库不足。

在关注小岛屿发展中国家（SIDS）时，必须采取整体方法，而不是单一部门方法。小岛屿发展中国家（SIDS）往往拥有广泛的国家保护区域网络，它们的政府正在努力保护大多数专属经济区（EEZ）。然而，海洋管理和治理是一项复杂的任务，应该考虑政治、社会、经济和环境系统，并得到应用海洋科学的支持（Prakash et al., 2019）。应用海洋科学产生了关于地方和区域系统的知识，使世界的发达国家能够应用综合生态系统管理和综合空间管理。在地方一级，环太平洋国家使用地方管理工具，例如为了子孙后代的发展，保护一些地区免受渔业捕捞压力。地方管理的海洋区域使用地方管理工具时通常基于强大的文化基础。需要进一步通过国家奖励制度和长期领导机制，表彰小岛屿发展中国家居民和公民在解决方案设计和提案制定方面贡献的专业知识。

为了实现可持续发展目标具体目标14.7，重要的是要承认水产养殖目前是世界上增长最快的食品工业，占全球海产品供应总量的50%以上。然而，如前所述，水产养殖在未来面临巨大挑战。可持续发展影响峰会的一部分内容，[1] 就是讨论需要对相关海洋科学进行投资的几种可持续技术，包括：使用循环水养殖系统（RAS）将水产养殖转变为陆基再循环系统；使用海洋网栏的近海水产养殖系统；多营养级水产养殖设施以及投资可再生能源为水产养殖提供动力。

生态旅游通过为当地社区提供更可持续的、资源保护的、维护生物多样性的和促进资源可持续利用的替代生计来源来支持当地社区发展，从而使游客能够在体验自然风光的同时保护环境的生态功能，提供经济效益。对于小岛屿发展中国家（SIDS）来说，海洋科学支持的生态旅游具有保护珊瑚礁、鱼类和其他海洋生物苗圃的潜力，这反过来又将支持海洋资源的可持续利用，从而全面实现可持续发展目标14。

可持续发展目标具体目标14.a：根据政府间海洋学委员会《海洋技术转让的标准和准则》，增加科学知识，培养研究能力和转让海洋技术，以便改善海洋的健康，增加海洋生物多样性对发展中国家，特别是小岛屿发展中国家和最不发达国家发展的贡献

海洋科学是可持续发展目标具体目标14.a的重点。它跨越了可持续发展目标14的所有具体目标。

同样，只有11个国家确认建立了针对14.a的报告机制（图6.5）。然而该数据明显较低，因为有关可持续发展目标指标14.a.1（第3章所示）提交的数据是基于27个国家提交的信息。IOC-UNESCO是可持续发展目标分项指标14.a.1的托管机构，该指标报告了分配给海洋技术领域研究的总研究预算的比例。对于一些国家来说，海洋科学预算在2013—2017年间差异很大。随着时间的推移，14个国家增加了平均预算，而9个国家减少了平均预算，在某些情况下减少得相当明显（见第3章）。虽然这表明全球部分地区对海洋科学对可持续发展的重要性的认识有所提高，但基本数据库有限，需要将相关数据的收集和分析纳入主流，以适当查明趋势和发展情况。海洋科学基金是对未来的投资；然而，小岛屿发展中国家（SIDS）和最不发达国家（LDC）往往只有有限的能力来满足对科学支持的需求，导致全球南半球国家对海洋观测和研究的巨大差距（见第4章和第5章）。预计区域间和全球伙伴关系将为克服这一障碍提供巨大机会。以海洋科学为重点的全球会议，特别是"海洋十年"，将为研究提供支持，通过建立新的网络和科学家社区，共同努力帮助弥补技术和资金差距。

为了实现可持续发展目标具体目标14.a的第二部分，将海洋健康置于行动的中心，开展新科学研究，

---

1 请参阅 https://www.weforum.org/events/sustainable-development-impactsummit。

全球海洋科学报告：海洋可持续发展能力调查与展望
Global ocean science report, charting capacity for ocean sustainability

确定现有的海洋生物多样性，并了解变化的原因和基本机制。进一步了解现状以及它是如何受到威胁的，使各国制定可持续的蓝色经济战略，确保沿海社区的福祉。

可持续发展目标具体目标14.b：向小规模个体渔民提供获取海洋资源和市场准入机会

可持续发展目标具体目标14.b的指标被表述为"各国在通过和实施承认和保护小规模渔业准入权的法律/监管/政策/体制框架方面取得的进展"。报告这一目标的国家中，有很大比例来自撒哈拉以南的非洲（图6.5），这表明了这些海岸线上的社区在很大程度上依赖小规模人工渔业来维持生计。

可持续发展目标指标14.b.1衡量了具体目标的"获取权"方面。这是基于FAO成员国对《负责任渔业行为守则》（CCRF）调查问卷答复的一项综合指标，该调查问卷由FAO每两年分发给成员国、政府间组织（IGO）和国际非政府组织（INGO）。该指标是根据调查给定年份，各国为执行《粮食安全和扶贫背景下保障可持续小规模渔业自愿准则》（《小规模渔业准则——FAO，2015》）的选定关键条款计算得出的。

SSF指南（《小规模渔业指南》）是全球自下而上进行社区协商过程的结果，包括海洋科学家等不同利益攸关者。2011—2014年期间，超过4 000名参与者共同努力，包括政府代表、小规模渔民和渔业工人及其组织、区域组织、海洋学家和渔业科学家、发展伙伴和其他利益攸关方。这一过程的成果为FAO技术磋商工作奠定了基础，磋商最终确定了SSF指南，为确保可持续发展小规模渔业，使FAO能够为消除饥饿和贫困做出贡献提供了基本工具。

可持续发展目标指标14.b.1，特别是SSF指南，说明研究产生的数据和知识如何有助于政策制定者针对小规模渔业做出有效决策，并为渔业社区和倡导者寻求支持提供强有力的理由。通过这种方式，研究可以支持SSF指南的实施，实现可持续发展的目标。

联合国大会已宣布2022年为国际人工渔业和水产养殖年（IYAFA 2022），旨在提高对小规模渔民、养鱼户和渔业工人在粮食安全和营养、消除贫困和可持续利用自然资源等方面作用的认识，促进为实现具体目标14.b而采取行动。IYAFA 2022属于"联合国家庭农业十年"（UNDFF 2019—2028），预计纳入这两者将为小规模生产者提供更大的知名度。

可持续发展目标具体目标14.c：按照《我们希望的未来》第158段所述，根据《联合国海洋法公约》所规定的保护和可持续利用海洋及其资源的国际法律框架，加强海洋和海洋资源的保护和可持续利用

实施和执行国际海洋法是可持续发展目标具体目标14.c的要求，也是一个类似于具体目标14.a和14.b的总体的和跨领域的目标。虽然这一目标的实现并不直接取决于海洋科学，但它为注重可持续利用海洋及其资源的以解决方案为导向的海洋科学提供了法律框架。

图6.5显示了不同可持续发展目标区域中拥有可持续发展目标具体目标14.c报告机制的国家数量。

联合国就全球问题做出的若干决定，如减轻和适应气候变化以及养护和可持续地公平利用生物多样性等，都是基于海洋科学提供的信息。举例来说，在气候变化领域，科学研究和系统观测的结果使得能够计算出全球碳预算及其中的海洋贡献，排放量变化及海洋随之引发的反应，这些信息已被用作《联合国气候变化框架公约》（UNFCCC）及其《巴黎协定》缔约方之间谈判的基础。此外，持续海洋观测的方法和多年来在海洋观测行动中吸取的经验教训，直接证明了UNFCCC"充分报告"的必要性，即观测如何最好地满足缔约方成员对数据和信息的需求。

海洋科学在国际决策和政策制定方面发挥影响的另一个例子是深海海底生物多样性研究，包括它们对健康和工业的影响。通过海洋研究与调查结果的政策影响和应用的学术研究相印证，为国际社会达成《联

合国海洋法公约》（UNCLOS）下的专门执行协定这一突破性协议铺平了道路。该协议既为了当下，也为了子孙后代的利益，以保护和可持续地利用国家管辖范围以外地区的生物多样性。

海洋科学与政策之间的交流不是直接的，而是通过科学评估加以调解，例如联合国政府间气候变化专门委员会（IPCC）与生物多样性和生态系统服务政府间科学政策平台（IPBES）的工作。"社会化"的过程，就是对研究和观测的结果进行评估和转化，变为决策者可用的语言，这为海洋科学机制与政治机制的连接提供了必要的接口，这种相互作用对于紧迫的未解决的问题或新出现的可持续性问题特别重要，例如气候变化、海洋健康以及越来越引起关注的人类福祉问题。

6.4 海洋科学对其他具体可持续发展目标的贡献

可持续发展目标14与实现整个《2030年议程》以及所有其他可持续发展目标有关（ICSU，2017；UN，2019）。但与其他可持续发展目标的关系和相互依赖的强度各不相同（Singh et al., 2018）。此外，《2015—2030年仙台减少灾害风险框架》[1]与《2030年议程》共同作为让我们的社区更安全、更能抵御灾害的指引。许多海啸和全球海洋观测系统活动有助于实现这一框架（UN，2019）。在本节中，强调了包括具体目标在内的三个可持续发展目标，作为海洋科学的受益者或有助于实现可持续发展目标14。它们是：可持续发展目标5，以性别平等为重点；可持续发展目标13，在气候变化的背景下处理可持续发展问题；可持续发展目标17，强调伙伴关系的重要性。这三个可持续发展目标符合UNESCO在性别和气候变化方面的总体优先事项以及"海洋十年"筹备期间确定的预期成果和挑战。

这些联系，能够在帮助政策制定者认识到为推动某个可持续发展目标而制定的政策对其他可持续发展目标有影响这一事实方面，起重要作用。其中的关系在这里并未详细列举，但说明了各国有机会将所有可持续发展目标视为相互补充，而非单独的独立目标（Le Blanc et al., 2017）。

可持续发展目标5：实现性别平等，增强所有妇女和女童的权能

可持续发展目标14没有具体涉及性别问题，但女性在海洋科学、渔业和资源保护方面发挥着关键作用（Agarwal，2018）。具体而言，具体目标14.4、14.5、14.6、14.a和14.b与可持续发展目标具体目标5.5有联系（Le Blanc et al., 2017；Singh et al., 2018）。研究表明了对妇女的影响，如渔业价值链中的结构性不平等、资源退化造成的脆弱性、性别盲视政策造成的性别遮蔽、在获得信贷和教育等方面存在的性别障碍以及由于习惯传统等原因很少有女性有参与治理的机会等（Österblom et al., 2020）。可持续发展目标具体目标5.5致力于"使妇女充分有效地参与政治、经济和公共生活的各级决策，并有平等的机会发挥领导作用"，可持续发展目标具体目标5.c敦促"采取并加强健全的政策和可执行的立法，以促进性别平等，并在各级赋予所有妇女和女童权力"。

GOSR2017显示，女性对海洋科学做出了巨大贡献，比其他研究领域多出10%的科学家。GOSR2020证实了这些结果（见第4章）。然而，女性科学家在技术开发和海洋观测等许多海洋科学类别中的代表性仍然不足。需要努力使妇女参与到海洋科学中并促进她们的研究，以使企业和政策利益攸关者能够从妇女的智力潜力中受益，而这种潜力在当下是被忽视的（见第4章）。实现可持续发展目标14需要有更多的妇女参与到政策和治理层面的对话中来。通过给予妇女和女

---

[1] 请参阅UN A/RES/70/1。

童进行蓝色经济教育和能力建设的机会，已经使得更多的妇女参与到航运、采矿和研究等蓝色增长部门。有必要超越在妇女教育方面现已取得的成就，将其转化为公平参与政策和治理框架以及海洋科学、管理、保护干预，政策和条约谈判中关于性别平等的包容性和主流的战略决策（Gissi et al., 2018；Österblom et al., 2020）。将性别平等纳入可持续发展目标14对话非常重要，因为它将导致从平等盲视政策转向促进平等政策（Österblom et al., 2020）。

可持续发展目标具体目标13.1：加强各国抵御和适应气候相关的灾害和自然灾害的能力

如前所述，海洋已成为气候变化斗争的新前沿。海洋吸收了人类排放二氧化碳（CO_2）产生的热量的93%，海洋变得越来越温暖，酸性越来越强。其后果可以从珊瑚礁的灭绝、海洋酸化、鱼类种群减少和天气模式的变化中窥见。海洋科学可以通过支持替代性的可再生能源来减轻这些气候变化的影响，例如海上风能、替代燃料的海藻研究，支持蓝碳生态系统的保护和恢复以及扩大低碳饲料选择（Hoegh-Guldberg et al., 2019）。

世界上最不发达国家（LDC），包括许多小岛屿发展中国家（SIDS），尽管它们占全球温室气体的不到1%，但却会受到气候变化压力因素的影响，如海洋酸化、变暖、极端天气事件、海平面上升和降雨情况的变化（Meriwether et al., 2018；Singh et al., 2018）。这些气候变化影响海洋食物的供应，碳储存生态系统，侵蚀，沿海旅游和海洋的美学价值（Singh et al., 2018）。红树林、海草床和珊瑚等沿海生态系统被认为是抵御极端天气事件的保护屏障，而基于自然的解决方案，如建立海洋保护区（MPA）、沿海区域管理和海洋空间规划（MSP），是保护这些生态系统的重要工具。这些保护措施是可持续发展目标具体目标14.2的一部分，该目标进一步认识到需要恢复这些关键生境，从而支持基于自然的海岸线保护解决方案。在2004年12月26日印度洋海啸之后，生态系统修复工作不断加强，特别侧重于红树林，强烈呼吁建立缓冲区，确保在沿海地区开发时保障海岸免受影响。除此之外，还有人呼吁对基于自然的恢复和基于基础设施的解决方案进行成本分析（Meriwether et al., 2018），以便使用最实用和最具成本效益的缓解措施。所有管理干预措施都以海洋科学为依据。

此外，可持续发展目标具体目标14.3中涉及的海洋酸化是气候变化的另一面，因为它也是CO_2浓度增加的结果。每个国家都希望通过减缓气候变化来减轻海洋酸化，反之亦然。适应气候变化意味着适应海洋酸化。全球、区域和地方各级以海洋科学为基础的行动，通过支持解决海洋酸化的适应性战略，帮助社会应对气候变化。

可持续发展目标17：加强执行手段，重振可持续发展全球伙伴关系

可持续发展目标17的具体目标17.6指导我们"加强南北、南南和三角区域和国际之间的合作，促进获取科学、技术和创新，在多方共商的基础上加强知识共享，包括尤其是在联合国一级，增强现有机制之间的协调以及通过全球技术促进机制发展"，这对于海洋科学而言特别重要。此外，可持续发展目标具体目标17.17"鼓励和促进有效的公共、公私和民间社会伙伴关系"，该目标以伙伴关系的经验和资源战略为基础，因此是一个同样相关的具体目标。根据GOSR2017和GOSR2020的调查问卷，各国为实现海洋科学领域的这一目标，采取了促进外部专家参与国家海洋科学项目和决策过程等方式（图6.7）。

GOSR2017和GOSR2020问卷结果显示，全球各个地区纷纷建立伙伴关系，最受欢迎的模式是建立交流计划，其次是客座职位和与外部专家以咨询身份搭建伙伴关系。这些结果表明，伙伴关系是推进海洋科学联合计划的关键，它们增加了一些国家获得本来无法获得的技术的机会。其他伙伴关系模式包括磋商、会议和讲习班、以联盟成员的身份合作以及大型项目

第6章
海洋科学促进可持续发展

图6.7 按可持续发展目标区域集团分列的，全球层面上已建立促进外部专家参与国家海洋科学和决策机制的国家的分布情况
资料来源：GOSR2017和GOSR2020调查问卷。

的成员，如地平线2020、富布赖特计划、玛丽居里伙伴关系和全球海洋观测伙伴关系（POGO）。除项目外，区域和国际科学家协会，如海洋研究科学委员会（SCOR）、东亚海洋环境管理伙伴关系（PEMSEA）和西印度洋海洋科学协会（WIOMSA），在加强海洋科学家的科学网络方面发挥着巨大作用。来自最不发达国家的学生继续与他们在发达国家的实验室和研究小组结成伙伴关系，从而进一步加强了伙伴关系。此外，多方利益攸关者伙伴关系在海洋科学领域建立，并以技术交流和能力发展为基础。这些合作与协作确保小岛屿发展中国家（SIDS）和最不发达国家（LDC）的海洋科学继续取得进展，并能够跟上全球趋势。

过去不同部门的伙伴关系为科学事业的发展做出了贡献，现在伙伴关系被公认为是更有效利用资源的必要战略，可以提高科学的参与度，支持科学在政策中的应用，例如以促进伙伴关系为主题的《全球海洋观测系统2030战略》（IOC-UNESCO，2019）。从历史上看，政府一直是海洋观测系统和海洋研究更广泛的主要参与者。然而，私营和非营利部门有新的机会为该系统的各个方面做出贡献并参与其中，例如新技术开发和共享基础设施，数据收集，分析、开发信息产品和应用等。全球海洋联合观测组织（POGO）[1]是海洋学机构之间为支持全球综合海洋观测系统而建立国际伙伴关系的一个例子。

此外，一些私人基金会参与了海洋科学事业的不同领域，并以此作为其部分使命（见第3章）。

6.5 结论

正如GOSR2020调查问卷的区域答复所示，研究和科学监测可以为各国提供信息，以便从海洋提供食物、旅游和海岸保护中可持续地受益。然而，海洋对于保护生物多样性的价值以及对人类健康和福祉同样重要，海洋科学可以帮助社会理解并保护这些价值，这反过来又可以影响海洋和沿海地区的管理和可持续发展，做出不仅仅是基于经济考虑的社会选择（见第3章）。

如前所述，全球60%以上对GOSR2020问卷做出答复的国家表示，为可持续发展目标14指定了一个联络点。然而，部门间/部委间协调机制制定程度和相关政策执行情况仍不清晰。

根据评估，很显然，可持续发展目标14的许多具体目标可能无法按时实现，特别是商定到2020年实现的具体目标14.2、14.4、14.5和14.6。可持续发展目标14指标方法中有一半仍处于第二级（指标概念明确，具有国际公认的方法和标准，但各国不定期编制

---

[1] 请参阅 https://www.ocean-partners.org。

数据）。截至2020年，可持续发展目标指标14.4.1、14.5.1、14.6.1、14.7.1和14.b.1被归类为I级（指标概念明确，具有国际公认的方法和标准，并且国家定期为该指标相关的每个区域至少50%的国家和人口提供数据），预计将扩大目前的数据库，以评估实现这些目标所取得的进展。

关于可持续发展目标具体目标14.1，建立减少污染的报告机制是采取行动，执行控制污染物（如塑料等）使用政策，保持海洋清洁的重要承诺。可持续发展目标具体目标14.2力图通过恢复行动实现海洋和沿海生态系统的可持续管理和保护，一经商定，就引起了广泛的区域关注，并有望从联合国"生态系统恢复十年"期间采取的行动中受益。同样，关于海洋酸化的可持续发展目标具体目标14.3已受到全球的高度关注，相关科学正在迅速发展，这表明未来有关报告反映的情况将得到改善，各国正在/将要采取相应行动来减少碳足迹。虽然可持续发展目标指标14.4.1现在是I级，但可持续发展目标中关于IUU监管和破坏性捕捞行为的具体目标14.4仍然难以跟踪，因为支持IUU渔业活动的几个国家没有针对这一目标的报告机制。可持续发展目标具体目标14.5中建立的侧重于保护海洋资源的报告机制有望支持该目标的实现。与可持续发展目标具体目标14.4一样，关于补贴的可持续发展目标具体目标14.6在很大程度上取决于政治意愿，必须确保新建立的报告方法可以得到科学和政治层面的支持。可持续发展目标具体目标14.7旨在进一步支持小岛屿发展中国家（SIDS）渔业、水产养殖业和旅游业的可持续管理；只有确保小岛屿发展中国家在采取行动时得到全球支持，才能实现这一目标。如前所述，海洋科学是所有可持续发展目标14具体目标的关键，可持续发展目标具体目标14.a提供了关注各自行动的机会。联合国教科文组织政府间海洋学委员会在通过增加科学知识促进改善海洋健康方面发挥着关键作用。当然，研究能力发展和海洋技术转让（TMT）需要在IOC-UNESCO网络内实现所有区域的平等，即将到来的"海洋十年"将为此提供许多机会。制定在"海洋十年"结束时能够进行评估的战略性可衡量行动至关重要。根据评估，报告可持续发展目标具体目标14.b的国家中，最大比例来自撒哈拉以南非洲地区，表明该地区高度依赖小规模人工渔业来支持这些海岸线上社区的生计。这些渔业位于近岸地区，在该地区其他几个可持续发展目标14具体目标（可持续发展目标14.2、14.4和14.5）强调的养护和渔业管理行动的实施可能会在执法过程中引起冲突和排斥。因此，必须确保所采取的行动是相辅相成的，不造成在近岸地区生存的小规模渔民流离失所。对可持续发展目标具体目标14.c的分析强调了保护和可持续利用海洋及其资源所需的法律框架。它的实现可以为以解决方案为导向的海洋科学提供有利的框架。

由于只有25个国家对相关问题做出答复，故而对可持续发展目标14及其具体目标现状的评估是有限的。然而，国家之间在落实可持续发展目标14方面存在明显差距。此外，我们假定两性平等，因为没有目标涉及两性平等及其主流化，而这对于确保公平获得资源至关重要。

伙伴关系将继续推进海洋科学的发展，需要探索与私营部门和企业的新型关系，通过推动海洋素养和公众科学计划增强知识的应用，这将确保海洋与世界各国息息相关。

要想在实现可持续发展目标14方面取得真正的进展，就需要确定实现这些目标的步骤，确定每一步完成的里程碑，并尽可能地监测更多国家和地区的指标。如本章所述，可持续发展目标14的许多具体目标和其他可持续发展目标，在执行过程中需要收集科学信息，确定里程碑并衡量进展。例如，可持续发展目标具体目标14.3："通过在各层级加强科学合作等方式，减少和应对海洋酸化的影响"，需要关于海洋酸化的时空参数的科学信息，这有赖于能够涵盖地理和时间范围的科学设计的测量方案，充分利用全球应用的观测技术和采样协议。最终目标是获取数据，然后将其纳入科学和管理应用。

技术进步已经并将继续推动海洋科学的进步。

新传感器和远程平台的开发为海洋提供了"新的视角",使科学家能够以一定的频率和规模跟踪海洋的物理、化学和生物特性,这在海洋采样仅限于船载测量时是不可能的。新技术往往降低了测量成本,这增加了发展中国家提高数据收集能力的机会,这是推进可持续发展目标14的重要组成部分。

如前所述,数据的分析和应用仍然是一个挑战,但通过广泛访问数据存储库、云端计算以及最为关键的是,通过科学家、资源管理者和教育工作者在线网络提供培训和协作机会,仍会有许多快速(在解决数据分析与应用挑战方面取得巨大作用)的途径(见第7章)。毫无疑问,可持续发展目标14的实现将促进所有其他可持续发展目标的实现,因此必须确保这一目标的总体性质得到承认。

预计即将到来的"海洋十年"将重新引起人们对获取海洋数据和信息的兴趣,利益攸关方出于自身利益,通过共同设计的研究和观测方案获得所需的海洋数据和信息。在"海洋十年"的框架下,国家、区域和全球各级在海洋科学的不同专题领域开展的能力建设和海洋技术转让(TMT)活动及行动,将为可持续发展制定变革性的海洋科学解决方案,更好地将人与海洋联系起来。

参考文献

ADGER W N, DESSAI S, GOULDEN M, et al., 2009. Are there social limits to adaptation to climate change?. Climatic Change, 93(3–4):335–354.

Adger W N, Barnett J, Brown K F, et al., 2013. Cultural dimensions of climate change impacts and adaptation. Nature Climate Change, 3(2): 112–117.

AFRICAN UNION, 2012. 2050 Africa's Integrated Maritime Strategy. Available at: https://au.int/en/documents-38.

AGARWAL B, 2018. Gender equality, food security and the Sustainable Development Goals. Current Opinion in Environmental Sustainability, 34: 26–32.

ALEXANDER S, ARONSON J, WHALEY O, et al., 2016. The relationship between ecological restoration and the ecosystem services concept. Ecology and Society, 21(1): 34.

BERRANG-FORD L, FORD J D, LESNIKOWSKI A, et al., 2014. What drives national adaptation? A global assessment. Climatic Change, 124(1–2): 441–450.

BOESCH D F, 2002. Challenges and opportunities for science in reducing nutrient over-enrichment of coastal ecosystems. Estuaries, 25: 886–900.

BRÜGGER A, DESSAI S, DEVINE-WRIGHT P, et al., 2015. Psychological responses to the proximity of climate change. Nature climate change, 5(12): 1031–1037.

CARPENTER E J, SMITH K L, 1972. Plastics on the Sargasso Sea surface. Science, 175(4027): 1240–1241.

EISENACK K, MOSER S C, HOFFMANN E, et al., 2014. Explaining and overcoming barriers to climate change adaptation. Nature Climate Change, 4(10):867–872.

ERIKSEN S H, NIGHTINGALE A J, EAKIN H, 2015. Reframing adaptation: The political nature of climate change adaptation. Global Environmental Change, 35: 523–533.

FAO, 2015. Voluntary Guidelines for Securing Sustainable Small-Scale Fisheries in the Context of Food Security and Poverty Eradication. Rome, FAO.

FAO, 2018. The State of World Fisheries and Aquaculture 2018 — Meeting the Sustainable Development Goals. Rome, FAO.

FAO, 2019. Tracking Progress on Food and Agriculture-Related SDG Indicators — A Report on the Indicators under FAO Custodianship. Rome, FAO.

FAO, 2020. The State of World Fisheries and Aquaculture 2020. Sustainability in Action. Rome, FAO.

FRÖLICHER T L, FISCHER E M, GRUBER N, 2018. Marine heatwaves under global warming. Nature, 560(7718): 360–364.

GATTUSO J-P, MAGNAN A, BILLÉ R, et al., 2015. Contrasting futures for ocean and society from different anthropogenic CO_2 emissions scenarios. Science, 349: 6243.

GEHLEN M, CRUBER N, GANGSTØ R, et al., 2011. Biogeochemical consequences of ocean acidification and feedback to the Earth system. J-P. Gattuso and L. Hansson (eds.), Ocean Acidification. Oxford (UK), Oxford University Press, 230.

GISSI E, PORTMAN M E, HORNIDGE A K, 2018. Un-gendering

the ocean: Why women matter in ocean governance for sustainability. Marine Policy, 94: 215–19.

GOVERNMENT OF IRELAND, 2012. Harnessing our Ocean Wealth: An Integrated Marine Plan for Ireland. Available at: https://www.ouroceanwealth.ie/sites/default/files/sites/default/files/Publications/2012/HarnessingOurOceanWealthReport.pdf

GOVERNMENT OF IRELAND, 2016. Food Wise 2025: A 10-Year Vision for the Irish Agri-Food Industry. Available at: https://www.agriculture.gov.ie/media/migration/foodindustrydevelopmenttrademarkets/agri-foodandtheeconomy/foodwise2025/report/FoodWise2025.pdf.

GOVERNMENT OF IRELAND, 2017. National Biodiversity Action Plan 2017–2021. Available at: https://www.npws.ie/sites/default/files/publications/pdf/National%20Biodiversity%20Action%20Plan%20English.pdf.

GOVERNMENT OF IRELAND, 2018a. National Adaptation Framework: Planning for a Climate-Resilient Ireland. Available at: https://www.dccae.gov.ie/documents/National%20Adaptation%20Framework.pdf.

GOVERNMENT OF IRELAND, 2018b. The Sustainable Development Goals National Implementation Plan: 2018–2020. Available at: http://sdgtoolkit.org/wp-content/uploads/2019/10/Ireland-DCCAE-National-Implement-Plan.pdf.

HOEGH-GULDBERG O, CALDEIRA K, CHOPIN T, et al., 2019. The Ocean as a Solution to Climate Change: Five Opportunities for Action. Washington DC, World Resources Institute.

ICSU, 2017. A Guide to SDG Interactions: From Science to Implementation. D. J. Griggs, M. Nilsson, A. Stevance and D. McCollum (eds). Paris, International Council for Science.

IOC-UNESCO, 2017. Global Ocean Science Report — The Current Status of Ocean Science around the World. L. Valdés et al. (eds). Paris, UNESCO Publishing. Available at: https://en.unesco.org/gosr.

IOC-UNESCO, 2019. The Global Ocean Observing System — 2030 Strategy. Paris, UNESCO. (GOOS Report No. 239.)

IPCC, 2019. IPCC special report on the ocean and cryosphere in a changing climate. H.-O. Pörtner, D. C. Roberts, V. Masson-Delmotte, P. Zhai, M. Tignor, E. Poloczanska, K. Mintenbeck, A. Alegría, M. Nicolai, A. Okem, J. Petzold, B. Rama, N. M. Weyer (eds). In press.

JAMBECK J R, GEYER R, WILCOX C, et al., 2015. Plastic waste inputs from land into the ocean. Science, 347(6223): 768–771.

JONES H P, HOLE D G, ZAVALETA E S, 2012. Harnessing nature to help people adapt to climate change. Nature Climate Change, 2(7): 504–509.

KELLY R P, CLOSEK C J, O'DONNELL J L, et al., 2017. Genetic and manual survey methods yield different and complementary views of an ecosystem. Frontiers in Marine Science, 3: 283.

KROEKER K J, KORDAS R L, CRIM R N, et al., 2010. Meta-analysis reveals negative yet variable effects of ocean acidification on marine organisms. Ecology Letters, 13(11): 1419–1434.

LAW K L, MORÉT-FERGUSON S, MAXIMENKO N A, et al., 2010. Plastic accumulation in the North Atlantic subtropical gyre. Science, 329(5996): 1185–1188.

LE BLANC D, FREIRE C, VIERROS M, 2017. Mapping the Linkages between Oceans and other Sustainable Development Goals: A Preliminary Exploration. New York, DESA. (DESA Working Paper No. 149 ST/ESA/2017/DWP/149.)

LIU Y, WIKFORS G H, ROSE J M, et al., 2019. Application of environmental DNA metabarcoding to spatiotemporal finfish community assessment in a temperate embayment. Frontiers in Marine Science, 6: 674.

MENGERINK K J, VAN DOVER C L, ARDRON J, et al., 2014. A call for deep-ocean stewardship. Science, 344(6185):696–698.

MERIWETHER A, WILSON W, FORSYTH C, 2018. Restoring near-shore marine ecosystems to enhance climate security for island ocean States: Aligning international processes and local practices. Marine Policy, 93: 284–294.

MILLENNIUM ECOSYSTEM ASSESSMENT, 2005. Ecosystems and Human Well-Being: Synthesis. Washington DC, Island Press.

MOLINOS J G, HALPERN B S, SCHOEMAN D S, et al., 2016. Climate velocity and the future global redistribution of marine biodiversity. Nature Climate Change, 6: 83–88.

MOORE C J, MOORE S L, LEECASTER M K, et al., 2001. A comparison of plastic and plankton in the North Pacific central gyre. Marine Pollution Bulletin, 42(12): 1297–1300.

NATIONAL RESEARCH COUNCIL, 1989. Contaminated Marine Sediments: Assessment and Remediation. Washington DC, The

National Academies Press.

NATIONAL RESEARCH COUNCIL, 2000. Clean Coastal Waters: Understanding and Reducing the Effects of Nutrient Pollution. Washington DC, The National Academies Press.

NEWTON J A, FEELY R A, JEWETT E B, et al., 2013. Global Ocean Acidification Observing Network: Requirements and Governance Plan, First Edition. Available at: https://www.pmel.noaa.gov/co2/GOA-ON/GOA-ON_Plan_v1.0_April2014.doc.

NORTON S B, RODIER D J, GENTILE J H, et al., 1992. A framework for ecological risk assessment at the EPA. Environmental Toxicology and Chemistry, 11: 1663–1672.

ORR J C, FABRY V J, AUMONT O, et al., 2005. Anthropogenic ocean acidification over the twenty-first century and its impact on calcifying organisms. Nature, 437: 681–686.

ÖSTERBLOM H, WABNITZ C C C, TLADI D, 2020. Towards Ocean Equity. Washington DC, World Resources Institute. https://www.oceanpanel.org/sites/default/files/2020-04/towards-ocean-equity.pdf.

PRAKASH A, CASSOTTA S, GLAVOVIC B, et al., 2019. Governance of the ocean, coasts and the cryosphere under climate change. H.- O. Pörtner, D. C. Roberts, V. Masson-Delmotte, P. Zhai, M. Tignor, E. Poloczanska, K. Mintenbeck, M. Nicolai, A. Okem, J. Petzold, B. Rama and N. Weyer (eds), IPCC Special Report on the Ocean and Cryosphere in a Changing Climate, in press, cross-chapter box 3: 28–32.

RAMÍREZ F, AFÁN I, DAVIS L S, et al., 2017. Climate impacts on global hot spots of marine biodiversity. Science Advances, 3(2).

REES S E, FOSTER N L, LANGMEAD O, et al., 2018. Defining the qualitative elements of Aichi Biodiversity Target 11 with regard to the marine and coastal environment in order to strengthen global efforts for marine biodiversity conservation outlined in the United Nations Sustainable Development Goal 14. Marine Policy, 93: 241–250.

ROBERTS C M, O'LEARY B C, MCCAULEY D J, et al., 2017. Marine reserves can mitigate and promote adaptation to climate change. Proceedings of the National Academy of Sciences, 114(24): 6167–6175.

RODRIGUEZ Y, BAENA A M, THÉBAULT H, 2007. CIESM Mediterranean Mussel Watch Program Phase II: Towards an increased awareness of marine environment and seafood quality. F. Briand (ed.), Marine Sciences and Public Health - some Major Issues. CIESM Workshop Monograph No. 31. Monaco, CIESM Publisher: 128.

SAKAI Y, YAGI N, SUMAILA U R, 2019. Fishery subsidies: The interaction between science and policy. Fisheries Science, 85: 439–447.

SALA E, LUBCHENCO J, GRORUD-COLVERT K, et al., 2018. Assessing real progress towards effective ocean protection. Marine Policy, 91:11–13.

SHAGHUDE Y W, MBURU J W, UKU J, et al., 2013. Beach sand supply and transport at Kunduchi in Tanzania and Bamburi in Kenya. Western Indian Ocean Journal of Marine Science, 11(2): 135–154.

SINGH G G, CISNEROS-MONTEMAYOR A M, SWARTZ W, et al., 2018. A rapid assessment of co-benefits and trade-offs among Sustainable Development Goals. Marine Policy, 93: 223–231.

SMALE D A, WERNBERG T, OLIVER E C J, et al., 2019. Marine heatwaves threaten global biodiversity and the provision of ecosystem services, Nature Climate Change, 9(4): 306–312.

SUMAILA U R, EBRAHIM N, SCHUHBAUER A, et al., 2019. Updated estimates and analysis of global fisheries subsidies. Marine Policy: 109.

SUMAILA U R, KHAN A S, DYCK A J, et al., 2010. A bottom-up re-estimation of global fisheries subsidies. Journal of Bioeconomics, 12: 201–225.

THOMPSON R C, OLSEN Y, MITCHELL R P, et al., 2004. Lost at sea: Where is all the plastic? Science, 304(5672): 838.

UN — INDEPENDENT GROUP OF SCIENTISTS, 2019. The Future is Now — Science for Achieving Sustainable Development. Global Sustainable Development Report 2019. New York, United Nations.

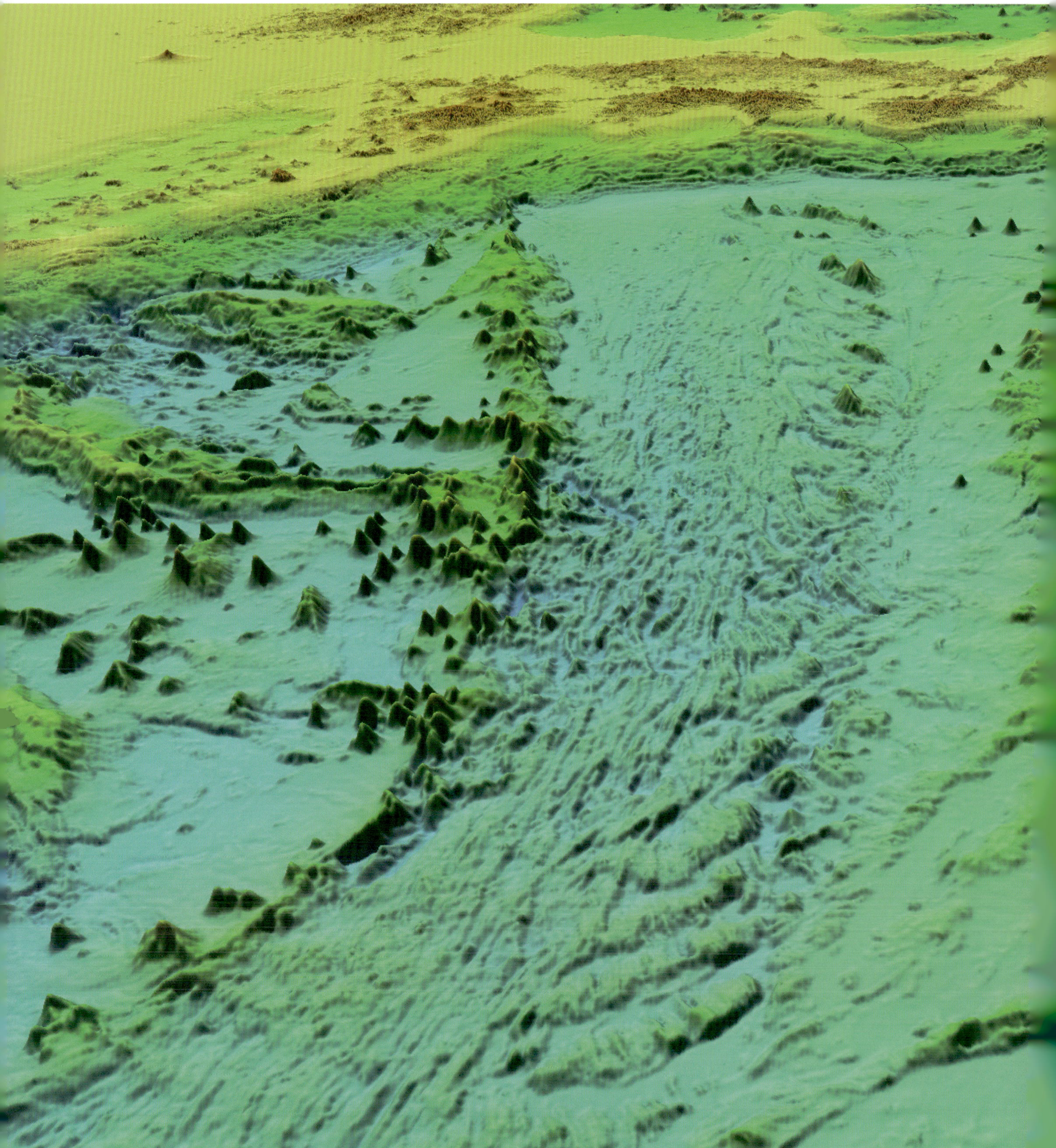

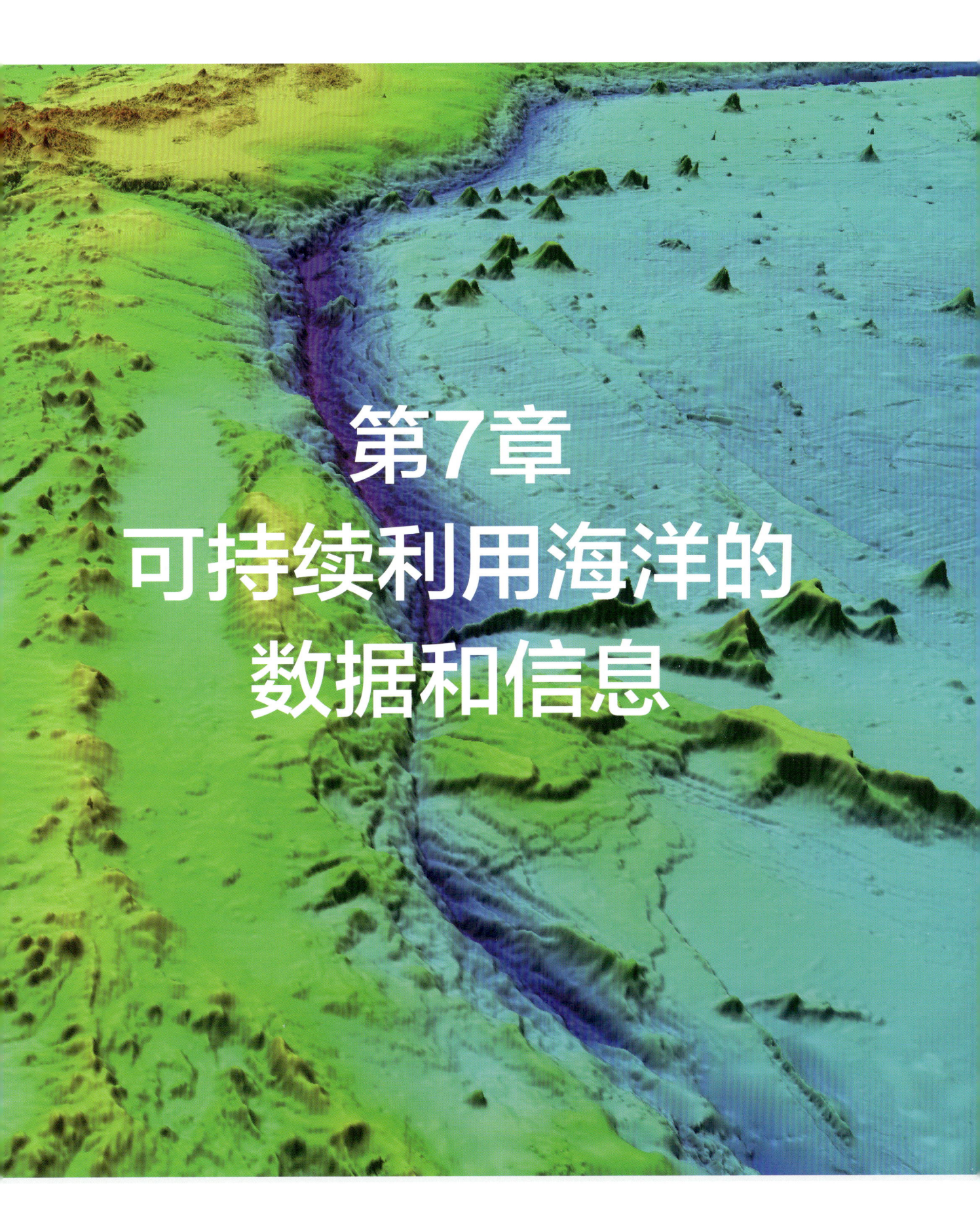

第7章
可持续利用海洋的数据和信息

第7章 可持续利用海洋的数据和信息

Yutaka Michida, Yoshihisa Shirayama, Kirsten Isensee,
Sergey Belov, John Bemiasa, Linwood H. Pendleton, Benjamin Pfeil,
Karina von Schuckmann, Paula Cristina Sierra-Correa,
Mathieu Belbéoch, Emma Heslop

Michida, Y., Shirayama, Y., Isensee, K., Belov, S., Bemiasa, J., Pendleton, L. H., Pfeil, B., von Schuckmann, K., Sierra-Correa, P. C., Belbéoch, M. and Heslop, E. 2020. Data and information for a sustainably used ocean. IOC-UNESCO, *Global Ocean Science Report 2020–Charting Capacity for Ocean Sustainability*. K. Isensee (ed.), Paris, UNESCO Publishing, pp 197-214.

7.1 前言

对海洋的了解——包括其周期，它与大气、陆地和人类的相互作用，其当前和未来的生态系统服务——都来自最先进的科学。通过原位观测和原始数据分析，如科学和非学术部门的制图、建模和预测，产生了前所未有的数据量和丰富多样的数据类型。因此，必须制定新的创新战略，以便管理和使用这些数据和信息，从而使所有国家、利益攸关方和公民都能获得相关的海洋数据和信息技术，为其决策提供信息（Ryabinin et al., 2019）。首先，数据和信息的可用性和可获取性对于描述海洋的现状、可变性和变化至关重要，可以采用基于科学的综合性方法，将数据和信息与广泛的数据合成和建模工作结合起来。新获得的关于海洋的理解和认知为获取社会的可持续经济效益而采取的针对性和响应性决策奠定了基础，同时可以限制环境和海洋的变化，并支持为当前和未来的变化制定适应性战略。

最近的国际公约、条约、协定和服务部门呼吁各国采用基于科学的和明智的决策，强调收集、控制、提供获取和保存数据和信息的需求，支持数据和信息的交换并鼓励实施海洋科学数据管理的最佳实践。联合国大会（UNGA）2017年第A/RES/72/73号决议通过了"联合国海洋科学促进可持续发展十年（2021—2030年）"（"海洋十年"），旨在促进科学知识的产生，巩固基础设施和伙伴关系，为支持联合国《2030年可持续发展议程》所有可持续发展目标（SDG）的政策提供信息。有人指出，"海洋十年"必然会导致一场数据共享革命，并为建立具备"FAIR"特质的数据系统提供指导方案。"FAIR"特质体现在这个（数据）系统的可查找性、可访问、可互操作性和可重用性上（Tanhua et al., 2019; Wilkinson et al., 2016）。预计在"海洋十年"中将建立一项道德协议，确保及时发布和公开共享数据和信息，这将为社会成果服务，特别是："一个透明和可访问的海洋，开放获取数据、信息和技术"（IOC-UNESCO，2020）。

联合国《2030年可持续发展议程》的目标和可持续发展目标14（SDG 14）的指标与海洋和海洋资源的养护和可持续利用有关，其对海洋科学、数据和信息的需求尤为明显。其他论坛也存在类似的需求，包括《2015—2030年仙台减少灾害风险框架》《小岛屿发展中国家加速行动方式》[《萨摩亚途径》（SAMOA）]，1992年《联合国气候变化框架公约》下通过的决定，如2015年《巴黎协定》以及由国际机构牵头的许多其他与海洋有关的倡议。此外，2015年，联合国大会（UNGA）通过了根据1982年《联合国海洋法公约》（UNCLOS）制定的一项关于国家管辖范围以外海域生物多样性养护和可持续利用问题（BBNJ）的新的具有国际法律约束力文书，促进了在国际层面讨论获取和使用海洋数据的有效方式和方法，如海洋生物多样性的数据、信息和产品。在BBNJ谈判期间，各国一再强调需要建立一个关于国家管辖范围以外区域海洋生物的生物多样性信息交换机制。在此背景下，各国已将海洋生物地理信息系统（OBIS）[1]视为一个关键要素。[2] 除此之外，还需要海洋数据来提供日常服务，如天气和自然灾害预测和预报以及由许多国家和国际组织/财团提供的开发和模拟未来气候的情景，如世界气象组织（WMO）、海啸预警系统和政府间气候变化专门委员会（IPCC）等。

显然，为了确定海洋的多变性和变化的特点，国际科学界需要利用最完整和最可靠的科学数据库，包括历史、物理、化学、地质、生物等领域的海洋学观测和模型数据以及有关人类活动的信息。然而，在过去，不同类型的海洋学数据是由不同的观测系统为不同的目的收集的，数据被分别存储在专门的数据库中。

---

[1] 最初OBIS是在国际海洋生物普查（CoML）项目中作为海洋生物地理信息系统建立的。

[2] 联合国大会 A/RES/72/249。

迄今为止，不同的海洋观测系统提供了对大量原位和远程检测数据的访问，包括：全球气候观测系统（GCOS）定义的"基本气候变量"（ECV）[1]和全球海洋观测系统（GOOS）定义的"基本海洋变量"（EOV）[2]。这些系统支持建模练习，而建模练习反过来又会产生"大数据"。例如，21世纪初启动的Argo项目[3]，绘制了大量的全球温度和盐度水柱剖面图，并收集了其他生物地球化学参数的数据。然而，变量的数量和复杂性差异很大，相关的计划往往设计为仅收集某些变量。一些关键的EOV已经很完善——温度，盐度，洋流，营养物质，溶解的有机和无机碳，溶解的气体，如氧气、瞬变示踪剂，浮游生物等。随着高效和创新的"公平"（FAIR）数据系统的应用，未来将更多地把数据整合到公共数据元数据标准和质量控制数据库中，把海洋数据和元数据用于科学产品，例如网格化产品，重新分析，可持续发展目标和全球气候指标。这些产品，而不是原始数据，是许多政策决定和经济发展的基础。

国际项目和相关数据库，如世界海洋数据库（WOD）、全球海洋数据考古与救援（GODAR）、全球温度和盐度剖面计划（GTSPP）、海底海表盐度数据存档项目（GOSUD）、国际质量控制海洋数据库（IODE-IQuOD）和海洋生物地理信息系统（OBIS），在过去几十年中促进了古今海洋学数据的交流（表7.1）。此外，上述项目促进了协同增效，加快了质量控制程序的开发以及研究质量数据在地方、区域和全球范围内的整合，从而不断增加了数据库中储存的海洋数据。同时，海洋气候数据系统（MCDS）和全球数据汇编中心（GDAC）作为数据流机制，通过加强区域和全球协调来支持海洋学数据流的整合。

目前，政府间海洋学委员会（IOC）的国际海洋学数据和信息交换计划（IODE）正在建设政府间海洋学委员会海洋数据和信息系统（ODIS），这是一个电子环境系统，使用户能够发现和获取IOC-UNESCO成员国、项目和与IOC-UNESCO有关的其他伙伴提供的沿海和海洋数据、信息和相关产品或服务。IODE将通过与IOC-UNESCO已有联系的和未建立联系的现有利益攸关方合作，推动ODIS的建设，通过尽可能地利用既定解决方案来改善现有数据和信息的发现、获取、解读和技术互操作等方面的状况。

表7.1　由IODE建立或支持的数据库和与数据有关的项目

数据库名称	成立年份
全球温度和盐度剖面计划（GTSPP）	1990
全球海洋数据考古与救援（GODAR）	1993
世界海洋数据库（WOD）	1994
海洋生物地理信息系统（OBIS）	2000
海底海表盐度数据存档项目（GOSUD）	2007
国际质量控制海洋数据库（IODE-IQuOD）	2015
政府间海洋学委员会海洋数据和信息系统（ODIS）	正在建设

资料来源：由相关数据库的作者编译。

自1999年以来，政府间海洋学委员会-世界气象组织（IOC-WMO）海洋学和海洋气象学联合技术委员会（JCOMM）推动了与气象界在海洋学数据和信息管理方面的更密切合作。由JCOMM/IODE数据管理和实践专家组（ETDMP）参与的成功的合作活动包括制定海洋数据标准（ODS）和为更新海洋气候数据系统（MCDS）战略提供技术援助等工作。在20多年的时间里JCOMM做出了重大贡献，IOC-UNESCO和WMO决定建立IOC-WMO联合协作委员会（JCB）来进一步加强合作，同时终止JCOMM。预计在新的JCB合作架构下，之前JCOMM框架中进行的联合活动将得到维持，甚至加强。新委员会的工作范围将不再局限于观察，

1　请参阅 https://gcos.wmo.int/en/essential-climate-variables/about。
2　请参阅 https://www.goosocean.org/index.php?option=com_content&view=article&id=170&Itemid=101。
3　请参阅 http://www.argo.ucsd.edu。

而是涵盖两个组织的联合活动的完整价值链，从研究到观察、数据收集和分析、建模和预测以及提供相关产品和服务。

如前所述，在以前，不同的观测系统主要是在项目的基础上，为不同目的收集不同类型的海洋学数据。这意味着，一旦项目结束，无论是新数据的收集还是过往数据的管理，既没有安全保障，也不能持续。因此，正如GOSR2017所指出的，在收集、管理和交换数据和信息方面的主要挑战和潜在差距仍然存在：（i）维持包括基本海洋变量（EOV）在内的强大海洋观测系统；（ii）通过使用通用数据格式和元数据最佳做法的强大数据库，来确保由不同国家收集的数据能以公开及时的方式得以访问，同时确保使用可互操作的数据传输系统提供服务。只有提高对数据处理和管理的认识，才能满足政府和私营部门未来的需求。G20国家科学院为2019年举行的大阪G20会议（Science 20，2019）编写的建议中也包含了类似的问题。

因此，本章旨在提供克服当前缺点和实现上述目标所需的一些基线信息。根据对GOSR2020调查问卷答复的分析以及国际海洋学数据和信息交换计划（IODE）办公室直接提供的信息，本章介绍了为全球海洋科学收集和汇编的海洋数据和信息管理的现状。最后，对于即将到来的"海洋十年"，本章探讨了海洋科学数据的优势和挑战。

7.2 国家海洋科学数据管理基础设施和战略

"数据管理"一词涵盖的活动十分广泛，包括数据收集、对数据质量和完整性的评估、将数据进行安全可靠的长期存档以及将存档数据发布给寻求这些数据的人等活动（Austin et al., 2017）。

在GOSR2017中，仅靠原始数据本身不足以确保这些数据适用于某一特定问题。只有与数据一起提供元数据，数据才能被适当地使用。元数据描述了围绕测量或数据记录等在内的辅助信息：数据是如何收集的，数据是在哪里收集的，使用的仪器，收集的程序，精度和校准，等等。这里仅举几例说明。组合数据和元数据需要数据收集者、数据管理人员和科学专家之间建立牢固的联系。具备了以上条件，安全和长期（即永久）的数据和元数据存储将使当前和未来的用户能够获得海洋科学的数据和信息。然而，为了促进海洋数据的使用，数据管理人员还必须关注用户群体，该群体不仅限于数据提供者，还包括科学家、工程师、公共（如政策制定者）和私营部门的各种用户。这些不同群体处理数据，尤其是复杂数据结构的能力各不相同。然而，至关重要的是，所有用户都有机会判断所收到的数据是否适用于他们正在解决的问题（例如相关性、质量、可靠性）（见框7.1）。

除了以数字形式传输的观测数据外，数据系统和数据档案馆还允许通过数据产品访问信息（IOC-UNESCO，2017），例如对未来和过去环境状况的预测和回顾，数据可用性地图，测量图（如海面温度），档案内容统计分析（如处理过程中检测到的错误率）等。

数据管理还包括许多其他要素以及大量专业知识，没有稳定的人力和财力资源环境以及有效的数据管理就无从实现。国际承诺和科学界的大力支持是稳定和持续的海洋数据管理系统的先决条件，是海洋科学进步和可持续利用海洋的基石。

7.3 作为数据和信息基础设施的IODE网络

在IODE主持下，自1961年以来，国家海洋学数据中心（NODC）的数量稳步增长，到2020年达到57个（活跃的）（补充材料7.1）。除了NODC的数据管理设施外，可以进行自我数据管理并提供（通常是在线）数据服务的研究组、项目、计划和机构的数量也在增加（Tanhua et al., 2019；Snowden et al., 2019）。IODE网络吸纳新的数据中心作为关联数据单元（ADU），[1] 其中自2013年以来就建立了30个（补充材料7.2）；自2019年4月以来，又建立了5个关联信息单元（AIU）[2]（补充材料7.3）。根据对GOSR2020调查问卷的答复（38份相关答复），约90%的中心保持区域合作，近80%的中心在IODE网络之外建立了国际合作（图7.1）。

理以外的工作，更加注重提供数据和信息、产品和服务，如电子文件和电子出版物以及获取已发布的海洋数据和数值模型数据。可以推测，这种新趋势可能反映了数据中心用户不断变化的需求。

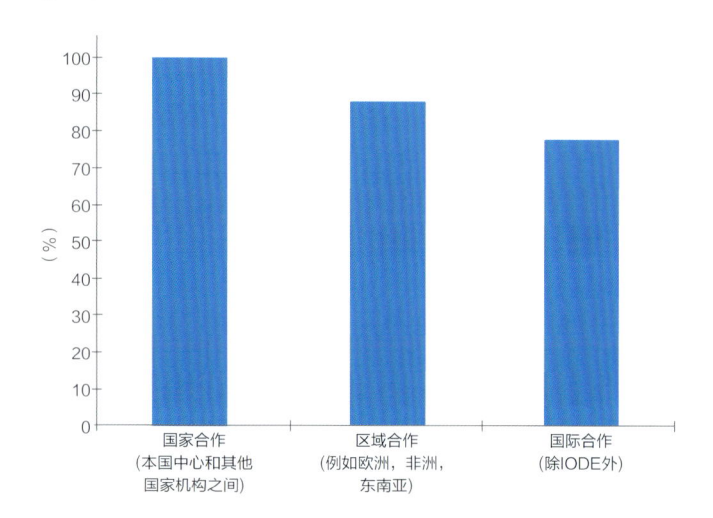

图 7.1 参与国家、地区和国际三种合作类型的国家数据中心比例（基于提交的38份回复，每份回复可能有多个答案）
资料来源：数据基于GOSR2020调查问卷。

总体而言，设在世界不同国家的海洋科学数据中心主要管理物理数据，其次是化学数据和生物数据（图7.2）；这些结果与GOSR2017中获得的结果相似。目前，超过70%的受访者报告了有关海洋污染物和渔业管理的数据，而2017年这一比例不到50%。在接受评估的数据中心中，只有不到一半的数据中心收集社会经济数据，而在联合国《2030年议程》和"海洋十年"的背景下，对多学科和跨学科数据和信息的需求日益增加。

大多数数据中心将精力放在提供对元数据和数据以及地理信息系统（GIS）产品的在线访问（图7.3）。与GOSR2017相比，各国数据中心正在加强传统数据管

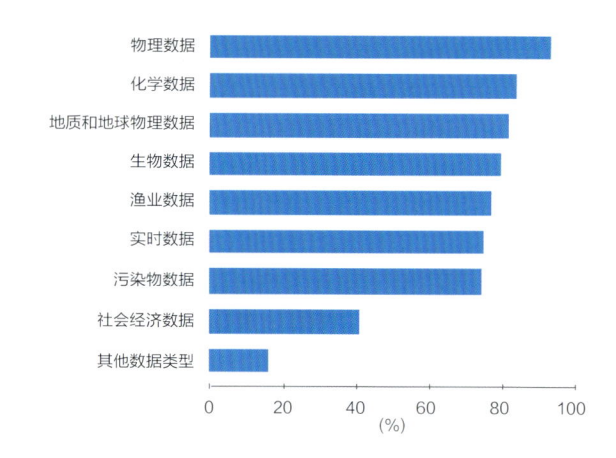

图 7.2 国家数据中心定期收集和管理的观测数据类型占受访者的百分比（%）（基于提交的44份回复，每份回复可能有多个答案）
资料来源：数据基于GOSR2020调查问卷。[3]

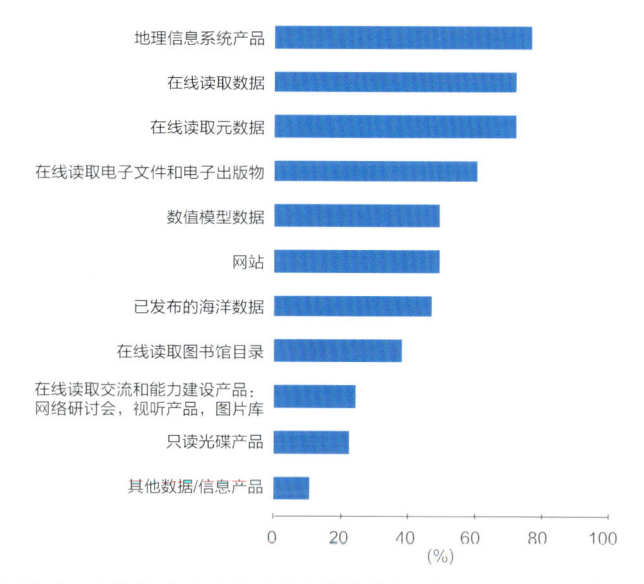

图 7.3 各数据中心向其客户提供的数据/信息产品和服务占答复者的比例（基于提交的44份回复，每份回复可能有多个答案）
资料来源：数据基于GOSR2020调查问卷。

1　在IODE网络的关联数据单位（ADU）下设立的项目旨在通过更广泛的海洋研究和观测，成为IODE网络的主要利益攸关方。
2　IODE网络的关联数据单位（ADU）是指履行海洋信息管理职能和/或提供海洋信息服务/产品的国家计划、机构或组织，或区域或国际项目、计划、机构或组织（包括学术界）。
3　实时数据是根据化学和物理参数的测量结果在收集后立即提供的信息。

交付给用户的产品类型反映在数据中心提供的服务类型中（表7.2）。在全球范围内，数据中心向客户提供的四大服务是：（i）元数据和数据存档；（ii）读取记录的方法、标准和指南；（iii）数据可视化；（iv）网站服务（表7.2）。2017年，"数据质量控制工具"的提供位居前四，而网站服务排名第七。此外，在过去几年中，数据中心似乎明显增强了网站服务。提供最少的服务包括虚拟研究实验室、数据分析工具和个人数据存储库。正如本节开头所指出的，代表本国做出答复的专家在GOSR2017和GOSR2020不一定是同一批，这也许可以解释与2017年相比发生的一些变化。

欧洲和北美数据中心提供的各项服务排名与全球模式相似，可能是因为从这个可持续发展目标区域（第2章定义的地区）收集到了大量答复（18个）。在所有区域，元数据和数据归档是数据中心提供的主要服务。各地区都可以保证能够读取记录的方法、标准和指南。相比之下，在大多数区域，特别是在北非和西亚或中亚和南亚，没有充分提供专门的数据管理工具。此外，网站服务在许多地区不可用。然而，由于某些区域，特别是大洋洲以及中亚和南亚对GOSR2020的答复数量很少，区域分析的价值有限。

7.4 数据管理策略

数据共享和开放数据访问是国际、区域和国家海洋学数据和信息管理系统的核心组成部分，可以确保各种社会群体能够平等和公平地获取数据、数据产品和服务。明确的国家数据存储和共享政策，是确保海洋学数据和信息存储、共享和使用的优先事项之一。数据和信息共享和重用的一个主要挑战至今形势仍不明朗——数据许可，例如经合组织（OECD）在2017年进行明确，建议各国政府努力建立共同商定和执行的法律和道德框架，以共享不同类型的公共研究数据。根据GOSR2020问卷的结果，超过80%的国家实施了机构、国家或国际数据共享政策（表7.3）。大多数数据中心（58%）表示它们符合"公平"（FAIR）的数据管理标准（图7.4）。由于这种评估不是基于Wilkinson

表7.2 各数据中心向客户提供的服务占答复者的百分比（%）[1]

服务	撒哈拉以南非洲(9)	北非和西亚(4)	中亚和南亚(1)	东亚和东南亚(4)	拉美和加勒比地区(7)	大洋洲(1)	欧洲和北美(18)	合计(44)
虚拟研究实验室	11	—	—	—	14	—	17	11
数据分析工具	11	—	—	25	14	100	28	20
个人数据存储库	33	25	—	—	14	—	28	23
提供PIDs[2]	11	—	—	—	—	100	44	23
云计算空间	11	—	—	25	29	100	33	25
通信工具	44	—	—	—	14	—	44	30
专用工具	11	—	—	25	14	100	50	30
数据质量控制工具	33	—	100	25	—	—	44	34
网站服务	22	—	—	—	29	100	72	41
数据可视化工具	33	—	—	25	14	100	83	48
读取记录的方法、标准和指南	33	25	100	25	14	100	78	50
元数据和数据归档	56	25	100	75	71	100	94	75

资料来源：数据基于GOSR2020调查问卷。

1 基于提交的44份回复，每份回复可能有多个答案。
2 PID——进程标识符。

表7.3 各国数据中心及其数据信息管理和共享的国家数据政策列表[1]

	是，机构的	是，国家的	是，国际的	没有数据政策
澳大利亚	×	×		
比利时	×	×		
巴西	×	×	×	
保加利亚			×	
加拿大	×			
智利			×	
哥伦比亚	×			
科摩罗	×			
刚果				×
丹麦	×		×	
厄瓜多尔	×			
萨尔瓦多				×
法国	×	×	×	
德国				×
伊朗	×			
爱尔兰	×		×	
意大利			×	
日本			×	
肯尼亚	×			
科威特				×
马达加斯加	×			
毛里求斯	×			
墨西哥				×
莫桑比克		×		
荷兰	×	×	×	
挪威	×			
阿曼	×	×	×	
秘鲁		×		
波兰		×	×	
葡萄牙	×	×	×	
韩国			×	
俄罗斯			×	
索马里				×
南非		×		
西班牙	×			
瑞典	×	×	×	
土耳其	×	×	×	
英国	×	×	×	
美国	×	×	×	
所有国家	23	15	18	6
占答复者的百分比(%)	59	38	50	15

资料来源：数据基于GOSR2020调查问卷。

等（2016）定义的15个子标准，这可能是一种高估。在全球范围内，60%的数据中心限制对"某些"数据类型的访问，58%的数据中心在一段时间内限制访问，而16%的数据中心根本没有限制（图7.5）。与2017年相比，这些值没有显著变化。

根据GOSR2020问卷结果，77%的国家数据中心应用了IOC海洋学数据交换政策，[2] 该政策于2003年被IOC-UNESCO成员国采用，但23%的国家在调查中表示他们没有应用该政策或不知道他们的国家是否应用了IOC海洋学数据交换政策（图7.6）。

---

1 基于提交的39份回复，每份回复可能有多个答案。
2 IOC第XXII-6号决议：IOC海洋学数据交换政策，请参阅http://hdl.handle.net/1834/1747。

7.5 申请人和用户

各数据中心提供的数据、产品或服务的客户和终端用户形形色色，代表了不同的社会部门，尤其反映出海洋学数据和信息与经济、研究、公共管理和商业的广泛相关性。在全球范围内，数据、产品或服务的核心用户，首先是国内和国际科学研究人员、学生和私营部门，其次是公众和政策制定者（图7.7）。

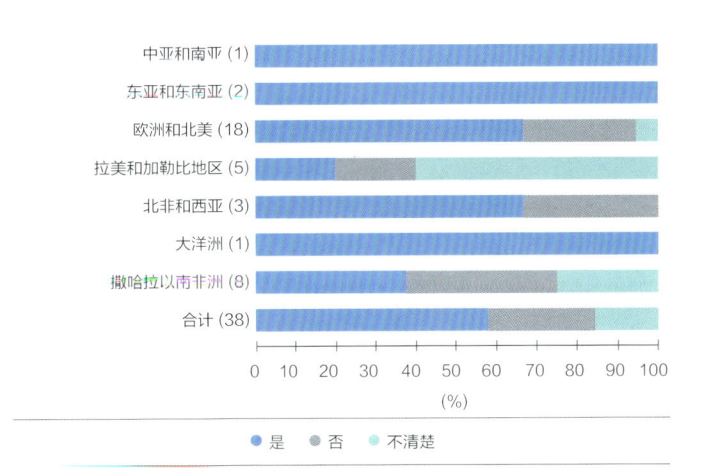

图 7.4 国家数据中心遵守FAIR数据管理标准的百分比（基于提交的44份回复）
资料来源：数据基于GOSR2020调查问卷。

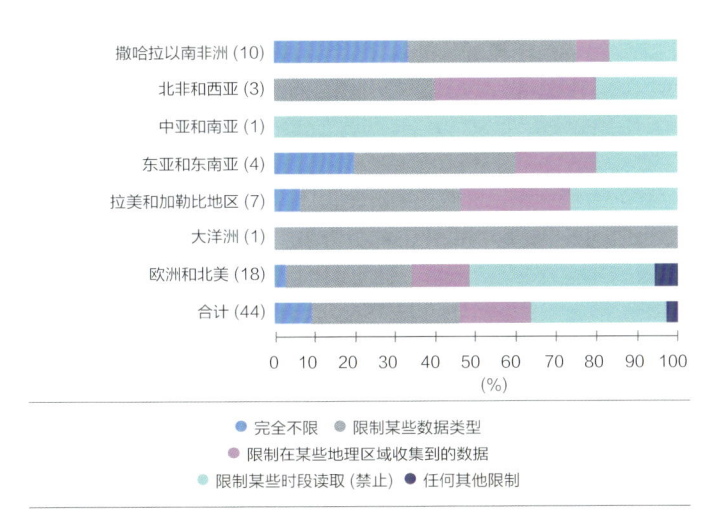

图 7.5 不同可持续发展目标区域集团限制/不限制获取数据和信息的数据中心的百分比（%）（基于提交的44份回复）
资料来源：数据基于GOSR2020调查问卷。

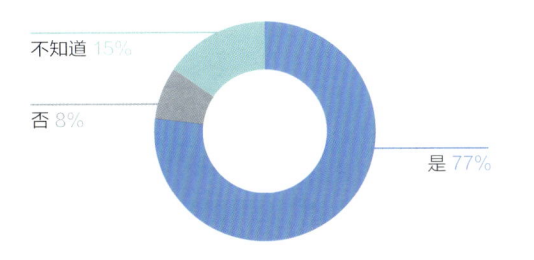

图 7.6 采取、不采取或是不了解IOC海洋学数据交换政策（IOC第XXII-6）的各国国家数据中心百分比[1]（基于提交的39份回复）
资料来源：数据基于GOSR2020调查问卷。

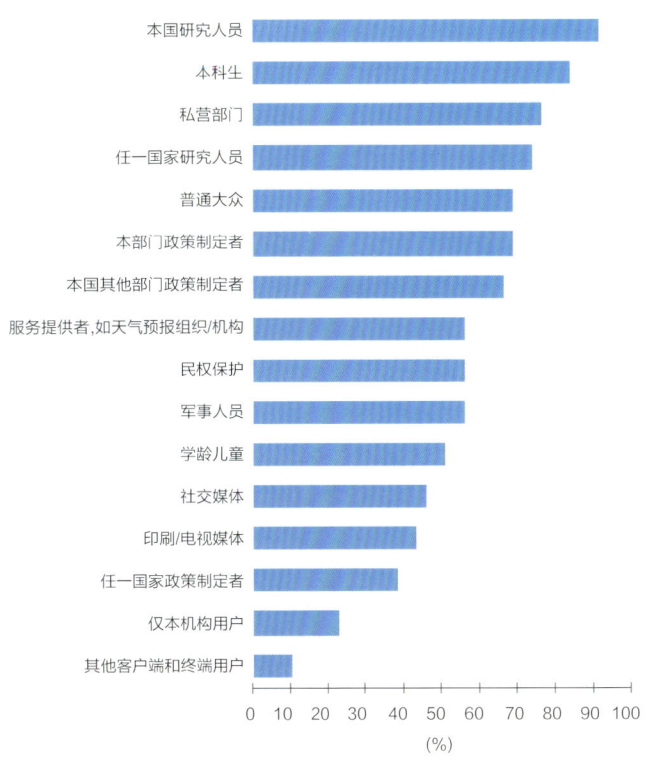

图 7.7 各国数据中心提供的数据、产品或服务的客户和最终用户的百分比（基于提交的40份回复，每份回复可能有多个答案）
资料来源：数据基于GOSR2020调查问卷。

此外，74%的数据中心已与其他国际数据系统建立了关系，可以交换部分数据和信息，这与GOSR2017中提出的结果相当（IOC-UNESCO，2017；图 7.8）。然而，这一比例在不同区域有很大差异，对少数区域，特别是大洋洲以及中亚和南亚，进行交换的信息有限。在欧洲和北美，超过90%的数据中心可以进行数据和信息的交换，而在拉美和加勒比地区，只有不到50%（图7.8）。

---

[1] IOC第XXII-6号决议：IOC海洋学数据交换政策，见 http://hdl.handle.net/1834/1747。

183

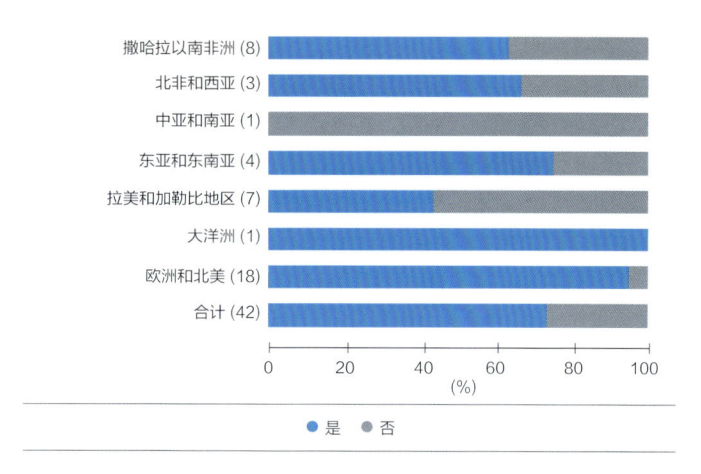

图 7.8 各国数据中心向国际系统，如ICS世界数据系统、全球数据汇编中心（GDAC）、WMO全球通信系统（GTS）发送数据和信息的比例（基于提交的42份回复）

资料来源：数据基于GOSR2020调查问卷。

框7.1　IODE计划如何支持国际数据和信息管理

政府间海洋学委员会（IOC）于1960年在联合国教科文组织（UNESCO）框架下成立，旨在促进国际合作，协调海洋研究、服务、观测系统、减灾及能力发展等计划，以便了解和有效管理海洋及沿海地区资源。IOC-UNESCO是公认的联合国海洋研究全球合作的机制（UN DOALOS，2010）。在IOC-UNESCO成立仅一年后，1961年设立了国际海洋学数据和信息交换计划委员会（IODE），旨在"通过促进参与成员国之间的海洋数据和信息交流，满足用户对数据和信息产品的需求，加强海洋研究、开发和发展"。

IODE的五个主要目标如下：

Ⅰ．通过使用国际标准，遵守IOC为海洋研究和观测团体及其他利益攸关方制定的海洋学数据交换政策，辅助并促进海洋数据和信息的发现、交换和获取，包括实时、近实时和延时模式的元数据、产品和信息。

Ⅱ．鼓励对所有海洋数据、数据产品和信息进行长期存档、保存、记录、管理和服务。

Ⅲ．开发或使用现有的最佳做法，以发现、管理、交换和获取海洋数据和信息，包括国际标准、质量控制和适当的信息技术。

Ⅳ．协助成员国获得管理海洋研究与观测数据和信息的必要能力，并成为IODE网络的合作伙伴。

Ⅴ．支持国际海洋科学和作业计划，包括海洋观测框架（IOC-UNESCO，2012），以造福广大用户。

IODE网络已成功地对数以百万计的海洋观测数据进行收集、质量控制和存档，并将其提供给成员国。如上所述，IODE数据中心的任务是管理所有与海洋相关的数据变量，包括物理海洋学、化学、生物等。从一开始，IODE就致力于打造一个由各国数据中心组成的全球社区，各国数据中心由IOC-UNESCO成员国建立并维护（补充材料7.1、补充材料7.2、补充材料7.3）。

应当指出，目前没有任何与海洋学数据管理相关的正规教育。为此，IODE制订了一套积极的培训计划以弥补这一不足，自2002年以来，IODE的海洋教师全球学院项目14 为与IODE网络相关的数据中心的员工提供持续的专业发展教育（详情见第4章）。除了在IODE主持下建立的政府间全球海洋学数据中心网络外，地区和国家数据中心也开发了自己的网络，如欧洲国家数据中心网络[1]（SeaDataNet）、澳大利亚海洋数据网[2]（AODN）以及多国数据门户和服务，如欧洲海洋观测和数据网络（EMODnet）。[3]

海洋数据与信息系统

为响应IOC-UNESCO成员国于2019年提出的构建"通用信息系统和海洋数据门户"的要求，IODE开始建立"海洋数据和信息系统"（ODIS），旨在为全球海洋学数据和信息提供全面的"一站式"服务。

第一步，IODE制定了ODIS来源目录（ODISCat）[4]，使用户能够通过在线浏览器搜索与海洋有关的基于网络来源/系统的现有数据和信息以及产品和服务的目录。该目录还提供关于产品的信息，使用户能够可视化海洋数据和信息的来源（实体及其连接）。

第二步，Ocean InfoHub项目将开发ODIS概念中所需的技术和合作文化，以使这些资源和其他资源能够在集合而成的"电子环境"中实现互操作。[5] 该项目的ODIS组件将提供"概念证明参考架构"（ODIS-Arch），使多个数据系统能够通过机器对机器的交互，与IOC-UNESCO系统进行互操作，并在广泛的信息类型中实现互操作。ODIS将启动一个流程，以改善全球数百个海洋数据和信息系统之间的自动化和可扩展通信，开发人员和终端用户都必须从每个在线资源上进行查询和下载，这通常需要花费巨大的资源来进行大量的格式和习俗惯例的转换。

海洋最佳办法

鉴于海洋广阔的规模和内部的复杂性，对地球海洋的有效监测和预测必须集合区域和全球范围内的合作努力。这种观察和研究的一个基本要求是，各种活动必须遵循明确的定义和

1　请参阅 SeaDataNet, https://www.seadatanet.org。
2　参见澳大利亚海洋数据网络, https://portal.aodn.org.au。
3　请参阅 EMODnet, https://emodnet.eu。
4　请参阅 ODISCat, https://catalogue.odis.org。
5　请参阅ODIS概念的论文, https://www.iode.org/index.php?option=com_oe&task=viewDocumentRecord&docID=18703。

可重复使用的方法，无论这些活动是构建观测系统、传感器部署和使用、测量技术和准则、社区赞成的质量保证和控制程序、数据和信息产品的生成，还是伦理和治理方面的活动。因此，海洋观测和研究的所有方面的方法应得到海洋界的广泛采用，并应酌情演变为"海洋最佳做法"。尽管许多团体已经创建了最佳做法，但它们分散在各种在线资源中或淹没在本地存储库中，许多尚未数字化。

为了减少这种碎片化，引入了一个新的开放获取、永久的最佳做法文档数字存储库。[1] 它包括一个存储库存档；一个用户友好的Web界面；先进的技术，包括文本挖掘和语义标记；链接到存储库的同行评审期刊；由海洋教师全球学院支持的培训组件和社区论坛。它由 IOC-UNESCO的国际海洋学数据和信息交换计划（IODE）维持运转，并由全球海洋观测系统（GOOS）合作协调。

通过ODISCat和海洋最佳做法数据库以及各种科学和其他利益攸关方团体〔例如，全球海洋观测系统（GOOS）、全球气候观测系统（GCOS）、国际地球观测组织（GEO）和通用大洋水深制图（GEBCO）背后的专家组〕的持续合作努力，预计与海洋有关的任何利益攸关方都将能够获得数据、信息和相关的方法。

7.6 当前数据争论中尚未解决的和新出现的问题

7.6.1 面临的巨大挑战

为实现海洋可持续管理的目的，海洋学数据管理必须具有创新性、效率性和适应性。G7学院在2015年（德国）、世界经济论坛（2016年）以及G20科学院向20国集团大阪峰会（2019年）提出的建议都强调，沿海和海洋生态系正面临海洋环境快速变化的严重威胁，包括海洋酸化、脱氧、变暖、海平面上升和频繁的极端天气条件。陆缘污染，包括无机物和有机物（包括塑料），使沿海环境恶化。然而，帮助会员国应对压力因素影响的全球开放获取数据系统目前仍不能满足需求。

认识到跟踪、了解和预测海洋状况对规划者的重要性，"海洋十年"呼吁改变我们管理海洋数据和信息的方式，强调开放性和透明性。虽然存在更好的共享开放数据的技术，但文化、社会政治和实际因素导致大量海洋数据，甚至开放数据无法访问，使各国无法获得规划和可持续管理其海洋水域的信息和证据。

7.6.2 应采取的具体行动

为了解决可持续海洋规划当前和未来的挑战，需要结合政府层面采取行动，从数据提供者到数据管理者，再到数据使用者，最后流向利益攸关方和决策者的数据流动，需要加强并使其更快、更容易和更透明。

在G20科学院（Science 20，2019）详细阐述的改善数据流动的六项具体行动中，有两项与数据和信息直接相关：

Ⅰ. 建立改进的数据存储和管理系统，确保全球科学家的开放获取；

Ⅱ. 分享在广泛的和多国合作下开展的研究活动所获得的信息，以加快对全球海洋及其动态的全面了解。

"海洋十年"在其实施计划中还会走得更远，呼吁海洋界共同设计和构建一个分布式数字系统，该系统可以在各种空间尺度上呈现复杂的社会生态海洋系统，以创建"数字海洋"并探索其未来在可持续发展路径和情景中的潜在作用。

为了将这一愿景转化为行动，在联合国系统内工作的专家已开始制定"海洋十年"海洋数据和信息管理战略（IWGSODIS）。[2] 这些努力与非政府组织〔如地球观测组织蓝色星球（Geo Blue Planet）〕、基金会（如海洋数据平台）和区域政府（如欧洲联盟）开展的补充活动互相配合。

---

1 请参阅 http://www.oceanbestpractices.org。

2 请参阅 https://www.iode.org/index.php?option=com_content&view=article&id=598&Itemid=100017。

7.6.3 以现有流程为基础

在转变海洋数据管理方式时，没有必要从零开始创建海洋数据流，因为在数据和信息共享方面已经存在优秀的模型。例如，世界海洋环流实验（WOCE）汇集了根据国际合作和共同商定的准则收集的数据，以便在其"WOCE全球数据"产品中统一数据格式和元数据信息。同样，国际Argo计划[1]是管理和分享实时和延迟模式观测数据供所有人使用的又一项全球努力。此外，还有几个社区驱动的数据共享案例展示，解决有限的公共数据可用性问题——许多是由科学家用户（世界海洋地图集、GLODAP、SOCAT）发起的，或者由各机构支持的网络和倡议，如SeaDataCloud、EMODnet和OBIS等。其他即将采取的类似倡议，侧重于解决严重威胁海洋问题的数据共享需求，例如针对海洋酸化问题的全球海洋酸化观测网络（GOA-ON）以及针对海洋脱氧问题的全球海洋氧气网络（GO$_2$NE）。

尽管做出了这些初步努力，但海洋环境科学数据的提供和分享，特别是相关的生物和社会经济数据，远远落后于陆地地区和大气领域。生物多样性和生态系统服务政府间科学政策平台（IPBES）的全球评估报告表明，公海和深海的生物多样性可能在迅速枯竭；[2] 尽管也在进一步开展OBIS和海洋生物多样性观测网络等其他国际活动，但跟踪海洋生物多样性变化的数据仍供不应求[3]。

还有很大一部分海洋没有被很好地观测，可靠的数据缺乏甚至没有，收集的有关海洋状况的大部分数据，包括独立科学家、学生和工业界收集的数据，从未被共享。与此同时，在不同学科和研究领域数据仍然无法共享。如果我们要实现"海洋十年"的目标，利益攸关方和决策者就需要能够跨越一个又一个的重大挑战来获取数据和信息。

框7.2　协调全球海洋观测网络——元数据和数据

OceanOPS（以前称为JCOMMOPS25[4]）作为全球海洋观测系统（GOOS）内全球海洋观测网络协调的协调中心，占有独特的地位。该中心位于法国海洋大都市布雷斯特的法国海洋开发研究院（IFREMER），即将迎来其作为支持日益复杂和多样化的海洋观测系统实践者的20周年纪念日。

OceanOPS的使命是监测和报告全球海洋观测系统和网络的状况，利用其核心作用来支持有效的观测系统运行，确保高质量的元数据的传输和及时交换，并协助向用户免费和不受限制地交付数据，包括运营服务、气候和海洋健康[5]。

OceanOPS工作最显著的衡量标准是定期发布的关于观测系统范围内的权威地图以及一个以应用为目的的规模宏大的网站[6]。这些得以开展有赖于来自全球海洋观测网络的实时的元数据，包括大量监测工具和服务，以把握网络元素的"脉搏"，促进和优化其实施。

OceanOPS能够从第一手元数据中监控海上运行状况，并定期将其与用户可用的数据进行比较，不断优化数据流。为所有海洋平台分配唯一的"标识符"，协调其元数据和词汇表，并开发机器对机器服务，这是对全球海洋观测系统的重大贡献。它表现出了一系列的优势，包括简化数据访问、增强数据可用性和互操作性。

OceanOPS与全球海洋观测系统（GOOS）观测协调小组一道，编制了关于观测系统状况的年度报告卡[7]。这是一项重要的年度资源，可以表明全球海洋观测系统网络的状况、新网络要素的发展、观测产生的与海洋服务的联系、从空间进行卫星观测以及COVID-19大流行对海洋观测的影响。

OceanOPS率先与民间社会合作，通过帆船租赁或比赛，

1　请参阅http://www.argo.ucsd.edu。
2　请参阅https://ipbes.net/global assessment。
3　请参阅https://marinebon.org。
4　海委会世界气象组织（WMO-IOC）的海洋学和海洋气象学联合技术委员会（JCOMM）原位观测计划支持中心。
5　请参阅https://ocean-ops.org/strategy。
6　请参阅https://ocean-ops.org。
7　请参阅https://ocean-ops.org/reportcard。

第7章
可持续利用海洋的数据和信息

探险项目或基金会部署监测仪器，并积极与IOC一起开拓公民参与GOOS的理念，以实现运营、沟通和教育成果。最近，其实时监测能力已被证明是跟踪和预测COVID-19大流行对全球海洋观测系统影响的宝贵信息。此外，OceanOPS还积极创造协调机会，帮助维持自主观测仪器重要组件的关键功能。

OceanOPS历来专注于支持主要在公海运作的全球海洋观测网络，现在正努力与区域和沿海观测网络建立更大的联系，以不断满足GOOS及其服务用户的多样化的需求。

新的OceanOPS 5年战略计划[1]提供了路线图，列出了实现OceanOPS愿景的主要步骤，即成为国际最优秀的枢纽和中心，通过不断扩大的全球海洋学和海洋气象观测社区网络提供监测、协调以及整合数据和元数据的重要服务（图7.9）。

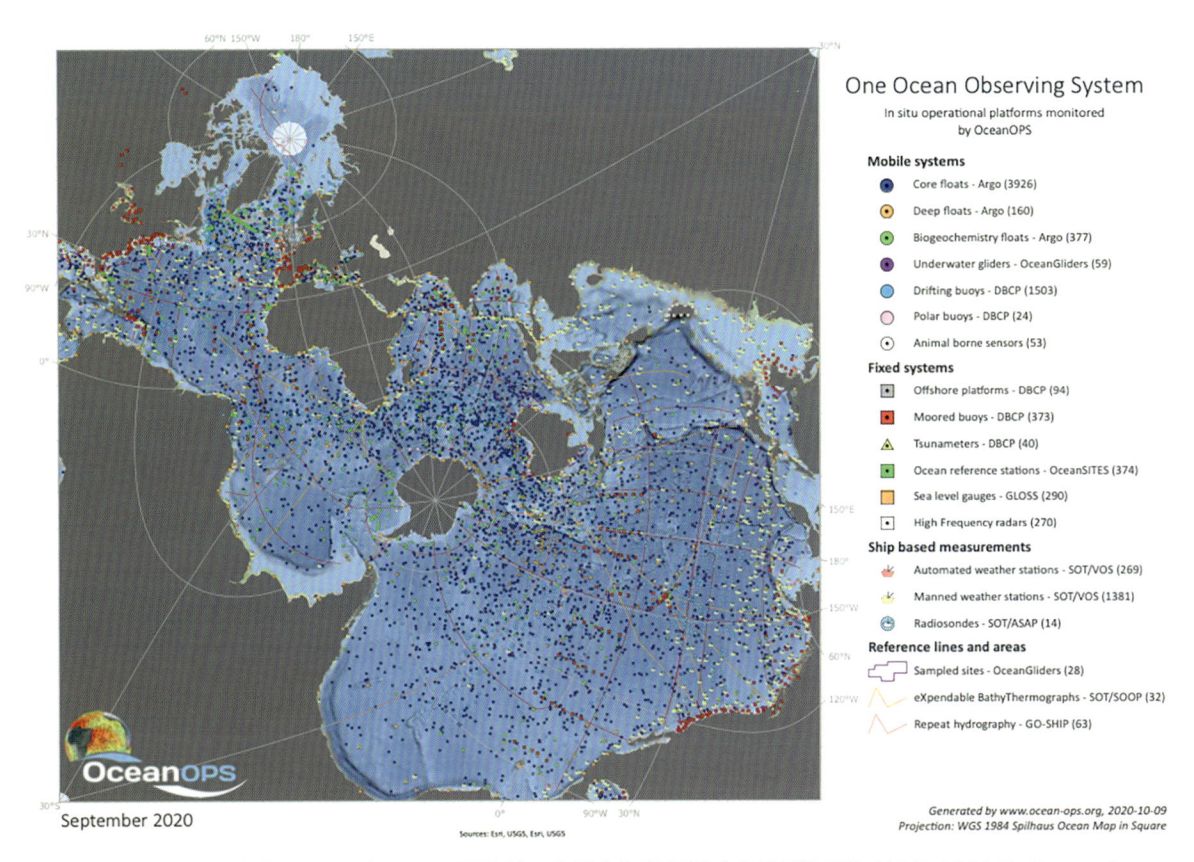

图7.9 一个显示大约10 000个GOOS网络单元位置的海洋投影（坐标系选择为WGS 1984 Spilhaus Ocean Map in Square）
资料来源：OceanOPS。

7.6.4 需要新的方法

虽然国际社会通过像政府间海洋学委员会海洋数据和信息系统（ODIS）这样的行动持续提高数据的可用性和互操作性，但需要新的创新概念和技术来应对当前和未来的数据管理的机遇和挑战。需要利用各种非传统来源的数据，有时在规划海洋可持续性时需要对科学的严谨度进行不同程度的调整。海洋数据收集和管理成本太高，不能将数据只使用一次就弃之不用。新的数据科学和工程方法让我们看到了希望，即在未来，当与今时不同，数据可能首先用于特定目的，随后用于与原始评估不同的评估，遵循"收集一次，多次使用"的理念。汇集不同历史时期和新来源的数据将为应用人工智能方法（包括机器学习）开辟

---
[1] 请参阅https://ocean-ops.org/strategy。

187

机会，获得对海洋演变过程的新见解。新算法已被证明是一种强大而有效的工具，可以高度准确地分析海洋学和天气数据。机器学习在海洋学中的主要应用是海洋天气和气候的预测，栖息地建模和分布，物种识别，沿海水监控，海洋资源管理，石油泄漏和污染检测以及波浪建模。然而，预计未来发展过程中用户数量将增加，导致需对其纳入日常数据管理（Ahmad，2019）。

但是，只有把这些数据集合并整理到一起，才能应用这些技术。努力开发全面和整体的可以反映海洋的数字化信息，包括动态海洋地图等，将允许多利益攸关方合作，以便科学家和非科学利益攸关者能够自由和开放地探索、发现和可视化过去、当前和未来的海洋环境——这是"海洋十年"的十大挑战之一。

由于海洋观测与海洋数据计算技术的不断提高，数据量不断增加，海洋界提出了新的需求，同时，我们进入了海洋科学领域的大数据时代。如何存储、管理、探索、子集化和利用大数据进行科学研究，需要新的战略、程序和工作流程。云计算是在分布式和可扩展平台上进行海洋数据迁移的最佳选择，可以帮助研究人员进行未来的预测分析（Allam et al., 2018）。云计算与人工智能的应用相结合，特别是机器学习，可以通过桥接，促进甚至自动化海洋数据的收集、处理和共享，以此增加数据流。

如今，海洋观测的手段史无前例。我们可以利用创新技术，使由此产生的数据可供那些需要对海洋及海洋资源进行管理的人使用。这些技术将成为跨学科工作的基础，以提高对大数据中相互关系、模式和原则的理解，更有效地访问数据，提高产生信息和知识的能力。改善当前数据获取和透明度的行动对于实现可持续发展目标14和《2030年议程》的目标至关重要。最为重要的是要强调投资的必要性，首先便是对持续的海洋观测和研究，支持对海洋领域所有数据的结构化、可操作性和现代化的数据管理。

然而，只有当全球海洋界克服了在追求数据共享以谋更好未来的道路上挡在前面的可能来自政治，社会或者文化的障碍，决策者才能从所有这些数据和数字化进程中受益。

参考文献

AHMAD H. 2019. Machine learning applications in oceanography. Aquatic Research, 2(3):161-69.

ALLAM S, GALLETTA A, CARNEVALE L, et al., 2018. A cloud computing workflow for managing oceanographic data. Z. Mann and V. Stolz (eds), Advances in Service-Oriented and Cloud Computing. CCIS series, Vol. 824. Cham (Switzerland), Springer.

AUSTIN C C, BLOOM T, DALLMEIER-TIESSEN S, et al., 2017. Key components of data publishing: using current best practices to develop a reference model for data publishing. International Journal on Digital Libraries, 18(2): 77–92.

IOC-UNESCO, 2012. A Framework for Ocean Observing. Paris, UNESCO. (IOC/INF-1284, doi: 10.5270/OceanObs09-FOO).

IOC-UNESCO, 2017. Global Ocean Science Report — The Current Status of Ocean Science around the World. L. Valdés et al. (eds). Paris, UNESCO Publishing.

IOC-UNESCO, 2020. United Nations Decade of Ocean Science for Sustainable Development 2021—2030 Implementation Plan, Version 2.0. Paris, UNESCO.

OECD, 2017. Co-Ordination and Support of International Research Data Networks. Paris, OECD. (OECD Science, Technology and Industry Policy Papers, 51.)

RYABININ V, BARBIÈRE J, HAUGAN P, et al., 2019. The UN Decade of Ocean Science for Sustainable Development. Frontiers in Marine Science, 6(470).

SCIENCE 20, 2019. Threats to Coastal and Marine Ecosystems, and Conservation of the Ocean Environment — with Special Attention to Climate Change and Marine Plastic Waste. Osaka, S20 Japan. Available at: http://www.scj.go.jp/ja/info/kohyo/pdf/kohyo-24-s20jp2019-1.pdf.

SNOWDEN D, TSONTOS V M, HANDEGARD N O, et al., 2019. Data interoperability between elements of the Global Ocean Observing System. Frontiers in Marine Science, 6(442).

TANHUA T, POULIQUEN S, HAUSMAN J, et al., 2019. Ocean FAIR data services. Frontiers in Marine Science, 6(440).

UN DOALOS, 2010. Marine Scientific Research. A Revised Guide to the Implementation of the Relevant Provisions of UNCLOS. New York, UN.

WILKINSON M D, DUMONTIER M, AALBERSBERG I J, et al., 2016. The FAIR guiding principles for scientific data management and stewardship. Scientific Data, 3(1): 1–9.

全球海洋科学报告：海洋可持续发展能力调查与展望
Global ocean science report, charting capacity for ocean sustainability

补充材料 7.1　2020年活跃的国家海洋学数据中心（NODC）名单

名称	英文名称（如适用）	国家	网址
海军水文局	Naval Hydrographic Service	阿根廷	http://www.hidro.gov.ar
澳大利亚海洋数据网		澳大利亚	http://imos.org.au/aodn_data_management_overview.html
佛兰德海洋研究所，佛兰德海洋数据中心（VMDC）	Marine Data Centre (VMDC)	比利时	www.vliz.be/en/vliz-research-centres
比利时皇家自然科学研究所，自然环境运营局，比利时海洋数据中心		比利时	http://www.bmdc.be/NODC/index.xhtml
贝宁海洋和渔业研究中心	Research Centre	贝宁	http://nodc-benin.odinafrica.org
巴西海军水文中心水文和航海局		巴西	https://www.marinha.mil.br/dhn/?q=en/node/136
保加利亚科学院海洋研究所，瓦尔纳		保加利亚	http://www.io-bas.bg/index_en.html
科学研究与创新部农业发展研究所，海洋生态系统研究中心（CERECOMA）	Ministry of Scientific Research and Innovation, Institute of Agricultural Research for Development. Specialized Research Centre on Marine Ecosystems (CERECOMA)	喀麦隆	http://nodc-cameroon.odinafrica.org/a-propos-du-cndo.html
加拿大渔业和海洋部海洋科学处（DFO-OSB），海洋环境数据科（MEDS）		加拿大	http://www.dfo-mpo.gc.ca
智利海军水文和海洋局	Hydrographic and Oceanographic Service of the Chilean Navy	智利	http://www.shoa.cl
中国海洋信息网		中国	http://www.nmdis.org.cn/english/nmdiss-mission
哥伦比亚海事总局	General Maritime Directorate	哥伦比亚	http://www.dimar.mil.co
国家文献与科学研究中心	National Centre for Documentation and Scientific Research	科摩罗	http://www.cndrs-comores.org
国家海洋研究中心，阿比让	National Centre for Oceanic Research Abidjan	科特迪瓦	http://www.cro-ci.net
海洋学和渔业研究所	Institute of Oceanography and Fisheries	克罗地亚	http://www.izor.hr
塞浦路斯大学海洋学中心		塞浦路斯	http://www.ucy.ac.cy/oceanography/en
厄瓜多尔海军海洋研究所（INOCAR）	Oceanographic Institute of the Navy (INOCAR) of Ecuador	厄瓜多尔	http://www.inocar.mil.ec/web
法国海洋开发研究所（IFREMER），布雷斯特中心	French Institute for the Exploitation of the Sea, IFREMER, Brest Centre	法国	http://wwz.ifremer.fr
联邦海事和水文局（BSH）	Federal Maritime and Hydrographic Agency (BSH)	德国	http://www.bsh.de
加纳海洋学数据中心渔业科学调查司（FSSD）		加纳	http://nodc-ghana.odinafrica.org
希腊海洋研究中心（HCMR），希腊国家海洋学数据中心（HNODC）		希腊	http://www.hcmr.gr/en/research-infrastructures/facilities-3/anavyssos
科纳克里·罗巴内科学研究中心（CERESCOR）	Scientific Research Centre of Conakry Rogbané (CERESCOR)	几内亚	http://www.cerescor.edu.gn
印度国家海洋信息服务中心		印度	http://www.incois.gov.in
技术评估和应用机构	Agency for the Assessment and Application of Technology	印度尼西亚	http://www.bppt.go.id/
伊朗国家海洋学和大气科学研究所		伊朗	http://www.inio.ac.ir/Default.aspx?tabid=1204
海洋研究所总部，戈尔韦		爱尔兰	https://www.marine.ie/Home/home
以色列海洋学和湖沼学研究所		以色列	https://isramar.ocean.org.il/isramar2009

第7章
可持续利用海洋的数据和信息

名称	英文名称（如适用）	国家	网址
国家海洋和实验地球物理学研究所，的里雅斯特	National Institute of Oceanography and Experimental Geophysics	意大利	http://www.ogs.trieste.it
日本海洋学数据中心		日本	http://www.jodc.go.jp
哈萨克斯坦能源部		哈萨克斯坦	http://www.kazhydromet.kz
肯尼亚海洋与渔业研究所		肯尼亚	http://www.kmfri.co.ke
渔业和海洋科学研究所	Fisheries and Marine Sciences Institute	马达加斯加	http://ihsm.mg
科学、技术和创新部，国家海洋局		马来西亚	http://www.mynodc.gov.my
毛里塔尼亚海洋与渔业研究所 (IMROP)	Mauritanian Institute of Oceanographic Research and Fisheries (IMROP)	毛里塔尼亚	https://www.imrop.org
毛里求斯气象局		毛里求斯	http://metservice.intnet.mu
下加利福尼亚州自治大学（UABC），海洋学研究所	Autonomous University of Baja California (UABC), Oceanology Research Institute	墨西哥	http://iio.ens.uabc.mx/#
国家水文学和航海研究所	National Institute for Hydrography and Navigation	莫桑比克	http://www.inahina.gov.mz
荷兰皇家海洋研究所	Royal Netherlands Institute for Sea Research	荷兰	http://www.nioz.nl
尼日利亚海洋学和海洋研究所		尼日利亚	https://www.niomr.gov.ng
海洋研究所		挪威	http://www.imr.no
秘鲁海军，水文和航海局	Navy of Peru, Directorate of Hydrography and Navigation	秘鲁	https://www.dhn.mil.pe
韩国海洋学数据中心		韩国	http://www.nifs.go.kr/kodc/eng/index.kodc
国家海洋研究与发展研究所——格里高尔·安蒂帕		罗马尼亚	http://www.rmri.ro/Home/Home.html
全俄水文气象信息研究所——世界数据中心，奥布宁斯克		俄罗斯	http://www.meteo.ru/nodc/index.html
达喀尔蒂亚罗耶海洋学研究中心（CRODT-ISRA/ LPAOSF-ESP-UCAD）	Oceanographic Research Centre of Dakar Thiaroye (CRODT-ISRA/ LPAOSF-ESP-UCAD)	塞内加尔	http://www.isra.sn
塞舌尔渔业局		塞舌尔	http://www.sfa.sc
国家生物研究所，海洋生物站，皮兰		斯洛文尼亚	http://www.nib.si/mbp/en
南部非洲海洋学数据中心（SADCO）		南非	http://sadco.ocean.gov.za
西班牙海洋研究所	Spanish Institute of Oceanography (IEO)	西班牙	http://www.ieo.es
瑞典气象水文研究所	Swedish Meteorological and Hydrological Institute	瑞典	https://www.smhi.se/en
洛美大学，沿海与环境综合管理中心	Lomé University, Integrated Management Centre for the Coast and Environment	多哥	http://www.univ-lome.tg
国家海洋科学技术研究所，塞兰包	National Institute of Science and Technology of the Sea, Salambo	突尼斯	http://www.instm.agrinet.tn/index.php/fr
土耳其海军，航海、水文学和海洋学办公室		土耳其	http://www.shodb.gov.tr/shodb_esas/index.php/en
乌克兰海洋生态科学中心		乌克兰	http://www.sea.gov.ua/?lang=en
国家海洋学中心，自然环境研究委员会，普劳德曼海洋学实验室		英国	http://www.pol.ac.uk
达累斯萨拉姆大学海洋科学研究所		坦桑尼亚联合共和国	https://ims.udsm.ac.tz
国家海洋和大气管理局（NOAA）国家环境卫星资料信息局（NESDIS）国家环境信息中心（NCEI）		美国	https://www.ncei.noaa.gov

资料来源：改编自IODE, https://www.iode.org/index.php?option=com_content&view=article&id=61&Itemid=100057。

全球海洋科学报告：海洋可持续发展能力调查与展望
Global ocean science report，charting capacity for ocean sustainability

补充材料 7.2　2020 年关联数据单位（ADU）列表

名称	英文名称（如适用）	国家	网址
海洋系统研究中心，国家巴塔哥尼亚中心	Centre for the Study of Marine Systems, National Patagonian Centre	阿根廷	http://www.cenpat-conicet.gob.ar/cesimar
澳大利亚联邦科学与工业研究组织（CSIRO）海洋与大气研究部（霍巴特）		澳大利亚	https://www.csiro.au/en/Research/OandA
沿海地区管理部门		巴巴多斯	http://www.coastal.gov.bb
长期生态研究计划 圣埃斯皮里图州沿海栖息地（PELD HCES）		巴西	http://bentos.ufes.br
海洋跟踪网		加拿大	http://oceantrackingnetwork.org
海洋与海岸研究所(INVEMAR)	Marine and Coastal Research Institute	哥伦比亚	http://www.invemar.org.co
哥伦比亚国家自然公园	National Natural Parks of Colombia	哥伦比亚	http://www.parquesnacionales.gov.co
国际海洋考察理事会		丹麦	http://www.ices.dk/Pages/default.aspx
全球生物多样性信息机构		丹麦	http://www.gbif.org
南太平洋常设委员会	Permanent Commission for the South Pacific	厄瓜多尔	http://cpps-int.org
厄瓜多尔国家渔业研究所	National Fisheries Institute Ecuador	厄瓜多尔	http://www.institutopesca.gob.ec
第比利斯国立伊万·贾瓦希什维利大学		格鲁吉亚	https://www.tsu.ge/en
希腊海洋研究中心——海洋生物、生物技术和水产养殖研究所		希腊	http://www.imbbc.hcmr.gr
北极动植物保护		冰岛	http://www.caff.is
印度尼西亚科学院海洋研究中心	Research Centre for Oceanography, Indonesian Institute of Sciences	印度尼西亚	http://www.oseanografi.lipi.go.id
巴士拉大学海洋科学中心		伊拉克	http://en.uobasrah.edu.iq
日本海洋地球科学技术振兴机构（JAMSTEC），横须贺		日本	http://www.jamstec.go.jp/e/index.html
日本海洋科学技术中心（JAMSTEC），全球海洋学数据中心（GODAC）		日本	http://www.godac.jp/en
海洋学与环境研究所		马来西亚	http://inos.umt.edu.my
东盟生物多样性中心		菲律宾	http://www.aseanbiodiversity.org
定量水产		菲律宾	https://www.q-quatics.org
SOCIB——巴利阿里群岛沿海观测预报系统		西班牙	http://www.socib.es
乌克兰海洋生态科学中心		乌克兰	http://www.sea.gov.ua/?lang=en
英国海洋生物协会		英国	http://www.mba.ac.uk
南极研究科学委员会		英国	http://www.scar.org
赫尔大学，过往海洋倡议		英国	http://www.hull.ac.uk/hmap
杜克大学，尼古拉斯环境学院		美国	https://nicholas.duke.edu/
杜兰大学		美国	http://www.tulane.edu
美国地质调查局总部		美国	http://www.usgs.gov
伍兹霍尔海洋研究所		美国	http://www.whoi.edu
西蒙玻利瓦尔大学	Simon Bolivar University	委内瑞拉	http://www.usb.ve

资料来源：改编自IODE，https://www.iode.org/index.php?option=com_content&view=article&id=61&Itemid=100057。

补充材料 7.3　2020 年关联信息单位（AIU）列表

名称	国家	网址
法兰德海洋研究所（VLIZ）图书馆	比利时	VLIZ 图书馆目录: http://www.vliz.be/en/catalogue 比利时海洋书目目录: http://www.vliz.be/en/belgian-marine-bibliography 开放的海洋档案: http://www.vliz.be/en/open-marine-archive
南太平洋区域环境署（SPREP）图书馆	萨摩亚	收藏和存储库: https://www.sprep.org/libraryinformation-resource-center/library-home 出版物: https://www.sprep.org/publications
国家海洋科学技术研究所（INSTM）图书馆	突尼斯	OceanDocs（联合国教科文组织政府间海洋学委员会）: http://www.oceandocs.net/handle/1834/138 更多的信息与产品见: http://www.instm.agrinet.tn/index.php/fr/bibliotheque
国家水产资源局（DINARA）图书馆	乌拉圭	在SIDALC的DINARA数据库: http://orton.catie.ac.cr/dinara.htm 在SIDALC的INVEN数据库: http://orton.catie.ac.cr/inven.htm 在SIDALC的ELECTRA数据库 in: http://orton.catie.ac.cr/electra.htm 在OceanDocs的DINARA: https://www.oceandocs.org/handle/1834/2547
海洋生物实验室，伍兹霍尔海洋研究所（MBLWHOI）图书馆	美国	DMP工具: https://dmptool.org/get_started 信息管理研究（RIM）系统，元素: 使用VIVO的公共视图http://vivo.mblwhoilibrary.org

资料来源：改编自IODE, https://www.iode.org/index.php?option=com_content&view=article&id=61&Itemid=100057。

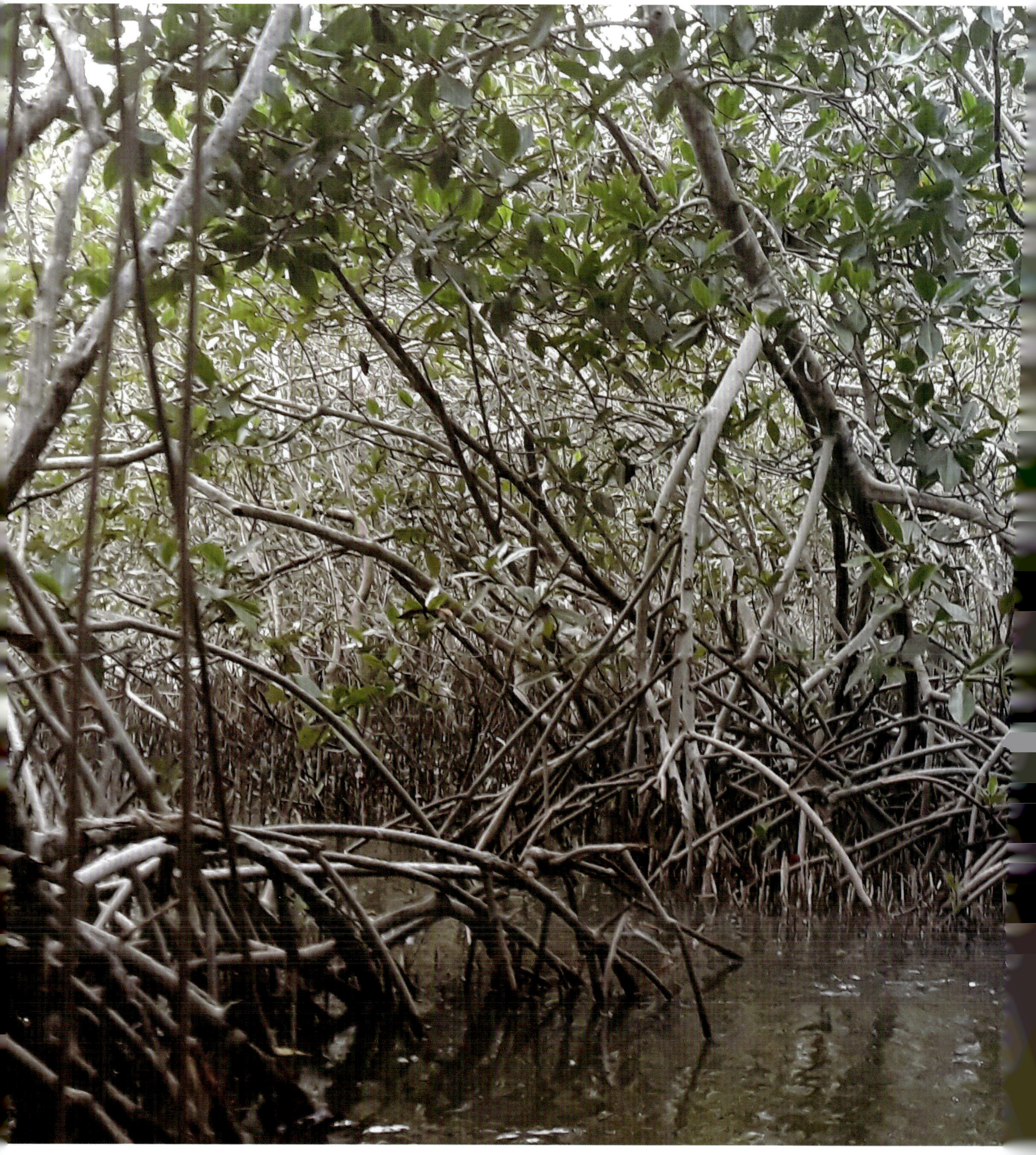

第8章
海洋可持续发展能力评估与展望

第8章 海洋可持续发展能力评估与展望

Jacqueline Uku, Jan Mees, Salvatore Aricò, Julian Barbière, Alison Clausen

Uku, J., Mees, J., Aricó, S., Barbière, J. and Clausen, A. 2020. Charting ocean capacity for sustainable development. IOC-UNESCO, *Global Ocean Science Report 2020–Charting Capacity for Ocean Sustainability*. K. Isensee (ed.), Paris, UNESCO Publishing, pp 217-228.

8.1 评估海洋科学基础设施、人力资源和能力发展

《全球海洋科学报告》2020年版（GOSR2020）根据联合国教科文组织政府间海洋学委员会成员国提交的主要数据、文献计量学和技术计量数据以及相关科学组织提供的信息，评估了世界各地海洋科学的现有能力和能力发展状况。该报告还表明，海洋科学将如何继续为海洋资源的可持续利用提供知识，并为整体的可持续发展做出贡献。但是，在即将到来的"联合国海洋科学促进可持续发展十年"（"海洋十年"），海洋科学能力是否正朝着正确的方向发展？

第3章至第7章中提出的研究结果和分析得出了以下一般结论：人们越来越了解人类在海洋科学事业和科学管理价值链中的关键作用；人们逐渐认识到海洋科学对可持续蓝色经济和可持续发展的贡献。

相关学术期刊中一系列日益健全的标准和指标的运用，表明人们对海洋变化过程以及人类活动对海洋的影响有了更好的了解。这份报告还表明，海洋研究成果向私营部门进行知识转让正在蓬勃发展。

21世纪初以来，所有可持续发展目标区域集团在海洋科学及与海洋科学有关的所有类别（第2章和第5章）中的科学出版物显著增加，这清楚地表明，从事海洋科学的人越来越认识到海洋科学的社会相关性以及海洋科学为相关社会目标做出贡献的必要性。在这方面，海洋科学界已经开始制定合作行动，以实现"海洋十年"的目标（IOC-UNESCO，2020）。

这些都是非常积极的发展态势，还需要对本报告的调查结果进行进一步分析调查。

虽然科学的主要任务是寻求新知识，但将科学作为一个纯粹中立的领域应该是简单化的和原始态的。

过去20年中科学生产的持续积极趋势表明，科学出版业已成为一个重要的新兴经济部门。[1] 此外，科学趋势可能反映地缘政治动态，这是个别国家对科学进行战略投资的结果，也是在科学、技术和创新领域所独有的双边和多边计划的背景下产生的（UNESCO，2015；OECD，2016）。

以上情形也适用于海洋科学出版物：在过去18年中——本报告文献计量分析所涵盖的时期——东亚和东南亚区域海洋科学的产出大幅度增加，同时欧洲和北美区域相应减少。在海洋科学生产领域，个别国家涌现成为新的参与者，例如沙特阿拉伯、阿尔及利亚、伊拉克和摩洛哥（第5章）。

同时，可以发现，各国海洋研究与开发（R&D）的兴趣趋向于共同的问题和解决方案。例如，第5章对专利申请（或"技术计量学"）的全球趋势分析表明，减缓和适应气候变化已成为基于海洋科学发现而进行技术应用的一个"新兴"领域。这一信息让我们看到了希望：虽然有明确的证据表明，世界海洋正受到多种压力因素的影响，大气和海洋中的CO_2浓度增加只是其中一个因素（如Nagelkerken et al., 2020；Gao et al., 2020；Hurd et al., 2018；Boyd et al., 2015），人们对未来海洋继续吸收人类排放的CO_2，发挥海洋碳汇能力感到担忧［Integrated Ocean Carbon Research（IOC-R），正在出版中］。

GOSR2020表明，海洋科学仍然是一项开放性的努力，吸引了来自所有地区的科学家，使他们能够围绕共同关心的问题聚集在一起，提出研究问题，进行数据收集和解读，分析信息并开发预测模型等。这一发现并不令人意外，因为科学一直是不同国家和文化的人进行和平对话的工具。

1　2006年，欧盟委员会研究中心总局委托进行的一项研究报告称，科学、技术和医药出版市场估计在70亿至110亿美元之间，而2001年经合组织国家为研发拨款6 080亿美元（European Commission，2006）。Van Noorden（2013）提到了Outsell Consulting的数据，根据该数据，科学出版业在2011年创造了94亿美元的收入。

然而，各国之间进一步合作的空间仍然很大，特别在海洋技术转让（TMT）角度。[1] GOSR2020表明，亚太地区，欧洲和北美地区的工业化国家继续作为海洋研究的主要引擎；此外，来自这些地区的科学家倾向于在同一地区（例如美国和加拿大）内彼此密切合作，或与另一个主要地区（例如美国和中国，美国和日本）的科学家密切合作。海洋科学领域表现活跃的中国机构显然正在与世界其他地区建立联系。在这种背景下，海洋科学家必须认识到他们的责任，海洋科学的主要国家必须充分发挥他们的作用，以帮助实施《联合国海洋法公约》关于TMT的规定。

与此同时，报告前几章表明，南南合作和南北合作对于加强或发展海洋科学能力十分重要。事实上，三角合作将有助于TMT的成功实施。在这方面，全球科学计划，例如由IOC-UNESCO和该领域许多其他行动者推动的计划（第3章、第5章和第7章），可以发挥不偏不倚的中间人的作用，对于确保向世界所有区域的科学家提供一个中立的平台非常关键。这些平台甚至可以帮助海洋科学分散政治战略压力，利用其独特性地位，为科学的蓬勃发展创造一个中立的环境，并为科学所代表的创意产业带来新的发现。鉴于人类、社会和环境对海洋可持续发展带来的挑战持续存在且尚未解决，这些类型的举措的实施比以往任何时候都更加紧迫。

考虑到世界海洋及海洋生物多样性提供的核心服务和惠益（IPCC，2019；IPBES，2019），人们普遍认为海洋在实现可持续发展方面发挥着关键作用。海洋服务和惠益包括与气候系统有关的监管职能和对食品安全至关重要的供应服务等；它们构成了人类福祉和发展海洋经济（渔业、旅游业、交通运输、海洋可持续能源）的基础。海洋还提供了娱乐惠益，有助于维护世界各地许多民族、社区和国家的文化和精神价值（Island Press，2003；Diaz et al., 2015）。然而，《2030年可持续发展议程》中的针对性目标，即可持续发展目标14，往往被视为独特的"水下"或与海洋相关的可持续发展目标。这导致对世界海洋对可持续发展的贡献的看法被简化甚至扭曲，并倾向于低估海洋在实现许多其他可持续发展目标中的重要作用，包括可持续发展目标8：体面工作和经济增长；可持续发展目标2：零饥饿；可持续发展目标5：性别平等；可持续发展目标13：气候行动等。

通过科学获得的理解，由私营部门对调查结果的应用以及传统知识，将继续作为制定海洋可持续性和可持续发展解决方案的基础。TMT和创新也将继续在最大化海洋提供的社会效益方面发挥重要作用。

海洋科学是人类共同的事业：海洋科学中的人类能力发展是一个将教育、创新、增长和就业紧密相连的复杂网络。在所分析的国家中，海洋科学家的人数与科学生产力之间似乎有明显的相关性。女性和年轻海洋科学家的平等参与问题值得继续关注，以促进在今后几年中各国参与海洋问题的研究议程。充分考虑海洋科学的性别和代际问题，将有助于满足妇女和青年科学家的具体职业需要，并为专业知识的继承和更新提供框架。相对应地，海洋科学也将受益于这些关键利益攸关者的观点，以确定未来十年需要经历的变化，增进海洋科学对社会的贡献。

---

[1] 在这方面，海洋技术转让是指一整套措施，远远超出技术转让的范围，除技术转让外，还包括培训课程、参加海洋巡航和考察、交流计划、为青年科学家和妇女提供机会以及交换研究和系统观测收集的数据（IOC-UNESCO，2015；Aricò，2015）。

框8.1 在海洋科学和治理中实现两性平等的努力

GOSR2020描述了海洋科学中的结构性不平等（第4章），海洋科学政策价值链，获得信贷的性别障碍、教育以及海洋政策的性别盲视（第6章）。这些因素妨碍了妇女在海洋科学和技术领域的合理进入与参与，也妨碍了她们积极参与海洋治理的权利。

加强海洋科学领域两性平等的具体措施包括：在海洋技术和观测领域为女性海洋科学家提供培训支持；加强和发展旨在使妇女和女童参与海洋教育和素养提升计划；促进妇女参与和政策有关的进程和治理。

此外，海洋科学领域的行动应着手在组织海洋科学会议、专题讨论会、讲习班和小组讨论时加强两性平等。这些行动可能针对的是两性不平等问题的不同方面，从提供儿童保育以使父母研究人员能够充分参与海洋科学研究，到组织委员会人员构成中对性别平等的考虑，已经证明这些可以使更多的女性成为特邀发言人。

上述所有领域的两性平等将被纳入主流，与此同时需要持续性并扩大收集按性别分列的数据。改进的数据库将有利于制定针对性的战略，在提升妇女对海洋科学参与的同时，充分考虑到区域、文化和社会条件。特别是，需要进一步了解年轻女科学家的职业生涯演变及她们在海洋科学中的比率。只有充分利用这些信息，才能衡量和评价今后几年旨在赋予妇女在海洋科学领域权力的倡议是否成功，从而不仅在海洋科学中追求两性平等，而且在海洋科学中实现两性平等。

8.2 海洋科学资本投资支持未来发展

本报告数据和趋势证明，为海洋科学提供连贯和稳定的资金将是实现一个具有影响力和革命性的"海洋十年"的核心。各利益攸关方中的财团或各种伙伴关系——包括工商业或金融业的——它们源于不同的愿望和利益，以可持续蓝色经济理念作为协调规划和行动的框架，有望为海洋科学供给资金开拓创新方法（第3章），但这些新方法的影响尚待系统评估。

在分析以公共资金对海洋科学提供传统支持时，与估算的海洋对全球经济的贡献——根据OECD（2016）的数据，2010年为1.5万亿美元，与海洋在地球演变过程中的关键性作用相比，很难解释用于海洋科学的研发支出占国内研发总支出（GERD）的比例微乎其微，如第3章所述。对海洋科学的财政投入与海洋科学价值链的产出在很大程度上并不成比例，无论是对研究和观测，数据收集和相关基础设施的投入，还是科学生产以及科学发现的社会和商业应用。

本报告的结果表明，对于需要评估其运营对环境产生的影响的企业来说，海洋科学是一项投资。海洋科学催生知识的产生，使企业能够提高运营绩效，进而提高竞争力。这也许可以解释私营部门、基金会和其他慈善组织为海洋科学提供资金的趋势日益增长，海洋金融创新水平日益提高（第3章）。"海洋十年"的主要目标是在需要时刺激和促进对海洋科学的投资，并通过共同设计和共同交付推动海洋科学多方利益攸关者基于科学的合作，汇集海洋科学发起者和用户的集体努力。"海洋十年"将为包括慈善基金会、工商界或金融部门在内的不同利益攸关方的群体在海洋科学领域共同设计和共同交付行动提供一个框架，从而使它们能够为整个海洋科学价值链中的海洋科学事业做出积极而重大的贡献。

框8.2 慈善事业在支持"海洋十年"方面的作用

基金会是"联合国海洋科学促进可持续发展十年"的重要合作伙伴。为了收集它们对"海洋十年"的看法并促进它们参与"海洋十年"，IOC-UNESCO与VELUX基金会合作，于2020年2月在哥本哈根组织了一次"基金会对话"活动。21个基金会出席了这次活动，分享了它们对"海洋十年"在通过知识、教育和应用海洋科学成果为社区赋能方面所发挥的作用的看法。

基金会对海洋养护的贡献与官方开发援助（ODA）同等重要，[1] 基金会的重点放在北美、跨学科科学和全球倡议上。然而，与对其他可持续发展目标的慈善支持相比，2016年，只有0.45%的慈善基金明确表示致力于解决可持续发展目标14。

基金会通常会支持学术界、科学界和社会、商业部门、非政府组织等机构之间的创新方案和倡议，促进知识的产生，支持更成熟的政府行动，从而促进科学行动的协同效应。

"海洋十年"从定义上讲需要汇集多方利益攸关方，因

---

[1] 请参阅http://www.oecd.org/development/financingsustainable-development/development-finance-standards/ officialdevelopmentassistancedefinitionandcoverage.htm。

此基金会自然会在其中占据一席之地，特别是通过以下方式：积极参与"海洋十年联盟"——一个由多方利益攸关方集团组成的联盟，在十年中自愿支持资源调配；调配资源和基础设施，促进年轻的海洋科学家和专业人员参与研究巡航；鼓励创新和大胆的解决方案（包括通过支持创新孵化器）来解决与数据、技术和创新相关的瓶颈；倡导更多的行动者和利益攸关方加入"海洋十年"的努力。基金会的贡献将最大限度地提高我们集体实现相关可持续发展目标的机会，到2030年实现海洋的可持续。

海洋的重要性怎么强调也不为过，然而，从经济角度来看，支持这一点的证据很难找到。最近，可持续海洋经济高级别小组发布了一份特别报告，其中载有对到2050年世界海洋净收益的估计，采用的是成本效益分析方法（Konar，Ding，2020）。该报告侧重于四项基于海洋的政策干预措施，以评估和展示从海洋获得的惠益范围：保护和恢复红树林生境；扩大海上风电生产；国际航运业脱碳；增加可持续来源的海洋蛋白质的产量。结果表明，可持续的离岸投资产生的利润至少是运营成本的5倍。30年内，在全球四个干预措施领域投资20 000亿至37 000亿美元，将带来82 000亿至228 000亿美元的净收益。在评估四个领域中每个领域的干预措施时，投资回报率都很高，平均经济效益-成本比从3∶1到12∶1不等（表8.1）。

表 8.1 与海洋/沿海干预措施相关的减少CO_2排放的四个行动领域的效益-成本比

行动	平均效益与成本比
保护与修复红树林[1]	3∶1
国际航运低碳减排[2]	4∶1
增加可持续来源的海洋蛋白质的生产	10∶1
扩大海上能源生产规模[3]	12∶1

资料来源：Konar，Ding，2020。

---

[1] 该比率是红树林保护和修复的综合比率。在评估具体干预措施时，保护的效益成本比估计为8∶1，修复的效益成本比为2∶1。
[2] 据估计，国际航运脱碳的效益成本比为2∶1至5∶1。
[3] 据估计，扩大全球海上风电生产的效益成本比范围为2∶1至17∶1。

8.3 海洋科学与人类健康

8.3.1 海洋科学与2019新型冠状病毒大流行（COVID-19）

在撰写本文时，COVID-19大流行已经在社会的多个层面和许多领域产生了明显的影响。在前几章中没有涉及的一个核心问题是海洋科学将如何以及在多大程度上受到影响？如果卫生状况持续下去，将出现什么样的适应性安排？我们是否将目睹资源重新部署到其他科学分支，如卫生研究？

全球海洋观测系统（GOOS）对COVID-19危机对海洋系统持续观测的影响评估见框8.3。

框8.3 COVID-19对海洋观测系统的影响

全球海洋观测系统（GOOS）在2020年3—6月期间对COVID-19大流行对海洋观测系统的影响进行了系统评估。在第一阶段，收集了来自全球网络的信息；这些网络代表了大多数与海洋观测有关的气候和业务服务，并由国家和区域两级执行者完成。其直接影响是巨大的；几乎所有的科学考察船都被召回母港。这影响了全球海洋船基水文调查计划的重复水文测量，系泊阵列的服务以及自主平台的重新布放，例如Argo剖面浮标（GOSHIP），海洋盆地不同比例尺剖面测量，这些对于跟踪气候变化，测量多个变量和海洋的整个深度非常重要。四个十年的海洋部分已被取消。同样，几乎所有维持监测主要洋流和关键海气交换的重要系泊阵列的工作都被取消了。其中一些正面临在未来几个月内失败的风险。2020年6月，300多个系泊装置中的30%~50%已受到影响，其中一些系泊装置已经随着电池耗尽而停止发送数据。这些限制意味着"船舶骑手"无法再启动消耗性盐温深剖面仪器，损失了来自"机遇之船"计划（SOOP）网络的约90%的数据流。

同样，自主水下滑翔机的部署和恢复也在很大程度上被取消，2020年6月运行的滑翔机减少了50%，许多网络无法维护、校准或部署新仪器。

同时，还注意到观测系统目前在固有韧性方面的一个积极结果：高频雷达和全球海平面观测系统潮汐观测数据近乎100%在运转更新。来自自主观测平台和志愿观测船（VOS）网络的观测数据流受到的影响较小。VOS网络显示数据流最初减少了10%，但经过恢复，网络数据流可能仅比疫情前的水平下降了5%。同样，由于VOS网络没有重新布放，最初漂流浮标也出现下降，但随着观测团体采取的积极行动，现在也恢复了运营能力。组成Argo网络的剖面浮标用于测量海洋上部2 000米（海表以下至2 000米）的海水温度和盐度，更依赖于使用科考船重新布放浮标阵列，因此若以正常速度布放会存在问题。在2020年4—6月期间，Argo阵列的数据流量没有减少，但到2020年10月，下降了10%，2020年10月的浮标部署率表明Argo阵列将在2021年恢复。

根据调查结果，GOOS呼吁：
- 改善观测系统网络之间的国际协调；
- 海洋观测作业要优先进行，让作业人员尽快返回维护、校准和装置部署工作；
- 仔细重新布放自主阵列；
- 操作的灵活性，例如使用海军或商业船只进行操作；
- 面向未来，随着自主平台和传感器的使用越来越多，往往会产生韧性。

截至2020年6月，系统显示出一定的韧性，系统具有的固有的惯性主要是由于使用自主观测平台，基础维护良好以及许多观测系统运营人员快速采取缓适行动。在COVID-19大流行的头几个月，许多数据集面临受到影响，但众多运营人员、机构和国家经过共同努力维持了关键的运转。海洋观测需要保持警惕，因为相关领域仍然存在冲击，但也要利用这种"冲击"来强化系统及其所依赖的国际合作（GOOS，2020；WMO-UNEP-GCP-IOC-Met Office，2020）。[1]

在当前疫情中，海洋研究领域全球协调一致努力的重要性更为明显。例如，在准确测定与COVID-19相关的经济衰退对CO_2排放的影响时所面临的挑战，证明了以上论述。COVID-19危机也提供了机会，例如在无法进行手动操作时，科学和技术发展能够助力"经典"海洋科学。科学和技术的发展包括自主式设备和传感器（第4章），全球遥感技术的进步和日益复杂的建模的应用以及人工智能技术等。现代科考和志愿观测船（VOS）组织协调观测、全球布局和可访问的高质量数据库以及研究和建模能力等方面的未来发展应当齐头并进。[2]

可持续海洋经济高级别小组编写了一份题为《COVID-19危机下可持续和公平的蓝色复苏》的报告（Northrop et al., 2020）。该报告从数量和质量上描述了疫情对海洋经济造成的破坏。疫情造成的重大影响具体体现在以下方面：沿海和海洋部门活动的广泛减少（估计欧洲沿海地区至少为300亿美元，小岛屿发展中国家为74亿美元，加勒比地区为440亿美元）；全球海运减少25%；由于劳动力短缺，水产养殖活动中断；并减少了支持海洋保护的资金。除了这些经济影响外，还产生了诸多社会影响，例如就业减少、许多地区的工人健康和安全无法保障以及针对女性员工和弱势群体及社区的歧视性影响。与无人遥控海洋观测（GOOS，2020）一样，大部分无人遥控经济体及相关工程在2021年未受到影响，例如海上风电生产。一些国家和欧盟委员会针对海洋工人和部门立即采取应对措施，如对旅游部门提供贷款展期，对海运部门实行财政救助干预，对参与野生捕捞渔业和水产养殖的渔民给予财政补偿。然而，该小组指出，全球几个国家承诺财政刺激计划达100 000亿美元，用以弥补COVID-19大流行的不利影响，重建经济，但没有充分考虑到全球经济的海洋层面。

有必要评估COVID-19大流行对国际海洋科学格局的潜在长期影响，包括减少研究基金（实验室运营、野外活动、基础设施、研究人员就业机会）和持续观测基金。海洋科学基金可能会因转向其他科学分支而受到影响。卫生危机可能会改变未来海洋科学领域工作人员互动方式，远程互动增加，物理性聚会越来越少，规模越来越小。然而，必须以系统的方式评估COVID-19大流行对海洋研究和海洋科学聚会以及海洋科学基金的可能影响。除了评估大流行对人工海洋观测的影响外，现在下结论还为时过早。

评价COVID-19对海洋研究的影响需要采用不同的方法，从而对迄今为止疫情对海洋研究的影响做出评估和描述。GOSR2020中包含的数据是在COVID-19之前，而下一版报告将衡量疫情对海洋科学基础设施、

---

[1] Tanhua T，全球海洋观测系统（GOOS）联合主席。科技咨询机构（SBSTA）与科学界的主席情况介绍活动，2020年6月8日。
[2] Wanninkhof R，综合海洋碳研究（IOC-R）倡议联合主席。科技咨询机构（SBSTA）与科学界的主席情况介绍活动，2020年6月8日。

人力和技术能力的全面影响，包括核心基金、私营部门投资、科学生产、会议、观测、研发趋势、就业和海洋科学的性别维度等。预计将基于GOSR2020的方法开展一项中期研究，并对量身定制的变量和指标进行调整以反映COVID-19危机的特殊性。该报告将于2022年提交，还将包含有关如何在COVID-19时期重新规划海洋科学事业的建议，以便在全球健康危机爆发时期继续生产有关世界海洋状况的新知识，并继续开发由这些知识产生的多种社会应用。

8.3.2 海洋科学对人类健康的贡献

在发布期间（2020年12月），COVID-19仍在流行，因此有必要退后一步，更广泛地关注已有的明确证据，可以证明海洋科学在与人类健康有关的重要研究和发现中的贡献。本报告的分析考察了技术计量学分析（第5章）中表现的主要趋势，强调需要扩大海洋科学的定义范围（见海洋科学的八个类别，第2章），并需要在国家和国际海洋研究战略和政策中增加一个额外的高级别主题：海洋与人类健康。

人们逐渐认识到，尽管人类影响海洋健康，但海洋也影响人类的健康和福祉，无论是在风险（例如污染、海洋灾害）还是解决方案（例如来自海洋的药品、蛋白质、娱乐）方面。

"海洋与人类健康"主题在学术界日益得到认可，但仍处于起步阶段，需要在政策背景下进一步阐明（European Marine Board，2020）。欧盟委员会欧洲海洋与公共卫生项目（SOPIIIE）制定了一项战略议程，将海洋问题纳入人类健康的主流，其方法是在以下领域开展将海洋与健康的研究联系起来的行动：为健康的人们提供可持续的海产品；蓝色空间、旅游和福祉；海洋生物多样性、医学和生物技术；实现跨学科和跨部门合作（H2020 SOPHIE Consortium, 2020）。随着新兴的"海洋与人类健康"跨学科科学的展开，SOPHIE建议："医学、公共卫生、海洋、环境科学需要共同努力；与社区、企业、非政府组织和政府的共同创造和接触至关重要；并且必须提供跨学科培训。"[1]

可持续海洋经济高级别小组报告说，测序技术和生物信息学的进步增加了我们对海洋基因组的了解；这些新见解可能导致，在某些情况下已经导致，海洋保护规划和管理的改善，海洋保护区划定以及各种基于商用的生物技术产品，如来自海洋天然产品的新药、化妆品和工业化学品（Blasiak et al., 2020）。

目前在海洋和人类健康方面的科学政策努力首先是由来自多个学科的一组专家发起的，这些专家于2014年在英国贝德鲁森自发召开会议[2]（另见Fleming et al., 2014）。在政府间层面，IOC-UNESCO通过"有害藻华计划"重点关注海洋与人类健康之间的联系（Young et al., 2020）。

"海洋十年"有机会将目前关于海洋和人类健康的科学政策倡议的范围扩大到风险框架之外，作为第一步，这需要充分捕捉海洋资源的真正惠益、价值和重要性（Fleming et al., 2019）。

8.4 海洋科学未来十年展望

8.4.1 通过"海洋十年"打破数据障碍

加强海洋数据管理是"海洋十年"的一个优先主题。该"海洋十年"将管理、分享和使用相关的海洋数据、信息和知识视为变革性行动的一个关键领域，并将协助开展变革性行动。"海洋十年"旨在创建一个多利益攸关方、多组成部分的"数字海洋生态系统"，该生态系统将由现有和新开发的可互操作的数据基础设施组成。这个生态系统的创建将是一个动态

1　L. Fleming在"联合国海洋科学促进可持续发展十年"海洋与人类健康网络研讨会上的演讲，2020年10月9日。
2　来自Bedruthan的消息，请参阅：https://marineboard.eu/sites/ marineboard.eu/files/public/images/Message_from_Bedruthan_ March2014_FNL.pdf。

和持续的过程，包括已建立的方法和技术以及那些刚刚出现的方法和技术。能力发展，包括TMT，对于确保开放和公平地获取数据、信息和知识，并促进与非数字化知识（例如地方和固有知识）的联系，将是至关重要的。"海洋十年"挑战第8项（创建海洋的数字表示）和第9项（确保全面能力发展和公平获取数据）明确反映了整个"海洋十年"数据管理和相关能力发展的重要性。

海洋科学发现的应用领域众多，原则上甚至是无限的。科学实践的规则之一是永远不要预测科学将走向何方，因为科学发现往往是不可预见的，并且具有独创性，无论是在基础研究问题方面，还是在使发现成为可能的方法上。

如本章前面所述，海洋科学首先是人类共同的努力，因此面临着诸如分享数据和信息方面的障碍等限制。这是未来十年海洋科学自由追求知识的绊脚石。

GOSR2020和"海洋十年"都认可迫切需要在获取数据和信息方面采取新方法，以克服通过科学创造知识的关键障碍，从而为可持续管理海洋和整体的可持续发展行动做出贡献（第7章）。一种新的、建设性、颠覆性的数据方法正在展开，该方法建立在社交媒体的日益普及和人工智能技术进步的基础上。Pendleton等（2019）认识到，在增强数据的互操作性和透明度方面已经取得了重大进展，但鉴于海洋界面临的巨大挑战，这些进展仅代表了一小步：在需要时，使所有数据可用且可公开访问。会上提出了一些引导技术和文化做出改变的措施。这些解决方案涵盖并反映各种维度的组合，包括自然语言的处理，自动数据转换，"数字货币"形式的激励措施和数据影响因子以及社交网络解决方案等。

目前，海洋科学还远未具备开展这种数据革命的条件。第7章的研究结果表明，在全球范围内，60%的数据中心限制了对某些类型数据的访问。没有任何限制的数据中心并不存在，尽管超过60%的数据中心声称以"公平"的方式进行管理——可查找，可访问，可互操作和可重用。数据中心通过相关的国际平台连接，但区域差异很大。现实是我们远未达到开放获取海洋数据的条件。

另一方面，GOSR2020得出的结论是，海洋数据用户类型的多样性继续增加，这既表明了海洋数据与多元利益攸关方运营状况的相关性，也表明了未来的积极趋势，即多元利益攸关方对数据的需求不断增长。

我们处理海洋数据的方法亟须开展一场文化的革命，除此之外，我们还需要针对世界海洋的各个方面收集数据，而当前这方面的观测远远不够。最后，今后十年的数据收集以及支持这一努力所需的人力、基础设施和财政资源部署，将遵循全面和整体的数字海洋愿景，包括动态海洋地图，使数据能够与多元利益攸关方的需求相匹配，促成"海洋十年"所预见的合作。[1]

8.4.2　协调"海洋十年"的海洋科学活动

大幅提高国家层面的海洋科学生产力，包括通过适当的能力扶持措施，同时大量提升不同行动者对海洋科学的吸收和利用能力，对于实现"海洋十年"的雄伟和变革性的成果至关重要。今后十年必须受益于一种平衡的做法，平衡国家在海洋科学立场愿望和竞争力，通过共同设计研究议程提高科学合作的机会和联合数据收集计划、通过科学共同生产知识、学术界和私营部门在科学实践中相互促进以及承认和重视相关的固有和地方知识。只有通过这种办法，平衡特定利益攸关方群体的利益和海洋可持续性的集体愿景，通过海洋科学产生的知识才能转化为海洋问题的实际

---

[1] 可持续海洋经济高级别小组（Leape et al., 2020）报告，与海洋有关的数据的共享、实时信息获取和自动化获取以及创新投资应得到开放、可行和公平的海洋数字生态系统的支持。该文件提出了实现数字海洋愿景的六个关键步骤，即：充分利用海洋十年；开放海洋数据；创造海洋"物联网"；基于海洋状况和资源的近实时数据，实现海洋管理自主化；为鼓励创新提供激励并为服务不足的市场调动技术资本。

解决办法。

"海洋十年"应在共同设计海洋研究和观测议程、共同生产知识以及共同提供海洋解决办法的基础上统一行动；调动兴趣和资源，进一步发展海洋科学的能力和转让知识与技术诀窍的能力，以便世界各国能够共同为可持续海洋做出贡献并从中受益；进一步将海洋可持续与可持续蓝色经济联系起来；并实现一系列与清洁，数据透明和安全海洋相关的共同社会目标（IOC-UNESCO，2020）。

更具体地说，海洋科学推动的未来行动将有助于应对"海洋十年"的挑战和实现十年目标。在分析十年挑战时，海洋科学显然将围绕以下挑战在调动和进一步催生科学知识方面发挥核心作用：挑战1（污染和污染物以及与海洋和人类健康有关的问题）、挑战2（多重海洋压力因素）、挑战3（粮食安全）、挑战4（可持续海洋经济）、挑战5（海洋-气候关系）、挑战6（海洋灾害）、挑战7（海洋观测）、挑战8（数据）、挑战9（能力发展）和挑战10（激发行为改变）。制定行动的重要标准将由知识创造者和用户共同设计；所有结果数据的提供将以开放获取、共享、可发现的方式提供（第8.4.1节）；促进性别、代际和地域的平等和多样性贯穿所有领域。

此外，GOSR是衡量实现可持续发展目标具体目标14.a进展情况的公认方法和相关数据的存储库："增加科学知识，发展研究能力和转让海洋技术，同时考虑到IOC-UNESCO关于海洋技术转让的标准和准则，以改善海洋健康和加强海洋生物多样性对发展中国家发展的贡献，特别是小岛屿发展中国家和最不发达国家"。以透明和及时的方式报告海洋科学和相关能力领域的努力是一项重大任务。重要的是，GOSR将继续作为合作行动的平台，在未来十年内促进海洋科学能力发展；预计目前和即将出版的GOSR将构成监测和评价框架的一个组成部分，以跟踪"海洋十年"的成就和成果，从而使"海洋十年"的行动和优先事项能够进行调整，以适应新出现的需要和情况。

然而，以出版率衡量的科学生产力，并不能全面反映社会为促进可持续发展而使用和吸收这一新知识进行决策、提高认识、资源管理或公司规划的趋势。在即将到来的"海洋十年"的背景下，将需要一系列新的工具来评估和跟踪社会对科学和知识的吸收率，并衡量不同利益攸关方获取和使用科学的能力。这些工具将作为"海洋十年"监测和评价框架的一部分加以开发，并将为今后各版GOSR提供信息和参考。

参考文献

ARICÒ S, 2015. Making progress with marine genetic resources. Smith H D, Suárez de Vivero J L, Agardi T S. Handbook of Ocean Resources and Management. London, Earthscan.

BLASIAK R, WYNBERG R, GRORUD-COLVERT K, 2020. The Ocean Genome: Conservation and the Fair, Equitable and Sustainable Use of Marine Genetic Resources. Washington DC, World Resources Institute.

BOYD P W, BROWN C J, 2015. Modes of interactions between environmental drivers and marine biota. Frontiers in Marine Science, 2(9).

DIAZ S, DEMISSEW S, CARABIAS J, et al., 2015. The IPBES conceptual framework: Connecting nature and people. Current Opinion in Environmental Sustainability, 14: 1–16.

EUROPEAN COMMISSION, 2006. Study on the Economic and Technical Evolution of the Scientific Publication Markets in Europe. Brussels, European Communities. Available at: https://op.europa.eu/en/publication-detail/-/publication/1058c2f8-5006-4d13-ae3f-acc6484623b9#.

EUROPEAN MARINE BOARD, 2020. Policy Needs for Oceans and Human Health. EMB Policy briefs, 8. Ostend (Belgium), EMB. Available at: https://www.marineboard.eu/sites/marineboard.eu/files/public/publication/EMB_PB8_Policy_Needs_v3_web.pdf.

FLEMING L E, MCDONOUGH N, AUSTEN M, et al., 2014. Oceans and Human Health: A rising tide of challenges and opportunities for Europe. Marine Environmental Research, 99: 16–19.

FLEMING L E, MAYCOCK B, WHITE M P, 2019. Fostering human health through ocean sustainability in the 21st century.

People and Nature, 1: 276–283.

GAO K, GAO G, WANG Y, 2020. Impacts of ocean acidification under multiple stressors on typical organisms and ecological processes. Marine Life Science & Technology, Vol: 279–291.

GOOS, 2020. COVID-19's Impact on the Ocean Observing System and our Ability to Forecast Weather and Predict Climate Change. Global Ocean Observing System, Briefing Notes. Available at: https://www.goosocean.org/index.php?option=com_oe&task=viewDocumentRecord&docID=26920.

H2020 SOPHIE CONSORTIUM, 2020. A Strategic Research Agenda for Oceans and Human Health in Europe: Identifying Priority Research Areas towards Establishing an Oceans and Human Health Research Capacity in Europe. Ostend (Belgium), H2020 SOPHIE Project. Available at: https://www.marineboard.eu/sites/marineboard.eu/files/public/publication/SOPHIE%20Strategic%20Research%20Agenda_2020_web_0.pdf

HURD C L, LENTON A, TILBROOK B, 2018. Current understanding and challenges for oceans in a higher-CO_2 world. Nature Climate Change, 8: 686–694.

INTEGRATED OCEAN CARBON RESEARCH (IOC-R). A summary of ocean carbon research, and vision of coordinated ocean carbon research and observations for the next decade. S. Wanninkhof and S. Aricò (eds). In press.

IOC-UNESCO, 2005. Intergovernmental Oceanographic Commission Criteria and Guidelines on the Transfer of Marine Technology. Paris, UNESCO. Available at: https://unesdoc.unesco.org/ark:/48223/pf0000139193.locale=fr.

IOC-UNESCO, 2020. Implementation Plan of the UN Decade of Ocean Science for Sustainable Development. Version 2.0, Summary. Paris, UNESCO. Available at: https://oceanexpert.org/document/27347.

IPBES, 2019. Summary for Policymakers of the Global Assessment Report on Biodiversity and Ecosystem Services. Bonn (Germany), IPBES Secretariat. Available at: https://ipbes.net/ga/spm.

IPCC, 2019. Summary for policymakers. Pörtner H O, Roberts D C, Masson-Delmotte V, Zhai P, Tignor M, Poloczanska E, Mintenbeck K, Alegría A, Nicolai M, Okem A, Petzold J, Rama B, and Weyer N M (eds). IPCC special report on the ocean and cryosphere in a changing climate. In press.

ISLAND PRESS, 2003. Ecosystems and Human Well-Being: A Framework for Assessment. Alcamo J, et al (eds). Washington DC, Island Press.

KONAR M, DING H, 2020. A Sustainable Ocean Economy for 2050: Approximating its Benefits and Costs. Washington DC, World Resources Institute.

LEAPE J, ABBOTT M, SAKAGUCHI H, 2020. Technology, Data and New Models for Sustainably Managing Ocean Resources. Washington DC, World Resources Institute.

NAGELKERKEN I, GOLDENBERG S U, FERREIRA C M, et al., 2020. Trophic pyramids reorganize when food web architecture fails to adjust to ocean change. Science, 369(6505): 829–832.

NORTHROP E, KONAR M, FROST N, et al., 2020. A Sustainable and Equitable Blue Recovery to the COVID-19 Crisis. Report. Washington DC, World Resources Institute.

OECD, 2016. The Ocean Economy in 2030. Paris, OECD Publishing. Available at: https://read.oecd-ilibrary.org/economics/the-ocean-economy-in-2030_9789264251724-en#page1.

PENDLETON L H, BEYER H, ESTRADIVARI GROSE S O, et al., 2019. Disrupting data sharing for a healthier ocean. ICES Journal of Marine Science, 76(6):1415–1423.

UNESCO, 2015. UNESCO Science Report: Towards 2030. Paris, UNESCO Publishing. Available at: https://unesdoc.unesco.org/ark:/48223/pf0000235406.locale=en.

VAN NOORDEN R, 2013. The true cost of science publishing. Nature, 495: 426–429.

WMO-UNEP-GCP-IOC-MET OFFICE, 2020. United in Science 2020: A Multi-Organization High-Level Compilation of the Latest Climate Science. Available at: https://library.wmo.int/doc_num.php?explnum_id=10361.

YOUNG N, SHARPE R A, BARCIELA R, et al., 2020. Marine harmful algal blooms and human health: A systematic scoping review. Harmful Algae, 98.

附　录

附录 A
作者和编辑委员会成员简介

附录A
作者和编辑委员会成员简介

Salvatore Aricò 萨尔瓦多·阿里科

萨尔瓦多·阿里科（Salvatore Aricò）是联合国教科文组织政府间海洋学委员会海洋科学的学科负责人，他为制定未来十年的海洋科学议程做出了重要贡献。此前，他曾担任联合国秘书长科学咨询委员会执行秘书，联合国教科文组织跨部门生物多样性计划协调员，联合国大学高等研究所高级研究员，《生物多样性公约》海洋和沿海生物多样性计划主席，美国特拉华大学研究员。他在那不勒斯的意大利国家海洋生物研究所获得博士学位。他撰写了超过85篇关于生物多样性、海洋、全球变化和科学技术的出版物，包括21世纪的海洋可持续（CUP）。他是联合国教科文组织政府间海洋学委员会《全球海洋科学报告》的主任。萨尔瓦多·阿里科的成就包括为BBNJ协议建立学术支撑，并为创建政府间生物多样性和生态系统服务小组做出贡献。

Julian Barbière 朱利安·巴比埃

朱利安·巴比埃（Julian Barbière）是联合国教科文组织政府间海洋学委员会海洋政策和区域协调科的负责人。作为一名环境科学家，他在海洋可持续性、科学政策推进海洋治理以及在多元利益攸关方背景下实施基于生态系统的管理方法等领域拥有约25年的国际经验。自2017年以来，他一直领导"联合国海洋科学促进可持续发展十年"（2021—2030年）的筹备阶段。

Alexandre Bédard-Vallée 亚历山大·贝达尔-瓦莱

亚历山大·贝达尔-瓦莱（Alexandre Bédard-Vallée）于2019年1月加入Science-Metrix，担任研究分析师。自2019年年中以来，他为众多文献计量学项目制定了大部分文献计量学和技术计量指标。他还是正在进行的自动化工具包项目的主要贡献者，该项目将实现自动化的文献计量指标计算和可视化。亚历山大·贝达尔-瓦莱拥有舍布鲁克大学物理学硕士学位，专攻实验量了计算。通过硕士学位期间参与的项目，他在数据分析、解决问题和编程方面积累了丰富的经验。这段经历也使他对学术研究和基金有了深刻的理解。

Mathieu Belbéoch 马蒂厄·贝尔贝奥赫

马蒂厄·贝尔贝奥赫（Mathieu Belbéoch）是联合国教科文组织政府间海洋学委员会-世界气象组织（IOC-WMO）联合中心OceanOPS的负责人。他在国际层面的海洋观测系统实施和治理方面拥有20年的经验。他拥有数学工程师的背景，并将其应用于海洋学的数值建模，在短暂的领导网络开发项目之后，他作为技术协调员支持Argo计划的开展，并使OceanOPS成为一个支持关键的原位海洋观测系统的稳固的运营中心。他一直是一个志向高远的基于网络的信息系统的架构师，监测全球海洋观测系统（GOOS）并为观测者提供重要的工具和服务。他率先提出了"公民科学家"的概念，利用帆船和非政府组织来帮助维持全球阵列，并提高公众对海洋观测的认识。

Sergey Belov 谢尔盖·别洛夫

谢尔盖·别洛夫（Sergey Belov）是全俄水文气象信息研究所世界数据中心（RIHMI-WDC）副所长。他拥有俄罗斯科学院系统分析博士学位。谢尔盖·别洛夫于2003年毕业于奥布宁斯克国立大学，获得工业信息系统硕士学位。自2001年以来，他一直在RIHMI-WDC工作。自2005年以来，他一直作为专家参与联

全球海洋科学报告：海洋可持续发展能力调查与展望
Global ocean science report, charting capacity for ocean sustainability

合国教科文组织政府间海洋学委员会和世界气象组织（WMO）层面的国际合作活动。自2019年以来，他共同主持了联合国教科文组织政府间海洋学委员会的国际海洋数据和信息交换项目（IODE）。

John Bemiasa 约翰·贝米亚萨

约翰·贝米亚萨（John Bemiasa）是IOCAFRICA的副主席，负责东非国家和邻近岛屿。他毕业于渔业研究所的海洋科学专业（马达加斯加图利亚拉大学），获得海洋学博士学位。他是一名高级讲师，并在马达加斯加国家海洋学数据中心（MD NODC）担任科学海洋数据负责人22年。自2010年以来，他一直担任马达加斯加国家IODE协调员，并作为成员参与了多个区域/国际专家组，特别是非洲海洋空间规划倡议和第二次国际印度洋考察（IIOE-2）。约翰·贝米亚萨还是SWIOFFP（西南印度洋渔业项目）的国家技术联络人：第4部分，西南印度洋的中上层鱼类资源调查（2007—2013年）和全球环境与安全监测和非洲项目（2010—2020年）。

Alison Clausen 艾莉森·克劳森

艾莉森·克劳森（Alison Clausen）于2019年加入联合国教科文组织政府间海洋学委员会，担任项目专家，在海洋保护、海洋政策和适应气候变化等领域的计划和项目开发及管理方面拥有超过20年的专业经验。在加入联合国教科文组织政府间海洋学委员会之前，她深入马达加斯加，在西印度洋地区为世界银行工作，最近她担任野生动物保护协会马达加斯加和西印度洋项目区域主任。在此之前，她曾在越南工作，在东南亚为一系列开发银行、联合国机构和非政府组织合作伙伴工作。她目前正在研究各种海洋和海洋政策问题，包括支持协调"联合国海洋科学促进可持续发展十年"的筹备工作。

Roberto de Pinho 罗伯托·德皮尼奥

罗伯托·德皮尼奥（Roberto de Pinho）拥有圣保罗大学（USP）的计算机科学和计算数学博士学位以及能源管理硕士学位。他是巴西科学、技术和创新部的高级科学和技术分析师，目前在海洋和南极洲总协调司工作。他曾担任联合国教科文组织统计研究所科学、文化和传播科科长，巴西巴伊亚州科学、技术与创新秘书处副秘书以及经合组织国家科技指标专家工作组（NESTI）的代表。他是《2015年弗拉斯卡蒂手册》的公开撰稿人，该手册由其与经合组织、联合国教科文组织和巴西国家统计局（IBGE）等机构的专家合作出版。作为数据科学家和科技创新政策和指标专家，他参与了数据挖掘和可视化、文献计量学以及科技创新政策和指标定义与分析等相关项目。

Itahisa Déniz González 伊塔希萨·德尼兹·冈萨雷斯

伊塔希萨·德尼兹·冈萨雷斯（Itahisa Déniz González）是联合国教科文组织政府间海洋学委员会的项目专家，自2013年以来一直在此工作。她的工作主要集中于海洋科学能力，特别是在西北非发展中国家加强海洋科学能力。她在促进科学信息和知识的防泄露和共享等国际合作项目的管理方面拥有十年的经验。她拥有西班牙大加那利岛拉斯帕尔马斯大学的海洋科学学士学位和海岸带管理硕士学位，并进行了沿海地质遗产的研究。

Henrik Enevoldsen 亨利·埃内沃尔德森

亨利·埃内沃尔德森（Henrik Enevoldsen）是联

合国教科文组织政府间海洋学委员会有害藻华科学与传播中心的负责人，该中心由丹麦哥本哈根大学主办。他拥有水生生态学背景，在海洋科学国际研究和能力建设的开发和实施方面拥有超过25年的工作。他发表了关于有害藻华生态学、国际能力建设和开发计划的文章。他协调海洋科学方面的几个国际科学工作组和区域网络，包括IOC-SCOR联合国际研究计划GlobalHAB和IOC有害藻华问题政府间专家组（IPHAB）。他是联合国教科文组织政府间海洋学委员会海洋污染科学专家组（GESAMP）技术秘书。他是第一版《全球海洋科学报告》2017年版的特约作者和报告团队的一员，是将于2020年发布的第二版的特约作者，并积极参与"联合国海洋科学促进可持续发展十年"的筹备工作（2021—2030年）。

Elva Escobar Briones 埃尔瓦·埃斯科瓦尔·布里奥内斯

埃尔瓦·埃斯科瓦尔·布里奥内斯（Elva Escobar Briones）在墨西哥国立自治大学（UNAM）获得生物海洋学博士学位，并且在墨西哥国立自治大学海洋和湖泊科学研究所（ICML）任深海底栖宏观生态学、生物多样性保护和可持续利用的全职教授。她与她的学生一道，组织UNAM科考船进行实地考察，并为墨西哥湾的长期研究观测做出突出贡献。她与国家和国际机构合作，描绘出墨西哥深海大洋地区的生物多样性模式，研究结果被广泛发表。这些结果已被用于制定政策，并用于设计深海的保护网络和计划。她还参与了生物海洋学的能力建设计划，并且是深海管理倡议（DOSI）的主要成员。

Emma Heslop 艾玛·赫斯洛普

艾玛·赫斯洛普（Emma Heslop）是一位物理海洋学家，拥有丰富的战略和商业发展专业知识。她完成了物理海洋学博士学位，并致力于研究持续监测海洋的必要性以及海洋数据在现在及未来应用于科学、政府和工业的效用。她在海洋学方面的经验包括环流变异性、滑翔机等新技术、模型验证、多平台海洋观测系统、海洋数据经济学和海洋数据产品。她在研究项目、国际合作方面具有公认的领导能力，并在应用商业实践以帮助弥合海洋科学与社会应用之间的差距方面拥有成功的案例。2018年，她加入了联合国教科文组织政府间海洋学委员会，以支持全球海洋观测系统（GOOS）的发展，特别是制定全球海洋观测系统2030战略。她现在专注于激励社区、国家和合作伙伴实施这一宏伟的愿景。

Kirsten Isensee 柯尔斯顿·伊森泽

柯尔斯顿·伊森泽（Kirsten Isensee）自2012年以来一直是联合国教科文组织政府间海洋学委员会的项目专家。她的工作重点是海洋碳源和碳汇，试图区分对海洋环境的自然和人为影响，以支持《2030年可持续发展议程》。她为促进妇女参与海洋科学活动提供技术援助，并通过全球海洋酸化观测网络、国际蓝碳倡议和全球海洋氧气网络等促进科学家、政策制定者和利益攸关方之间的合作。她在德国罗斯托克大学获得海洋生物学文凭和博士学位。

Claire Jolly 克莱尔·乔利

克莱尔·乔利（Claire Jolly）是经济合作与发展组织（OECD）科学、技术和创新局（STI）的部门负责人。她负责经合组织对海洋和空间环境这两个重要前沿领域的经济和创新方面的研究和分析。许多科学、研究与发展、创新和经济活动现在都与海洋和空间环境的探索和可持续利用有关。克莱尔·乔利在商业和政策分析方面拥有超过20年的经验，在2003年加入经合组织之前，她支持欧洲和北美的公共和私人组织的决策和战略规划。她署名并撰写了40多篇出版物（书籍、报告、文章），重点关注科学和技术密集型部门（如太空、海洋、国防）的演变和影响。她的背景是国际经济学（凡尔赛大学硕士，康奈尔大学），工程学（法国国立高等先进科技学校），对空间部门（斯特拉斯堡的国际空间大学）和国际安全研究（巴黎法国高等国防研究所的校友——法国高等国防研究院国家高级研究所）特别感兴趣。

Kwame A. Koranteng 夸梅 A. 科兰藤

夸梅 A. 科兰藤（Kwame A. Koranteng）是一位渔业科学家、统计学家和海洋生态系统分析师。他在英国华威大学获得博士学位。他曾在联合国粮食及农业组织工作，曾任世界自然基金会（WWF）——全球保护组织——东非区域代表；粮食和农业部海洋渔业研究司前工作人员兼司长（加纳）。他在水生生物多样性评估、管理和保护方面拥有超过40年的经验。夸梅 A. 科兰藤为当地社区、政府和非政府组织提供了科学建议。他还曾担任全球海洋观测系统非洲协调委员会主席、全球海洋观测系统海洋生物资源小组和能力发展小组成员、全球海洋评估专家组联合主席、粮农组织渔业研究咨询委员会副主席和加纳教科文组织自然科学委员会成员。

Ana Lara-Lopez 安娜·劳拉-洛佩兹

安娜·劳拉-洛佩兹（Ana Lara-Lopez）是一位海洋科学家，在海洋生态学和应用（实验室和现场）研究方面拥有超过20年的经验。她的专长包括热带和温带河口、沿海和海洋生态系统的环境和渔业科学。在过去的6年中，她一直在澳大利亚的海洋观测站从事科学协调工作，以改善多学科观测系统的集成和协调。她主持了澳大利亚沿海和海洋建模和观测研讨会，领导了塔斯马尼亚大学海洋科学和数据MOOC的创建，并在澳大利亚建立了IMOS幼鱼观测设施。安娜在墨西哥国立大学获得海洋生物学学士学位和硕士学位，并于2006年在塔斯马尼亚大学获得博士学位。她还曾在加利福尼亚州斯克里普斯海洋研究所担任博士后研究学者。她目前在布鲁塞尔的EuroGOOS从事科学协调工作，并且是塔斯马尼亚大学海洋和南极研究所的兼职研究员。

Youn-Ho Lee 李彦浩

李彦浩（Youn-Ho Lee）是韩国海洋科学与技术研究所（KIOST）的副院长和教授。他毕业于首尔国立大学，并于1994年在加利福尼亚大学圣迭戈分校斯克里普斯海洋研究所获得海洋生物学博士学位。在加入KIOST之前，他于1994—1998年在加州理工学院担任研究员和高级研究员。他的研究方向包括海洋生物分子生态学、种群遗传学和分子系统学。他曾担任教育科学技术部、国家科学技术委员会和韩国政府国家可持续发展委员会委员。2012—2017年，他还担任联合国教科文组织政府间海洋学委员会西太平洋小组委员会（WESTPAC）副主席。李彦浩目前是海洋和渔业部咨询委员会成员，也是政府间海洋学委员会"联合国海洋科学促进可持续发展十年"执行规划小组成员。

Jan Mees 杨·马斯

自1999年佛兰德海洋研究所（VLIZ，比利时奥斯坦德）成立以来，杨·马斯（Jan Mees）一直担任总经理。他接受过海洋生物学和生态学的培训，拥有动物学硕士学位、环境卫生硕士学位和海洋生物学博士学位，均就读于比利时根特大学，他是该校的兼职教授。杨·马斯于2014—2019年被选举担任欧洲海洋理事会主席，并代表佛兰德参加比利时代表团出席联合国教科文组织政府间海洋学委员执行理事会和大会。他的研究方向包括海洋生物多样性、生态学和分类学，出版了近100部科学出版物。

Yutaka Michida　道田裕

道田裕（Yutaka Michida）目前是日本东京大学大气与海洋研究所（AORI）的教授。他在东京大学获得物理海洋学博士学位。1984—2000年，他担任日本海岸警卫队水文部的研究官员，然后于2000年开始就职于海洋研究所（现为AORI）。30多年来，他一直为海洋学数据管理做出贡献，1997—1999年担任日本海洋学数据中心（JODC）副主任，并于2015—2019年担任IOC-UNESCO国际海洋学数据和信息交换计划委员会（IODE）的联合主席。2011—2015年，道田裕还担任政府间海洋学委员会副主席之一，自2018年起担任政府间海洋学委员会日本国家委员会主席。除了他的主要研究领域物理海洋学外，他最近还将其研究领域扩展到海洋污染和海洋政策。

Leonard A. Nurse　莱纳德 A. 纳斯

莱纳德 A. 纳斯（Leonard A. Nurse）是巴巴多斯沿海地区管理部门的第一任主任。他于2018年退休，担任巴巴多斯西印度群岛大学海岸带综合管理和适应气候变化方向的教授。他曾担任伯利兹加勒比共同体气候变化中心理事会主席近15年。他是IPCC第三、第四和第五次评估的主要协调作者。他曾担任政府间海洋学委员会加勒比及邻近地区分会副主席，2002—2004年，他是全球环境基金科学和技术咨询小组的成员。他的工作重点是气候变化下的沿海和近岸动态以及小岛屿的风险、脆弱性和适应性评估，他在各种科学期刊上广泛发表了这些主题。莱纳德 A. 纳斯毕业于西印度群岛大学莫纳校区，加拿大纽芬兰纪念大学和麦吉尔大学。

Ntahondi Mcheche Nyandwi　恩塔洪迪·麦克赫什·尼安德维

恩塔洪迪·麦克赫什·尼安德维（Ntahondi Mcheche Nyandwi）在达累斯萨拉姆大学的桑给巴尔海洋科学研究所工作。从2001年到2012年，他担任该研究所副所长12年。他主要负责研究协调，并通过监督海洋学部署来确保研究质量控制。恩塔洪迪·麦克赫什·尼安德维于1984年毕业于坦桑尼亚达累斯萨拉姆大学，获得地质学学士学位，后来在英国班戈的北威尔士大学学院获得海洋岩土工程硕士学位。在攻读博士学位期间，他留在了德国威廉港的Senckenberg研究所，在那里他获得了丰富的海洋作业经验，并参与德国瓦登海的沉积过程研究。他协调坦桑尼亚与第二次国际印度洋远征计划有关的活动。恩塔洪迪·麦克赫什·尼安德维曾担任过多个职位，包括气候变化国家适应计划（NAP），并担任一个专家小组的负责人，为坦桑尼亚国家适应计划编写文件进行评估工作。他以期刊论文和会议论文集的形式参与并出版了60多部出版物。

Mattia Olivari　马蒂亚·奥利瓦里

马蒂亚·奥利瓦里（Mattia Olivari）是经合组织科学、技术和创新局（STI）的经济学专家。他正致力于开发科学和技术密集型部门相关的原始经济和创新指标，并对空间计划的机构投资的社会经济影响进行具体研究。马蒂亚·奥利瓦里参与并发表了经合组织公布的多份报告以及科学期刊论文。在2016年加入科学、技术和创新局之前，马蒂亚·奥利瓦里曾在经合

全球海洋科学报告：海洋可持续发展能力调查与展望
Global ocean science report, charting capacity for ocean sustainability

组织发展中心工作（自2013年起），在社会资本、农村发展和减贫领域进行政策评估。他拥有意大利米兰博科尼大学经济学和社会科学学士学位和硕士学位，主修定量方法。

Linwood H. Pendleton 林伍德 H. 彭德尔顿

林伍德 H. 彭德尔顿（Linwood H. Pendleton）是挪威奥斯陆第四次工业革命-海洋中心的科学高级副总裁。他还担任欧洲海洋研究所（法国）的国际优秀主席，杜克大学尼古拉斯环境政策解决方案研究所（美国）的高级研究员以及昆士兰大学全球变化研究所（澳大利亚）的名誉教授。林伍德的住所距离法国菲尼斯泰尔的伊洛伊丝海海洋自然公园仅500米。林伍德在海洋保护科学方面拥有丰富的经验，拥有生物学（威廉玛丽学院）、生态学/进化学/行为学（普林斯顿大学）、公共管理学（哈佛大学）和环境经济学（耶鲁大学）学位。他在学术界和现实世界中的工作都融合了所有这些领域以及更多领域。林伍德于2011—2013年担任美国国家海洋与大气管理局代理首席经济学家，并且是杜克大学海洋实验室的兼职副教授。他还与世界各地的保护组织合作，包括世界自然基金会、大自然保护协会、环境保护基金、NRDC，并在保护战略基金董事会任职近十年。他目前在"联合国海洋科学促进可持续发展十年"执行规划小组、海洋地理生态系统咨询委员会、地球观测组织蓝色星球指导委员会和海洋地理科学基金任职。

Benjamin Pfeil 本杰明·普菲尔

本杰明·普菲尔（Benjamin Pfeil）是卑尔根大学比耶克内斯气候数据中心的负责人，并曾担任RI ICOS海洋主题中心的代理和副主任。他参与了海洋生物地球化学（SOCAT和GLODAP）领域的主要国际数据管理工作，并负责超过25个欧盟和NFR资助项目的数据管理工作。他通过各种网络与国际科学海洋生物地球化学和数据管理团体保持着密切的联系。他是南大洋观测系统（SOOS）数据小组委员会的联合主席，也是IOC-UNESCO /SCOR国际海洋碳协调项目（IOCCP）科学指导小组的成员，RI ICOS基础设施研究委员会、IOC-UNESCO/IAEA全球海洋酸化观测网络（GOAON）执行理事会、IOC-UNESCO全球海洋表面在建数据项目（GOSUD）、H2020基础设施项目SeaDataCloud的科学委员会成员，CMEMS INSTAC的指导委员会成员，并一直是经合组织全球科学论坛开放科学网络基础设施国际协调专家组的成员。他的团队一直是海洋数据活动的引导者，如ICOS OTC和挪威EMSO。

Susan Roberts 苏珊·罗伯茨

苏珊·罗伯茨（Susan Roberts）是美国国家科学院、工程和医学研究院海洋研究委员会主任，自2004年以来一直担任该职位。她曾担任美国国家科学院18份报告的研究主任，这些报告广泛涉及海洋科学、海洋资源管理和科学政策。她的研究出版物包括鱼类生理学和生物化学、海洋细菌共生以及细胞和发育生物学的研究。苏珊·罗伯茨在斯克里普斯海洋研究所获得海洋生物学博士学位。在担任海洋研究委员会职位前，她曾在加利福尼亚大学伯克利分校担任博士后研究员，并在美国国立卫生研究院担任高级研究员。苏珊·罗伯茨是美国科学促进会（AAAS）和华盛顿科学院的当选研究员。

Juana Magdalena Santana-Casiano 胡安娜·马格达莱娜·桑塔纳-卡西亚诺

胡安娜·马格达莱娜·桑塔纳-卡西亚诺（Juana Magdalena Santana-Casiano）拥有海洋科学博士学位，

是大加那利岛拉斯帕尔马斯大学（ULPGC）海洋科学学院的海洋化学全职教授。她是海洋学和全球变化研究所QUIMA小组海洋微量金属研究的首席研究员。她于2001—2011年担任海洋学博士课程主任，并于2010—2017年在ULPGC担任海洋科学研究生院副院长。她致力于研究酸化的影响，全球变暖和有机物的存在对海洋环境中铁的生物地球化学循环的影响。从1995年起，她参与了东北大西洋ESTOC海洋时间序列站的CO_2系统及其对海洋酸化的影响的研究。胡安娜·马格达莱娜·桑塔纳-卡西亚诺还与国际机构合作，参加了亚北极、南极和大西洋地区的海洋学巡航研究。

Karina von Schuckmann　卡琳娜·冯·舒克曼

卡琳娜·冯·舒克曼（Karina von Schuckmann）是物理海洋学专家。她的工作重点是海洋在地球能源预算中的作用以及海洋可持续发展、海洋储热和海洋变暖、全球海洋观测系统和海洋再分析。她拥有众多出版物，包括《自然气候变化》和许多其他国际期刊。她是IPCC第六轮评估的主要作者，并当选为欧洲科学院院士。她为气候科学在地球能源不平衡问题上的重大进展做出了贡献，特别是她在WCRP和GCOS层面的国际倡议中发挥了领导作用。自加入墨卡托海洋国际以来，她推动开展哥白尼海事局的报告活动，担任年度海洋状态报告的负责人。她是GOOS/GCOS物理和气候小组的成员。

Margareth Serapio Kyewalyanga　玛格丽特·塞拉皮奥·基瓦扬加

玛格丽特·塞拉皮奥·基瓦扬加（Margareth Serapio Kyewalyanga）是达累斯萨拉姆大学（UDSM）海洋科学研究所（IMS）的高级讲师和主任。她在加拿大新斯科舍省的达尔豪斯大学完成了生物海洋学的硕士和博士学位，并分别于1991年和1997年毕业。她拥有丰富的出海和研究经验。她的研究兴趣包括浮游植物生态学和海洋环境中的初级生产力以及浮游植物的生理学研究。她还对初级生产力的遥感和建模以及沿海水域有害微藻的监测感兴趣。她与国际和区域保持着密切合作。例如，她是政府间海洋学委员会的协调人，代表坦桑尼亚出席政府间海洋学委员会例行会议；她是SCOR能力发展委员会的成员；她代表UDSMIMS参加许多国际和区域论坛。玛格丽特·塞拉皮奥·基瓦扬加参与了若干国家、区域和国际研究项目，并教授和监督研究生。

Yoshihisa Shirayama　白山义久

白山义久（Yoshihisa Shirayama）1955年出生于东京，1982年在东京大学（UT）理学研究科获得博士学位。然后，他在东京大学海洋研究所担任助理和副教授。1997年，他成为京都大学理学部濑户海洋生物实验室的教授。2003年，实验室迁至田野科学教育与研究中心。他从2007年起担任该中心主任，之后从2011年4月起担任日本海洋研究开发机构（JAMSTEC）研究执行主任7年，并从2018年4月起同时担任JAMSTEC全球海洋学数据中心（GODAC）执行副主任和主任。主要研究领域为海洋生物学，特别是深海小型底栖动物的分类学和生态学。他还研究海洋生物多样性以及海洋酸化如何影响海洋生物多样性。2018年8月，他在日本被授予"国家海洋促进贡献者奖"，这是首相奖之一。

Paula Cristina Sierra-Correa　保拉·克里斯蒂娜·塞拉-科雷亚

自2000年以来，保拉·克里斯蒂娜·塞拉-科雷亚（Paula Cristina Sierra-Correa）一直担任哥伦比亚海洋与海岸带研究所（INVEMAR）海洋和沿海管理研究和

全球海洋科学报告：海洋可持续发展能力调查与展望
Global ocean science report, charting capacity for ocean sustainability

信息主管。她是哥伦比亚人，拥有基于海洋生态系统的气候变化适应博士学位，并在荷兰特文特大学地理信息科学和地球探测学院（ITC）获得地理信息学和沿海区管理硕士学位。她自1996年以来一直在INVEMAR工作。她是制定哥伦比亚沿海地区政策团队的一员。她参与了超过25个研究项目的制定、执行和协调（包括至少5个国际项目）。她是全球环境基金（GEF）"哥伦比亚海洋保护区子系统的设计与实施"项目的负责人。目前，保拉·克里斯蒂娜·塞拉-科雷亚是欧盟加勒比红树林、海草床和当地社区行动（MAPCO）的领导者。自2015年以来，她一直负责协调拉丁美洲区域培训中心与IODE-IOC-UNESCO的OTGA战略，并根据加勒比地区的海洋环境状况，在加勒比海洋地图集与CLME+相关的加勒比海洋地图集方面积极开展研究。她在沿海规划和政策选择，气候变化问题（影响、脆弱性、适应和缓解）方面拥有专业知识。她撰写了20多篇科学出版物，并领导着一个超过35人的研究团队。

Jacqueline Uku 杰奎琳·乌库

杰奎琳·乌库（Jacqueline Uku）是肯尼亚海洋与渔业研究所（KMFRI）的高级研究科学家和研究协调员。她目前是西印度洋海洋科学协会（WIOMSA）的主席。她还是海洋研究科学委员会（SCOR）的增选成员。她拥有斯德哥尔摩大学植物生理学博士学位和内罗毕大学生物保护学硕士学位。最近，她还是世界银行资助的肯尼亚沿海发展项目（KCDP）的项目协调员。她的工作重点是加强海洋科学对蓝色经济增长的贡献，促进科学家和政策制定者之间的联系，并提高西印度洋地区的海洋素养。与杨·马斯一起，杰奎琳·乌库还担任了GOSR2020编辑委员会的联合主席。2019年，杰奎琳·乌库被政府间海洋学委员会大会授予NK Pannikar奖，以表彰她在支持西印度洋地区海洋科学能力建设方面所做的努力。

Luis Valdés 路易斯·巴尔德斯

路易斯·巴尔德斯（Luis Valdés）是西班牙海洋研究所（IEO）的国际事务研究教授兼协调员。2009—2015年，他担任联合国教科文组织政府间海洋学委员会海洋科学主任，并曾担任西班牙海洋研究所希洪海洋学研究中心主任（2000—2008年）。在2002—2008年期间，他被任命为联合国教科文组织政府间海洋学委员会和国际海洋探索理事会（ICES）的西班牙代表。凭借超过35年的在海洋研究以及与海洋生态和气候变化相关的实地研究经验，他于1990年建立了时间序列计划，该计划以海洋采样点和海洋观测站为基础，由西班牙在北大西洋维护。他在科学管理方面拥有丰富的经验，并为政府、政府间组织和国际组织以及研究资助机构提供咨询。他还主持了若干工作组和委员会，包括任国际海洋勘探理事会代表。

Christian Wexels Riser 克里斯蒂安·韦克塞尔·莱泽

克里斯蒂安·韦克塞尔·莱泽（Christian Wexels Riser）是挪威研究委员会海洋和极地研究部的特别顾问，自2012年以来一直担任该职位。克里斯蒂安·韦克塞尔·莱泽是研究计划"海洋资源与环境"的协调员，该计划是研究委员会在海洋生态研究领域最重要的主题计划。它旨在为政府行政部门提供健全的知识基础，促进基于海洋资源的增值创造，并将可持续性作为贯穿始终的基本原则。克里斯蒂安·韦克塞尔·莱泽是一位训练有素的生物学家，在挪威特罗姆瑟北极圈大学获得海洋生态学博士学位。作为一名科学家，克里斯蒂安·韦克塞尔·莱泽在不同的海洋（包括北极、南极、北大西洋、地中海和亚得里亚海）中与碳循环相关的各种问题上进行了广泛的研究，特别关注初级营养所起的作用。自2016年以来，他一直作为挪威代表团成员，出席政府间海洋学委员会的各项活动。

Dongho Youm 允东浩

允东浩（Dongho Youm）自2010年以来一直是KIMST（韩国海洋科学技术促进研究所）的高级研究员。他的工作主要集中在韩国海洋科学研发计划的管理和规划方面。他还参与管理国际合作计划，如美韩海洋赠款合作，并为韩国海洋科学计划的国际合作奠定基础。在2019—2021年期间，他被借调到联合国教科文组织政府间海洋学委员会担任GOSR项目官员。他拥有韩国首尔大学海洋无脊椎动物系统生物学硕士学位。

附录 B
首字母缩略词和缩写词

附录B
首字母缩略词和缩写词

A

AAD	澳大利亚南极分部
AANChOR	泛大西洋海洋研究与创新合作组织
ADCP	声学多普勒流速剖面仪
ADUs	关联数据单元
AIUs	关联信息单元
AMLC	加勒比海洋实验室协会
AODN	澳大利亚海洋数据网
AR	阿根廷
ARC	相对引用平均值
ARIF	相对影响因素平均值
ASCLME	阿古拉斯和索马里洋流大型海洋生态系统
AT	奥地利
AU	澳大利亚
AUV	自主式潜水器
AWI	阿尔弗雷德·韦格纳研究所，亥姆霍兹极地和海洋研究中心

B

BBNJ	国家管辖范围以外生物多样性
BCLME	本格拉洋流大型海洋生态系统
BE	比利时
BEIS	英国商业、能源和工业战略部
BIOPAMA	生物多样性和保护区管理项目
BMBF	联邦教育和研究部
BR	巴西

C

CA	加拿大
CA$	加元
CARICOM	加勒比共同体
CCCCC	加勒比共同体气候变化中心
CCLME	西非国家加那利洋流大型海洋生态系统
CCRF	《负责任渔业行为守则》
CD	能力发展
CH	瑞士
CHM	信息交换所机制
CIA	美国中央情报局
CIESM	地中海科学委员会
CIRM	巴西海洋资源部际委员会
CL	智利
CLIVAR	气候与海洋的变率、可预报性和变化-WCRP核心项目
CMA	加勒比海洋数字化平台
CN	中国
CNIPA	中国国家知识产权局
CNR	意大利国家情报委员会
CNRS	法国国家科学研究中心
COFASP	渔业、水产养殖和海产品加工合作
COI	印度国家海洋信息服务中心
CONISMA	意大利国家海洋科学大学协会
COST	欧洲科学技术合作组织
COVID-19	新型冠状病毒
CPC	联合专利分类
CPI	居民消费价格指数
CREWS	珊瑚礁预警站
CROP	太平洋区域组织理事会
CSMZAE	毛里求斯大陆架部，海洋区域管理和勘探部
CSW	地理信息的网络目录服务
CZ	捷克

D

D. Rep. Congo	刚果民主共和国
DBCP	数据浮标合作小组
DE	德国
Defra	英国环境、食品和农村事务部
DFO	加拿大渔业和海洋部
DK	丹麦

DOAJ	开放期刊目录	GCOS	全球气候观测系统
DOALOS	联合国海洋事务和海洋法司	GDACs	全球数据收集中心
DOCDB	欧洲专利局（EPO）的主要文献数据库。PATSTAT的数据部分来自DOCDB	GDP	国内生产总值
		GEBCO	海洋总测深图
		GEF	全球环境基金
DoEE	澳大利亚环境与能源部	GEM	全球经济监控数据库
DOI	数字标识符	GEO	地球观测组织
DST	南非科学与技术部	GEOHAB	全球有害藻华生态学与海洋学计划
		GEOTRACES	微量元素及其同位素的海洋生物地球化学循环的国际研究

E

EAF	渔业生态系统方法
ECV	基本气候变量
EEZ	专属经济区
EG	埃及
EGU	欧洲地球物理学联合会
ENEA	意大利国家新技术、能源和可持续经济发展局
EOV	基本海洋变量
EPO	欧洲专利局
ERA	欧洲研究区域
ES	西班牙
EU	欧盟

GERD	国内研发支出总额
GEUS	丹麦和格陵兰地质调查局
GIS	地理信息系统
GlobalHAB	全球变化下有害藻华研究计划
GLOBEC	全球海洋生态系统动力学
GODAR	全球海洋数据考古与救援
GOOS	全球海洋观测系统
GOSR	全球海洋科学报告
GOSR2017	全球海洋科学报告2017年版
GOSR2020	全球海洋科学报告2020年版
GOSUD	全球海洋海平面下数据/海底海表盐度数据存档项目
GR	增长率
GR	希腊
GTSPP	全球温度和盐度剖面计划

F

FAIR	可查询、可获取、可互操作和可重复利用
FAO	联合国粮食及农业组织
FI	芬兰
FR	法国
FTE	全职等效员工
FUST	佛兰德联合国教科文组织信托基金

H

HC	总人数
HF	高频
IIFR	高频雷达
HUGO	人类基因组组织

I

IAEG-SDGs	可持续发展指标机构间专家组
IASC	国际北极科学委员会

G

G20	20国集团
G7	7国集团

ICES	国际海洋考察理事会		IUU	非法、不报告和无管制
ICMB-X	第十届海洋生物入侵国际会议		IYAFA	国际人工渔业和水产养殖年
ICR	国际合作出版率			
ICSU	国际科学理事会		**J**	
IEO	西班牙海洋研究所		JCOMM WMO-IOC	政府间海洋学委员会世界气象组织（WMO-IOC）的海洋学和海洋气象学联合技术委员会
IF	影响因素			
IGBP	国际地圈–生物圈计划			
IGOs	政府间国际组织		JP	日本
IIP	莫桑比克国家渔业研究所		JPI Oceans	健康和富饶的海洋联合计划倡议
IL	以色列		JPO	日本特许厅
IMROP	毛里塔尼亚海洋和渔业研究所			
IN	印度		**K**	
INAHINA	莫桑比克国家水文和导航研究所		KIOST	韩国海洋科学技术研究院
INAMAR	莫桑比克国家海洋研究所		KIPO	韩国特许厅
INGOs	国际非政府组织		KMA	韩国气象局
INPADOC	国际专利文献中心		KR	韩国
INVEMAR	西班牙海洋和海岸带研究所			
IOC	政府间海洋学委员会（联合国教科文组织）		**L**	
IOCaribe	政府间海洋学委员会加勒比及邻国地区分委会		LAC	拉丁美洲和加勒比地区
			LDCs	最不发达国家
IOCCP	国际海洋碳协作计划		LLDC	内陆欠发达国家
IODE	国际海洋学数据和信息交换计划（联合国教科文组织政府间海洋学委员会）		LME	大型海洋生态系统
			LMMAs	地方管理的海洋区域
IODP	国际大洋发现计划		**M**	
IPBES	政府间生物多样性和生态系统服务平台		MAFF	日本农业、林业和渔业部
			MARG	海洋研究资助计划
IPC	国际专利分类		MASMA	海洋和沿海科学管理
IPCC	政府间气候变化专门委员会		MATTM	意大利环境、土地和海洋保护部
IQuOD	国际质量控制海洋数据库		MCDS	海洋气候数据系统
IR	伊朗		MEDAs	海洋生态系统诊断分析
ISCED	国际标准教育分类		MESRI	法国高等教育、研究和创新部
ISI	科技信息研究所		METI	日本经济产业省
ISO	国际标准化组织		MEXT	日本文部科学省
IT	意大利			

全球海洋科学报告：海洋可持续发展能力调查与展望
Global ocean science report, charting capacity for ocean sustainability

MinLNV	荷兰农业、自然和食品质量部		OGS	意大利国家地质海洋学研究所
MISE	意大利经济发展部		ORCID	开放研究者与贡献者身份识别码
MIUR	意大利教育、大学和研究部		OSJ	日本海洋学会
MLIT	日本国土交通省		OT e-LP	OceanTeacher电子学习平台
MMS	毛里求斯气象局		OTGA	全球海洋教师学院
MOE	日本环境省			
MOI	毛里求斯海洋研究所		**P**	
MPAs	海洋保护区		PATSTAT	欧洲专利局全球专利统计数据库
MSP	海洋空间规划		PCBs	多氯联苯
MSTIC	巴西科技创新部		PEBACC	基于太平洋生态系统的气候变化适应
MTS	海洋技术学会		PEMSEA	东亚海洋环境管理伙伴关系计划
MX	墨西哥		PhD	博士学位
MY	马来西亚		PICES	北太平洋海洋科学组织
			PL	波兰
N			POGO	全球海洋观测伙伴关系
NASA	美国国家航空航天局		PPOA	新西兰-太平洋海洋酸化伙伴关系
NDCs	国家自主贡献		PPP	购买力平价
NGOs	非政府组织		PT	葡萄牙
NIFS	韩国国家渔业科学研究所		PUC	智利天主教大学
NIOZ	荷兰皇家海洋研究所			
NIVA	挪威水资源研究所		**R**	
NL	荷兰		R&D	研究与发展
NO	挪威		RAS	循环水养殖系统
NOAA	美国国家海洋与大气管理局		RCN	挪威研究理事会
NODCs	国家海洋学数据中心		RIF	相对影响因素
NOK	挪威克朗		ROV	无人遥控潜水器
NSF	美国国家科学基金会		RTC	区域培训中心
NZ	新西兰		RU	俄罗斯
			RV	科学考察船
O				
OBIS	海洋生物地理信息系统		**S**	
OCW	荷兰教育、文化和科学部		S20	20国集团科学院
ODIS	海洋数据信息系统		SAMOA	小岛屿发展中国家加速行动方式
ODISCat	ODIS来源目录		SCAR	南极科学委员会
OECD	经济合作与发展组织		SCOR	海洋科学研究委员会

附录B
首字母缩略词和缩写词

SDG	可持续发展目标	UNDFF	联合国家庭农业十年
SE	瑞典	UNDP	联合国开发计划署
SFI	挪威研究型创新中心	UNEP	联合国环境规划署
SG	新加坡	UNESCAP	联合国亚太经济与社会理事会
SHOA	智利海军水文和海洋局	UNESCO	联合国教科文组织
SI	专业化指数	UNFCCC	联合国气候变化框架公约
SIDS	小岛屿发展中国家	UNGA	联合国大会
SJR	Scimago期刊排名	UoM	毛里求斯大学
SOLAS	海洋表面低层大气研究	US/USA	美国
SPEC	南太平洋经济合作局	USAID	美国国际开发援助署
SPU	太平洋委员会	USPTO	美国专利商标局
SQU	苏丹卡布斯大学	US$	美元
SPREP	太平洋区域环境规划署秘书处	UV	瓦尔帕莱索大学
SRIA	战略研究与创新议程		
SSF	Guidelines可持续小规模渔业的自愿准则		
STC	专业培训中心		
SUT	水下技术学会		
SUV	无人水面艇		
SZN	安东·多恩·那不勒斯动物园		

T

TH	泰国
TMT	海洋技术转让
TR	土耳其

U

UCSC	圣心天主教大学
UIS	联合国教科文组织（UNESCO）统计研究所
UK	英国
UN	联合国
UN ESCAP	联合国亚洲及太平洋经济社会委员
UNCLOS	《联合国海洋法公约》

W

WCRP	世界气候研究计划
WiMS	海洋科学女性网络
WIO	西印度洋
WIO LME SAPPHIRE	西印度洋大型海洋生态系统战略行动计划政策协调和体制改革
WIO-ECSN	西印度洋青年科学家网络
WIOMSA	西印度洋海洋科学协会
WIPO	世界知识产权组织
WMO	世界气象组织
WMO GTS	世界气象组织 全球电信系统
WMR	瓦赫宁根海洋研究所
WOCE	世界海洋环流实验
WOD	世界海洋数据集
WWF	世界自然基金会

Z

ZA	南非